Manfred H. Gey

# Instrumentelle Bioanalytik

Biosubstanzen, Trennmethoden,
Strukturanalytik, Applikationen

Manfred H. Gey

# Instrumentelle Bioanalytik

**Biosubstanzen, Trennmethoden, Strukturanalytik, Applikationen**

Mit 312 Abbildungen und 17 Tabellen

Springer Fachmedien Wiesbaden GmbH

Die Deutsche Bibliothek – CIP-Einheitsaufnahme

Priv.-Doz. Dr. Manfred H. Gey
Martin-Luther-Universität Halle-Wittenberg
Institut für Biochemie
Kurt-Mothes-Straße 3
06120 Halle/Saale

Das vorliegende Werk wurde sorgfältig erarbeitet. Dennoch übernehmen Autoren und Verlag für die Richtigkeit von Angaben, Hinweisen und Ratschlägen sowie für eventuelle Druckfehler keine Haftung. Die Wiedergabe von Gebrauchsnamen, Handelsnamen, Warenbezeichnungen usw. in diesem Buch berechtigt auch ohne besondere Kennzeichnung nicht zu der Annahme, daß solche Namen im Sinne der Warenzeichen- und Warenschutzgesetzgebung als frei zu betrachten wären und daher von jedermann benutzt werden dürfen.



http://www.vieweg.de

Gedruckt auf säurefreiem Papier

ISBN 978-3-663-10369-1    ISBN 978-3-663-10368-4 (eBook)
DOI 10.1007/978-3-663-10368-4

# Vorwort

Unter „Instrumenteller Bioanalytik" versteht man ein umfassendes und vielseitiges Arsenal analytischer Methoden zur Analyse und Charakterisierung niedermolekularer Biosubstanzen und vor allem von Biopolymeren in komplexen biologischen Matrices innerhalb der Biochemie und Pharmazie, Chemie und Umweltchemie, Biologie und Genetik, Biomedizin und Immunologie, Biotechnologie und Toxikologie.

Das Buch soll Studenten, Diplomanden und Doktoranden dieser Fachrichtungen sowie spezialisierten Laboranten und Technikern zur erfolgreichen Lösung bioanalytischer Fragestellungen dienen.

Im Mittelpunkt des Buches stehen theoretische und methodische Grundlagen über leistungsfähige Trennmethoden, Strukturanalytik und Kombinationen zwischen beiden. Das instrumentelle Methodenspektrum reicht von der Hochleistungsflüssigchromatographie (HPLC) und Biochromatographie (BioLC), der klassischen Elektrophorese und Kapillarelektrophorese (CE) bis zur UV/VIS- und Fluoreszenzspektroskopie, Massenspektrometrie (MS, MALDI-MS, MALDI-PSD), Kernresonanzspektroskopie (NMR) und verschiedenen Kopplungsvarianten der Chromatographie mit der Strukturanalytik (LC-MS).

Über jede einzelne dieser Methoden existieren ausführliche Monographien. Zusammenfassende Darstellungen zur Funktionsweise und integrierten Anwendung mehrerer bioanalytischer Methoden sind z.Z wenig bekannt. Das Buch soll zur Schließung dieser Lücke beitragen.

In den vergangenen Jahrzehnten entwickelten sich hochqualifizierte Methodenspezialisten, die oft nur eine Technik (z.B. HPLC, Elektrophorese, GC, MS oder NMR) perfekt beherrschten und ausübten. Heutzutage sind der integrierte Einsatz und die Beherrschung mehrerer analytischer Methoden gefragt und unbedingt notwendig.

HPLC und CE sind ein gutes Beispiel für den kombinierten und sich ergänzenden Methodeneinsatz. Mit Hilfe der HPLC können ca. 80 % aller Substanzen analysiert werden. Dies betrifft kleine Ionen oder Moleküle, polare und unpolare Substanzen sowie hochmolekulare Biomoleküle wie Proteine oder Glycoproteine. Die Kapillarelektrophorese wird als komplementäre Analysenmethode zur HPLC angesehen. Was mit der HPLC nicht zu trennen ist, gelingt oft mit der CE oder umgekehrt. Als Trennmethoden sind sie jedoch bei der Identifizierung unbekannter biologischer Substanzen nur dann erfolgreich, wenn entsprechende Referenzsubstanzen zur Verfügung stehen. Da dies nicht immer der Fall ist, sind neben präparativen Trenntechniken zunehmend moderne Kopplungstechniken in Kombination mit strukturanalytischen Methoden (LC-MS) erforderlich.

Ein besonders Innovationspotential geht z.Z. von der Massenspektrometrie mit schonenden Ionisierungstechniken aus. Insbesondere die neuen Electrospray- und MALDI-Techniken sind in der Lage, sowohl niedere als auch hochmolekulare Biosubstanzen in ihren Strukturen bis fast in alle Einzelbausteine zu identifizieren.

Das Buch beinhaltet weiterhin ausgewählte Applikationen u.a. aus den Bereichen Metalothioneine (Phytochelatine), Nucleobasen und Nucleoside, Kohlenhydrate, organische Säuren und Fettsäuren, die zu den kleineren Biosubstanzen gehören.

Phospholipide und Neutrallipide, Nucleotide (DNA-Fragmente), Oligosaccharide (Glycanketten von Glycoproteinen) und thermostabile Enzyme vertreten die Biopolymere.

Es werden auch Methoden der Probenvorbereitung und -konzentrierung wie Dialyse, Zentrifugation, Lyophilisation, Extraktion, Filtration, Fällung oder Batch-Adsorption einbezogen.

Natürlich verfügen viele Universitäten, Hoch- und Fachschulen sowie kleinere Institutionen und Firmen (noch) nicht über ein komplettes instrumentalanalytisches Methodenspektrum (HPLC, CE, GC, MS, MALDI-MS, NMR, GC-MS, LC-MS). Die Frage nach „ungeliebten" zentralen analytischen Laboratorien könnte deshalb im Vergleich zur etablierten dezentralen Analytik in den Forschungsinstitutionen in Zukunft wieder verstärkt in den Vordergrund der Diskussion rücken.

Ziel dieses Buches ist es demzufolge auch, die Forscher und Anwender zu verstärkten interdisziplinären Kooperationen auf analytischen Gebieten (Bioanalytik, Umweltanalytik) zu motivieren. Die anschaulich und verständlich hier dargestellte Methodenvielfalt soll einen Ansatzpunkte dafür bieten.

Für ein vertieftes Studium von einzelnen (bio)analytischen Methoden ist es ratsam, die angegebene weiterführende Spezialliteratur hinzuzuziehen. Dies betrifft insbesondere die Kenntnisse auf dem Gebiet der NMR und MS sowie über Struktur und Funktion von Biomolekülen, die in den einführenden Abschnitten nur kurz behandelt werden.

Das Buch resultiert aus meiner Forschungs- und Lehrtätigkeit auf dem Gebiet der Bioanalytik, die ich in den vergangenen Jahren im Institut für Biotechnologie Leipzig der Akademie der Wissenschaften der ehemaligen DDR (1986-1991), dem Institut für Anorganische und Analytische Chemie der Johannes-Gutenberg-Universität Mainz (1991-1995) und dem Institut für Biochemie der Martin-Luther-Universität Halle-Wittenberg (1996-1997) durchgeführt habe.

Meine Überzeugung ist, daß in Zukunft die Bioanalytik in Forschung und Lehre einen höheren Stellenwert erhält und ein neues innovatives „Wissenschaftsgebiet" darstellen wird.

Fast alle Graphiken und Abbildungen sowie der gesamte Text wurden von mir selbst erstellt und in den Computer „hinein getippt". Für die Chromatogramme und Spektren erfolgte zur anschaulicheren Präsentation eine zusätzliche Bearbeitung.

Nach anfänglicher Frustration habe ich die Bearbeitung des Buches mit dem Computer und entsprechenden Programmen schätzen gelernt und kann mir heute die analytische Forschungs- und Lehrtätigkeit ohne diese „Werkzeuge" nicht mehr vorstellen. Es sind 26 MB Datenmaterial zusammengekommen, die jederzeit ergänzt und erweitert werden können. Auf Grund der Vervielfalt der Methoden und Spezialgebiete werden Verbesserungen ständig notwendig sein. Für entsprechende Anregungen und Hinweise wäre ich sehr dankbar.

Weiterhin möchte ich vielen Fachkollegen/-innen, die meinen Weg als „Bio-Analytiker" begleitet und gefördert haben, einen herzlichen Dank für die zahlreichen positiven Diskussionen, Hilfen und Ratschläge aussprechen.

Mein besonderer Dank gilt der Lektorin Frau Dr. Angelika Schulz vom Vieweg-Verlag für Ihr Engagement und Ihre Geduld während der Erstellung des Buches.


Leipzig am 3. Juni 1998


Manfred H. Gey

# Inhaltsverzeichnis

# Abkürzungen

| | |
|---|---|
| AAS | Atomabsorptionsspektrometrie |
| AC | Affinity Chromatography |
| ADP | Adenosindiphosphat |
| AEC | Anion-Exchange Chromatography |
| AES | Atomemissionsspektroskopie |
| AIDS | Acquired Immunodeficiency Syndrome |
| AMP | Adenosinmonophosphat |
| ANTS | 8-Aminonaphthalen-1,3,6-trisulfonsäure |
| APCI | Atmospheric-Pressure Chemical Ionisation |
| ARDS | Adult Respiratory Distress Syndrome |
| ATP | Adenosintriphosphat |
| ATZ | Anilinothiazolinon |
| | |
| BAP | 2-Amino(6-amidobiotinyl)pyridin |
| bp | Basenpaar |
| | |
| CC | Covalent Chromatography |
| CD | Cyclodextrine |
| Cd-BPs | Cadmium-binding Peptides |
| CE | Capillary Elektrophoresis |
| CEC | Capillary Electrochromatography |
| CF | Continuous Flow |
| CF-FAB | Continuous-flow Fast-atom-bombardement |
| CGC | Capillary Gas Chromatography |
| CGE | Capillary Gel Electrophoresis |
| CI | Chemische Ionisation |
| CL | Cardiolipin (Diphosphatidylglycerol) |
| CSP | Chirale stationäre Phasen |
| Cys | Cystein |
| Cys-Gly | Cystein-Glycin |
| CZE | Capillary Zone Electrophoresis |
| | |
| DAD | Dioden-Array-Detektor |
| Dansyl-Cl | 1-Dimethylaminonaphthalen-5-sulfonylchlorid |
| DC | Dünnschichtchromatographie |
| DEAE | Diethylaminoethyl- |
| DED | Dual Electrochemical Detection |
| Disk | Diskontunierlich |
| DLI | Direct Liquid Introduction |
| DLPC | Dilinoleylphosphatidylcholin |

| | |
|---|---|
| DMF | Dimethylformamid |
| DNA | Deoxyribonucleic Acid |
| DNFB | 2,4-Dinitro-1-fluorbenzen |
| DNP | Dinitrophenyl |
| DP | Degree of Polymerisation |
| DPPC | Dipalmitoylphosphatidylcholin |
| DPTU | Diphenylthioharnstoff |
| DTNB | 5,5′-Dithiobis-[2-nitrobenzoesäure] |
| | |
| ECD | Electrochemical Detection |
| ECD | Electron Capture Detector |
| EI | Electron Impact |
| ELSD | Evaporative Light Scattering Detection |
| EOF | Elektroosmotischer Fluß |
| ESB | 1,1′-[Ethenylidenbis(sulfonyl)]bis-benzen |
| ESP | Elektrospray |
| | |
| FAB | Fast Atom Bombardement |
| FD | Felddesorption |
| FFA | Free Fatty Acids |
| FI | Feldionisation |
| FID | Flammenionisationsdetektor |
| FIR | Fernes Infrarot |
| FPLC | Fast Protein Liquid Chromatography |
| FSME | Fettsäuremethylester |
| Fuc | Fucose |
| | |
| Gal | Galactose |
| GalNac | $N$-Acetylgalactosamin |
| GalNH$_2$ | Galactosamin |
| GC | Gaschromatographie |
| GDP | Guanosindiphosphat |
| GF | Gelfiltration |
| GLC | Gas Liquid Chromatography |
| Glc | Glucose |
| GlcNAc | $N$-Acetylglucosamin |
| GlcNH$_2$ | Glucosamin |
| GMP | Guanosinmonophosphat |
| GPC | Gelpermeationschromatographie |
| GSH | Glutathion (reduziert), $\gamma$-Glutamylcysteinylglycin |
| GSSG | Glutathiondisulfid (oxidiert) |
| GTP | Guanosintriphosphat |
| | |
| HA | Hydroxyapatite |
| HC | Hydroxyapatite Chromatography |
| HCys | Homocystein |

| | |
|---|---|
| HETP | Height Equivalent to a Theoretical Plate |
| HGP | Human Genom Project |
| HIC | Hydrophobic Interaction Chromatography |
| HMDS | Hexamethyldisilazan |
| HPAEC-PAD | High pH Anion-Exchange Chromatography with Pulsed Amperometric Detection |
| HPCE | High Performance Capillary Elektrophoresis |
| HPLC | High Performance Liquid Chromatography |
| HPTLC | High Performance Thin Layer Chromatographie |
| | |
| IC | Ionenchromatographie |
| IEC | Ion-Exchange Chromatography |
| IEF | Isoelektrische Fokussierung |
| IMP | Ion Moderated Partition |
| IPC | Ionenpaarchromatographie |
| IR | Infrarot |
| ISP | Ionenspray |
| ITP | Isotachophorese |
| | |
| JAA | Jod Acetic Acid |
| | |
| kD | Kilodalton |
| kV | Kilovolt |
| | |
| LC | Liquid Chromatography |
| LC-FAB-MS | LC-Fast-Atom-Bombardement-MS |
| LC-TSP-MS | LC-Thermospray-MS |
| LPC | Lysophosphatidylcholin |
| LPE | Lysophosphatidylethanolamin |
| | |
| MAGIC | Monodisperse aerosol generator based interface for liquid chromatography |
| MALDI | Matrix-Assisted Laser Desorption/Ionisation |
| MALDI-PSD-TOF-MS | Matrix-assisted Laser Desorption/Ionisation- Post Source Decay-Time of Flight-Mass Spectrometry |
| Man | Mannose |
| mBBr | Monobrombiman |
| MBI | Moving-Belt-Interface |
| MC | Micellen |
| MEKC | Micellar Electrokinetic Chromatography |
| MHz | Megaherz |
| MNAc | $N$-Acetylmuraminsäure |
| MPA | Metaphosphoric Acid |
| MS | Massenspektrometrie |
| MS/MS | Tandemmassenspektrometrie |
| MT | Metallothionein(e) |

| | |
|---|---|
| NaAc | **Natriumacetat** |
| NAM | *N*-(9-acridinyl)maleinimid |
| NANA | *N*-acetylneuraminic acid |
| NBS⁻ | **Thionitrobenzoat-Anion** |
| NEM | *N*-Ethylmaleinimid |
| NIR | **Nahes Infrarot** |
| nl | **Nanoliter** |
| nm | **Nanometer** |
| NMR | **Nuclear Magnetic Resonance** |
| NPC | **Normalphasenchromatographie** |
| NPM | *N*-(1-Pyrenyl)maleinimid |
| | |
| ODS | **Octadecylsilan** |
| ONPG | *o*-Nitrophenol-ß-D-galactosid |
| OPA | *o*-Phthalaldehyd |
| | |
| PA | **Phosphatidic Acid** |
| PAD | **Pulsed-Amperometric Detection** |
| PAGE | **Polyacrylamid-Gel-Elektrophorese** |
| PBI | **Particle-Beam Interface** |
| PC | **Perfusion Chromatography** |
| PC´s | **Phytochelatin(e)** |
| PC | **Phosphatidylcholin** |
| PCR | **Polymerase Chain Reaction** |
| PE | **Phosphatidylethanolamin** |
| PEEK | **Polyethylenetherketon** |
| PEG | **Polyethylenglycol** |
| PG | **Phosphatidylglycerol** |
| pI | **Isoelectric point** |
| PI | **Phosphatidylinisitol** |
| PITC | **Phenylisothiocyanat** |
| pl | **Picoliter** |
| PLB´s | **Porous Layer Beads** |
| ppb | **parts per billion** |
| ppm | **parts per million** |
| PS | **Phosphatidylserin** |
| PSD | **Post source decay** |
| PSH | **Protein containing thiol groups** |
| PTC | **Phenylthiocarbamoyl-** |
| PTH | **Phenylthiohydantoin-** |
| | |
| qBBr | **Monobromtrimethylammoniumbiman** |
| | |
| RAAM | **Reagent Array Analysis Method** |
| RI | **Refractive Index** |
| RNA | **Ribonucleic Acid** |

| | |
|---|---|
| RP | Reversed-Phase |
| RPC | RP-Chromatographie |
| rpm | revolutions per minute |
| RSH | Low-molecular-weight thiol |
| | |
| SA–CE⁻ | Strongly Acid Cation-exchanger |
| SB–AE⁺ | Strongly Basic Anion-exchanger |
| SBA=S-DVB | Strongly Basic Anion-exchanger based on Styrene-Divinylbenzene |
| SDS | Sodium Dodecylsulfate |
| SEC | Size-Exclusion Chromatography |
| SEV | Sekundärelektronenvervielfacher |
| SP | Sphingomyelin |
| | |
| TBA | Tetrabutylammoniumhydroxid |
| TCA | Trichlor Acetic Acid |
| TFA | Trifluor Acetic Acid |
| TLC | Thin Layer Chromatographie |
| TMCS | Trimethylchlorsilan |
| TMS | Tetramethylsilan |
| TOF | Time of Flight |
| TSP | Thermospray |
| | |
| UV | Ultraviolett |
| | |
| VIS | Visible |
| | |
| WA–CE⁻ | Weakly Acid Cation-exchanger |
| WB–AE⁻ | Weakly Basic Anion-exchanger |
| WBA=S-DVB | Weakly Basic Anion-exchanger based on Styrene-Divinylbenzene |
| | |
| µl | Mikroliter |
| µm | Mikrometer |
| 2-AB | 2-Aminobenzamid |
| 2-Py-S-S-2-Py | 2,2′-Dipyridyldisulfid |

# Symbole

| | |
|---|---|
| $A$ | Peakfläche, Amplitude |
| $A_\lambda$ | Absorption |
| | |
| $b_{1/2}$ | Peakbreite in halber Höhe |
| | |
| $c$ | Konzentration |
| $c_s\ (c_{stat})$ | Konzentration in der stationären Phase |
| $c_m\ (c_{mob})$ | Konzentration in der mobilen Phase |
| | |
| $D_\lambda$ | Durchlässigkeit |
| $d$ | Schichtdicke |
| $d_p$ | Partikeldurchmesser |
| | |
| $E$ | Trennimpedanz, Effizienz, Emission |
| $E_\lambda$ | Extinktion |
| $e$ | Elementarladung |
| | |
| $F$ | Flußrate |
| $F_L$ | Lorenzkraft |
| $F_s\ (F_z)$ | Zentrifugalkraft |
| $f$ | Reibungskoeffizient |
| | |
| $H\ (B)$ | theoretische Trennstufen- oder Bodenhöhe |
| $H_0\ (B_0)$ | Magnetfeld |
| $H_{eff}$ | effektive Magnetfeldstärke |
| $h$ | Peakhöhe, reduzierte theoretische Trennstufenhöhe, Planck'sches Wirkungsquantum, Stunden |
| | |
| $I$ | Intensität eines Lichtstrahls (geschwächt) Spinquantenzahl oder Kernspin |
| $I_0$ | Intensität eines Lichtstrahls („Ausgangsintensität") |
| $I_A$ | Intensität eines Lichtstrahls (absorbiert) |
| $I_R$ | Intensität eines Lichtstrahls (reflektiert) |
| $i.D.$ | innerer Durchmesser |
| | |
| $K$ | Verteilungskoeffizienten, Dissoziationskonstante |
| $K_F$ | Permeabilität |
| $k'$ | Verteilungs- oder Kapazitätsfaktor |
| | |
| $L$ | Trennsäulenlänge |

| | |
|---|---|
| $M$ | relative Molmasse |
| $M_r$ $(MW)$ | Molekulargewicht |
| $m$ | Masse |
| $m_r$ | relative elektrophoretische Mobilität |
| $N$ | Trennstufen- oder Bodenzahl |
| $R_m$ | relative elektrophoretische Mobilität |
| $R$ $(R_S)$ | Chromatographische Auflösung |
| $r$ | Radius, Teilchenradius |
| $s$ | Sedimentationkoeffizient |
| $T$ | Tesla, Temperatur |
| $t_{MC}$ | elektrophoretische Mobilität von Micellen |
| $t_R$ | Retentionszeit |
| $t_0$ | Totzeit |
| $U$ | Spannung |
| $u$ | lineare Strömungsgeschwindigkeit |
| $V_z$ | Zwischenkornvolumen |
| $V_0$ | Totvolumen |
| $V_e$ | Elutionsvolumen |
| $V/V$ | Volumen pro Volumen |
| $w$ | Peakbasisbreite |
| $\alpha$ | Trennungsfaktor, Selektivität |
| $\gamma$ | Dichte, gyromagnetisches Verhältnis |
| $\delta$ | chemische Verschiebung |
| $\varepsilon_\lambda$ | Extinktionskoeffizient |
| $\varepsilon_T$ | Porosität |
| $\zeta$ | Zeta (-Potential) |
| $\eta$ | Viskosität |
| $\theta$ | Rotationswinkel |
| $\lambda$ | Wellenlänge |
| $\lambda_{ex}$ | Extinktionswellenlänge |

| | |
|---|---|
| $\lambda_{em}$ | Emissionswellenlänge |
| $\mu$ | magnetisches Moment (Magnetfeld) |
| $\mu_{MC}$ | elektrophoretische Mobilität der Micellen |
| $\mu_{eo}$ | elektroosmotische Mobilität |
| $\nu$ | reduzierte lineare Geschwindigkeit, Frequenz, Sedimentationsgeschwindigkeit |
| $\varrho$ | Dichte |
| $\sigma$ | Abschirmkonstante, Standardabweichung |
| $\sigma^2$ | Peakdispersion |
| $\tau$ | Impulslänge |
| $\varphi$ | dimensionsloser Strömungswiderstand |
| $\omega$ | Winkelgeschwindigkeit |

**für Anni, Tobi und Sigi**

*Alle Dinge werden zu einer Quelle der Lust,*

*wenn man sie liebt.*

Thomas von Aquin

# 1  Einleitung

Die Isolierung, Reinigung, qualitative und quantitative Analyse von Proteinen und Enzymen, Glycoproteinen, Oligosacchariden, Nucleinsäuren, Lipiden und anderer biologischer Substanzen ist Gegenstand der Bioanalytik. Das dafür eingesetzte Arsenal an chromatographischen, elektrophoretischen, spektroskopischen und strukturanalytischen Methoden wird in diesem Buch unter der Bezeichnung „Instrumentelle Bioanalytik" zusammengefaßt.

Das Hauptanliegen besteht darin, das analytische Verständnis für eine kombinierte Methodenanwendung zu vertiefen. Voraussetzung ist ein Basiswissen über Prinzipien, Anwendbarkeit und Leistungsfähigkeit einzelner bioanalytischer Methoden.

Die folgende Darstellung veranschaulicht dieses Konzept und soll als eine Art Leitfaden für dieses Buch dienen.

**1. Schritt :    Methode erlernen und praktizieren**

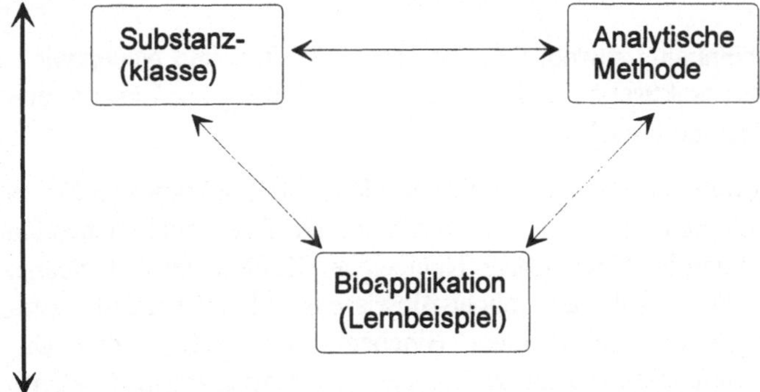


**2. Schritt :    Methode ("als Mittel zum Zweck")
zur Lösung einer bioanalytischen
Fragestellung**

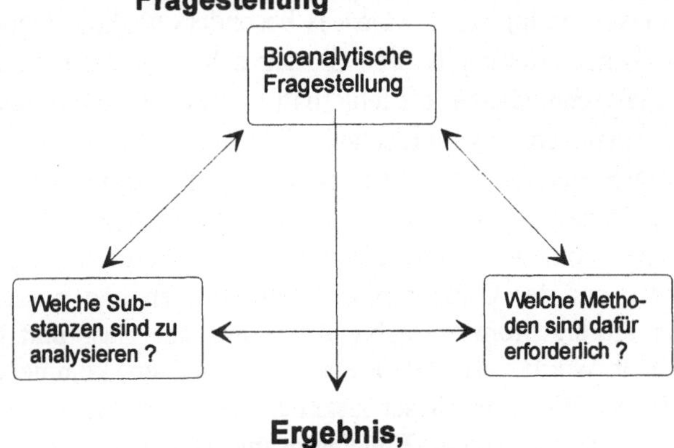


**Bild 1-1**
Methode erlernen und
praktizieren

Zuerst müssen die theoretischen und praktischen Grundlagen einer Analysenmethode erlernt werden, um sie erfolgreich praktizieren zu können. Dabei soll im ersten Schritt der Methodenanwendung von einer bekannten und bereits methodisch gelösten Analysenaufgabe ausgegangen werden. Beispielsweise ist es ratsam, vor der chromatographischen Reinigung eines Enzymgemisches die Chromatographiesäule an Hand von Proteinstandards zu testen, zu charakterisieren und zu optimieren.

Das kombinierte Anwenden bereits bekannter und etablierter bioanalytischer Methoden ist heute in einem chemischen, biochemischen, biotechnologischen, toxikologischen oder biomedizinischen Labor allgemeine Praxis.

Ziel des zweiten Schrittes ist es demzufolge, auf der Grundlage fundierter experimenteller Kenntnisse über mehrere bioanalytische Methoden diese „als Mittel zum Zweck" zu nutzen und bioanalytische Fragestellungen wie z.B. die Reinigung und Charakterisierung eines unbekannten Enzyms oder Metallothioneins, die Strukturaufklärung von Lipiden und ihrer Fettsäuremoleküle sowie die Charakterisierung eines Glycoproteins hinsichtlich seiner Kohlenhydratseitenketten (Glycane) zu lösen.

In Abhängigkeit der Fragestellung, die z.B. auf Grund der hohen Komplexität der biologischen Matrix und der zu analysierenden Substanzklassen sehr kompliziert sein kann, sind die verschiedenen Methoden auszuwählen, zu optimieren und in ihrer Reihenfolge festzulegen und anzuwenden.

Instrumentelle Bioanalytik beinhaltet sowohl Spezialisierung, Weiter- und Neuentwicklung von Methoden als auch ihre praktische und kombinierte Anwendung zur Lösung analytischer Probleme in der Routine und Forschung.

Das Buch beginnt mit ausgewählten Abschnitten über Struktur und Funktion von Proteinen, Nucleinsäuren, Glycoproteinen und Lipiden einschließlich ihrer entsprechenden Grundbausteine (Aminosäuren/Peptide, Nucleobasen/Nucleoside, Kohlenhydrate/Glycane, Fettsäuren/Kohlenwasserstoffe). Damit soll dem „Nicht-Biowissenschaftler" ein erster Einstieg in die einfachen Grundlagen der (analytischen) Biochemie vermittelt werden. Das Lesen der weiterführenden Spezialliteratur ist notwendig und soll dazu anregen, fundierte und umfangreiche Kenntnisse in den Biowissenschaften zu erwerben und diese innerhalb der bioanalytischen Forschungen zu nutzen.

Das sich anschließende Kapitel über prechromatographische Methoden ist für die Analyse von Inhaltsstoffen in komplexen biologischen Matrices besonders wichtig. Ohne eine exakte Probevorbereitung und -konzentrierung ist der Einsatz sehr leistungsfähiger und empfindlicher instrumenteller Analysenmethoden oft fehlerhaft und zwecklos. An den Beispielen Lysozymbehandlung, Aussalzen, Lyophilisation, Dialyse, Ultrazentrifugation, Batch-Adsorption, Flüssig-flüssig-Extraktion und Filtration werden Prinzipien und Funktionsweisen der prechromatographischen Methoden kurz und anschaulich dargestellt.

Eine zentrale (bio)analytische Methode ist die Hochleistungsflüssigchromatographie (HPLC), die in den 60-er Jahren auf der Grundlage der theoretischen und praktischen Kenntnisse aus der klassischen Flüssigchromatographie sowie aus der Gas- und Dünnschichtchromatographie entwickelt wurde. Ab 1970 kamen die ersten kommerziellen HPLC-Geräte auf den Markt. Zu den Pionieren dieser faszinierenden Trennmethode gehören u.a. Giddings, Snyder, Knox, Kirkland, Huber, Engelhardt und Unger. Am Anfang der HPLC-Entwicklung konnten nur niedermolekulare Substanzen analysiert werden, für die die verschiedensten methodischen Varianten und Trennsysteme entwickelt wurden.

Dazu gehören die Herstellung chemisch modifizierter Silicagele wie Reversed-Phase-Materialien (RP-Phasen), Amino- oder Diolphasen. Die Analyse von Kohlenwasserstoffen und Lipiden mit den unterschiedlichsten Strukturen in komplexen Matrices waren einige der ersten Applikationsgebiete der Hochleistungsflüssigchromatographie.

Polymerphasen auf Styren-Divinylbenzen-Basis werden vor allem in der Anionenaustauschchromatograpie bei hohem pH-Wert mit gepulst-amperometrischer Detektion (HPAEC-PAD) sowie in der Ionenausschlußchromatographie und Ionenchromatographie (IC) in verschiedenen Modifizierungen angewandt.

Die HPAEC-PAD-Technik ist z.B. prädestiniert für empfindliche Analysen mono- und oligomerer Kohlenhydrate im ppb-Bereich. Die Ionenausschlußchromatographie dient u.a. zur Trennung von organischen Säuren, Zuckern, Zuckeralkoholen und von Metaboliten, die insbesondere in Fermentationsmedien oder Nahrungsmitteln vorkommen.

Zur Analyse von hochmolekularen Biopolymeren wurden zu Beginn der 80-er Jahre geeignete hydrophile Silicagele und Polymere ohne denaturierend wirkende Eigenschaften synthetisiert. Durch die Herstellung dieser „Biopolymer-Trennsäulen" und mit der Einführung der FPLC *(fast protein liquid chromatography)* wurde innerhalb der Flüssigchromatographie das Gebiet der Biochromatographie („BioLC") etabliert. Diese neuen Varianten, Makromoleküle und insbesondere Proteine schnell und effizient unter Erhalt ihrer biologischen Aktivität zu trennen und zu reinigen, bewirkten entscheidende Fortschritte innerhalb der Biochemie, Biomedizin, Genetik und Molekularbiologie (z.B. DNA-Analytik).

Die Biopolymere können mit Hilfe dieser hydrophilen Trennphasen nach ihrer Größe (Größenausschlußchromatographie), Polarität (Ionenaustauschchromatographie) oder Hydrophobizität (Hydrophobchromatographie) fraktioniert werden. Hoch selektive Trennungen von komplexen Biopolymergemischen gelingen affinitätschromatographisch u.a. durch Antigen-Antikörper-Wechselwirkungen.

Weitere spezielle chromatographische Methoden, die für biologische Substanzen eingesetzt werden, sind die kovalente Chromatographie, die Perfusionschromatographie oder die Chromatographie an porösen Gläsern.

Die klassische Elektrophorese, die bereits Ende der 30-er Jahre durch Arbeiten von Tisellius bekannt wurde, gehört zu den weitverbreitetsten Standardmethoden in der Proteinanalytik und -forschung.

Gegenüber der Kapillarelektrophorese (CE), die seit Ende der 80-er Jahre in den Biowissenschaften eine rasche Verbreitung erfährt, werden in diesem Buch Gemeinsamkeiten und Unterschiede bezüglich der Trennprinzipien und -phänomene aufgezeigt. Ihnen gemeinsam ist die Technik der Zonenelektrophorese. Nach Anlegen einer Spannung beginnen die in einem Puffer gelösten Probemoleküle zu wandern und positionieren sich entsprechend ihrer elektrophoretischen Beweglichkeit im Trenngel.

Mit Hilfe der Gelelektrophorese und Isoelektrischen Fokussierung, die beide auch in der Kapillarelektrophorese zu den Standardmethoden gehören, werden die Biosubstanzen nach ihrer Molekülgröße bzw. nach ihrem isoelektrischen Punkt getrennt.

Die Micellare Elektrokinetische Chromatographie (MECK) ist eine Besonderheit der CE-Methoden. Neutrale Moleküle würden im elektrischen Feld identische Wanderungszeiten besitzen und im Elektropherogramm als Gesamtpeak erscheinen. Sogenannte Micellen wie z.B. Natriumdodecylsulfat (SDS) bilden mit diesen Molekülen in der Kapillare geladene Komplexe, deren Trennung als Einzelpeaks erfolgt.

Weiterhin werden methodische und apparative Grundlagen der CE wie Injektionstechniken, Charakteristika der Trennkapillaren und Detektionsprinzipien vorgestellt. Das eigentliche Phänomen der Kapillarelektrophorese, der elektroosmotische Fluß (EOF), bewirkt, daß sowohl negativ als auch positiv geladene Molekülionen während eines Analysenlaufs innerhalb der Kapillare getrennt werden können.

Die Grundlagen der UV/VIS- und Fluoreszenzspektroskopie werden im Kapitel der strukturanalytischen Methoden beschrieben. Damit können unbekannte Substanzen nur dann annähernd sicher identifiziert werden, wenn chromophore Gruppen in ihrer Struktur vorhanden bzw. durch Derivatisierung gekoppelt werden. Auch wenn die aufgenommenen UV- oder Fluoreszenzspektren zwischen den Referenz- und den zu analysierenden Substanzen identisch sind, reichen diese Spektreninformationen für eine endgültige Strukturaufklärung oft nicht aus.

Die Kermagnetische Resonanzspektroskopie (NMR) ist neben der Massenspektrometrie (MS) die Methode der Wahl, mit der die Struktur einer unbekannten Biosubstanz aufgeklärt werden kann. Die wichtigsten Grundlagen der NMR wie Resonanz, Relaxation, Spin-Spin-Kopplung und chemischen Verschiebung sowie die Impulsverfahren werden erörtert. Insbesondere die $^{1}$H- und $^{13}$C-NMR-Techniken sind für die Aufklärung komplizierter Molekülstrukturen unverzichtbar und werden in ihren Grundprinzipien kurz dargestellt.

Im Abschnitt Massenspektrometrie erfolgt die Gegenüberstellung der Prinzipien von harten und weichen Ionisationsarten. Letztere sind auf Grund der geringen Fragmentierungsreaktionen für Strukturaufklärungen hochmolekularer Biomoleküle sehr gut geeignet. Dabei werden die Grundlagen der Chemischen Ionisierung, des Fast Atom Bombardement, der Thermospray- und Electrospray-Technik beschrieben und diskutiert. Weiterhin werden die Funktionsweisen verschiedener Spektrometertypen wie Magnetfeld-Sektorfeld-, Flugzeit-, Quadrupol- oder Tandemmassenspektrometer kurz erläutert.

Das Flugzeitmassenspektrometer (TOF: *time-of-flight*) ist auch Bestandteil der Matrix unterstützten Laser Ionisations/Desorptions-Massenspektrometrie (MALDI-MS), die auf Arbeiten von Karas und Hillenkamp Ende der 80-er Jahre zurückgeht. Moleküle, die mit einer überschüssigen organischen Matrix versetzt wurden, bilden während des Beschusses mit einem Laserstrahl sogenannte Quasimolekülionen, die im Flugzeitmassenspektrometer nach ihrer Molekülgröße getrennt und als Molekülionenpeak registriert werden. Mit Hilfe der MALDI-TOF-MS-Technik können in wenigen Minuten sehr präzise und empfindliche Molekulargewichtsbestimmungen von Biomolekülen bis ca. 500 000 Dalton durchgeführt werden. Der prinzipielle Aufbau und die apparativen Unterschiede zwischen einem Linearen TOF- und einem Reflektron-TOF-Gerät werden kurz aufgezeigt.

Aber auch spezielle Modifikationen und Neuentwicklungen wie MALDI-PSD-TOF-MS (PSD: *post source decay*) durch Kaufmann und Spengler Mitte der 90-er Jahre ermöglichen selektive und kontrollierte Fragmentierungen und eindeutige Identifizierungen definierter Molekülgruppen und -abschnitte von großen, aber auch von kleineren Biosubstanzen.

Die On-line-Kopplung der Flüssigchromatographie mit der Massenspektrometrie (LC-MS) findet zunehmende Verbreitung in der Bioanalytik. Lange Zeit waren LC-MS-Kopplungen im Experimentierstadium, da die größeren Flüssigkeitsmengen aus der HPLC-Trennsäule beim Einlaß in das MS-Gerät zum Zusammenbruch des Hochvakuumsystems führten. Durch die Entwicklung schonender Ionisierungs- bzw. Spraytechniken (Thermo- und Electrospray) wurde das Volumen des Trennsäuleneluates drastisch reduziert und die zu analysierenden Probemoleküle konnten in konzentrierter Form in das Massenspektrometer überführt und analysiert werden.

Als Kopplungsvarianten werden LC-Thermospray-MS, LC-Atmosphärendruck-MS, LC-Fast-Atom-Bombardement-MS, LC-Electrospray-MS, LC-Particle-Beam-MS und μ-LC-Direkteinlaß-MS vorgestellt.

Eine weitere Kopplungstechnik ist die Kombination Gaschromatographie-Massenspektrometrie (GC-MS). Bedingt durch die geringe Flüchtigkeit der meisten biologischen Substanzen würden während des Verdampfungsprozesses unzersetzte Spaltprodukte entstehen. Deshalb sind der Gaschromatographie, vor allem wenn das Verdampfungsproblem durch eine geeignete Derivatisierung nicht beseitigt werden kann, innerhalb der Bioanalytik nur wenige Anwendungsgebiete zugänglich. Bedeutungsvoll sind GC-MS-Analysen von derivatisierten (permethylierten) Kohlenhydraten, die zur Aufklärung der Verknüpfungen ($a$- oder $\beta$-Anomer) innerhalb der Sequenzierung von Glycoproteinen herangezogen werden, oder von derivatisierten Fettsäuren (Methylester) innerhalb der Lipidanalytik.

Die sich anschließenden Kapitel beinhalten je vier ausgewählte Applikationen aus den Gebieten „Biopolymere" und „Kleine Biosubstanzen", die zum größten Teil aus eigenen analytischen Arbeiten resultieren.

Innerhalb der niedermolekularen Biosubstanzen werden Analysenmethoden zur Bestimmung und strukturellen Charakterisierung von thiolhaltigen Peptiden (Glutathion) und zur Reinigung von Metallothioneinen vorgestellt. Diese Substanzen besitzen wichtige Funktionen innerhalb von toxischen und antitoxischen Prozessen. Beispielsweise werden giftige Schwermetalle wie Cadmium durch die Thiolgruppen der Metallothioneine komplexiert und in ihrer toxischen Wirkung eliminiert. Andererseits erfolgt erst durch das Einwirken von Metallen wie Cadmium auf tierische und menschliche Zellen (z.B. Lungenzellen) oder Pflanzen die Induktion derariger Metallothioneine bzw. Phytochelatine, die wiederum schützend auf diese Intoxikationen wirken.

Gleichzeitig können durch die partielle Umwandlung von reduziertem Glutathion (GSH) in seine oxidierte Form (GSSG) derartige Detoxifikationsprozesse an Hand von Konzentrationsänderungen mit Hilfe selektiver und empfindlicher HPLC- und CE-Methoden angezeigt und verfolgt werden.

Im zweiten Beispiel werden flüssigchromatographische (RP- und Ionenpaar-HPLC) und kapillarelektrophoretische Trennsysteme für Nucleobasen und Nucleoside demonstriert. An Hand verschiedener Extrakte aus menschlichen Zellen und Geweben werden die Präsens und Verteilung dieser biologischen Substanzen gegenübergestellt und diskutiert.

Ein zentraler Abschnitt des Buches beinhaltet die Analytik von mono- und oligomeren Kohlenhydraten. Besonders empfindlich und effizient ist die HPAEC-PAD-Technik, aber auch Aminophasen werden weiterhin in der Zuckeranalytik von Fermentationsmedien und verschiedenen Nahrungsmitteln sowie innerhalb der Auftrennung isolierter Glycanstrukturen aus Glycoproteinen mit Erfolg eingesetzt.

Das vierte Applikationsgebiet bezieht sich auf die Analytik von organischen Säuren, die im Vergleich zu den Kohlenhydraten mit ähnlichen Trennsystemen bestimmt werden. Im Vordergrund stehen die Ionenaustausch- und die Ionenausschlußchromatographie von organischen Säuren an Trennphasen auf Styren-Divinylbenzen- oder auch Silicagelbasis.

Ein weiterer Schwerpunkt dieses Abschnittes beinhaltet, wie typische und atypische Fettsäuren aus Lipidfraktionen und anderen biologischen Materialien mittels prechromatographischer (chemischer) Methoden und anschließender kapillargaschromatographischer

Analyse sowie mittels GC-MS identifiziert werden können. An Hand der erstellten Fettsäuremuster können unterschiedliche Mikroorganismen charakterisiert und identifiziert werden.

Im Kapitel der großen Biomoleküle wird die Isolierung, Konzentrierung und Reinigung von thermostabilen Enzymen, die durch Fermentation mit Hilfe thermophiler Mikroorganismen synthetisiert wurden, beschrieben. An Hand der Registrierung ihrer biologischen Aktivität wird nachgewiesen, daß diese Enzyme bei Temperaturen > 75 °C noch nicht im denaturierten Zustand vorliegen. Mittels MALDI-MS können die Molekulargewichte der Makromoleküle im Vergleich zur Größenausschlußchromatographie (SEC) sehr exakt ermittelt werden.

Innerhalb der zweiten Applikation werden flüssigchromatographische (Ionenpaarchromatographie) und kapillarelektrophoretische Trennungen (Kapillargelelektrophorese) von Oligonucleotiden vorgestellt. An Hand der Analyse verschiedener Restriktionsfragmente aus Sequenzierungsreaktionen von DNA-Molekülen wird die hohe Trenneffizienz der Kapillargelelektrophorese demonstriert. Die klassische Gelelektrophorese besitzt auch heute noch die Priorität auf diesem Gebiet und findet vor allem innerhalb der Sequenzierung des menschlichen Genoms *(human genom project)* ein breites Anwendungsgebiet.

Umfangreicher sind die Ausführungen im dritten Abschnitt zur Analytik der Oligosaccharide (Glycane) von Glycoproteinen. Dabei werden die Aussagemöglichkeiten von enzymatischen sowie von chromatographischen (HPLC, SEC, HPAEC-PAD) und strukturanalytischen Methoden (NMR, LC-ESI-MS, GC-MS, MALDI-MS, MALDI-PSD) dargestellt und hinsichtlich ihrer Beiträge und Informationen zur Glycan-Sequenzierung und Strukturaufklärung der Kohlenhydratketten von Glycoproteinen aufgezeigt.

Die HPAEC-PAD-Technik ist auch innerhalb der Glycan-Analytik sowohl für die Profilanalysen einzelner Monosaccharid-Species als auch für die chromatographische Trennung von intakten Oligosacchariden die Methode der Wahl.

Mit Hilfe der MALDI-MS können die Molekulargewichte von glycosylierten Proteinen trotz vorhandener Mikroheterogenitäten relativ genau bestimmt werden. Bei der Analyse der aus den Glycoproteinen enzymatisch oder durch Hydrazinolyse isolierten Glycanketten werden mittels MALDI-PSD neben dem Molekülpeak auch charakteristische Fragmentionen-Peaks in den erhaltenen Massenspektren registriert, die eine weitestgehende Aufklärung der Zusammensetzung an Monosaccharid-Species ermöglichen. Für die Ermittlung der Verknüpfung einzelner Monosaccharid-Bausteine ($\alpha$- oder $\beta$-Anomer) dient die Kernmagnetische Resonanzspektroskopie ($^{1}$H-NMR).

Der vierte Abschnitt beinhaltet neben der Darstellung verschiedener Applikationen zur Analyse von Lipidfraktionen insbesondere Diskussionen über Löslichkeits-, Trenn- und Detektionsprobleme bei der flüssigchromatographischen Bestimmung von Phospholipiden. Als universal anwendbare Detektoren für diese Substanzklasse dienen Streulichtphotometer (ELSD: *evaporative light scattering detection*).

Zunehmende Bedeutung für die Lipid-Analytik gewinnt neben verschiedenen massenspektrometrischen Techniken und der $^{13}$C-NMR-Spektroskopie insbesondere die $^{31}$P-NMR-Spektroskopie. Diese ist vor allem für die Quantifizierung von Phospholipiden prädestiniert, da die $^{31}$P-Signale nicht von den unterschiedlichen Fettsäurestrukturen in diesen Molekülen beeinflußt werden.

Du bist auf dem Weg zum Erfolg,

wenn Du begriffen hast, daß Verluste

und Rückschläge nur Umwege sind.

**C. W. Wendte**

# 2  Biomoleküle

## 2.1  Proteine

Die Bezeichnung Protein wurde von Berzelius im Jahre 1836 von dem griechischen Wort proteios („erstrangig") abgeleitet und soll auf die Wichtigkeit dieser Substanzklasse hinweisen. Die Proteine gehören neben den Nucleinsäuren, Oligosacchariden und Lipiden zu den biologischen Bausteinen des Lebens [1]. Die Proteine sind in ihrem „Bauplan" relativ einheitlich angeordnet und in allen Organismen enthalten, unabhängig davon, um welche Art, Gestalt oder Form von Lebewesen es sich handelt. Diese Biopolymere wirken entscheidend an der Entwicklung und Steuerung der biologischen Lebensprozesse mit.

Proteine [1-5] sind hochmolekulare, überwiegend amorphe, optisch aktive Naturstoffe, die aus einzelnen Aminosäuren bestehen. Die Molekülmassen liegen zwischen ca. Zehntausend und einigen Millionen Dalton. Peptide besitzen dagegen weniger Aminosäuren. Ihre Molekülmassen betragen Hundert(e) bis einige Tausend Dalton.

Einige wichtige Funktionen der Proteine sind in den folgenden Punkten kurz zusammengestellt.

*Enzymatische Katalyse*

Proteine sind meist biologisch aktiv und wirken in (bio)chemischen Prozessen als Katalysatoren. Derart spezifische Biokatalysatoren werden als Enzyme bezeichnet. In Anwesenheit eines Enzyms wird die Aktivierungsenergie der enzymatischen Reaktion erniedrigt und die Reaktionsgeschwindigkeit wird um ein Vielfaches (z.T. millionenfach) erhöht.

Sogenannte thermostabile Enzyme besitzen die außergewöhnliche und technisch interessante Fähigkeit, Reaktionen auch bei höheren Temperaturen (80–100 °C) zu katalysieren, ohne zu denaturieren und ihre enzymatische Aktivität zu verlieren.

*Transport- und Speicherfunktionen*

Proteine fungieren in den Organismen als Transportmittel. Zu den bekanntesten Phänomenen gehören der Transport von Sauerstoff in den Erythrocyten durch Hämoglobin und der Transport von Eisen im Blut durch Transferrin. Das Protein Ferritin besitzt eine Speicherfunktion und bindet Eisen als Komplex in der Leber.

*Stütz- und Gerüstfunktionen*

Faserproteine üben in den Knochen und Geweben Stützfunktionen aus. Wichtigster Vertreter ist das Kollagen, das auch in Sehnen, Knorpeln oder in den Zähnen vorkommt. Charakteristisch sind seine Zugfestigkeit, mechanische Stabilität und die Unlöslichkeit seiner Faserstruktur.

*Immunabwehr*

Hochspezifische Proteine, die als Antikörper bezeichnet werden, erkennen und binden in den Organismen Fremdsubstanzen, die sogenannten Antigene. Diese können ebenfalls Proteine, aber auch Viren oder Krebszellen sein, die durch die Immunabwehr der Antikörper unschädlich gemacht werden.

## 2.1.1  Aminosäurestrukturen

Aminosäuren sind die Ausgangssubstanzen für die Proteinsynthese, dienen als Nährstoffe und sind am Energiestoffwechsel beteiligt.

Die Proteine setzen sich aus 20 verschiedenen $\alpha$-Aminosäuren zusammen. Ihre Eigenschaften und insbesondere der amphotere Charakter werden durch die basische Aminogruppe ($NH_3^+$) und die saure Carboxylgruppe ($COO^-$) geprägt.

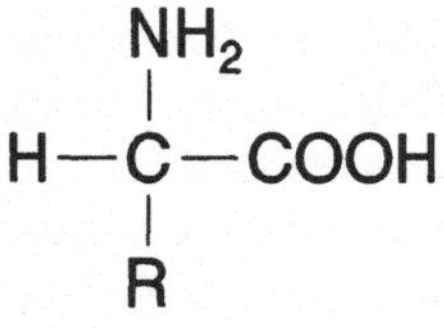

**Bild 2-1**
Struktur einer neutralen Aminosäure
R = Seitenkette

Weiterhin sind ein Wasserstoffatom (H) und eine Seitenkette R um das Kohlenstoffatom der Aminosäure gruppiert.

Ist in der Kette R eine weitere Aminogruppe angeordnet, handelt es sich um eine basische Aminosäure. Saure Aminosäuren enthalten dagegen eine weitere Carboxylgruppe in der Seitenkette.

Wie aus den folgenden Srukturabbildungen hervorgeht, dienen für die Aminosäuren die ersten drei Buchstaben ihres Namens als Abkürzung. Ausnahmen bilden Asparagin (Asn), Glutamin (Gln), Isoleucin (Ile) und Tryptophan (Trp). Sie können auch mit einem in der „Sprache" der Biochemiker üblichen Symbol gekennzeichnet werden.

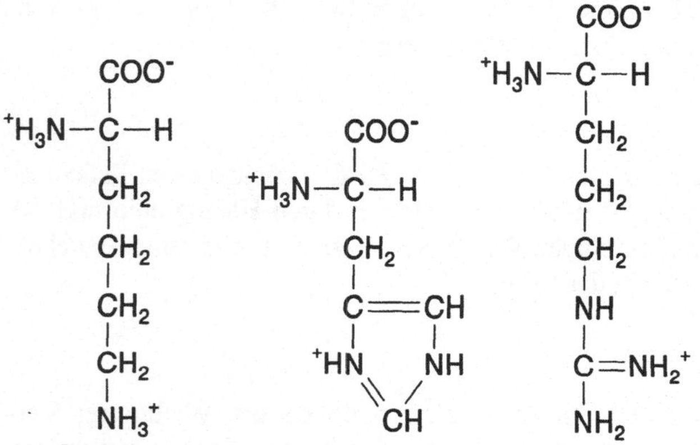

Lysin (Lys, K)          Histidin (His, K)          Arginin (Arg, R)

**Bild 2-2**
Basische Aminosäuren

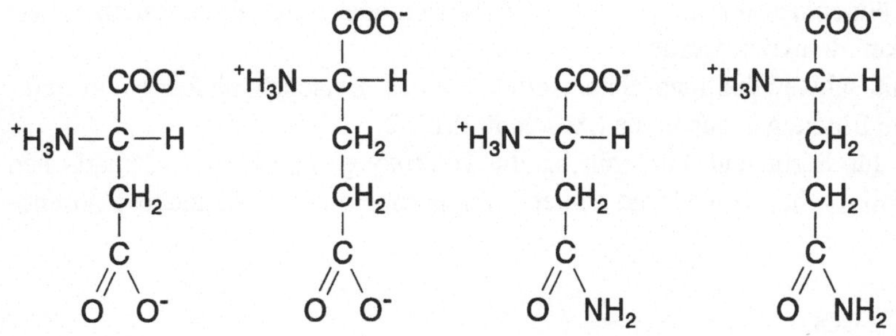

**Bild 2-3**
Saure Aminosäuren

| Aspartat | Glutamat | Asparagin | Glutamin |
|----------|----------|-----------|----------|
| (Asp, D) | (Glu, E) | (Asn, N) | (Gln, Q) |

Im Fall der neutralen Aminosäuren tragen die funktionellen Gruppen der Kette kaum oder gar nicht zur Dissoziation bei.

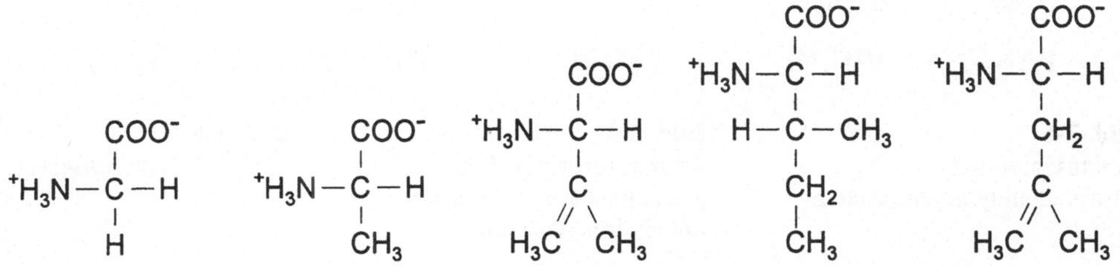

| Glycin | Alanin | Valin | Isoleucin | Leucin |
|--------|--------|-------|-----------|--------|
| (Gly, G) | (Ala, A) | (Val, V) | (Ile, I) | (Leu, L) |

**Bild 2-4**  Aliphatische Aminosäuren

Aromatische Aminosäuren enthalten chromophore Gruppen, die ihren Extinktionskoeffizienten und den des Gesamtproteins deutlich erhöhen.

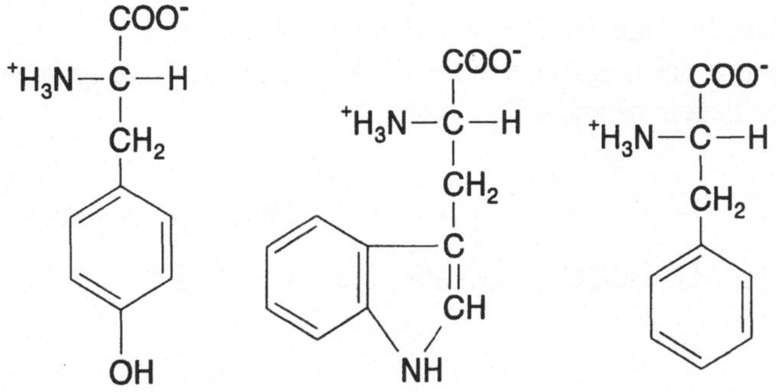

| Tyrosin | Tryptophan | Phenylalanin |
|---------|------------|--------------|
| (Tyr, Y) | (Trp, W) | (Phe, F) |

**Bild 2-5**
Aromatische Aminosäuren

Diese Proteine können deshalb im mittleren UV-Bereich oder durch Fluoreszenz mit erhöhter Empfindlichkeit detektiert werden.

Aminosäuren mit schwefelhaltigen Seitenketten können zwischen einzelnen Proteinbereichen sulfidische Bindungen ausbilden (Abschnitt 2.1.2.2).

Charakteristisch für Serin und Threonin ist die Hydroxylgruppe in der aliphatischen Seitenkette. Das Prolin gehört auf Grund seiner Iminogruppe zu den sekundären Aminosäuren.

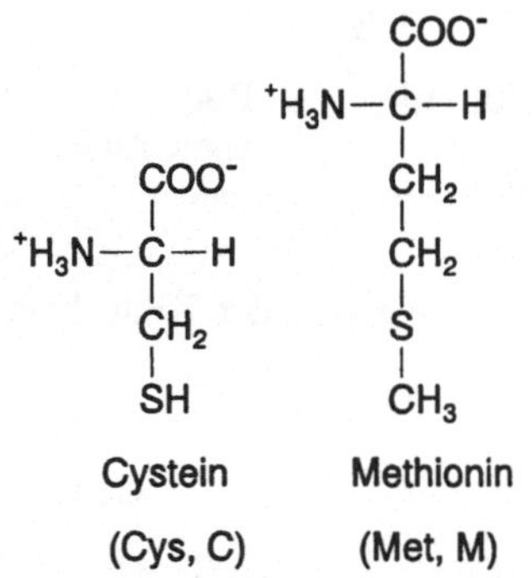

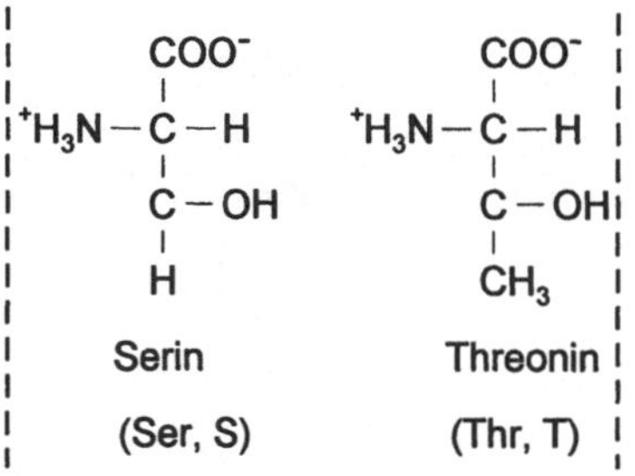

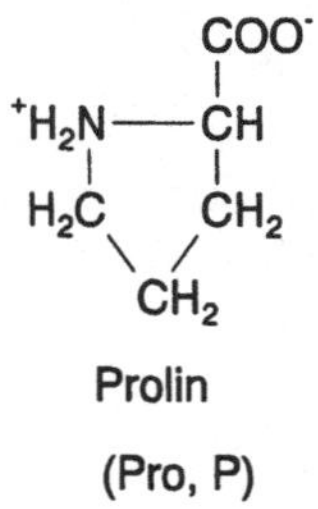

**Bild 2-6**
Aminosäuren mit
schwefelhaltigen Seitenketten

**Bild 2-7**
Aminosäuren bestehend
aus aliphatischer Seitenkette
mit Hydroxylgruppe

**Bild 2-8**
Sekundäre Aminosäure

## 2.1.1.1 *Zwitterionenform und pH-Abhängigkeit*

In Abhängigkeit vom pH-Wert liegen die Aminosäuren in nicht ionisierter oder in ionisierter Form vor.

Im neutralen pH-Bereich (pH = 7) sind beide funktionellen Gruppen ionisiert und die Aminosäuren treten als Zwitterionen auf. Die $NH_3^+$ - Gruppe ist protoniert und die $COO^-$ - Gruppe liegt im dissoziiertem Zustand vor.

Durch Zufuhr von Wasserstoffionen wird die Dissoziation der Carboxylgruppe im sauren Milieu reduziert und die Aminosäure geht im stark sauren Bereich (pH = 1) in ihre nichtionisierte Form über, während die Aminogruppe weiterhin protoniert ist.

In stark basischen Lösungen tritt der entgegengesetzte Effekt ein. Die Carboxylgruppe ist ionisiert und die Aminogruppe liegt in neutraler Form vor.

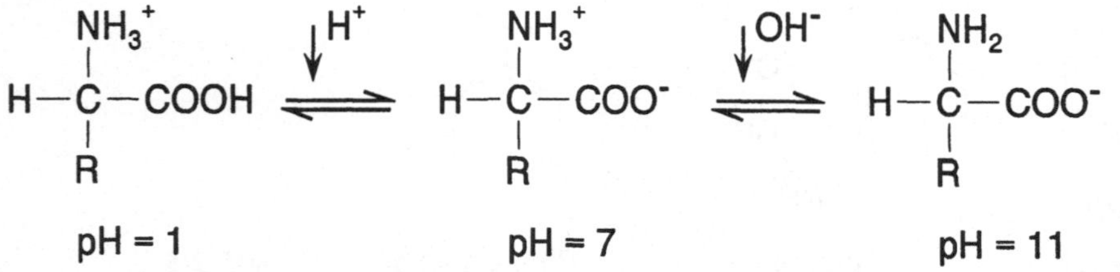

**Bild 2-9**  Ladungszustand einer Aminosäure in Abhängigkeit vom pH-Wert

Die unterschiedlichen Ionisierungsformen von Aminosäuren in Abhängigkeit vom pH-Wert können sowohl für die Aminosäuren als auch für die Proteine zur selektiven chromatographischen und elektrophoretischen Trennung ausgenutzt werden.

### 2.1.1.2  pK-Werte und isoelektrischer Punkt

Die Amino- und Carboxylgruppe einer Aminosäure können Protonen aufnehmen oder abgeben. Beide fungieren als Säuren (SH) und können entsprechend der Gleichung 2.1 dissoziieren.

$$SH \rightarrow \left[S^-\right] + \left[H^+\right] \tag{2.1}$$

Setzt man die entsprechenden Konzentrationen in das Massenwirkungsgesetz ein, erhält man den Ausdruck für die Dissoziationskonstante $K$.

$$K = \frac{\left[S^-\right]\left[H^+\right]}{\left[SH\right]} \tag{2.2}$$

Nach dem Logarithmieren dieser Formel resultiert der folgende Ausdruck:

$$\lg\frac{\left[S^-\right]}{\left[SH\right]} - \lg K = -\lg\left[H^+\right] \tag{2.3}$$

Da der pH-Wert der negative dekadische Logarithmus der Wasserstoffionenkonzentration ist (Gleichung 2.4), wird der pK-Wert als negativer Logarithmus der Dissoziationskonstante definiert (2.5).

$$pH = -\lg\left[H^+\right] \tag{2.4}$$

$$pK = -\lg K \tag{2.5}$$

Durch Einsetzen von Gleichungen 2.4 und 2.5 in 2.3 resultiert folgender Ausdruck:

$$pH = pK + \lg\frac{\left[S^-\right]}{\left[SH\right]} \tag{2.6}$$

Dieser besagt, daß der pH-Wert gleich dem pK-Wert (der Aminosäure) ist, wenn die Säure genau zur Hälfte dissoziiert ist.

Der isoelektrische Punkt (pI) eines Proteins ist derjenige pH-Wert, bei dem seine Nettoladung Null beträgt.

### 2.1.1.3  *D- und L-Konfiguration*

Die proteinogenen Aminosäuren treten nur in der L-Form auf. Das Bild 2-10 zeigt, daß auf Grund der tetraedrischen Anordnung der Gruppen ($NH_3^+$ -, $COO^-$ -, $H^+$ -Gruppe und Seitenkette R) um das Kohlenstoffatom ($\alpha$-C-Atom) zwei spiegelbildlich gegenüberstehende Formen entstehen, die als L- und D-Isomer bezeichnet werden. Diese Strukturen verleihen den Aminosäuren ihre optische Aktivität.

Durch die Entwicklung chiraler stationärer Phasen und mobiler Selektoren können strukturell so geringfügig unterschiedliche isomere Verbindungen chromatographisch getrennt und quantifiziert werden.

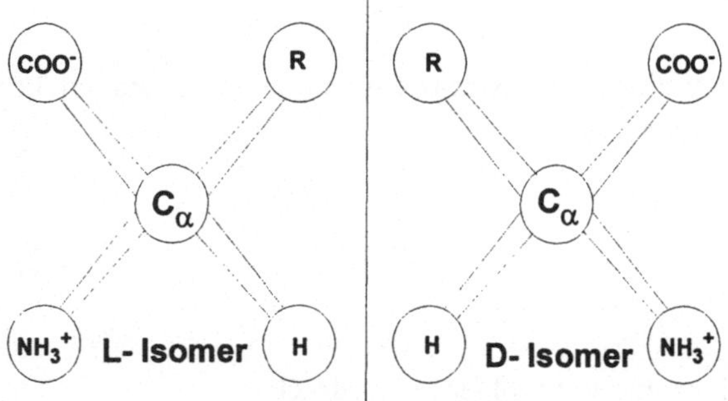


**Bild 2-10**
Konfiguration des D- und L-
Isomeren einer Aminosäure

## 2.1.2  Proteinstrukturen

### 2.1.2.1  *Peptidbindung*

In Proteinen sind die einzelnen Aminosäuren durch Peptidbindungen miteinander verknüpft. Die $\alpha$-Carboxylgruppe der Aminosäure 1 reagiert mit der $\alpha$-Aminogruppe der Aminosäure 2 unter Austritt von Wasser. Beide Aminosäuren bilden ein Dipeptid, drei oder fünf Aminosäuren entsprechend ein Tri- oder Pentapeptid.

Das Gleichgewicht dieser Reaktion liegt auf der Seite der Hydrolyse. Für die Synthese einer Peptidbindung ist deshalb ein hoher Energieaufwand notwendig, während ihre Spaltung freiwillig abläuft.

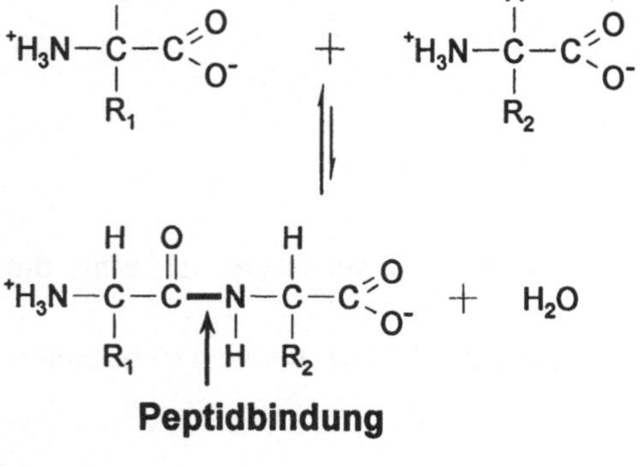

**Bild 2-11**
Entstehung der Peptidbindung
zwischen zwei Aminosäuren

### 2.1.2.2  Sulfidbindung

Einige Proteine enthalten Sulfidbindungen bzw. Sulfidbrücken. Diese entstehen aus den Sulfhydrylgruppen (-S-H) der schwefelhaltigen Aminosäure Cystein durch Oxidation. Das resultierende Disulfid wird als Cystin bezeichnet. Insbesondere extrazelluläre Proteine besitzen diese sulfidischen Querverbindungen.

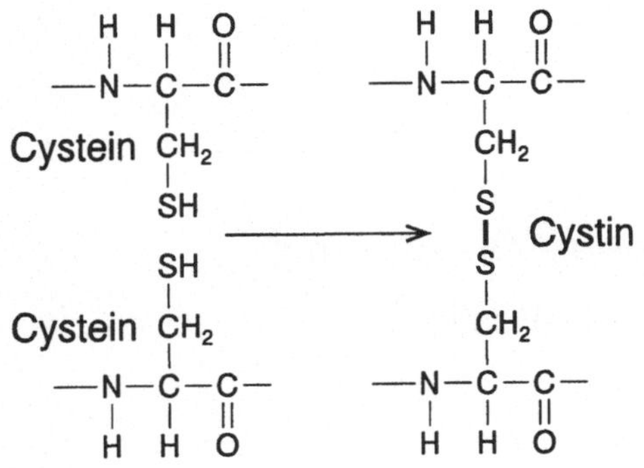

**Bild 2-12**
Entstehung der Disulfidbindung bzw. -brücke (-S-S-)

### 2.1.2.3  Aminosäuresequenz

Die Aminosäuresequenz ist die Aufeinanderfolge der einzelnen Aminosäuren in einem Protein. Sie enthalten nur L-Aminosäuren, die kovalent über Peptidbindungen verknüpft sind. Die Aminosäuresequenz von Rinderinsulin (S. Sanger 1953) ist in dem folgenden Bild dargestellt. Das Protein besteht aus einer A- und B-Kette, die über Disulfidbindungen verbunden sind.

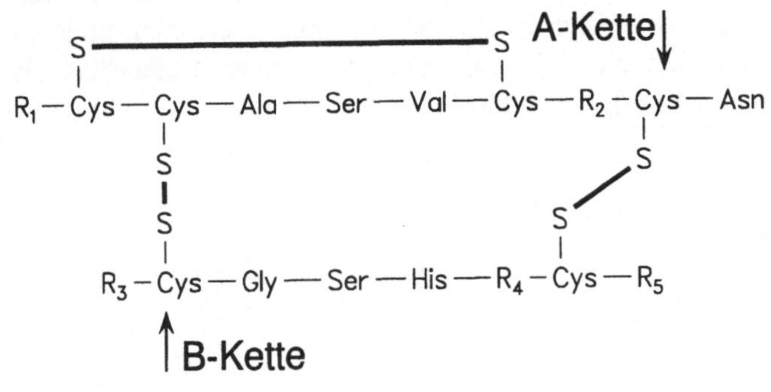

$R_1$ : Gly — Ile — Val — Glu — Gln

$R_2$ : Ser — Leu — Tyr — Gln — Leu — Glu — Asn — Tyr

$R_3$ : Phe — Val — Asn — Gln — His — Leu

$R_4$ : Gly — Ser — His — Leu — Val — Glu — Ala — Leu — Tyr — Leu — Val

$R_5$ : Gly — Glu — Arg — Gly — Phe — Phe — Tyr — Thr — Pro — Lys — Ala

**Bild 2-13**  Aminosäuresequenz von Rinderinsulin

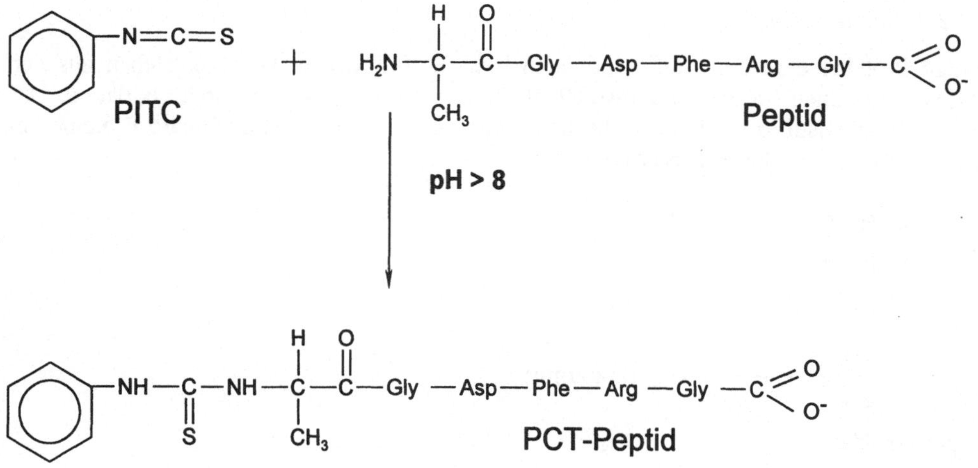

**Bild 2-14**  Kopplung mit PITC

Die Sequenzierung eines Proteins oder Peptides kann nach dem von Pehr Edman (1950) entwickelten Aminosäureabbau (*Edman-Abbau*) erfolgen. Dabei reagiert Phenylisothiocyanat (PITC) unter milden basischen Bedingungen mit der *N*-terminalen Aminogruppe des Proteins bei Temperaturen um 50°C unter Bildung des Phenylthiocarbamoyl (PTC)-Adduktes. Die Zeit beträgt ca. 30 min. Ein Beschleunigung der Reaktion kann durch Erhöhung des pH-Wertes auf 9 erfolgen.

Damit ist jedoch die verstärkte Bildung des Nebenproduktes Diphenylthioharnstoff (DPTU) verbunden, der die HPLC-Analyse von PTH-Aminosäuren beeinträchtigen kann (s. Bild 2-15). Das PTC-Addukt wird in einer Inertgasatmosphäre unter Feuchtigkeitsausschluß mit Trifluoressigsäure versetzt. Dadurch erfolgt der nucleophile Angriff des Schwefels an der Carbonylgruppe der ersten Peptidbindung, der zur Abspaltung einer Aminosäure als heterocyclisches Anilinothiazolinon-(ATZ-)Derivat führt.

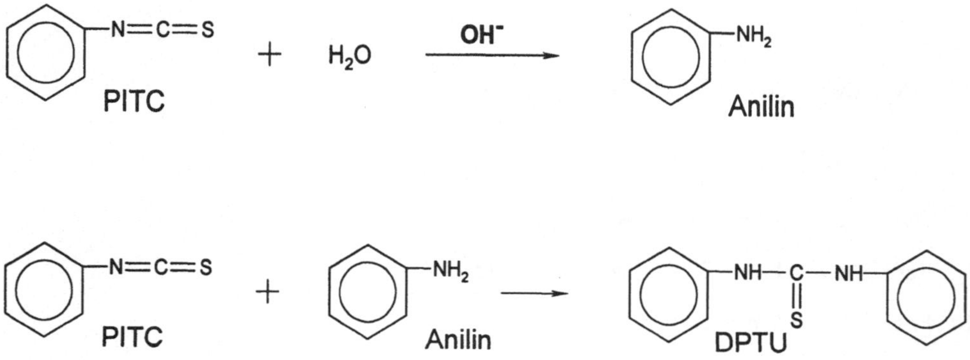

**Bild 2-15**  Nebenproduktbildung

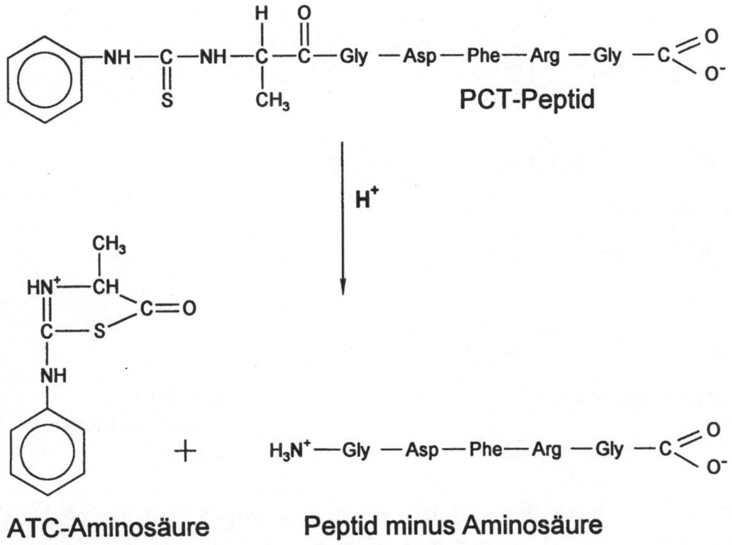

PCT-Peptid

H⁺

ATC-Aminosäure          Peptid minus Aminosäure

**Bild 2-16**  Abspaltung der ersten Aminosäure

Die reduzierte hydrophobe ATC-Aminosäure wird vom hydrophilen Restprotein durch Extraktion mit einem entsprechend hydrophoben Lösungsmittel (z.B. Ethylacetat) abgetrennt. Durch Hinzufügen wäßriger Säure wird der heterocyclische Ring der ATC-Aminosäure geöffnet. Diese wird bei erhöhter Temperatur in die stabilere Phenylthiohydantoin (PTH)-Aminosäure umgelagert (Konvertierung).

Die Analyse der PTH-Aminosäuren erfolgt mittels Hochleistungsflüssigchromatographie an Reversed-Phase-Säulen.

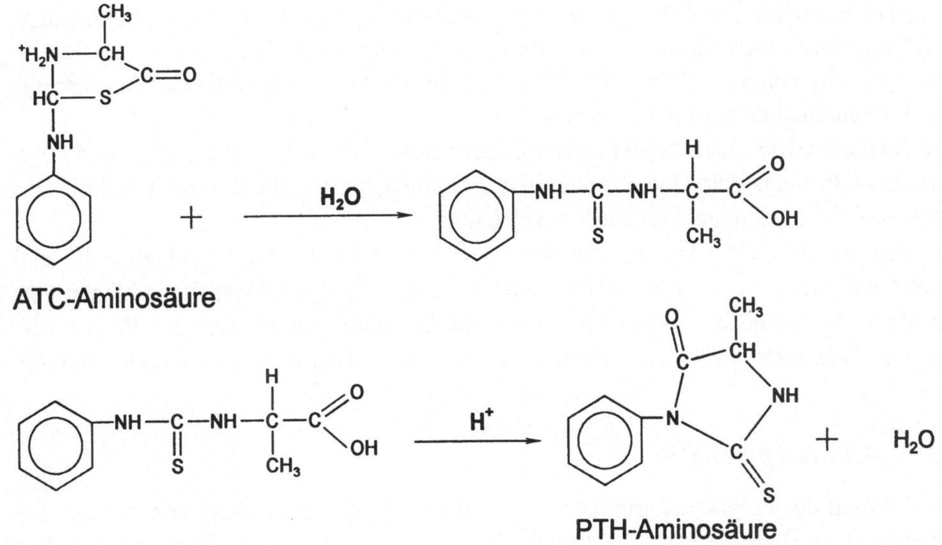

ATC-Aminosäure

$H_2O$

$H^+$

PTH-Aminosäure

**Bild 2-17**  Konvertierung

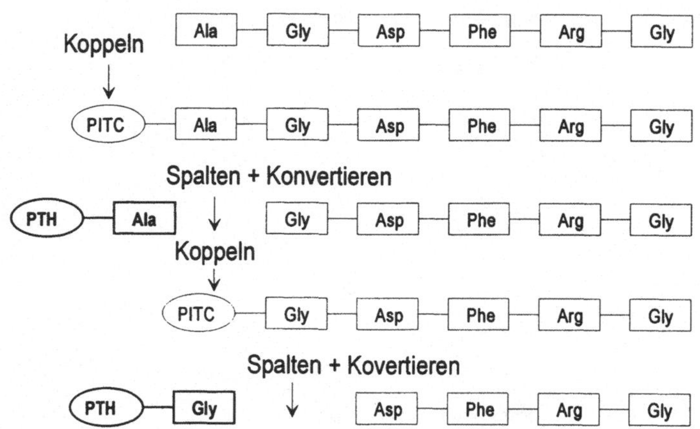



**Bild 2-18**
Verlauf des Edman-Abbaus

Das Restprotein wird danach erneut dem Edman-Abbau unterzogen, um die nächste Aminosäure abzuspalten und sie als PTH-Derivat zu analysieren. Dieser sich ständig wiederholende Vorgang ist vereinfacht in Bild 2-18 dargestellt.

Mit automatisierten Sequenatoren beträgt die Zeit für den Edman-Abbau einer Polypeptidkette etwa zwei Stunden.

Die größte Bedeutung hat jedoch die DNA-Rekombinationstechnik, mit der die Aminosäuresequenz eines Proteins an Hand der Sequenzanalyse der DNA-Basen Adenin, Thymin, Guanin und Cytosin ermittelt wird.

### 2.1.2.4  Primär-, Sekundär-, Tertiär- und Quarternärstruktur

Die enzymatische Aktivität und die biologischen Eigenschaften eines Proteins hängen entscheidend von seiner räumlichen bzw. strukturellen Anordnung ab [1-3].

Als *Primärstruktur* eines Proteins wird die Aminosäuresequenz, d.h., die „Aneinanderreihung" einzelner Aminosäuren in seiner Polypeptidkette(n) bezeichnet.

Die *Sekundärstruktur* ist eine räumliche Anordnung der Polypeptidkette. Die Konformation der Seitenketten wird nicht berücksichtigt.

Die *Tertiärstruktur* charakterisiert die dreidimensionale Ausdehnung des gesamten Polypeptides bzw. Proteins. Die Unterschiede in der räumlichen Struktur sind im Vergleich zur Sekundärstruktur fließend und teilweise vergleichbar.

Die *Quarternärstruktur* tritt bei Proteinen mit zwei und mehr Polypeptidketten auf und beschreibt die räumliche Anordnung der Untereinheiten, die durch Disulfidbindungen verknüpft sind. Die knäuelartige Struktur wird weiterhin durch nichtkovalente Wechselwirkungen wie Wasserstoffbrückenbindungen und/oder elektrostatische Interaktionen hervorgerufen.

### 2.1.2.5  α-Helix und β-Faltblatt

Die Ausbildung der Polypeptidstruktur von α-Helix und β-Faltblatt hängt eng mit den beschriebenen Organisationsebenen der Proteinstrukturen zusammen. Grundlegende Ursachen sind hauptsächlich die strukturellen Besonderheiten der Peptidbindung.

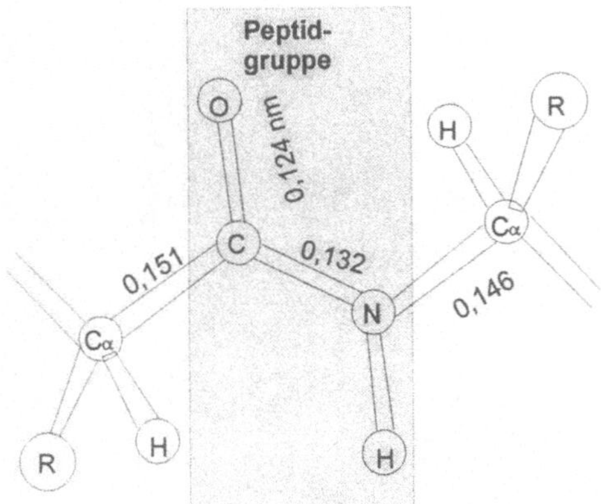


**Bild 2-19**
Die starre und planare Peptidgruppe

Die Peptidgruppe zwischen zwei $\alpha$-C-Atomen in einem Protein ist planar und starr angeordnet. Ursache der Planarität dieser Bindung ist der partielle Doppelbidungscharakter der Kohlenstoff-Stickstoff-Bindung (A).

Die der starren Peptidgruppe benachbarten $\alpha$-C-Atome besitzen dagegen beträchtliche Rotationsfreiheitsgrade, die maßgeblich die Art der Proteinfaltung bestimmen (B).

Pauling und Corey (1951) konstruierten Polypeptidmolekül-Modelle unter Einhaltung der exakt ermittelten Bindungslängen und -winkel und fanden, daß sich Polypeptidketten in Strukturen mit regelmäßig sich wiederholenden Elementen falten. Die erhaltenen Polypeptidstrukturen werden als $\alpha$-Helix und $\beta$-Faltblatt bezeichnet.

In Bild 2-21 ist die komplexe Struktur einer $\alpha$-Helix dargestellt. Sie besitzt eine stabförmige Anordnung, die im Inneren eng aufgewickelte Polypeptidketten enthält. Die Seitenketten sind andererseits schraubenförmig nach außen gerichtet. Der Abstand der Wendel beträgt 0,54 nm. Die Stabilisierung der $\alpha$-Helix erfolgt durch die Ausbildung von Wasserstoffbrücken.

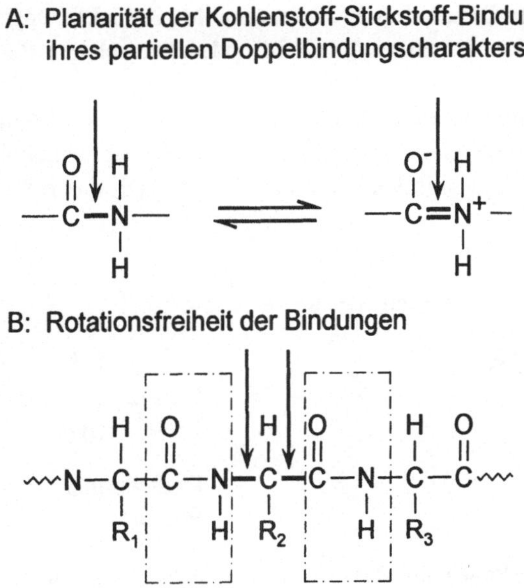

A:  Planarität der Kohlenstoff-Stickstoff-Bindung auf Grund
     ihres partiellen Doppelbindungscharakters

$$-\overset{\overset{\displaystyle O}{\|}}{C}-\overset{\overset{\displaystyle H}{|}}{\underset{\underset{\displaystyle H}{|}}{N}}-\quad\rightleftharpoons\quad-\overset{\overset{\displaystyle O^-}{|}}{C}=\overset{\overset{\displaystyle H}{|}}{\underset{\underset{\displaystyle H}{|}}{N^+}}-$$

B:  Rotationsfreiheit der Bindungen

$$\sim\!\!\!\sim\!\!N-\overset{\overset{\displaystyle H}{|}}{\underset{\underset{\displaystyle R_1}{|}}{C}}-\overset{\overset{\displaystyle O}{\|}}{C}-N-\overset{\overset{\displaystyle H}{|}}{\underset{\underset{\displaystyle R_2}{|}}{C}}-\overset{\overset{\displaystyle O}{\|}}{C}-N-\overset{\overset{\displaystyle H}{|}}{\underset{\underset{\displaystyle R_3}{|}}{C}}-\overset{\overset{\displaystyle O}{\|}}{C}\!\!\sim\!\!\!\sim$$

**Bild 2-20**
Planarität der Peptidgruppe (A) und Rotationsfreiheit (B)

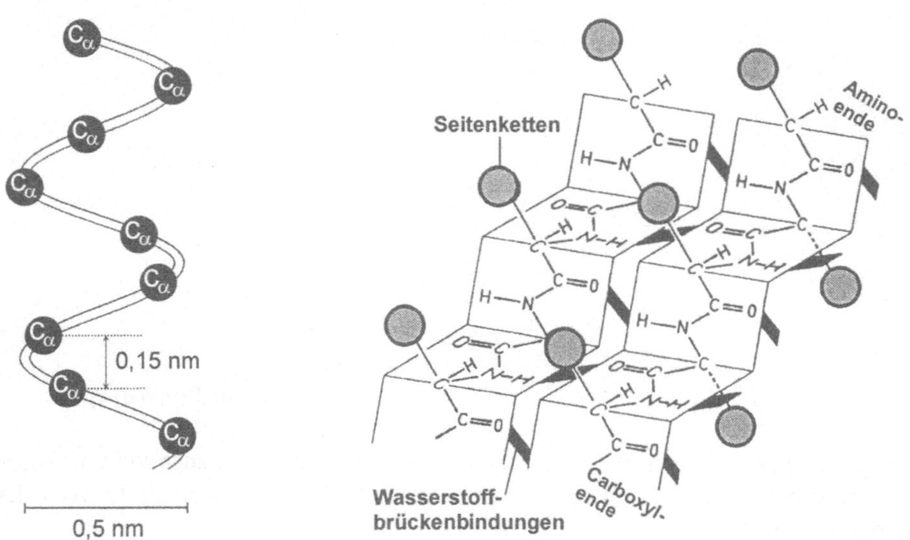



0,15 nm

0,5 nm

**Bild 2-21**  $\alpha$-Helix-Struktur          **Bild 2-22**   Faltblattstruktur ($\beta$-Konformation)

Das Modell der $\beta$-Faltblatt-Struktur geht aus dem Bild 2-22 hervor. Die Faltung der Polypeptidkette erfolgt nur im Bereich der $\alpha$-Kohlenstoffatome.

Die Seitenketten der Aminosäuren sind nach oben angeordnet. Die zur Stabilisierung der Struktur ausgebildeten Wasserstoffbrücken sind durch schwarze Balken gekennzeichnet.

## 2.1.3  Denaturierung und Redenaturierung

Proteine denaturieren bei erhöhter Temperatur, durch hydrophobe Wechselwirkungen oder unter dem Einfluß vieler organischer Lösungsmittel. Am Beispiel der Ribonuclease wird anschaulich demonstriert, daß nach erfolgter Denaturierung die reversible „Zurückfaltung" des Proteins, die als Redenaturierung bezeichnet wird, möglich ist und unter welchen Bedingungen sie verläuft.

Die Entstehung der Disulfidbindung wurde bereits in Bild 2-12 gezeigt. Die Reduktion dieser Bindung in einem Protein kann durch einen Überschuß von $\beta$-Mercaptoethanol erfolgen. In einer Zwischenstufe entsteht ein „gemischtes" Disulfid und danach das reduzierte Protein [1].

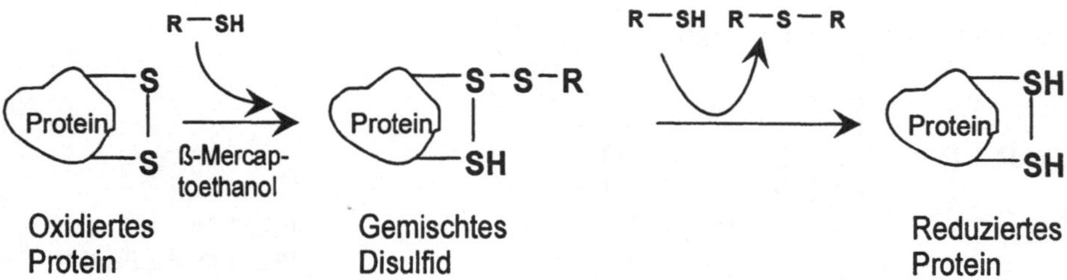



**Bild 2-23** Reduktion von Disulfidbindungen im Protein mit überschüssigem $\beta$-Mercaptoethanol

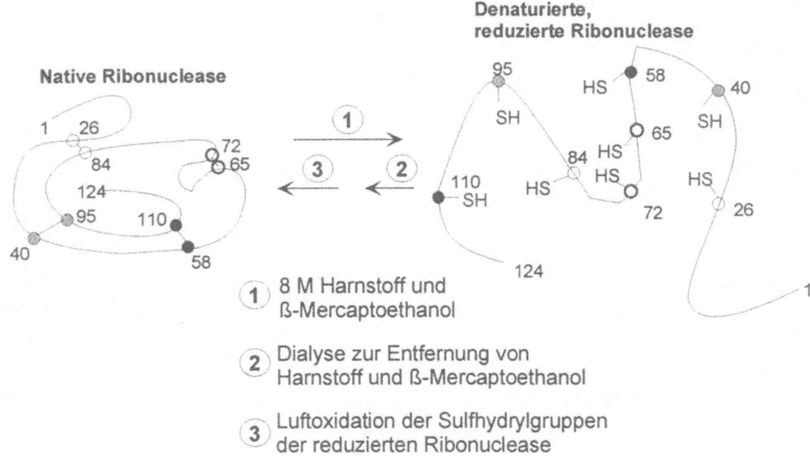


**Bild 2-24** Denaturierung und Redenaturierung von Ribonuclease [1]

Von Anfinsen (1964) wurde gefunden, daß die Ribonuclease ( bei 37°C, pH = 7) nur dann mit $\beta$-Mercaptoethanol reduziert wird, wenn das Protein zuvor mit Harnstoff oder Guanidinhydrochlorid partiell entknäuelt wurde [1]. Diese Proteindenaturierung wird im Bild 2-24 durch die Hinreaktion (①) ausgwiesen. Das Protein besitzt in diesem Zustand keinerlei enzymatische Aktivität mehr.

Die Redenaturierung erfolgt durch Entfernung von Harnstoff und $\beta$-Mercaptoethanol mittels Dialyse (s. a. Abschnitt 3.4) und in einem zweiten Schritt durch Luftoxidation der Sulfhydrylgruppen, was durch die Rückreaktionen (② und ③) angezeigt wird.

Auf diese Weise faltet sich das Ribonuclease-Molekül zurück und wird wieder enzymatisch aktiv.

### 2.1.4 Glutathion- und Metallothioneinstrukturen

Glutathion (GSH) ist ein schwefelhaltiges Tripeptid ($\gamma$-Glutamylcysteinylglycin) mit einer Molekülmasse von 304 und wurde bereits 1888 in der Hefe als „Philothion" entdeckt. Die Struktur des Peptides geht aus dem Bild 2-25 hervor. Neben der Glutathionstruktur existieren auch homologe Verbindungen wie Homo-Glutathion (h-GSH) mit der Struktur $\gamma$-Glu-Cys-ß-Ala oder Hydroxymethyl-Glutathion (hm-GSH, $\gamma$-Glu-Cys-Ser).

Die Thiolgruppe (SH-Gruppe) besitzt verschiedene biologische Eigenschaften und Funktionen [6, 7]. Sie ist an Entgiftungsreaktionen und am oxidativen Schutz der Zellen beteiligt (Abschnitt 8.1.1).

Metallothioneine (MT) gehören zu der Substanzklasse der Metalloproteine [7-9]. Man unterscheidet zwischen Metallothioneinen 1 und 2 (MT 1, MT 2), die Molekulargewichte von 6–15 kDa besitzen, und Metallothioneinen (MT 3), die niedermolekular sind und auch als Phytochelatine (PC's), Cadystine (Hinweis auf die Cd-chelatierende Wirkung), $\gamma$-Glutamylpeptide, $(\gamma EC)_n G$ bzw. ($\gamma$-Glutamyl-Cysteinyl)$_n$-Glycine, wobei n = 2–11 ist, bezeichnet werden (s. Bild 2-26). Der Name Phytochelatine weist darauf hin, daß diese schwefelhaltigen Peptide vorrangig in Pflanzen vorkommen und mit Metallionen Chelate bilden (s. Abschnitt 8.1.2).

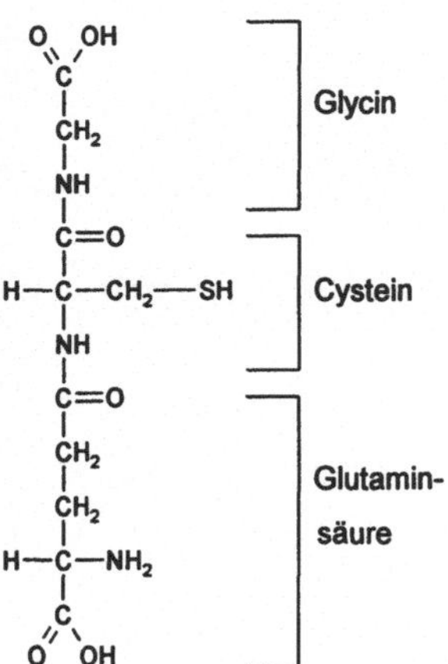



**Bild 2-25**
Strukturformel von Glutathion

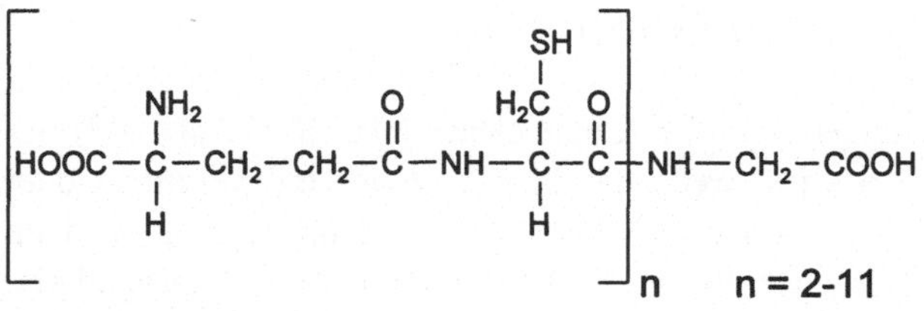

$$\left[ HOOC-\underset{H}{\overset{NH_2}{C}}-CH_2-CH_2-\overset{O}{C}-NH-\underset{H}{\overset{H_2C-SH}{C}}-\overset{O}{C}-NH-CH_2-COOH \right]_n \quad n = 2\text{-}11$$

**Bild 2-26**  Struktur der Phytochelatine

Als Homophytochelatine (h-PCs) werden schwefelhaltige Peptide mit der Primärstruktur
[γ-Glu-Cys]$_n$-ß-Ala bezeichnet. Weiterhin sind die Hydroxymethyl-Phytochelatine (hm-PCs,
[γ-Glu-Cys]$_n$-Ser), sogenannte *des*-Phytochelatine ([γ-Glu-Cys]$_n$) und Phytochelatine mit der
Aminosäurestruktur [γ-Glu-Cys]$_n$-Glu bekannt.

MT 1 und MT 2 Metallothioneine sind charakteristische Bestandteile von menschlichen
und tierischen Organismen und Zellen sowie von einigen Pilzen. Sie unterscheiden sich in
ihrer Struktur signifikant von den Phytochelatinen. Im nachstehenden Bild ist die Aminosäuresequenz eines tierischen Metallothioneins schematisch dargestellt (nach Kojima und
Kägi, [8]).

MT 1 und MT 2 werden durch Gene codiert und besitzen funktionelle Gemeinsamkeiten, während Phytochelatine keine primären Genprodukte sind.

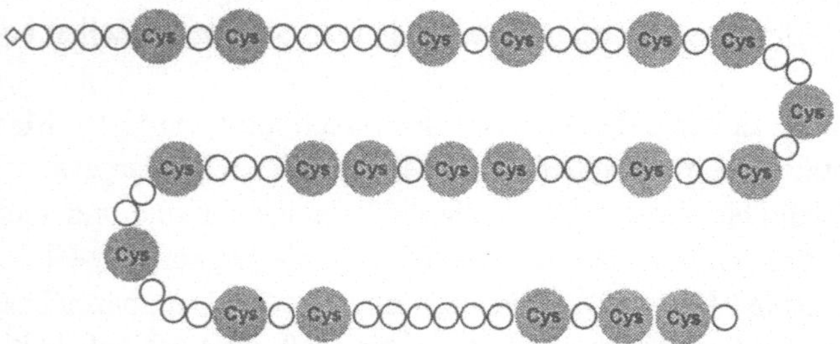



**Bild 2-27**  Schematische Darstellung der Aminosäuresequenz eines tierischen Metallothioneins [8]

Metallothioneine der Klassen 1 und 2 sind aus einer Polypeptidkette bestehend aus 40 (41) nichtaromatischen Aminosäuren und 20 schwefelhaltigen Cysteinmolekülen, die nicht über Disulfidbrücken verknüpft sind, aufgebaut.

Das Metallothionein wurde 1957 zuerst von Margoshes und Vallee aus der Pferdeniere isoliert [10]. Der Name des Proteins resultiert aus seinem hohen Metallgehalt (2,2 % Zn bzw. 5,9 % Cd) und den zahlreichen Thiolgruppen (SH-Gruppen) auf Grund des hohen Anteils an Cysteinmolekülen (33 %).

Durch eine entsprechende Faltung des Metallothioneins entstehen zwei korbartige Strukturen, die als Cluster bezeichnet werden. Darin ist jedes Metallatom (z.B. Cd) tetrahydral von vier Thiolgruppen umgeben.

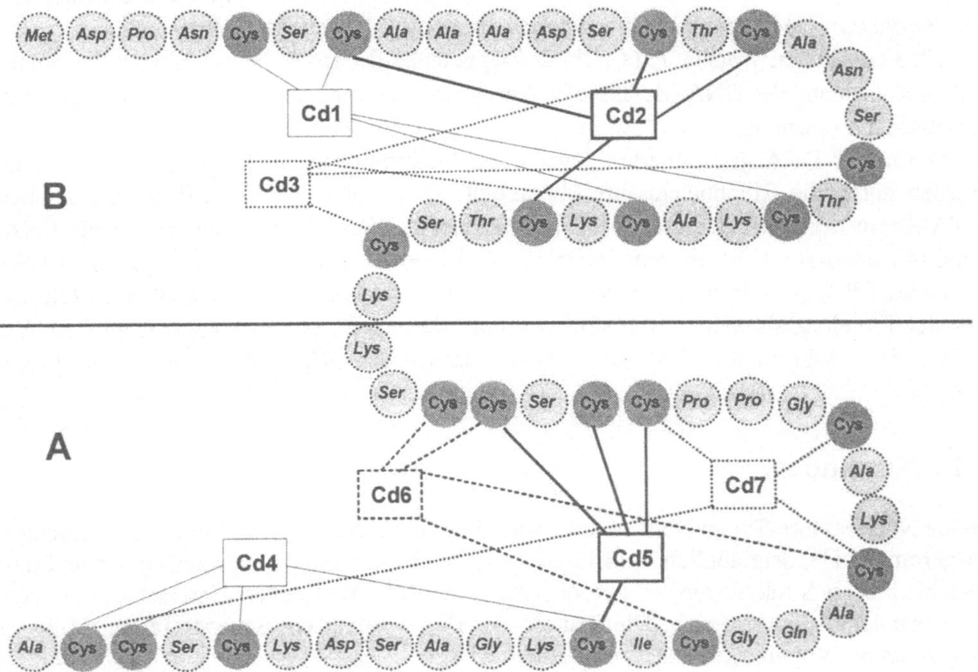


**Bild 2-28**  Aminosäuresequenz eines Metallothioneins aus Kaninchen-Leber [9]

Es können ein 3-Metall-Cluster mit 9 Thiolgruppen, $M_3(Cys)_9$, und ein 4-Metall-Cluster mit 11 SH-Gruppen, $M_4(Cys)_{11}$, in der $\beta$-Domäne (B in Bild 2-28) bzw. $\alpha$-Domäne (A) gebildet werden [6, 8, 11].

Auf Grund dieses hohen Schwefelgehaltes besitzen die Metallothioneine die Fähigkeit, eine breite Palette von Metallionen wie $Cd^{2+}$, $Cu^+$, $Zn^{2+}$, $Co^{2+}$, $Hg^{2+}$, $Ag^+$ zu binden und charakteristische Metall-Thiolat-Komplexe auszubilden.

Aus der Metallbindungsfähigkeit resultieren für sie wichtige physiologische Eigenschaften und Funktionen wie Eliminierung toxischer Metallionen, Metallionenmetabolismus und Homöostase, Detoxifikation freier Radikale oder Rekonstruktion anderer metallhaltiger Proteine (s. Abschnitt 8.1.3). Auch bei der Ausbildung von Karzinomen scheinen die Metallothioneine eine entscheidende Rolle zu spielen.

## 2.2  Nucleinsäuren

Die Desoxyribonucleinsäure (DNA) ist das eigentliche Molekül des Lebens. In ihrer Struktur sind die Erbinformationen enthalten, die den Aufbau aller Proteine bestimmen und steuern. Die DNA enthält die Befehle, nach denen Zellen wachsen und sich teilen. Sie ist die ursprüngliche Grundlage des Evolutionsprozesses, der die Mannigfaltigkeit aller Lebensformen hervorgebracht hat [1, 2, 12-14].

Die DNA und RNA (Ribonucleinsäure) sind sehr lange, fadenförmige Biomoleküle, die aus Desoxyribonucleotiden (Ribonucleotiden) bestehen. Diese setzen sich aus einer Base, einem Zucker und einem Phosphatrest zusammen. Die Zucker- und Phosphatgruppen determinieren hauptsächlich die strukturelle Anordnung dieser Makromoleküle. Die Basen der Nucleinsäuren (Nucleobasen) beinhalten und übertragen die genetische Information.

1953 entdeckten Watson und Crick die Doppelhelix der DNA. Dieses Modell der räumlichen Anordnung der DNA-Moleküle ist das Symbol der modernen Molekularbiologie und genetischen Forschung.

Die in der DNA gespeicherten genetischen Informationen zur Bildung von Proteinen werden durch die Ribonucleinsäure übermittelt. Zuerst wird die DNA-Botschaft in eine RNA-Kopie der DNA umgeschrieben (transkribiert). Diese Boten- oder Messenger-RNA (mRNA) übermittelt die Informationen in die Ribosomen, wo sie durch Transfer-RNA-Moleküle (tRNA) in Proteine übersetzt (translatiert) werden. Die Ribosomen enthalten neben den Proteinen als weitere RNA-Struktur noch die sogenannte ribosomale RNA (rRNA). Alle drei RNA-Formen sind als Bindeglied zwischen der DNA und den Proteinen gleich wichtig.

### 2.2.1  Strukturen

Beide Nucleinsäure-Typen DNA und RNA sind in ihrem strukturellen Aufbau als Polymere (Makromoleküle) sehr ähnlich. In Bild 2-29 werden die wesentlichen gemeinsamen und unterschiedlichen Strukturgruppen gegenübergestellt. Die strukturellen Unterschiede in den Zuckermolekülen sind gering. Die Pentose der DNA enthält ein Sauerstoffatom weniger, was durch die Vorsilbe „desoxy" ausgedrückt wird.

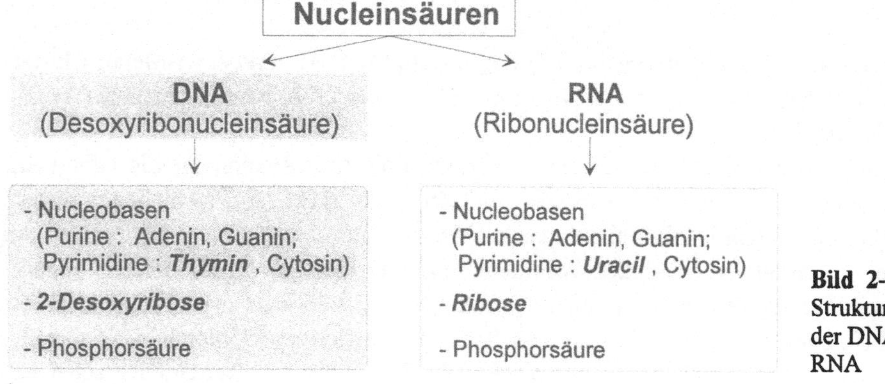


**Bild 2-29**
Strukturgruppen der DNA versus RNA

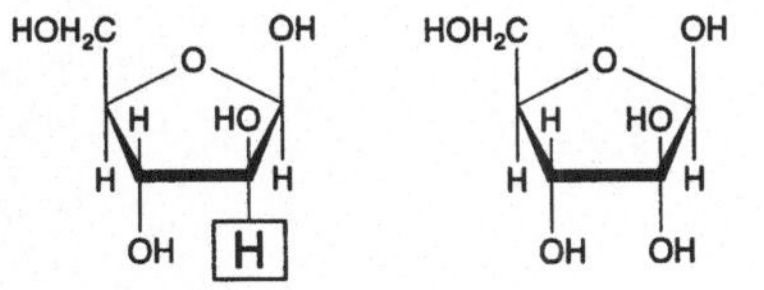

**Bild 2-30**
Zuckermoleküle der DNA und RNA

Die Basen der Nucleinsäuren leiten sich vom Purin- und Pyrimidin-Typ ab. In der DNA sind Adenin und Guanin sowie Thymin und Cytosin angeordnet. In der RNA wird dagegen die Pyrimidinbase Thymin durch Uracil ersetzt. Die Verknüpfung von einer Purin- oder Pyrimidinbase mit einem Zucker ergibt ein Nucleosid. Das $C_1$-Atom der Desoxyribose ist dann mit einem $N_9$-Atom des Purins oder mit dem $N_1$-Atom des Pyrimidins *N*-glycosidisch verbunden. Die Nucleoside der DNA werden folglich als Desoxycytidin, Desoxythymidin, Desoxyguanosin und Desoxyadenosin bezeichnet. Die Struktur dieses Nucleosides zeigt Bild 2-32.

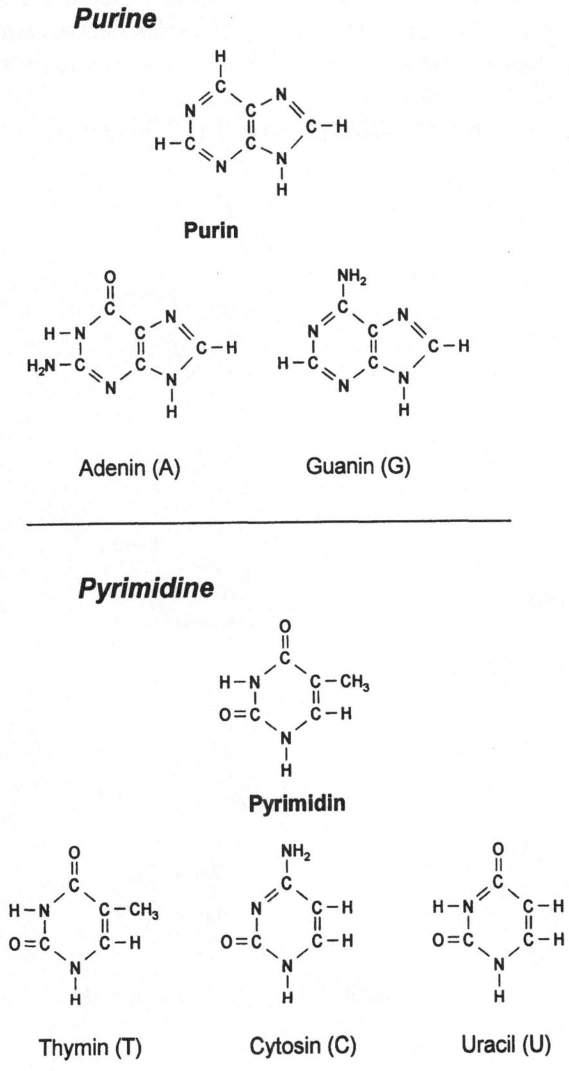

**Purine**

Purin

Adenin (A)          Guanin (G)

**Pyrimidine**

Pyrimidin

Thymin (T)          Cytosin (C)          Uracil (U)

**Bild 2-31**
Die Basen der
Nucleinsäuren
(Nucleobasen)

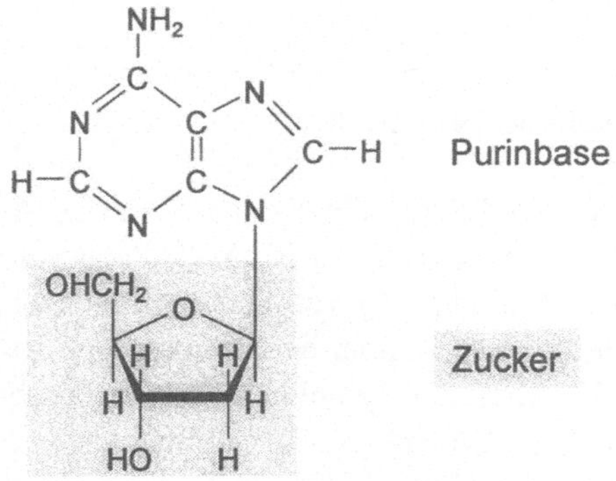

**Bild 2-32**
Struktur des Nucleosides Desoxyadenosin

Die Nucleotide stellen die Grundstruktureinheiten der Nucleinsäuren dar. Sie sind die Phosphatester der Nucleoside. In der Regel ist die OH-Gruppe am $C_5$-Atom des Zuckers mit einem oder auch mehreren Phosphatgruppen verestert. Diese Verbindungen werden als Nucleosid-5′-phosphate oder 5′-Nucleotide bezeichnet.

Die verknüpfte Struktur eines kurzen DNA-Kettenstückes geht aus Bild 2-34 hervor.

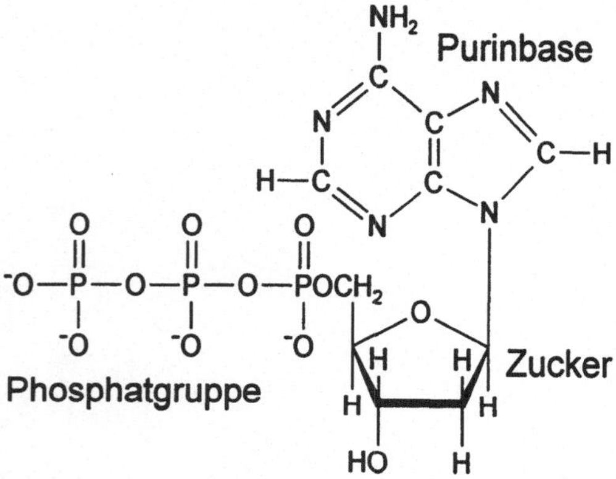

**Bild 2-33**  Desoxyadenosin-5′-triphosphat

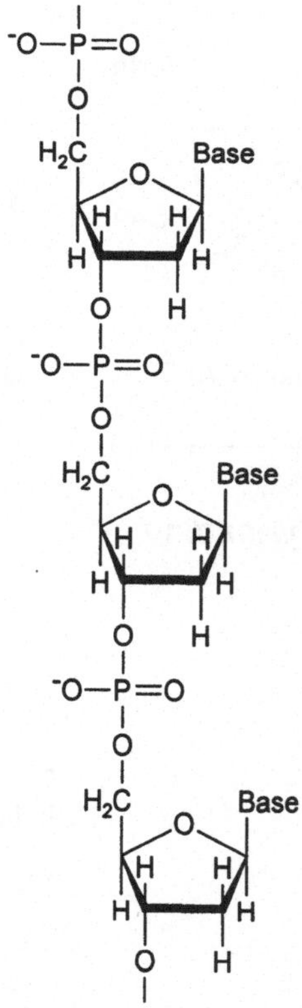

**Bild 2-34**  DNA-Kettenstück

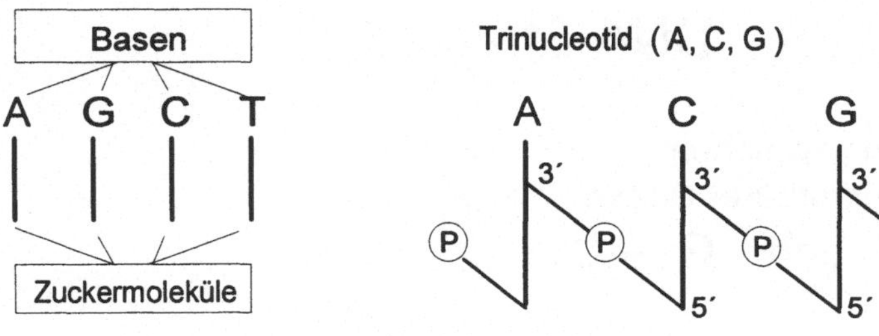


**Bild 2-35** Symboldarstellung von Nucleinsäureketten

Die organische Base und das Zuckermolekül sind über eine $\beta$-glycosidische Bindung miteinander verknüpft. Der Phosphatrest ist esterartig mit einer OH-Gruppe des Zuckers verbunden.

Zur übersichtlichen Darstellung der DNA-Ketten werden einfache Symbolanordungen verwendet. Die Nucleobasen werden mit ihrem entsprechenden Anfangsbuchstaben (A, G, C und T) abgekürzt und die Kennzeichnung der Zucker erfolgt durch senkrechte Striche. Dabei ist die 3′-Hydroxylgruppe der einen Zuckergruppe mit der 5′-Hyroxylgruppe des nachfolgenden Zuckers über eine Phosphodiesterbrücke verbunden. Diese ist mit dem Symbol ⓟ gekennzeichnet. Das skizzierte Molekül stellt ein Trinucleotid dar, welches auch durch die Bezeichnung „ACG" noch weiter vereinfacht symbolisiert werden kann.

## 2.2.2 Doppelhelix, Basenpaarung und Replikation

1953 wurde von Watson und Crick das Strukturmodell der dreidimensionalen DNA experimentell aufgeklärt. Sie entdeckten, daß die DNA aus zwei Polynucleotidsträngen besteht, die um eine gemeinsame Achse gewunden sind. Dieses als „Doppelhelix" bezeichnete DNA-Modell enthält im Inneren die Purin- und Pyrimidinbasen. Die Desoxyribose- und Phosphatgruppen sind im Helix-Modell nach Außen gerichtet und bilden das Rückgrat der DNA-Stränge. Die Ringebenen der Nucleobasen sind senkrecht zur Helixachse angeordnet, und die Zuckermoleküle stehen annähernd senkrecht zu diesen Basen. Der Durchmesser einer DNA-Helix beträgt 2 nm.

In Bild 2-36 ist die Doppelhelix bestehend aus den DNA-Strängen 1 und 2 schematisch dargestellt. Diese enthalten die Phosphat- und Zuckermoleküle sowie die entsprechenden Nucleobasen (vgl. Bild 2-29). Links und rechts befindet sich das strukturbestimmende Zucker-Phosphat-Rückgrat. Im Inneren der Helix stehen sich jeweils eine Purin- und eine Pyrimidinbase gegenüber. Aus sterischen Gründen können zwei Purinbasen nicht komplementär angeordnet sein.

Die Purin- und Pyrimidinbasen sind komplementär angeordnet. Es können nur Adenin und Thymin (A-T, T-A) sowie Guanin und Cytosin (G-C und C-G) paarweise gegenüberliegen.

Die stabilisierende Wechselwirkung erfolgt über Wasserstoffbrücken, die mit gestrichelten Linien in Bild 2-36 eingezeichnet sind.

Eine detailliertere Moleküldarstellung zur Ausbildung die Wassersoffbrücken geht aus Bild 2-37 hervor.

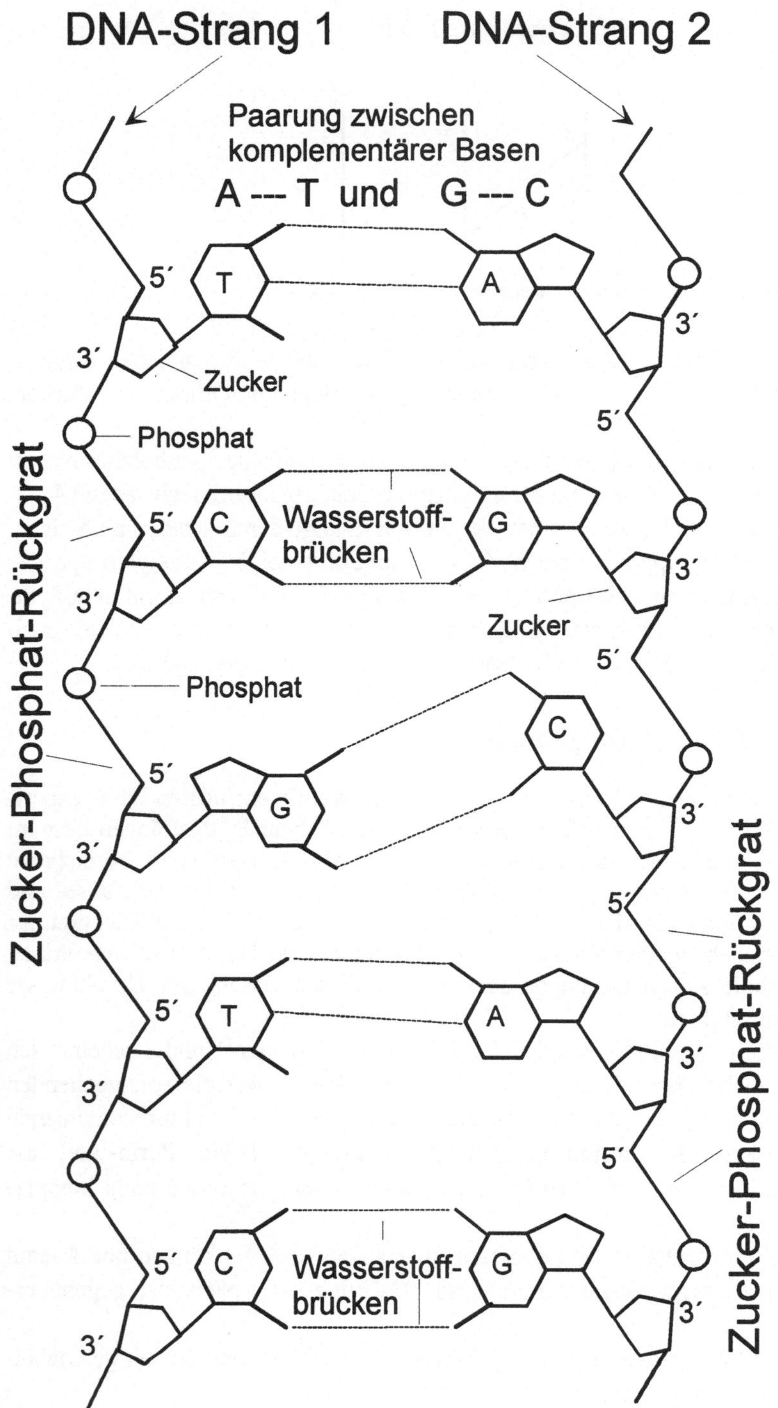


**Bild 2-36**  Basenpaarung zwischen zwei DNA-Ketten

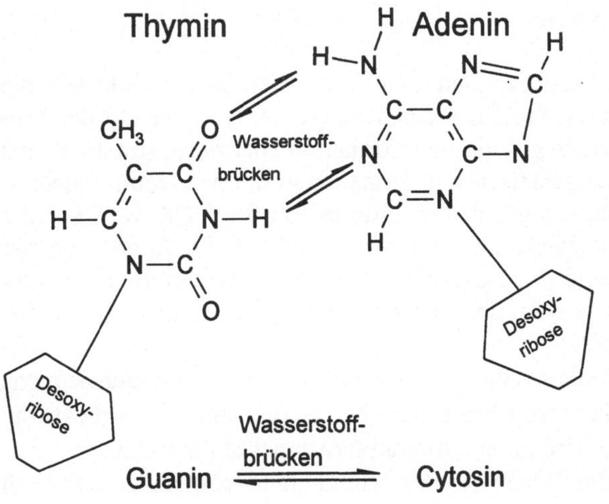

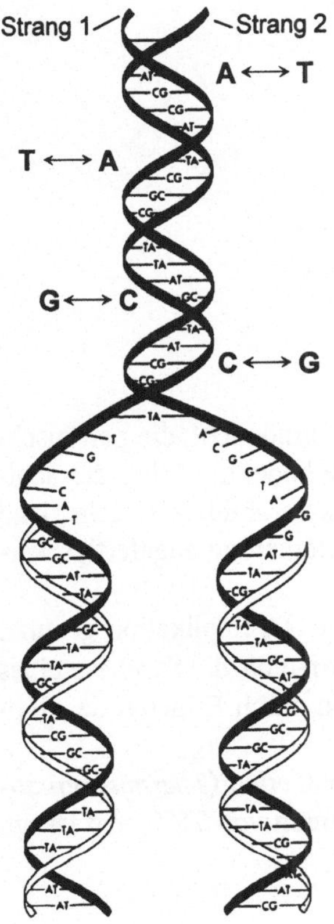



**Bild 2-37**
Wasserstoffbrücken zwischen den
Basenpaaren

Die Fähigkeit der DNA zur Selbstverdopplung gründet sich auf ihre komplementären Strukturen.

In Bild 2-38 wird gezeigt, daß sich die Stränge der „elterlichen" Doppelhelix entwinden und entsprechend den Basenpaarungsregeln als Matrize für die Synthese neuer Tochterstränge dienen können.



**Bild 2-38**
Verdopplung („Replikation") der DNA

### 2.2.3  Translation und Transkription

Die DNA ist fast immer im Zellkern lokalisiert und kann deshalb an diesem Ort nicht die Matrize sein, an der die Aminosäuren zu Proteinen synthetisiert werden. Der Ort der Proteinsynthese ist das Cytoplasma, in das die genetische Information übertragen (transkribiert) werden muß. Die Transkription dieser genetischen Information – die Nucleotidsequenz – erfolgt mit Hilfe der RNA. Das heißt, die genetische Information der DNA wird auf die RNA umgeschrieben. Die RNA dient wiederum als Matrize und hat die Anordnung der Aminosäuren – die Aminosäuresequenz – gespeichert. Die RNA wandert in das Cytoplasma, in dem sie die genetische Information über die Anordnung der Aminosäuren in den Polypeptidketten übersetzt (Translation).

Die in der DNA in Form der Nucleobasenanordnung verschlüsselte Aminosäuresequenz ist somit die Grundlage für die Synthese von Proteinen oder vereinfacht ausgedrückt, die „Nucleotidsprache" der Nucleinsäuren wird in die „Aminosäuresprache" übersetzt.

Die Base Uracil der DNA ist strukturell dem Thymin sehr ähnlich, weshalb sie sich auch mit Adenin paaren kann.

Die eine Aminosäure codierende Nucleotidgruppe wird als *Codon* bezeichnet. Eine Dreiergruppe von Nucleotiden (z.B. AAA oder AAU) codiert eine Aminosäure.

Den Gesamtvorgang dieser Informationsübertragung ist in dem folgenden Schema zusammengefaßt.

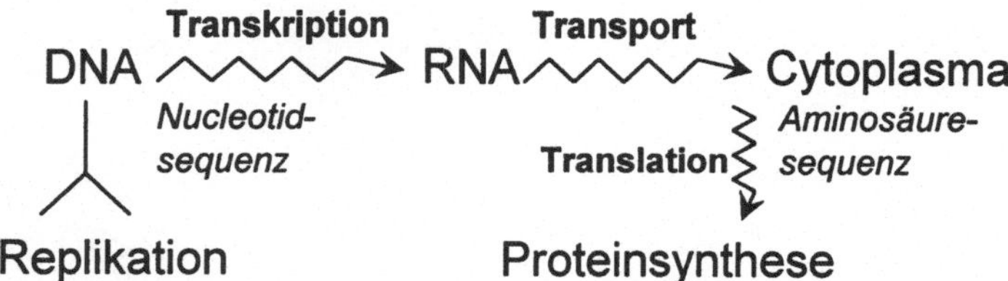


**Bild 2-39**  Umschreiben der Nucleotidsequenz in die „Aminosäuresprache"

### 2.2.4  Die Polymerasekettenreaktion

Die Polymerasekettenreaktion (PCR: *polymerase chain reaction*) ermöglicht, die gewünschten DNA-Bereiche zu kopieren und zu vervielfältigen. Diese Methode, die Mitte der achtziger Jahre von Mullis entwickelt wurde, hat die moderne Molekularbiologie entscheidend revolutioniert, da eine enorme Anzahl von DNA-Kopien ohne Klonierung angefertigt werden können.

Bei der PCR-Methode werden bestimmte Eigenschaften der DNA-Replikation genutzt. Die DNA-Polymerase verwendet eine Einzelstrang-DNA als Matrize für die Synthese eines neuen komplementären Stranges. Die Einzelstränge gewinnt man durch Erhitzen der doppelsträngigen DNA auf ca. 90°C.

Die DNA-Polymerase, die aus in heißen Quellen lebenden Bakterien (*Thermus aquaticus*, „Taq-Polymerase") isoliert wurde, hat ein Temperaturoptimum von 75°C und ist um 90°C noch ziemlich stabil.

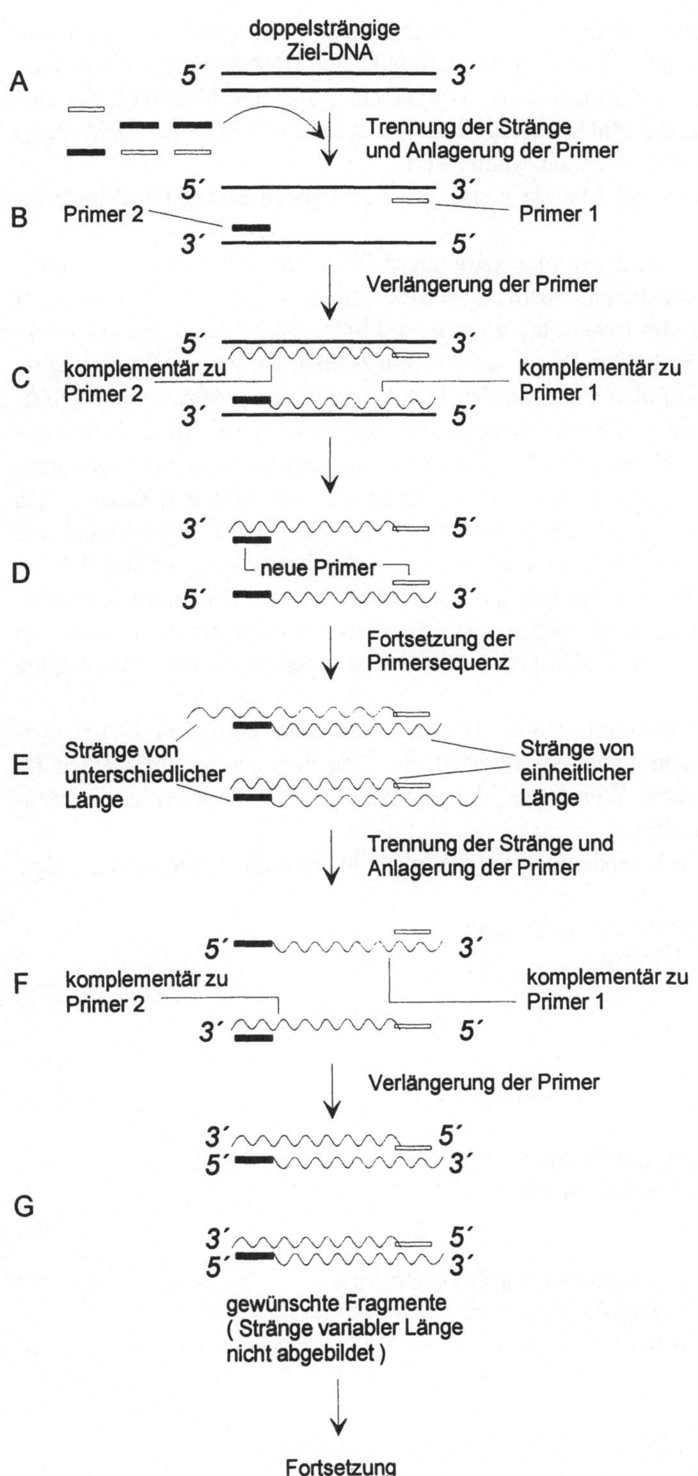


**Bild 2-40** Ablauf der Polymerasekettenreaktion

Für den Beginn der Synthese benötigt die DNA-Polymerase ein kurzes Stück doppelsträngiger DNA, den sogenannten Primer. Der Startpunkt der DNA-Synthese kann demzufolge determiniert werden, in dem man einen Oligonucleotid-Primer hinzufügt, der sich an der gewünschten Stelle an die Matrize anlagert. Dadurch wird mit Hilfe der DNA-Polymerase gezielt ein spezieller DNA-Bereich synthetisiert.

Beide DNA-Stränge können als Matrize dienen, wenn für jeden Strang ein Primer zur Verfügung gestellt wird.

Als Ausgangsmaterial (A) dient ein doppelsträngiges DNA-Molekül, wobei Probemengen von wenigen Mikrogramm bereits ausreichend sind. Zuerst erfolgt die Trennung der DNA-Stränge durch Erhitzen des Reaktionsgemisches auf 94°C. Nach Abkühlen des Reaktionsgemisches lagern sich die beiden Primer an die Bindestellen an, die an die Zielregion angrenzen (B). Von der Taq-Polymerase werden komplementär zur Matrize neue DNA-Stränge synthetisiert, die in unterschiedlicher Länge über die Position der Primer-Bindungsstelle auf der anderen Matrize hinausgehen (C). Das Reaktionsgemisch wird erneut erwärmt, wobei sich die ursprünglichen und die neu synthetisierten DNA-Stränge auftrennen. Nach diesem Schritt sind bereits vier Bindestellen für Primer verfügbar. Zwei befinden sich auf den ursprünglichen Strängen und zwei sind an den neu synthetisierten angeordnet (D). Im weiteren Verlauf der PCR-Methode synthetisiert die Taq-Polymerase neue komplementäre DNA-Stränge, wobei die Länge dieser Ketten durch die Zielsequenz determiniert wird. Die neu synthetisierten Ketten erstrecken sich genau über den von beiden Primern festgelegten Bereich (E).

Die Reaktionen werden wiederholt, und die Bindung der Primer erfolgt an die neu synthetisierten Stränge (F). Nachfolgend synthetisiert die Taq-Polymerase komplementäre Stränge und produziert auf diese Weise zwei doppelsträngige DNA-Fragmente, die identisch mit der Zielsequenz sind (G).

Die Cyclen werden mehrfach wiederholt, wie die folgende Darstellung vereinfacht zeigt.

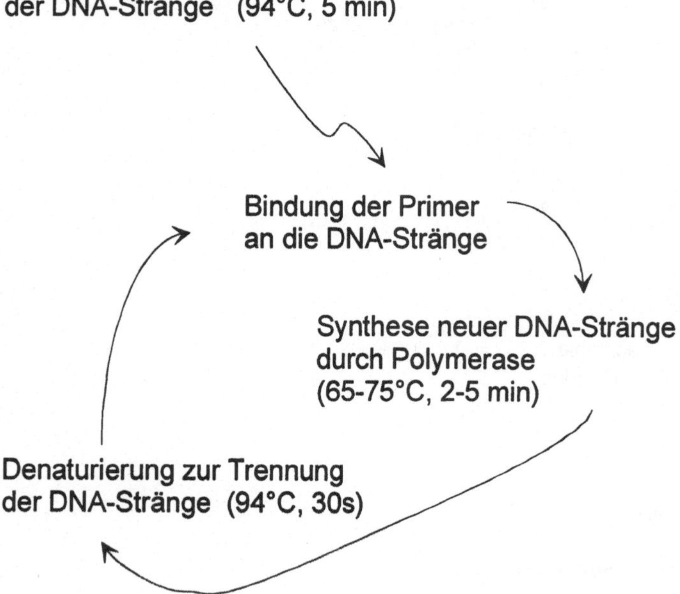


**Bild 2-41**
Der PCR-Cyclus

# 2.3  Glycoproteine

In der Primärstruktur fast aller Proteine sind neben den Aminosäuren auch langkettige Kohlenhydratmoleküle (Glycane oder Oligosaccharide) enthalten. Diese Zuckerstrukturen sind kovalent an bestimmte Aminosäuren gebunden. Man bezeichnet das als Glycosylierung der Proteine [1, 2, 15].

Die Glycane wurden in der Vergangenheit meist als störende Verunreinigungen der Proteine betrachtet. Heute ist bekannt, daß diese Kohlenhydratketten strukturspezifische Eigenschaften besitzen und die Ursache für charakteristische Wechselwirkungen zwischen Proteinen bzw. Zellen, z.B. bei der Zell-Zell-Erkennung, sind [16].

Glycoproteine, die in Zellmembranen vorkommen, haben Kohlenhydratanteile zwischen 2 und 10 %. Sogenannten Muzine (lat. mucus = Schleim), die als Glycoproteine in Schleimen enthalten sind, besitzen Kohlenhydratgehalte bis ca. 80 % [17].

## 2.3.1  Strukturen

Die Glycanketten können entweder über eine $N$- oder $O$-glycosidische Bindung mit dem Proteinanteil verknüpft sein [1-3].

Die einzige bisher bekannte Verknüpfungsmöglichkeit von $N$-glycosidisch gebundenen Glycoproteinen ist die $\beta$-glycosidische Bindung zwischen dem $C_1$-Atom von $N$-Acetylglucosamin und dem $N$-Atom der Seitenketten-Amidgruppe des Asparagins [15].

Die $O$-Bindung ist durch die Verknüpfung der Zuckerreste über das Sauerstoffatom mit einer Threonin- oder Serinseitenkette charakterisiert. Aber auch andere Möglichkeiten der Verknüpfung zwischen einer Glycankette und dem Protein sind bekannt, wie noch gezeigt werden wird.

Die Kohlenhydratketten der Glycoproteine setzen sich in der Regel aus sieben Monosaccharid-Species zusammen. Außerdem sind Sulfatierungen, Phosphorylierungen und Methylierungen möglich [1-3].

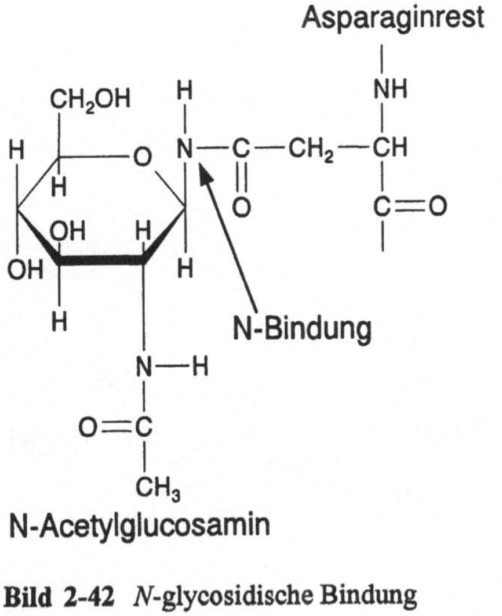

**Bild 2-42**  $N$-glycosidische Bindung

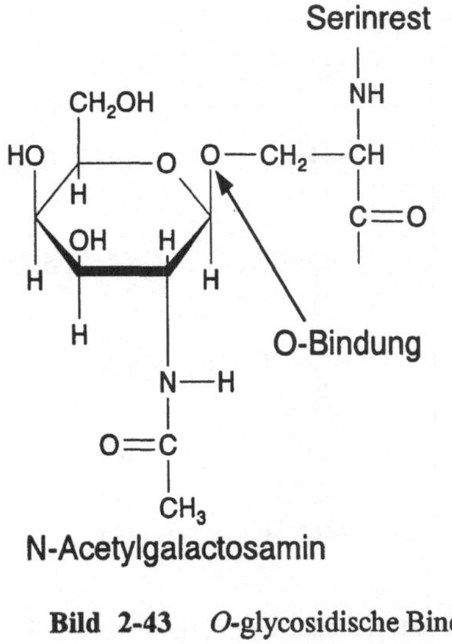

**Bild 2-43**  $O$-glycosidische Bindung

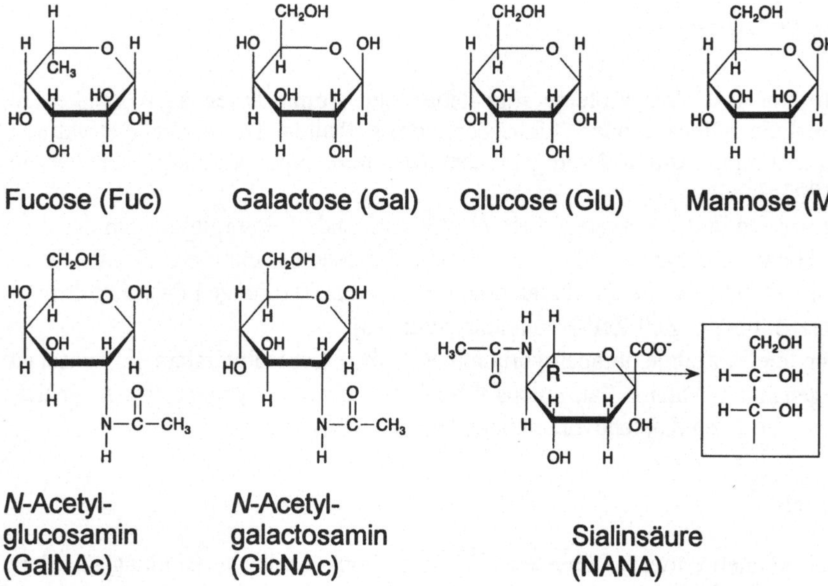

Fucose (Fuc)       Galactose (Gal)       Glucose (Glu)       Mannose (Man)

N-Acetyl-
glucosamin
(GalNAc)

N-Acetyl-
galactosamin
(GlcNAc)

Sialinsäure
(NANA)

**Bild 2-44**  Monosaccharid-Species der Glycoproteine

Einige Glycoproteine enthalten auch Xylose. Die Sialinsäure wird auch als *N*-Acetylneuraminsäure (NANA) bezeichnet. Sie leitet sich von dem griechischen Namen für Speichel *sialos* ab und ist ein wesentlicher Bestandteil der Schleime (Muzine).

Der Sialinsäurefamilie umfaßt etwa 30 Kohlenhydrate, die sich von der Neuraminsäure ableiten. An die Aminogruppe der Neuraminsäure ist immer eine *N*-Acetyl- oder *N*-Glycoloylgruppe gebunden, was zur *N*-Acetyl- bzw. *N*-Glycoloylneuraminsäure führt. Diese beiden Kohlenhydrate sind die am häufigsten vorkommenden Sialinsäuren. Sie existieren in den verschiedensten Strukturen, wie aus dem Bild 2-45 hervorgeht. Darin sind die *N*- und *O*-Substituenten sowie deren Positionen (in Klammern) an der Sialinsäure aufgelistet.

| $R^5$ | $R^{4,7,8,9}$ | |
|---|---|---|
| $-\overset{\|}{\underset{\|}{C}}-CH_3$  (O) | $-H$ | (4, 7, 8, 9) |
| $-\overset{\|}{\underset{\|}{C}}-CH_2$  (O, OH) | $-\overset{\|}{\underset{\|}{C}}-CH_3$  (O) | (4, 7, 8, 9) |
| $-\overset{\|}{\underset{\|}{C}}-CH_2$  (O, O) | $-\overset{\|}{\underset{\|}{C}}-CH-CH_3$  (O, OH) | (9) |
| $\overset{\|}{C}=O$  $CH_3$ | $-CH_3$ | (8) |
| | $-SO_3H$ | (8) |
| | $-PO_3H_2$ | (9) |

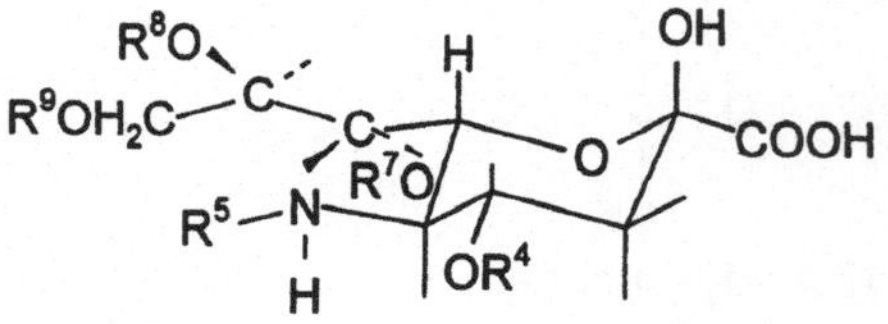

**Bild 2-45**  Strukturen natürlich vorkommender Sialinsäuren [17]

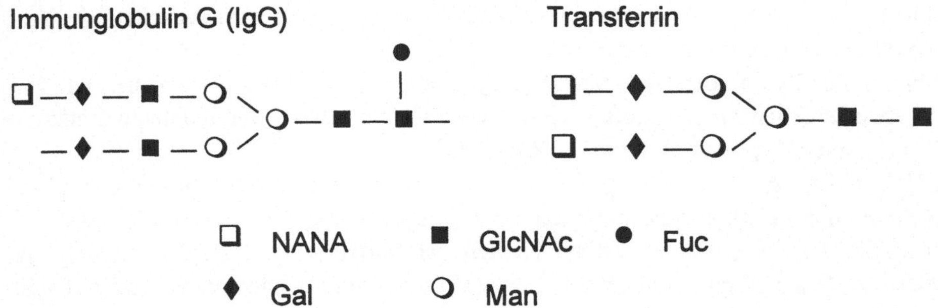


**Bild 2-46** Anordnung der Monosaccharid-Species im Immunglobulin G und im Transferrin

Am Beispiel Transferrin und Immunglobulin (s. Bild 2-46) wird gezeigt, wie die Anordnung der Monosaccharid-Species in glycosylierten Proteinen mit Hilfe von Symbolen vereinfacht dargestellt werden kann [1].

Die Bindung zwischen den einzelnen Kohlenhydratbausteinen kann über eine $\alpha$- oder $\beta$-glycosidische Verknüpfung hergestellt sein. Die $\beta$-Konfiguration liegt vor, wenn eine glycosidische Bindung bei „frontaler" Betrachtung des Zuckermoleküls oberhalb der Ringebene geknüpft wurde. Im Falle der $\alpha$-glycosidischen Bindung erfolgte die glycosidische Bindung unterhalb der Eebne der Zuckerringe [15]. Je nach Position der einzelnen C-Atome in den Zuckermolekülen, die untereinander verknüpft sind, unterscheidet man beispielsweise zwischen $\alpha$-1,2-, $\alpha$-2,3-, $\alpha$-1,3-, $\alpha$-1,6- oder $\beta$-1,2 und $\beta$-1,4-Bindungen.

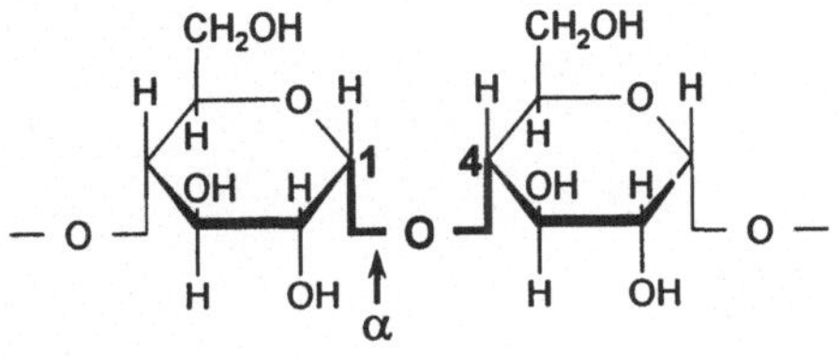

**Bild 2-47** $\alpha$-glycosidische Bindung

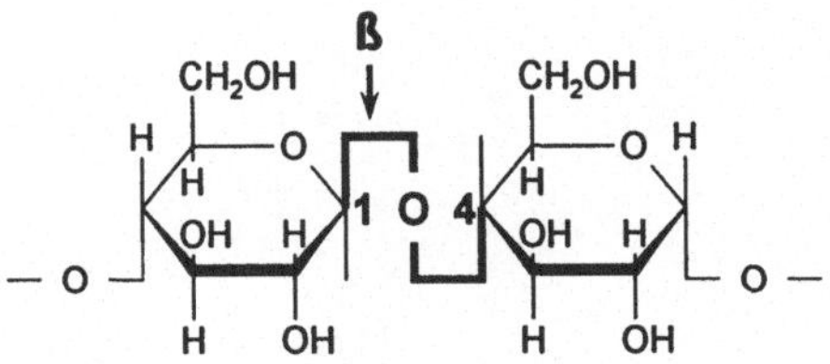

**Bild 2-48** $\beta$-glycosidische Bindung

## 2.3.1.1 *N-glycosidische Bindung*

Charakteristisch für alle *N*-glycosidisch gebundenen Glycoproteine ist ein Pentasaccharid, das als „*inner-core*" bezeichnet wird [2, 15] und für alle drei *N*-glycosidisch gebundenen Strukturen, dem Hybrid-, High-Mannose- und Complex-Typ (Bilder 2-49 – 2-51), identisch ist. Es besteht aus zwei *N*-Aceylglucosamin- und drei Mannose-Molekülen. Außerhalb des Pentasaccharides verzweigen sich die Glycanketten bedingt durch verschiedene Biosyntheseprozesse meist in sehr komplexer Art und Weise. Diese Eigenschaft der Glycoproteine, daß identische Proteinstrukturen unterschiedliche Kohlenhydratseitenketten tragen können, wird als „Mikroheterogenität" bezeichnet [15].

Im mannosereichen Glycoprotein-Typ sind außerhalb des „*inner-core*" ausschließlich Mannose-Moleküle angeordnet. Im Komplex-Typ findet man neben Mannose und *N*-Acetylglucosamin als weitere Monosaccharid-Species auch Fucose, Galactose und Sialinsäure. Dieser Strukturtyp ensteht aus dem „*inner-core*" durch Addition unterschiedlich vieler Kohlenhydratreste. In Abhängigkeit vom Grad der Verzweigung wird zwischen Bi-, Tri-, Tetra- und Pentaantennary-Strukturen unterschieden.

Während die Glycane des High-Mannose-Typs bereits in niederen Organismen wie Hefen, Pilzen oder Pflanzen anzutreffen sind, treten Glycoproteine mit Kohlenhydratstrukturen des Complex-Typs erst in tierischen Zellen auf.

Im Hybrid-Typ, der dritten Gruppe *N*-glycosidisch gebundener Glycoproteine, sind sowohl Strukturen des High-Mannose- als auch des Complex-Typs vorhanden (Bild 2-49).

Neben den bereits erwähnten Möglichkeiten der Sulfatierung, Phosphorylierung und Methylierung können *N*-glycosidisch gebundene Glycoproteine zusätzlich derivatisiert sein. Durch neu hinzu kommende Verknüpfungsmöglichkeiten wächst die Strukturenvielfalt (Mikroheterogenitäten) an. Die folgenden Strukturverknüpfungen sind einige Beispiele dafür:

1.     Galactose kann durch eine $\alpha$-1,2-glycosidisch gebundene Fucose substituiert werden.
2.     *N*-Acetylglucosamin, welches direkt an das Asparagin gebunden ist, kann durch $\alpha$-L-Fucose an der $C_6$- oder $C_3$-Position substituiert werden.
3.     Sialinsäure kann über eine $\alpha$-2,3- oder $\alpha$-2,6-glycosidische Bindung an Galactose gebunden sein.

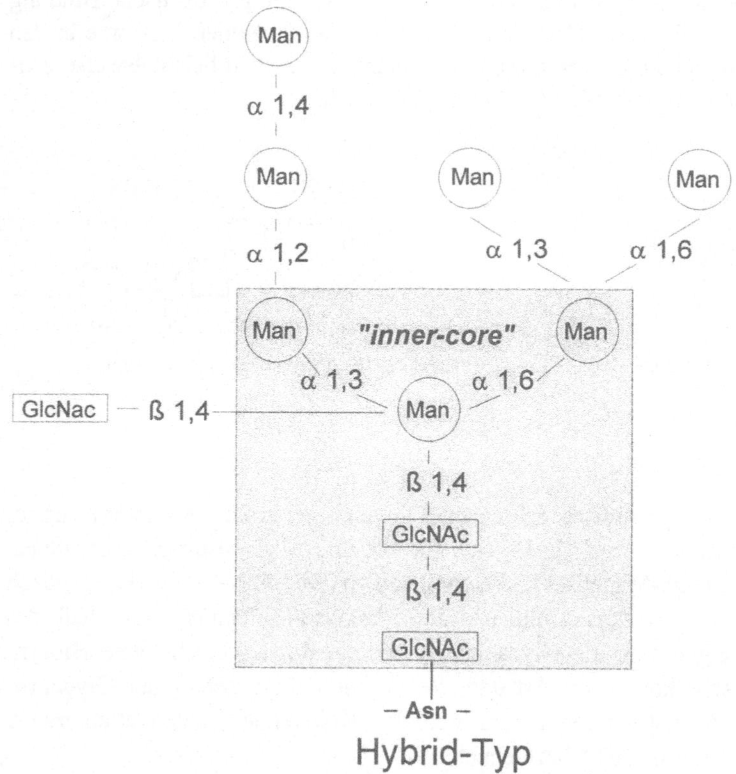


**Bild 2-49**  Hybrid-Typ-Glycanketten

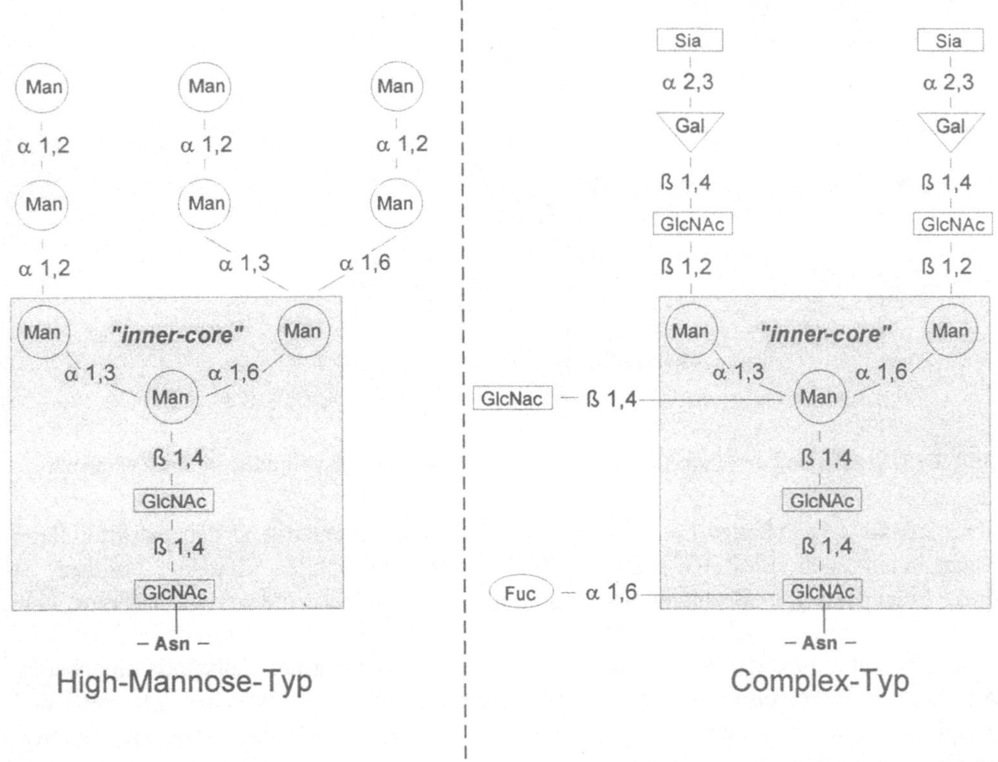



**Bild 2-50**  Mannosereiche Glycanketten        **Bild 2-51**  Complex-Typ-Glycanketten

### 2.3.1.2  O-glycosidische Bindung

Neben der *O*-glycosidischen Bindung des Sauerstoffatoms eines Zuckers und einer Threonin- oder Serinseitenkette sind weitere Glycan-Protein-Verknüpfungen möglich.

Im Mucin-Typ, der für Schleime charakteristisch ist, existiert eine *α-O*-glycosidische Bindung zwischen der L-Threonin- bzw. L-Serin-Hydroxylgruppe und dem *N*-Acetylgalactosamin. Dies trifft auch für die meisten *O*-glycosidisch gebundenen Serum- und Membranglycoproteine zu.

Im Proteoglycan-Typ existiert eine *ß-O*-glycosidische Bindung zwischen D-Xylose und der L-Serin-Hydroxylgruppe und im geringen Umfang auch mit der Hydroxylgruppe des L-Threonins [1]. Im Kollagen-Typ liegt eine *ß-O*-glycosidische Verknüpfung zwischen D-Galactose und dem *δ*-Hydroxy-D-Lysin vor. Diese Bindung ist für Glycoproteine aus Knorpel oder Knochen charakteristisch [2].

## 2.3.2  Isolierung von Glycoproteinen aus Membranen

Glycoproteine sowie die Substanzklasse der Glycolipide (Abschnitt 2.4) sind Bestandteile von Zellmembranen. Durch Markierungstechniken mit Lektinen [1], die als pflanzliche Proteine eine hohe Bindungsaffinität zu den Zuckermolekülen besitzen, konnte festgestellt wer-

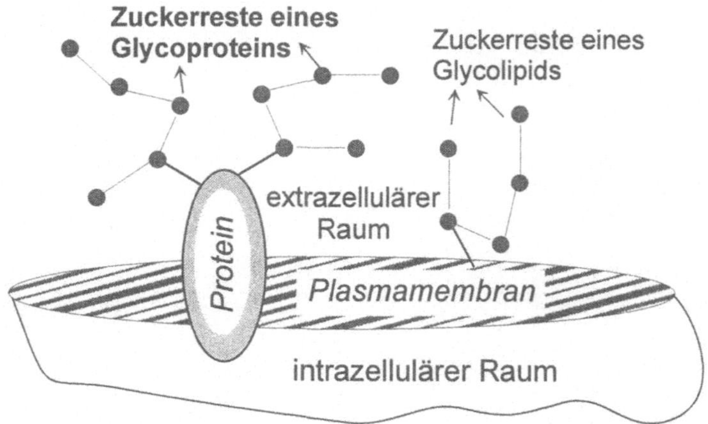


**Bild 2-52** Anordnung der Zuckerketten von Glycoproteinen und Glycolipiden auf der Zellmembran

den, daß die Glycanketten der Glycoproteine immer antennenartig in den extrazellulären Raum hineinragen (Bild 2-52). Da die Zucker einen hydrophilen Charakter besitzen, ist diese Orientierung in Richtung wäßriger Oberfläche eindeutig bevorzugt, während eine Ausrichtung zum hydrophoben inneren Kohlenwasserstoffbereich unwahrscheinlich ist.

Die Membranproteine selbst sind in die Lipiddoppelschicht der Zellwände eingebettet. An Hand ihrer Lokalisation in der Membran unterscheidet man zwischen integralen und peripheren Glycoproteinen (Bild 2-53). Letztere sind durch elektrostatische oder Wasserstoffbrückenbindungen mit polaren Lipid- oder Oberflächenstruktur-Gruppen von integralen Membranproteinen assoziiert. Periphere Membranproteine können relativ leicht durch Salzlösungen hoher Ionenstärke oder durch Pufferlösungen mit entsprechendem pH-Wert von der Oberfläche der Lipiddoppelschicht isoliert bzw. solubilisiert werden [2].

Integrale Membran(glyco)proteine dagegen tauchen mit ihren hydrophoben Oberflächengruppen weitaus tiefer in die Membran ein. Sie sind darin sehr fest gebunden und können fast die gesamte Membran durchspannen. Ihre Isolierung erfordert das „Aufweichen" oder letztendlich die Zerstörung der Lipiddoppelschicht sowie der Protein-Protein-Wechselwirkungen. Dafür können insbesondere chaotrope Reagenzien eingesetzt werden, die jedoch naturgemäß stark denaturierend auf die Proteinmoleküle wirken.

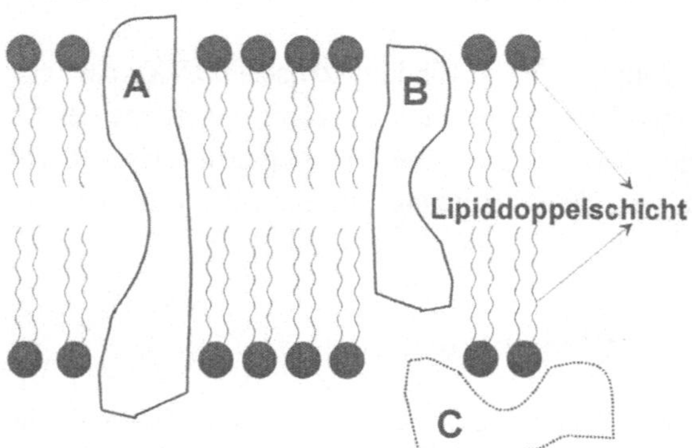


**Bild 2-53**
Integrale (A, B) und
periphere (C) Membranproteine

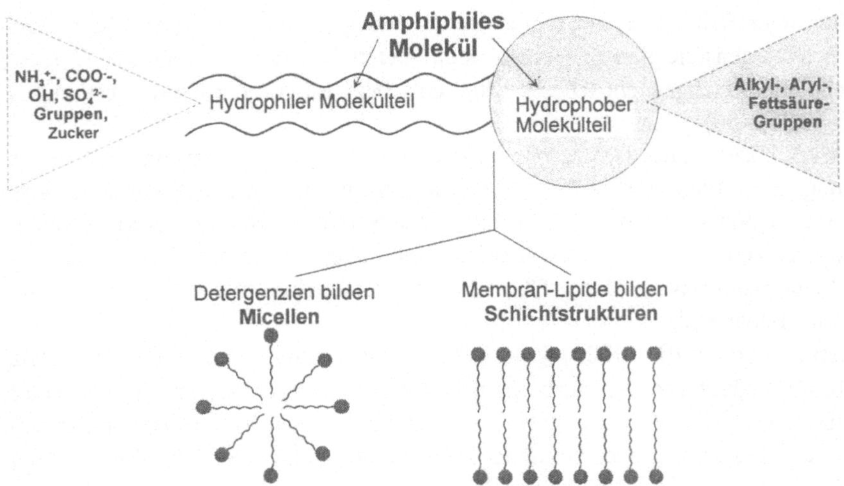


**Bild 2-54** Amphiphiles Molekül

Zur Extraktion bzw. Solubilisierung der integralen Glycoproteine aus Membranen und zum Aufrechterhalten des „Gelöstzustandes" der Membranproteine ist die Substitution der sie umgebenden Lipidstrukturen durch andere vergleichbare amphiphile und wasserlösliche Moleküle (Detergenzien) erforderlich. Bei diesen Solubilisierungsvorgängen sollen die enzymatische Aktivität und die Funktionen der Proteine in der Regel erhalten bleiben.

Amphiphile Moleküle bestehen aus einem hydrophilen Molekülteil, der auch als Domäne oder Schwanz bezeichnet wird, und einem hydrophoben Molekülteil (hydrophobe Domäne oder Kopf), wie aus Bild 2-54 hervorgeht.

Darin wird auch gezeigt, daß Detergenzien im Vergleich zu Membranlipiden unterschiedliche Molekülaggregate ausbilden. Amphiphile Lipide ergeben in wäßrigen Suspensionen sogenannte Schichtstrukturen, während Detergenzien zur Ausbildung von kompakten Micellen neigen. Im Inneren der Micellen sind die hydrophoben Reste der Detergenzien aggregiert, während die hydrophilen Kopfgruppen nach außen gerichtet sind.

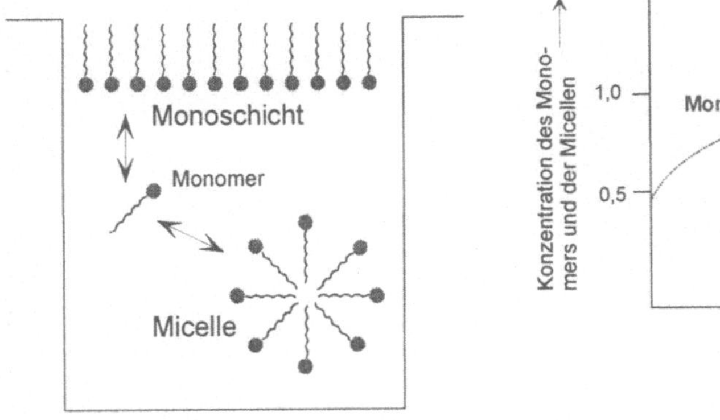


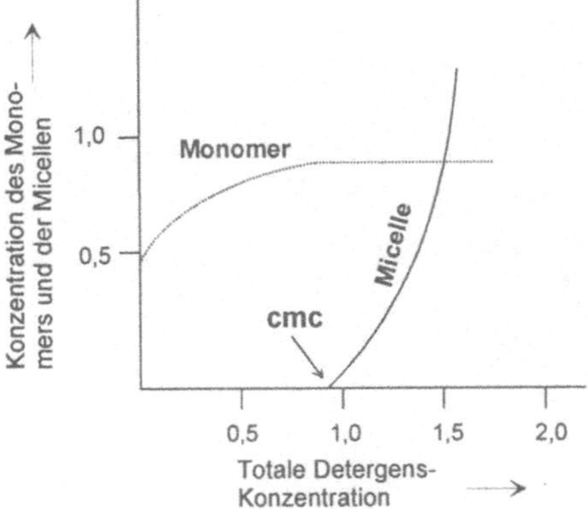


**Bild 2-55** Wässrige Detergenslösung       **Bild 2-56** Micellenbildung

In diesen Lösungen (Bild 2-55) herrscht zwischen dem gelösten monomeren Detergensmolekülen, den Detergensmicellen und einem monomeren Detergensfilm an der Wasser-Luft-Grenzfläche ein Gleichgewicht. Dieses hängt entscheidend von der Konzentration des Detergenses ab (Bild 2-56).

Ein sukzessives Zusetzen des Detergenses erhöht vorerst nur seine Konzentration in der wäßrigen Lösung. Erst wenn eine bestimmte Grenzkonzentration, die kritische Micellenkonzentration (cmc) überschritten wird, erfolgt die Ausbildung von Detergensmicellen. Durch weiteres Zusetzen von Detergensmolekülen erfolgt oberhalb der kritischen Micellenkonzentration keine nennenswerte Vergrößerung der Monomerkonzentration, sondern die Erhöhung der Micellenanzahl.

Detergenzien wirken auf die Ablösung der Proteine aus biologischen Membranen ganz unterschiedlich. Dies hängt von der chemischen Natur der Detergenzien ab, die von einer schonenden Eliminierung der Proteine im nativen Zustand bis zur absolut denaturierenden Wirkung (Tabelle 2-1) reicht. Dieser Solubilisierungsvorgang mittels SDS wird im rechten Teil des Bildes 2-57 demonstriert. Das native Protein wird zwar vollständig aus der Lippiddoppelschicht herausgelöst, befindet sich jedoch danach im denaturierten Zustand, während das Detergens mit den Lipidstrukturen Mischmicellen (s. rechts oben) ausbildet.

Nicht-denaturierende Detergenzien wie CHAPS (s. Tabelle 2-1) solubilisieren integrale Membranproteine unter Erhalt ihrer biologischen Aktivität. Dabei bilden die Detergensmoleküle eine gegen Denaturierung schützende „Ersatzmembran" um die Proteine. Außerdem entstehen Lipid-Detergens-Mischzellen (s. links oben).

CHAPS besitzt als halbsynthetisches und nicht-denaturierendes Detergens für viele Membranproteine besonders gute Solubilisierungseigenschaften, ist jedoch wie viele dieser Spezialreagenzien relativ kostenintensiv. Es gibt jedoch kein universelles Detergens, da die Struktur der Membranproteine viel zu unterschiedlich ist.

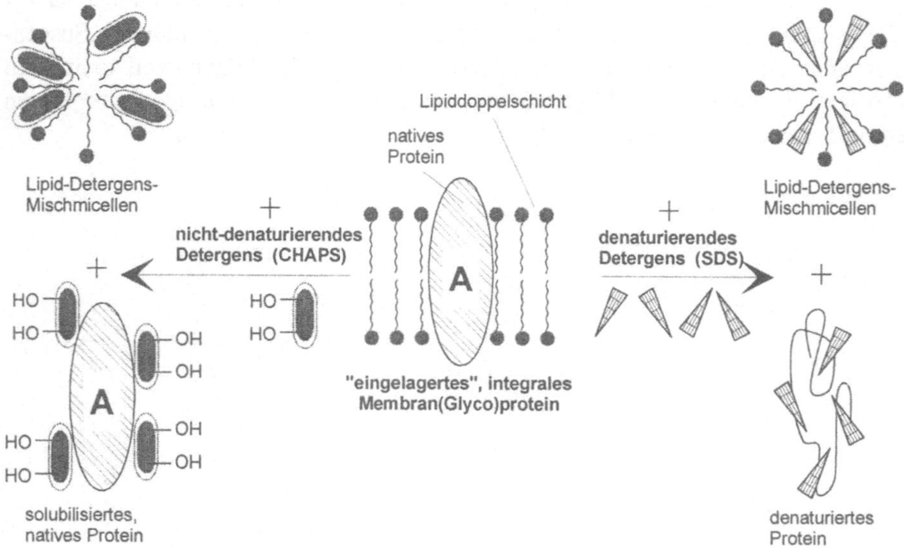


**Bild 2-57** Isolierung von (Glyco)proteinen aus Membranen mittels denaturierender (links) und nicht-denaturierender Detergenzien (rechts)

**Tabelle 2-1**      Detergenzien zur Isolierung von Membranproteinen (Auswahl)

|  | M [ g/l ] | Ladung | cmc [mM] |
|---|---|---|---|
| **A: Nicht-denaturierende, halbsynthetische Detergenzien** | | | |
| CHAPS; s. Bild 2-57 (1) | 615 | (+/-) | 6-10 |
| CHAPSO | 631 | (+/-) | 8 |
| Lauryl-Maltosid | 511 | 0 | 0,16 |
| Octyl-Glycosid | 292 | 0 | 20 |
| Decyl-Glycosid | 292 | 0 | 2 |
| Octyl-Glycosid | 292 | 0 | 20 |
| Natrium-Cholat; s. Bild 2-57 (2) | 431 | (-) | 9 |
| Natrium-Desoxycholat (DOC) | 415 | (-) | 2 |
| Natrium-Taurodesoxycholat (TDOC) | 522 | (-) | 3 |
| **B: Schwach oder nicht-denaturierende Detergenzien** | | | |
| $C_8$-Phenol-Polyethylenglycolether (Triton X100); s. Bild 2-57 (3) | 625 | 0 | 0,2 |
| Dodecyl-Polyethylenglycolether (Brij 35) | 1200 | 0 | 0,05 |
| Lauryl-Amidopropyl-Aminoxid (LAPAO) | | 0 (+/-) | 0,2 |
| Lauryl-Dimethylaminoxid (LDAO); s. Bild 2-57 (4) | 229 | 0 (+/-) | 1-2 |
| Polyethylenglycol-Sorbitol-Laurat (Tween 20) | 1228 | 0 | 0,059 |
| Polyethylenglycol-Sorbitol-Oleat (Tween 80) | 1310 | 0 | 0,012 |
| **C: Denaturierende Detergenzien** | | | |
| Dodecyltrimethyl-Ammoniumbromid (DTAB); s. Bild 2-57 (5) | 365 | (+) | 1 |
| Lithium-Dodecylsulfat (LiDS) | 272 | (-) | 6-8 |
| Natrium-Dodecylsulfat (SDS); s. Bild 2-57 (6) | 289 | (-) | 8,3 |

Bevorzugt werden auch Glucose- oder Maltose-Glycoside aus der Gruppe der natürlichen und halbsynthetischen (A in Tabelle 2-1) verwendet. Sie enthalten eine weit ausgedehnte hydrophile Kopfgruppe mit der gewünschten nicht-denaturierenden Eigenschaft.

Schwach denaturierend wirkende Detergenzien (Gruppe B in Tabelle 2-1) lagern sich lediglich an der Membranoberfläche an, da ihr hydrophiler und/oder hydrophober Molekülteil weiträumig ausgedehnt sind und nicht in das integrale Proteinmolekül eindringen können. Diese Solubilisierung beeinträchtigt die Konformation des Proteins und damit seine biologische Aktivität nur in geringem Maße, so daß eine Redenaturierung möglich ist. Weitverbreitet sind die kommerziellen Detergenzien Tween 80 oder Brij 35.

Detergenzien mit relativ langem hydrophobem Kopfteil können dagegen intensiv in die Raumstruktur des Membranproteins eindringen. Die dabei entstehende Konformationsänderung führt in der Regel zum kompletten Verlust der biologischen Aktivität. Nur in Proteinen wie z.B. Pepsin, die Disulfidbrücken enthalten, kann die denaturierende Wirkung durch Detergenzien wie SDS ausbleiben.

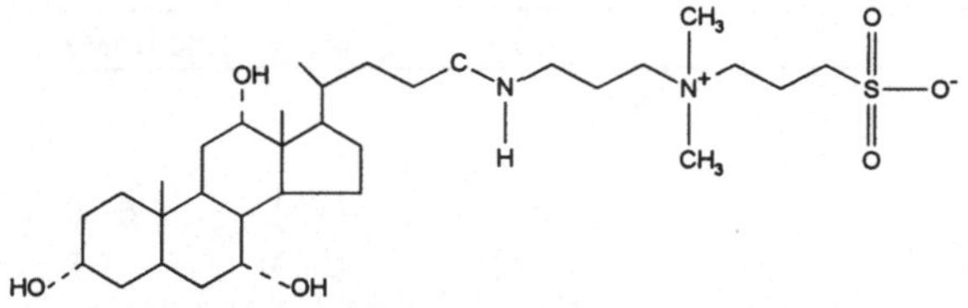

(1) : Cholamidopropyldiethyl-ammoniopropan-
sulfonat  (CHAPS)

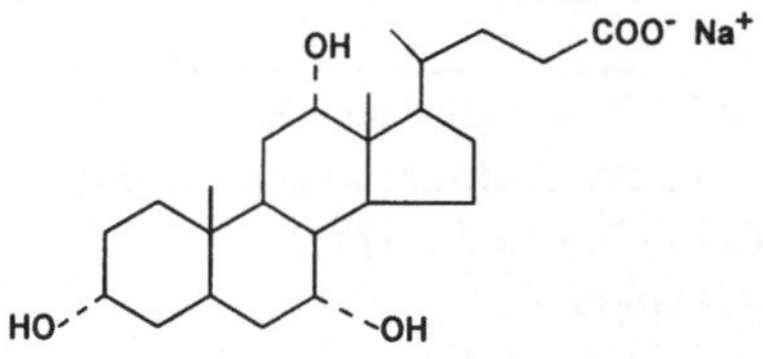

(2) : Natriumcholat

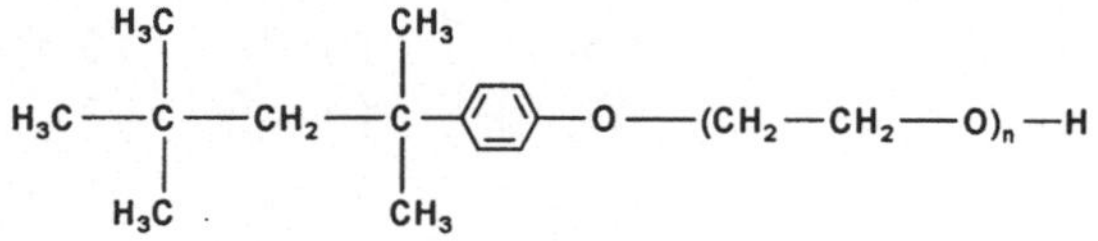

(3) Triton X100 (n=9-10)

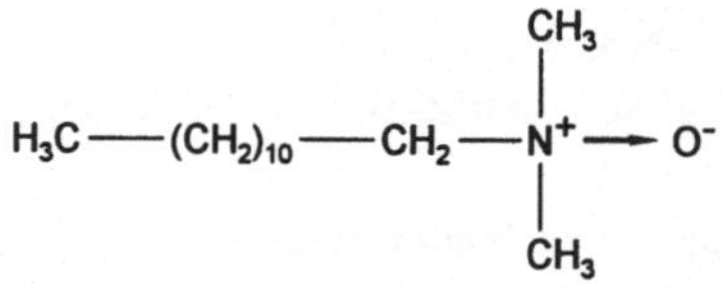

(4) Lauryl-Dimethylaminoxid

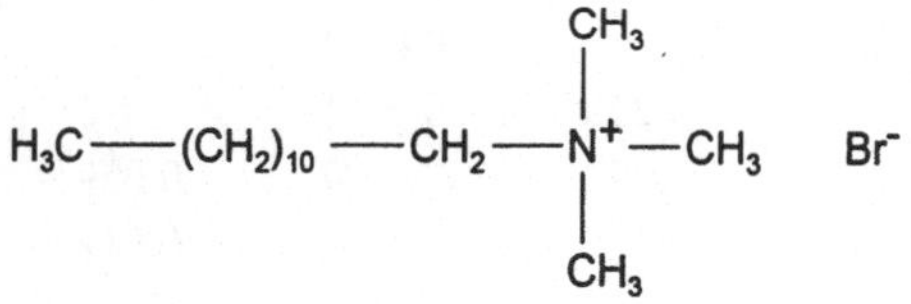

(5) Dodecyltrimethylammoniumbromid

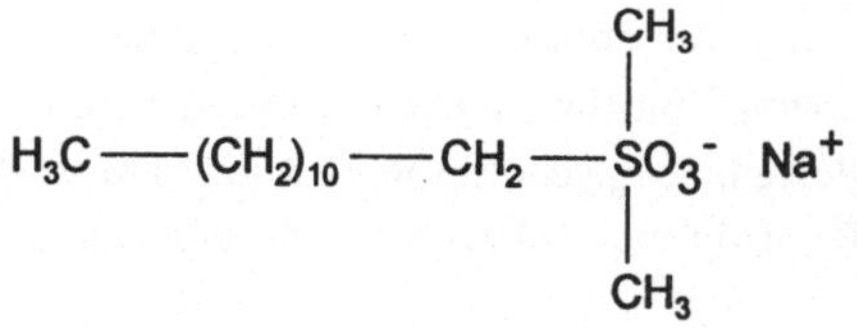

(6) Natriumdodecylsulfat (SDS)

**Bild 2-58**  Strukturen einiger ausgewählter Detergenzien (s. Tabelle 2-1)

Die hier aufgeführten Beispiele enthalten die Strukturformeln einiger wichtiger (vgl.
auch Tabelle 2-1) nicht-denaturierender [(Bild 2-58 (1) und (2)], schwach denaturierender
[(3) und (4)] und denaturierender Detergenzien [(5) und (6)].

## 2.3.3  Enzymatische Sequenzierung der Glycane

Nach der Isolierung von Glycoproteinen aus biologischen Membranen schließen sich weitere Charakterisierungen dieser Biomoleküle an.

Eine zentrale Frage ist die Sequenzierung des Proteins hinsichtlich seiner Aminosäurezusammensetzung, was heutzutage routinemäßig durchgeführt wird und nicht Gegenstand
dieses Buches ist.

Von besonderem Interesse, wie bereits erwähnt, sind die Strukturen der an die Glycoproteine angehefteten Kohlenhydratketten (Glycane).

Mit Hilfe hochspezifischer Enzyme (Tabelle 2-2) können die einzelnen Monosaccharid-
Species in den Glycanketten sukzessive identifiziert werden. Dies gilt sowohl für einzelne
Oligosacharide, die z.B. als intakte Glycankette von einem Glycoprotein zuvor abgetrennt

und chromatographisch vom Proteinrest gereinigt worden (s. Abschnitt 2.3.4), als auch für solubilisierte und entsprechend rein dargestellte Membran(Glyco)proteine.

Bild 2-59 zeigt den schematischen Ablauf dieser enzymatische Sequenzierung und weist auf die Spezifität der Glycosidasen (vgl. Tabelle 2-2) hin.

In einer ersten einfachen Betrachtung werden mit den entsprechenden Enzymen die Monosaccharid-Species an den äußersten Ränder der Glycankette abgespalten. *ß*-Galactosidase beispielsweise eliminiert die Galactosemoleküle, $\alpha$-Fucosidase die Fucosebausteine und die *ß-N*-Acetylhexosaminidase ist selektiv für die Abtrennung der *N*-Acetylglucosamin-Bausteine.

Wie aus der umfangreichen Übersicht (Tabelle 2-2) hervorgeht, können die Enzyme sowohl die Verknüpfungen der Monosaccharid-Species an den einzelnen Bindungsstellen (1-2, oder 1-6) als auch die anomeren Formen ($\alpha$ oder *ß*) „erkennen" und hydrolysieren.

Grundlegende Prinzipien und weitere Ausführungen zur enzymatischen Sequenzierung von Glycanen und Glycoproteinen sind der Fachliteratur zu entnehmen [15, 18].

Verwiesen sei auch auf die Sequenzierung von *N*-Glycanen mittels RAAM-Technik (RAAM: *reagent array analysis method*, [18]).

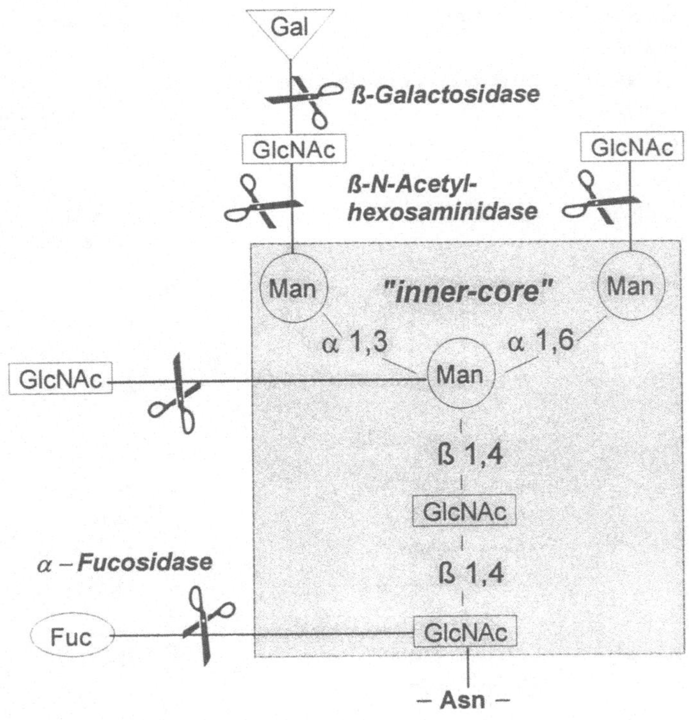


**Bild 2-59**  Prinzip der enzymatischen Sequenzierung der Glycane

**Tabelle 2-2**     Spezifität von Glycosidasen und Amidohydrolasen bei der enzymatischen Sequenzierung von Glycanen [18]

| Enzym | Mono-saccharid | Herkunft | $A^1$ | $AP^2$ |
|---|---|---|---|---|
| Sialidase | Sia (NANA) | *Arthrobacter ureafaciens* | α | 6>3, 8 |
| | " | *Clostridium perfringens* | α | 3, 6, 8 |
| | " | *Vibrio cholerae* | α | 3, 6, 8 |
| | " | *Salmonella typhimurium* | α | 3>6>>8, 9 |
| | " | *Newcastle Disease Virus* | α | 3, 8 |
| α-Galactosidase | Galactose | *Coffee bean* | α | 3, 4, 6 |
| β-Galactosidase | Galactose | *Jack bean* | ß | 6>4>3 |
| | " | *Streptococcus pneumoniae* | ß | 4 |
| | " | *Bovine testes* | ß | 3, 4>6 |
| | " | *Chicken liver* | ß | 3, 4 |
| β-N-Acetylhexosaminidase | GlcNAc / GalNAc | *Jack bean* | ß | 2, 3, 4, 6 |
| | GlcNAc / GalNAc | *Streptococcus pneumoniae* | ß | 2, 3 |
| | GlcNAc | *Chicken liver* | ß | 3, 4 |
| α-N-Acetylgalactosamindase | GalNAc | *Chicken liver* | α | 3, Serin / Threonine |
| α-Mannosidase | Mannose | *Jack bean* | α | 2, 6>3 |
| | " | *Aspergillus saitoi* | α | 2 |
| β-Mannosidase | Mannose | *Helix pomatia* | ß | 2, 3 |
| α-Fucosidase | Fucose | *Chicken liver* | α | 2, 3, 4, 6 |
| | " | *Bovine epididymis* | α | 6>2, 3, 4 |
| | " | *Almond meal* | α | 3, 4 |
| | " | *Almond meal* | α | 2 |
| | " | *Charonia lampas* | α | 2, 6>>3, 4 |
| β-Xylosidase | Xylose | *Charonia lampas* | ß | 3, 4 |
| | | *Almond meal* | ß | 3, 4 |
| Endo-β-galactosidase | Galactose | *Bacteroides fragilis* | ß | 4 |
| Endo-glycosidase H | GluNAc | *Streptomyces plicatus* | ß | 4 |

[1] Anomer
[2] Angriffspunkt(e)

## 2.3.4  Freisetzung der Glycane aus Proteinen

Für eine umfassende Oligosaccharid-Strukturaufklärung von Glycoproteinen sind die Abtrennung der intakten Glycanketten vom Proteinteil sowie eine sich anschließende chromatographische Auftrennung der einzelnen Fraktionen erforderlich.

Zur Freisetzung der Kohlenhydratketten [18] ist es notwendig, die glycosidischen Bindungen von Glycoproteinen zu spalten. Dazu dient in der Regel eine chemische Methode, die Hydrazinolyse, oder die enzymatische Isolierung mit Hilfe der Peptid-*N*-glycosidase F (PNGase F).

### 2.3.4.1  Enzymatische Isolierung

Nach der chromatographischen Reinigung eines Glycoproteins erfolgt die Spaltung der *N*-glycosidischen Bindung zwischen *N*-Acetylglucosamin und der Asparaginsäure mit Hilfe der spezifischen Amidohydrolase PNGase F aus *Flavobacterium meningosepticum*. Dafür ist es notwendig, die *N*-glycosidische Bindung durch vorherige Denaturierung des Proteins für den Enzymangriff besser zugänglich zu machen.

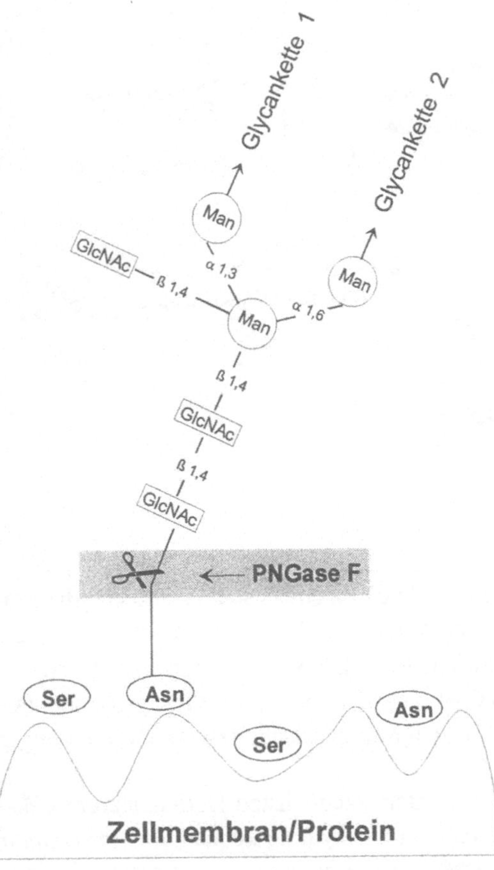


**Bild 2-60**
Enzymatische Hydrolyse der intakten Glycanketten

Die Spaltung einer $O$-glycosidischen Bindung kann mit Hilfe der Endo-$\alpha$-$N$-acetylgalactosaminidase aus *Streptococcus pneumoniae* realisiert werden. Der Angriff des Enzyms erfolgt zwischen der Galactose$\beta$1-3-$N$-Acetylgalactosamin-Gruppierung (Galß1-3GalNAc) und dem $\alpha$-Serin oder $\alpha$-Threonin [18].

### 2.3.4.2 *Hydrazinolyse*

Als chemische Methoden zur Freisetzung von Glycanen aus Glycoproteinen dienen die alkalische Hydrolyse und bevorzugt die Hydrazinolyse. Dieser folgen in weiteren Reaktionsschritten die Re-$N$-Acetylierung und die Abtrennung von Acetylhydrazon. Dadurch werden sowohl $N$- als auch $O$-glycosidische Bindungen von Glycoproteinen gespalten. Die resultierenden Glycane befinden sich danach in einem intakten Zustand, d.h., sie werden durch Hydrazin vor Spaltungsreaktionen geschützt. Die Ausbeuten an Glycanen sind meist größer als 85 %.

Die Glycane können danach mit Hilfe von chromatographischen Methoden von den entstandenen Peptid- bzw. Proteinfragmenten abgetrennt, gereinigt sowie in einzelne Glycanketten (Individuen) aufgetrennt werden.

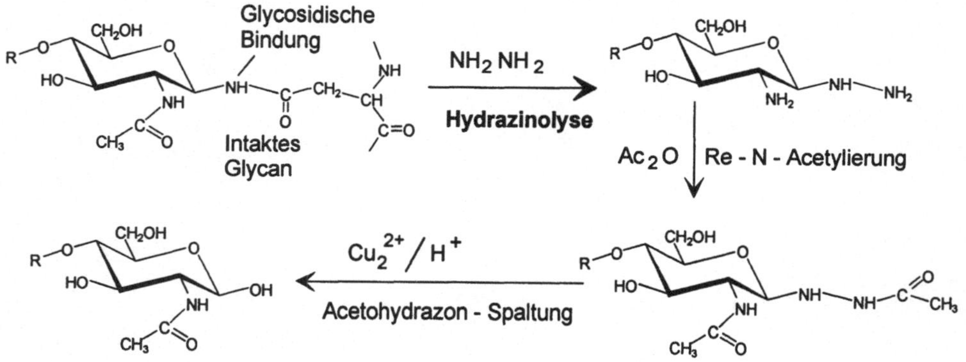

**Bild 2-61**   Prinzip der Hydrazinolyse von Glycanketten

## 2.3.5 Markieren der Glycane

Nach dem Vorliegen der Glycane [18] in möglichst hochreinem Zustand stellt sich die Frage nach ihrer chromatographischen Trennung und sensitiven Detektion, da oft nur sehr geringe Mengen an Glycoproteinen aus biologischen Materialien zur Verfügung stehen. Da die Oligosaccharidketten (Glycane) keine UV-aktiven chromophoren Gruppen enthalten, sind zur Registrierung kleinster Kohlenhydratmengen Markierungen bzw. Derivatisierungen erforderlich.

Für die Kohlenhydrate insgesamt werden die unterschiedlichsten Derivatisierungsreaktionen mit fluoreszierenden Reagenzien eingesetzt. Kohlenhydrate können vor *(pre-column derivatisation)* oder nach der Chromatographiesäule *(post-column derivatisation)* in fluoreszierende Derivate konvertiert werden.

Die Reaktion der Kohlenhydrate nach der Säule kann mit 2-Ethanolamin, Ethylendiamin oder 2-Cyanoacetamid unter schwach basischen Bedingungen oder mit Arylamidinen im stark alkalischen Milieu erfolgen.

Für die *pre-column derivatisation* von reduzierenden Kohlenhydraten werden fluoreszierende Reagenzien wie 2-Aminopyridin oder 9-Fluorenylmethylchlorformiat-(Fmoc)-hydrazin eingesetzt.

Zur Markierung der Kohlenhydrate (Glycane), die aus Glycoproteinen freigesetzt wurden, dient die reduktive Aminierung mit fluoreszierenden Verbindungen wie 2-Aminobenzamid (2-AB) oder 2-Amino(6-amidobiotinyl)pyridin (BAP).

Derartige Reaktionen müssen unabhängig von der Kohlenhydratsequenz der einzelnen Glycanketten sein und an einem reduzierenden Ende des Moleküls angreifen.

### 2.3.5.1  Fluoreszenzmarkierung mit 2-AB und BAP

Fluoreszenzmarkierte Glycane können mit hoher Empfindlichkeit (pmol-Bereich) detektiert werden. Die einzelnen Reaktionsschritte der reduktiven Aminierung mit 2-Aminobenzamid sind in Bild 2-62 dargestellt.

Zur chromatographischen Trennung der markierten Kohlenhydrat-Species kommen verschiedene HPLC-Methoden (s. Abschnitte 8.3 und 9.3) wie z.B. die Anionenaustausch-chromatographie zum Einsatz.

Der Ablauf einer reduktiven Aminierung von Glycanen mit der Fluoreszenzverbindung 2-Amino(6-amidobiotinyl)pyridin zeigt das Bild 2-63.
Die markierten Glycan-Komponenten werden meist mit Hilfe der Reversed-Phase-Chromatograpie getrennt.

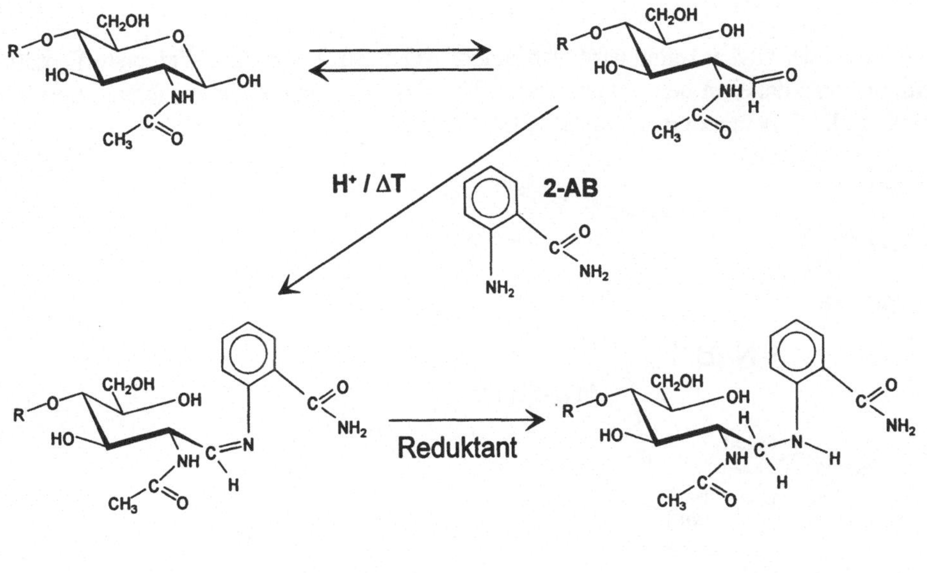

**Bild 2-62**   Fluoreszenzmarkierung mittels 2-Aminobenzamid

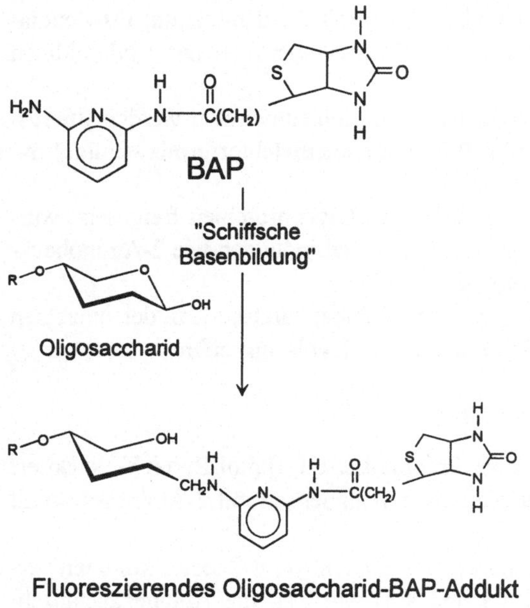

**BAP**

"Schiffsche Basenbildung"

Oligosaccharid

Fluoreszierendes Oligosaccharid-BAP-Addukt

**Bild 2-63**   Fluoreszenzmarkierung mittels 2-Amino(6-Amidobiotinyl)pyridin (BAP)


### 2.3.5.2  Radioaktive Markierung

Zur Markierung der Glycanketten wird Natriumborhydrid eingesetzt. Das Wasserstoffisotop $^3$H (Tritium) wird dabei in den reduzierenden Teil des Glycanmoleküls eingebaut, und es entsteht ein radioaktiv markiertes Oligosaccharid-Alditol.

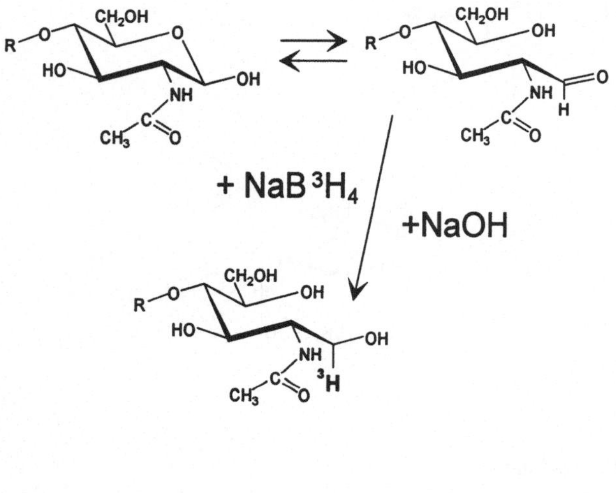

$+ \text{NaB}\,^3\text{H}_4$

$+\text{NaOH}$

**Bild 2-64**   Markierung der Glycane durch Reduktion mit Natriumborhydrid

# 2.4 Lipide

Lipide sind wasserunlösliche und fettähnliche Moleküle, die nur in Flüssigkeiten wie Chloroform, Ether oder Kohlenwasserstoffen löslich sind. Lipide werden in die Gruppe der Fette (Neutralfette, Wachse) und in die Lipoide (Phospholipide, Glycolipide, Carotinoide, Steroide) unterteilt [1, 3].

Lipide dienen als Brennstoffmoleküle, Signalüberträger oder Energiespeicher. Über das Vorkommen und wichtige Eigenschaften von Lipiden in biologischen Membranen sowie über die Ausbildung von Lipiddoppelschichten und Micellen wurde bereits ausführlich im vorhergehenden Abschnitt 2.3 berichtet.

Die Lipid-Hauptgruppen sind die Phospholipide, die auch als Phosphatide oder Phosphoglyceride bezeichnet werden, die Glycolipide und spezielle Kohlenwasserstoffe wie Squalen oder Cholesterin. Diese Vertreter verfügen über einen hydrophilen und hydrophoben Molekülteil, wie aus Tabelle 2-3 hervorgeht.

**Tabelle 2-3**    Lipidklassen und funktionelle Gruppen [1]

| Lipidklasse | Vertreter | hydrophile Gruppe | hydrophobe Gruppe | Extraktionsmittel |
|---|---|---|---|---|
| mehr polare Lipide | *Phospholipide :* <br> Phosphatidyl-serin, -ethanol-amin | phosphorylierter Alkohol | Fettsäureketten | polare Lösungsmittel wie MeOH, EtOH |
| mehr polare Lipide | *Glycolipide :* <br> Cerebrosid, Sphingomyelin | Zuckerreste | Kohlenwasserstoff-/Fettsäure-ketten | Detergenzien wie CHAPS |
| mehr unpolare Lipide | *Kohlenwasserstoffe :* <br> Squalen, <br> Cholesterin | <br><br>OH-Gruppe | Kohlenwasserstoffketten | unpolare Lösungsmittel wie $CHCl_3$, Benzen |

## 2.4.1 Strukturen

Die Neutralfette sind Triester des Glycerins mit langen Fettsäureketten, während die Wachse Ester von einwertigen langkettigen Alkoholen mit höheren Fettsäuren darstellen.

Man unterscheidet zwischen gesättigten Fettsäuren wie Stearinsäure und ungesättigten Fettsäuren mit einer Doppelbindung (Ölsäure) sowie mit zwei oder mehreren Doppelbindungen. Weiterhin existieren sogenannte atypische Fettsäuren.

Im Abschnitt 8.4 werden charakteristische Eigenschaften und Funktionen sowie analytische Methoden (Kapillargaschromatographie/Massenspektrometrie) zur Identifizierung dieser Fettsäuren dargestellt.

In der Tabelle 2-4 sind die Strukturen und Trivialnamen einiger häufig in tierischen und pflanzlichen Oranismen vorkommenden Fettsäuren aufgelistet.

**Tabelle 2-4**     Natürlich vorkommende Fettsäuren (Auswahl)

| Trivialname | Zahl der C-Atome | Struktur | Doppel-bindungen |
|---|---|---|---|
| Laurinsäure | 12 | $CH_3(CH_2)_{10}COOH$ | |
| Myristinsäure | 14 | $CH_3(CH_2)_{12}COOH$ | |
| Palmitinsäure | 16 | $CH_3(CH_2)_{14}COOH$ | |
| Stearinsäure | 18 | $CH_3(CH_2)_{16}COOH$ | |
| Arachinsäure | 20 | $CH_3(CH_2)_{18}COOH$ | |
| Lignocerinsäure | 24 | $CH_3(CH_2)_{22}COOH$ | |
| Palmitoleinsäure | 16 | $CH_3(CH_2)_5CH=CH(CH_2)_7COOH$ | $\Delta^9$ |
| Ölsäure | 18 | $CH_3(CH_2)_7CH=CH(CH_2)_7COOH$ | $\Delta^9$ |
| Linolsäure | 18 | $CH_3(CH_2)_4CH[=CHCH_2CH]_3=CH(CH_2)_3COOH$ | $\Delta^{9,12}$ |
| α-Linolensäure | 18 | $CH_3(CH_2)_4CH[=CHCH_2CH]_2=CH(CH_2)_7COOH$ | $\Delta^{9,12,15}$ |
| Arachidonsäure | 20 | $CH_3(CH_2)_4CH[=CHCH_2CH]_3=CH(CH_2)_3COOH$ | $\Delta^{5,8,11,14}$ |

Bedeutsame Vertreter aus der Gruppe der Lipoide sind die Phospholipide. Diese polaren Moleküle leiten sich von den Alkoholen Glycerin oder Sphingosin ab, deren Strukturen nachstehend dargestellt sind.

$HO-CH_2-\overset{\displaystyle H}{\underset{\displaystyle OH}{C}}-CH_2-OH$       $H_3C-(CH_2)_{12}-CH=CH-\overset{\displaystyle H}{\underset{\displaystyle OH}{C}}-\overset{\displaystyle H}{\underset{\displaystyle NH_3^+}{C}}-CH_2OH$

**1**          **2**

**Bild 2-65**  Struktur von Glycerin (1) und Sphingosin (2)

Im Falle eines Phosphoglycerides setzt sich die Molekülstruktur aus Glycerin, zwei Fettsäureketten und einem phosphorylierten Alkohol zusammen.

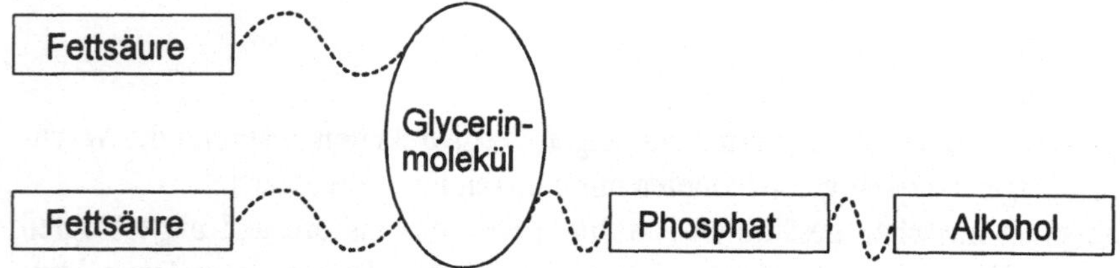


**Bild 2-66**  Bestandteile eines Phosphoglycerides [1]

In Phosphoglyceriden sind die Hydroxylgruppen am $C_1$- und $C_2$-Atom des Glycerins mit den Carboxylgruppen zweier Fettsäuren und die $C_3$-Hydroxylgruppe mit Phosphorsäure verestert. Diese Verbindung ist das einfachste Phosphoglycerid und wird als Phosphatidat bezeichnet.

Die häufigsten und wichtigsten Phosphoglyceride sind Abkömmlinge der Phosphatidat-Struktur und entstehen durch Veresterung der Phosphorylgruppe mit der Hydroxylgruppe eines von mehreren Alkoholen.

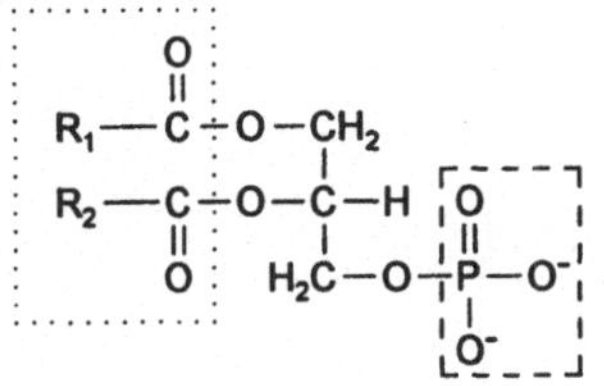

**Bild 2-67**
Struktur des Phosphatidats

Typische Alkoholkomponenten in Phosphoglyceriden sind Ethanolamin, Cholin, Inisitol, Serin oder auch Glycerin.

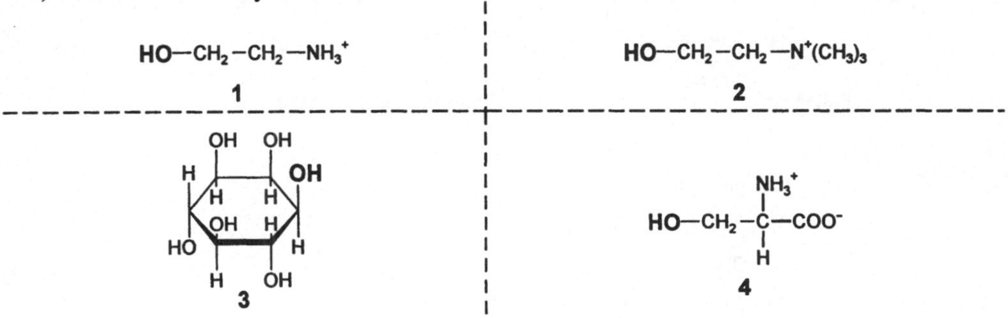

**Bild 2-68**  Struktur von Ethanolamin (1), Cholin (2), Inisitol (3) und Serin (4)

Einige der bekanntesten Vertreter der Phosphoglyceride (s. auch Analytik von Phospholipiden in Abschnitt 9.4) sind Phosphatidylcholin, Phosphatidylserin, Phosphatidylethanolamin oder Phosphatidylinositol [2].

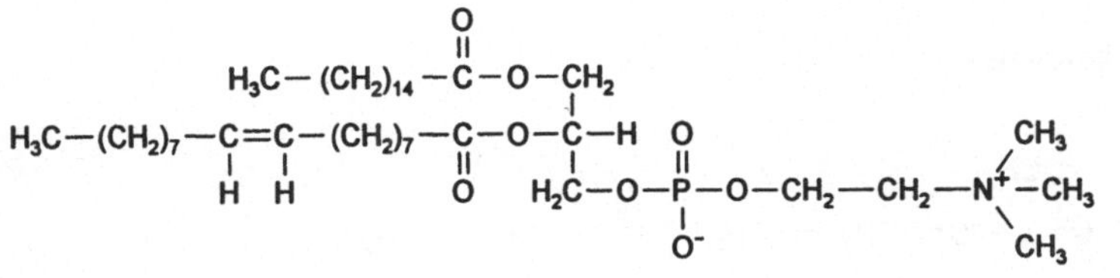

**Bild 2-69**  Struktur von Phosphatidylcholin

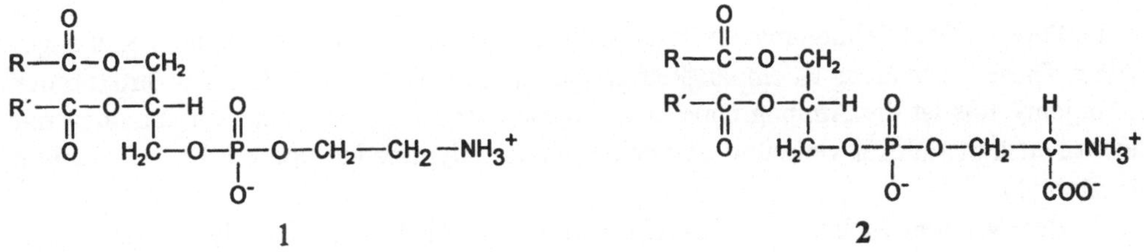

**Bild 2-70**  Struktur von Phosphatidylethanolamin (1), Phosphatidylserin (2)

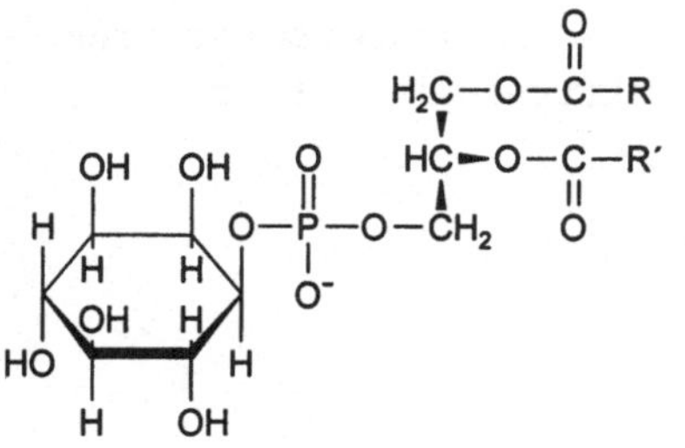

**Bild 2-71**
Struktur von Phosphatidylinisitol

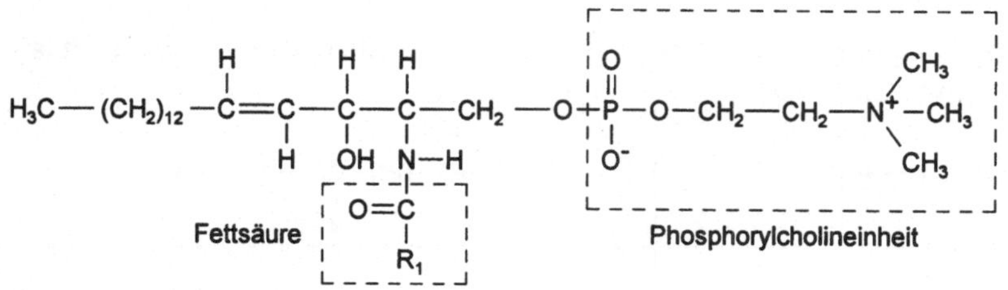

Fettsäure

Phosphorylcholineinheit

**Bild 2-72** Struktur von Sphingomyelin

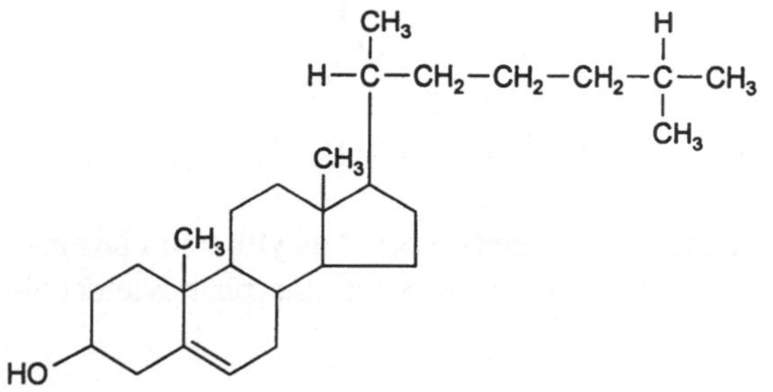

**Bild 2-73** Struktur von Cholesterin

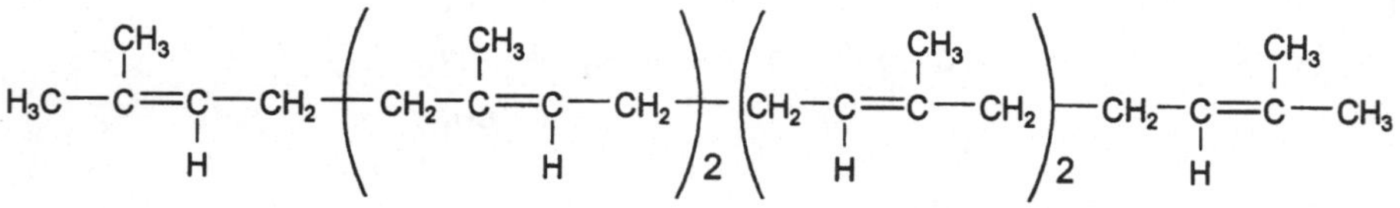

**Bild 2-74** Struktur von Squalen

Im Phospholipid Sphingomyelin ist an Stelle des Glycerins ein Sphingosinmolekül angeordnet. Diese Verbindung ist ein langkettiger und ungesättigter Alkohol. In der Struktur des Sphingomyelins ist die Aminogruppe des Singosinrückgrats durch eine Amidbindung mit einem Fettsäuremolekül verknüpft und seine primäre Hydroxylgruppe mit Phosphorcholin verestert [1].

Zu den weiteren wichtigen Lipidstrukturen, die innerhalb bioanalytischer Untersuchungen von besonderer Bedeutung sind, gehören das Cholesterin, Squalen, Ceramid und Cerebrosid [2], deren Strukturen in den Bildern 2-73 bis 2-76 dargestellt sind.

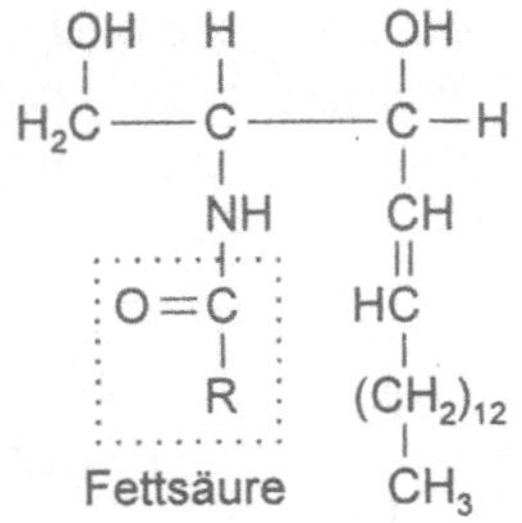

OH   H    OH
 |    |    |
H₂C — C —— C–H
      |    |
      NH   CH
      |    ‖
    O=C    HC
      |    |
      R    (CH₂)₁₂
             |
Fettsäure   CH₃

**Bild 2-75**
Struktur von Ceramid

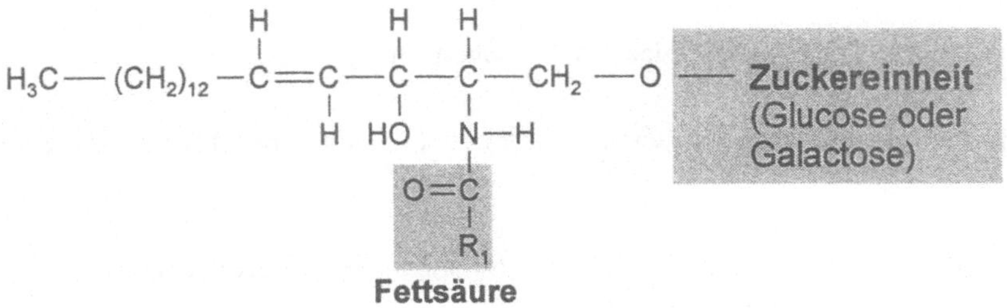

H₃C — (CH₂)₁₂ — C=C — C — C — CH₂ — O — **Zuckereinheit (Glucose oder Galactose)**

**Fettsäure**

**Bild 2-76**  Struktur des Glycolipids Cerebrosid

Auf Grund der besonderen Bedeutung dieser Verbindungen wird in diesem Abschnitt auf ihre biosynthetischen Herstellung kurz eingegangen [1].

## 2.4.2  Biosyntheseprozesse

Die schematisch aufgezeigten Biosyntheseprozesse für ausgewählte Lipide sollen stellvertretend dazu anregen, die Wege des biochemischen Anabolismus und Katabolismus von Biomolekülen in der entsprechenden Fachliteratur nachzulesen und zu vertiefen [1-3].

### 2.4.2.1  Cholesterin und Squalen

Cholesterin wurde bereits 1784 aus Gallensteinen isoliert. Die Unlöslichkeit in Wasser verleiht dieser organischen Verbindung einerseits wichtige Funktionen in Zellmembranen. Andererseits sind damit Ablagerungen im menschlichen Organismus und gesundheitliche Risiken verbunden.

Cholesterin [1] stellt außerdem eine Vorstufe zur Synthese von Steroidhormonen wie Testosteron, Progesteron, Cortisol oder Östradiol dar.

Erste Untersuchungen zur Biosynthese von Cholesterin gehen auf Arbeiten von K. Bloch in den 40-er Jahren zurück. Er markierte Acetat mit radioaktivem Kohlenstoff und verfütterte diese Substanzen an Ratten. Das in den Tieren synthetisierte Cholesterin trug die Isotopenmarkierung, und es konnte der Beweis angetreten werden, daß das Acetat als Vorstufe für die Cholesterinsynthese fungiert. Durch die radioaktive Markierung konnte festgestellt werden, daß alle Kohlenstoffatome des Cholesterins vom Acetyl-Coenzym A stammen.

Die Tatsache, daß Squalen (Bild 2-74) aus Isopreneinheiten aufgebaut ist, und der erzielte Nachweis, daß Squalen bei der Cholesterinsynthese als Zwischenprodukt entsteht, führten zu einer weiteren Aufklärung des Gesamtbiosyntheseweges. Weiterhin wurde das Mevalonat (Bild 2-77) als Zwischenprodukt entdeckt, das durch Decarboxylierung in das Isopentylpyrophosphat übergeht.

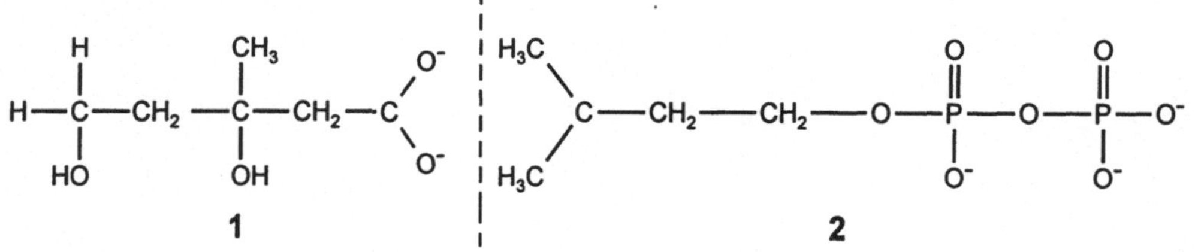

**Bild 2-77**  Struktur von Mevalonat (1) und Isopentenylpyrophosphat (2)

Daraus resultierten die einzelnen Biosynthese-Stufen vom Acetat über das Squalen zum Cholesterin.

Acetat   →   Mevalonat   →   Isopentyl-   →   Squalen   →   Cholesterin
                                                   pyrophosphat

( $C_2$ )          ( $C_2$ )              ( $C_2$ )              ( $C_2$ )              ( $C_2$ )

### 2.4.2.2  Ceramid und Cerebrosid

Die sogennanten Sphingolipide [1] unterscheiden sich von den Phosphoglyceriden dadurch, daß das Glycerin im Rückgrat des Moleküls durch Sphingosin substituiert ist.

Das Ceramid (*N*-Acylspingosin) entsteht durch Reaktion eines langkettigen Acetyl-CoA mit Spingosin (s. Bild 2-65). Im Sphingomyelin tritt als Substituent Phosphorcholin auf, das aus CDP-Cholin stammt.

In einem Cerebrosid (s. Bild 2-76) ist ein Kohlenhydrat (Glucose oder Galactose) an die terminale Hydroxylgruppe des Ceramids gebunden, wobei UDP-Glucose oder UDP-Galactose als Zuckerdonatoren fungieren.

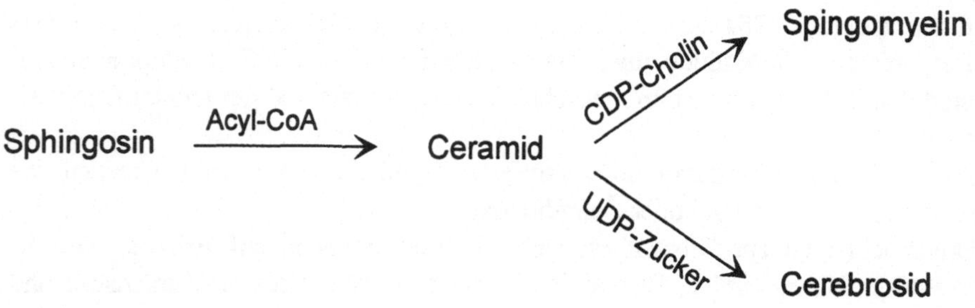


**Bild 2-78**  Synthese von Ceramid, der Vorstufe von Sphingomyelin und Cerebrosid

Es ist ein Gesetz im Leben: Wenn sich

eine Tür vor uns schließt, öffnet sich

eine andere. Die Tragik ist jedoch, daß

man nach der geschlossenen Tür blickt

und die geöffnete nicht beachtet.

**André Gide**

# 3   Prechromatographische Methoden

Die meisten Proteine sind in Zellen, Geweben und anderen biologischen Materialien lokalisiert. Werden Proteine aus dieser natürlichen Umgebung entfernt, können sie sehr schnell ihre biologische Aktivität verlieren. Sie müssen zur weiteren Aufarbeitung in Lösung gebracht (solubilisiert) werden. Dazu dienen meist Pufferlösungen mit Ionenstärken und pH-Werten, bei denen die Proteine stabil sind.

Zur Isolierung, Aufkonzentrierung und Reinigung der biologischen Moleküle werden prechromatographische Methoden wie Lysozymbehandlung, Aussalzen, Lyophilisation, Dialyse, Filtrationen sowie Batch-Adsorptionen und Extraktionsprozesse routinemäßig angewandt. Ihr Einsatz erfolgt nacheinander und wird z.T. nach jeder weiteren (chromatographischen) Aufarbeitungsstufe wiederholt. Sie sind sehr effektiv und gegenüber präparativen Chromatographie-Techniken weniger kostenintensiv, besitzen jedoch nur eine geringe Trennschärfe. Wichtig ist, daß denaturierende Effekte vermieden werden und die biologische Aktivität der Biomoleküle weitgehend erhalten bleibt.

Eine optimierte und sorgfältige Durchführung dieser prechromatographischen Methoden ist eine entscheidende Voraussetzung, um hochempfindliche bioanalytische Methoden (z.B. Flüssigchromatographie, Kapillarelektrophorese, Massenspektrometrie) erfolgreich zur Charakterisierung von Biosubstanzen einsetzen zu können.


## 3.1   Lysozymbehandlung

Lysozym wurde im Jahre 1922 von A. Fleming entdeckt. Die Vorsilbe *Lyso* bezeichnet die Eigenschaft des Enzyms, Bakterien aufzubrechen und die intrazellulären Inhaltsstoffe freizusetzen [1-4].

Bei tierischen Zellen, die durch keine kompakte Zellwand begrenzt sind, erfolgt das „Aufknacken" relativ leicht durch osmotische Lyse. Dabei werden die Zellen mit einer hypotonischen Lösung versetzt, deren Gesamtkonzentration an gelösten Substanzen gegenüber der in der Zelle gering ist. Durch Osmose diffundieren Wassermoleküle in den höher konzentrierten intrazellulären Raum. Dies führt zum Anschwellen der tierischen Zelle, die auf Grund des entstehenden Überdruckes platzt und die Inhaltsstoffe freisetzt.

Zum Aufbrechen von Bakterien und Pflanzenzellen wird Lysozym eingesetzt, welches die Zellwandpolysaccharide chemisch abbaut. Diese bestehen bei Bakterien aus *N*-Acetylglucosamin (GlcNAc) und *N*-Acetylmuraminsäure (MNAc), die über eine glycosidische Bindung (s. Abschnitt 2.3.1) zwischen dem $C_1$-Atom von MNAc und dem $C_4$-Atom von GlcNAc alternierend verknüpft sind.

Lysozym besitzt als Glucosidase die Fähigkeit, diese $\beta(1 \rightarrow 4)$-glycosidische Bindung zu hydrolysieren, wobei dimere Zuckerbausteine aus GlcNAc und MNAc entstehen.

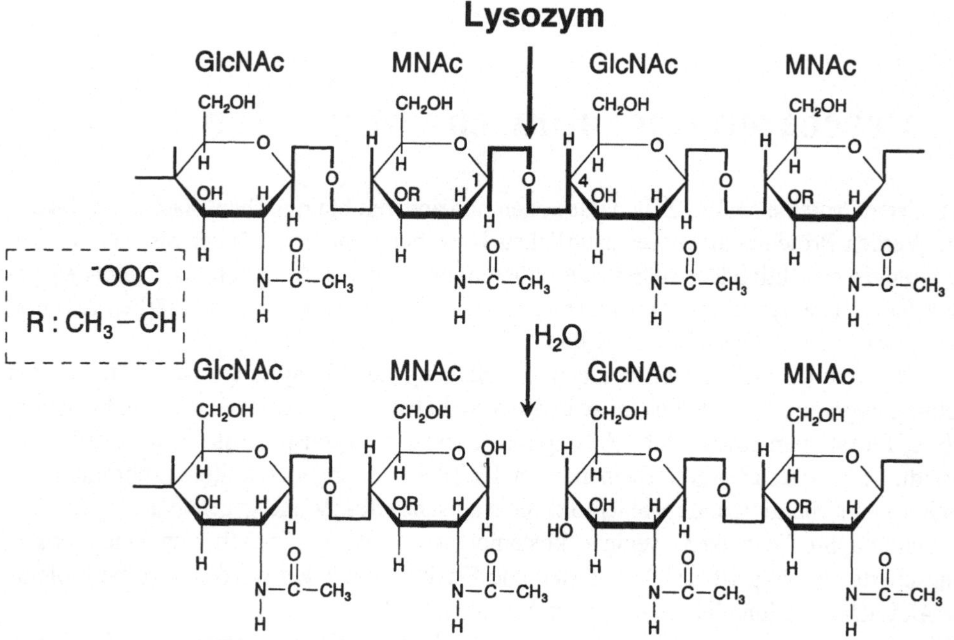



**Bild 3-1**   Hydrolyse der glycosidischen Bindung zwischen GlcNAc und MNAc

Die andere glycosidische Bindung zwischen dem $C_1$-Atom von GlcNAc und dem $C_4$-Atom von MNAc wird durch Lysozym nicht gespalten.

Neben der Lysozymbehandlung können auch Zellen mechanisch aufgeschlossen werden. Dies erfolgt mit Hilfe von Hochgeschwindigkeitsrührern, Ultraschallwellen, Homogenisatoren oder mit einer French-Press-Apparatur, bei der die Zellen durch eine enge Öffnung verspritzt und durch Scherwirkungen aufgebrochen werden.

## 3.2  Aussalzen

Proteine zeigen auf Grund ihrer positiven und negativen Ladungen ein sehr unterschiedliches Löslichkeitsverhalten, das hauptsächlich von der Art und Ionenstärke des Puffersalzes, dem pH-Wert und der Temperatur abhängig ist. Das Bild 3-2, in dem der Logarithmus der Löslichkeit einiger Proteine in Ammoniumsulfat in Abhängigkeit von der Ionenstärke aufgetragen ist, verdeutlicht dieses Verhalten.

Bei sehr geringen Ionenstärken steigt die Löslichkeit der Proteine in der Regel mit zunehmender Salzkonzentration an. Die wird als „Einsalzeffekt" bezeichnet und kann dadurch erklärt werden, daß mit erhöhter Konzentration der Salzionen die Ladungen in den Proteinen zunehmend abgeschirmt werden, woraus der Anstieg ihrer Löslichkeit resultiert.

Wird die Salzkonzentration weiter erhöht, erfolgt eine verstärkte Konkurrenz zwischen den Salzionen und den anderen gelösten Substanzen um die solvatisierten Moleküle. Wenn nicht mehr ausreichend Lösungsmittelmoleküle zur Verfügung stehen, um die Proteine im gelösten Zustand zu halten, werden sie ausgefällt, was man „Aussalzeffekt" nennt [5-9].

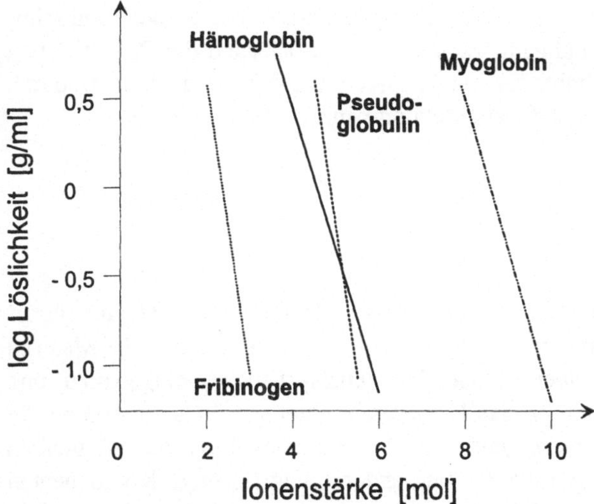


**Bild 3-2**    Abhängigkeit des Logarithmus der Löslichkeit der Proteine von der Ionenstärke [10]

Beide Effekte werden auch aus Bild 3-3 deutlich, in dem die Löslichkeit von Lactoglobulin bei unterschiedlichen NaCl-Konzentrationen gegen den pH-Wert dargestellt ist.

Der Aussalzeffekt dient auch zur Fraktionierung, Konzentrierung und Reinigung von Proteinen. Dabei wird die Salzkonzentration einer Proteinlösung direkt unterhalb des Präzipitationspunktes des Proteins eingestellt.

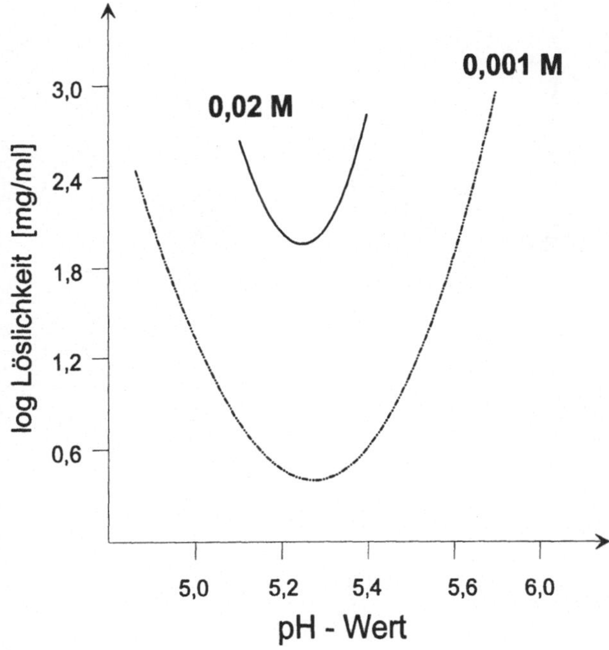


**Bild 3-3**    Löslichkeit von Lactoglobulin in Abhängigkeit von der NaCl-Konzentration und dem pH-Wert [11]

Das interessierende Protein bleibt in Lösung, während andere Proteine und Verunreinigungen ausfallen und durch Filtration abgetrennt werden. Im Rückstand der Proteinlösung wird die Salzkonzentration weiter erhöht, bis das entsprechende Protein ausfällt. Dadurch können auch sehr große Proteinmengen aufgearbeitet und konzentriert werden.

## 3.3  Lyophilisation

Mit dieser auch als Gefriertrocknen [12, 13] bezeichneten Methode wird ein deutlicher Konzentrierungseffekt der Probelösung erreicht. Das zu analysierende biologische Material wird in flüssigem Stickstoff oder in einer Alkohol-Trockeneis-Mischung eingefroren, und mit Hilfe einer Ölpumpe wird Vakuum an das Probegefäß angelegt. Dadurch werden die niedermolekularen Probemoleküle „abgezogen", und die Biomoleküle (Proteine) bleiben aufkonzentriert und gefroren zurück. Auch Salze und andere nicht flüchtige Komponenten sind weiterhin Bestandteile der Probe und können erst danach durch Dialyse (Abschnitt 3.4) oder auch mit Hilfe der Gelfiltration (Abschnitt 4.3.2) entfernt werden.

Strukturell labile Biomoleküle wie einige Enzyme werden durch Zusatz von Saccharose stabilisiert und damit vor Verlusten ihrer enzymatischen Aktivität geschützt. Die nicht flüchtige Saccharose wird anschließend aus der Probe entfernt.

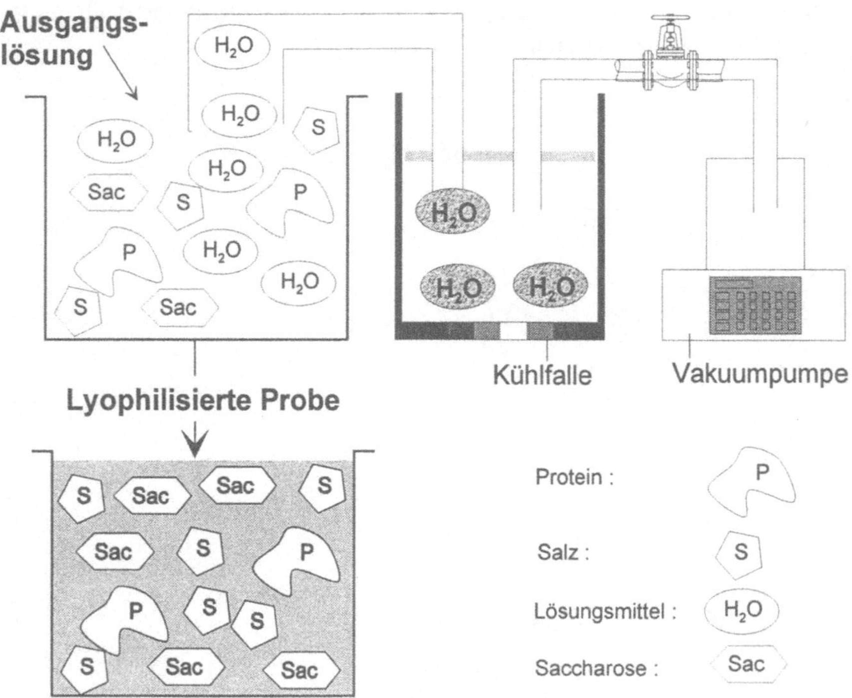


**Bild 3-4**   Prinzip der Lyophilisation

# 3.4  Dialyse

Durch Dialyse werden hoch- und niedermolekulare Moleküle voneinander getrennt [9, 14]. Als Trennmedium bzw. Filtermaterial dient eine semipermeable Membran, die aus kleinporigen Celluloseacetat oder Nitrocellulose besteht. Es wird mit Dialyseschläuchen gearbeitet, in die die biologische Flüssigkeit hineingefüllt wird. Die geringe Porengröße der Membran ermöglicht nur niedermolekularen Molekülen in die angrenzende Pufferlösung hinein zu diffundieren. Hochmolekulare Substanzen werden im Dialyseschlauch angereichert und behalten unter entsprechenden physiologischen Bedingungen ihre biologische Aktivität.

Ein weiterer Konzentrierungseffekt wird erreicht, wenn der gefüllte Schlauch von einer stark wasseraufnehmenden Substanz wie Polyethylenglycol (PEG) umgeben wird. Das Wasser diffundiert durch die Membran und wird vom PEG aufgenommen.

Auch der komplette Austausch des Lösungsmittels bzw. Puffers einer Proteinlösung erfolgt mit dem Dialyseschlauch. Dieser wird in ein großvolumiges Gefäß mit neuem Lösungsmittel eingetaucht. Nach längerem Rühren haben sich beide Flüssigkeiten ausgetauscht und befinden sich im Gleichgewicht. Durch mehrmaliges Wiederholen der Dialyse mit neuem Lösungsmittel kann ein vollständiger Austausch erfolgen.

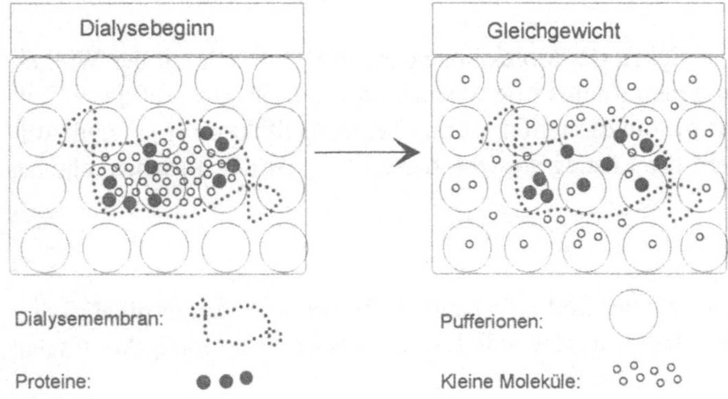


**Bild 3-5**  Prinzip der Dialyse

# 3.5  Ultrazentrifugation

Die Ultrazentrifuge wurde 1923 von dem schwedischen Biochemiker T. Svedberg entwickelt und dient zur Trennung und Molekulargewichtsbestimmung von Biomolekülen [15-17]. Das biologische Material befindet sich in Zentrifugenröhrchen, die im gekühlten und unter Vakuum stehenden Rotationsteil angeordnet sind.

Große Biomoleküle, die sich in Lösungen nicht oder kaum absetzen, werden bei hohen Rotationsgeschwindigkeiten, die bis zu 80000 rpm (Umdrehungen bzw. *revolutions* /min) betragen, sedimentiert (Probesediment).

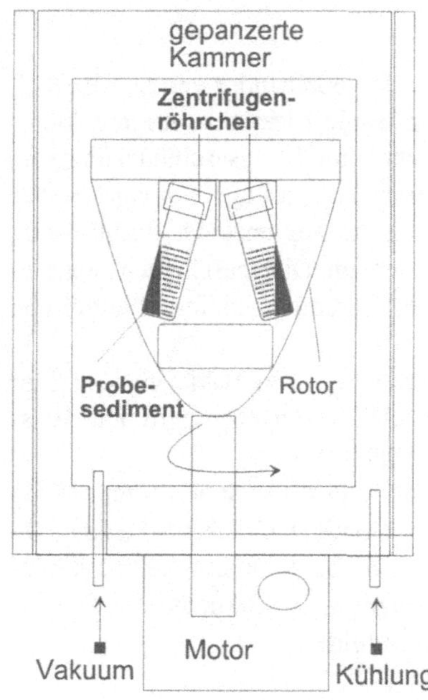



**Bild 3-6**
Schematische Darstellung einer Ultrazentrifuge

Die Sedimentationsgeschwindigkeit der Moleküle und Partikel, die sich mit der Winkelgeschwindigkeit $\omega$ im Kreis mit dem Radius $r$ bewegen, ist masseabhängig. Auf diese Teilchen wirkt die Zentrifugalkraft $F_s$, die die Differenz aus Zentrifugalfeld ($m\,w^2\,r$) und Auftriebskraft ($V_p\,w^2\,r\,\varrho$), die von der Lösung ausgeht, darstellt. $V_p$ ist das Teilchenvolumen und $\varrho$ die Dichte der Lösung.

$$F_S = m \cdot \omega^2 \cdot r - V_p \cdot \omega^2 \cdot r \cdot \varrho \tag{3.1}$$

Wenn $F_S$ gleich dem Reibungswiderstand $v\,f$ entspricht, bewegt sich das Partikel in diesem Feld mit konstanter Sedimentationsgeschwindigkeit $v$, wobei $f$ der Reibungskoeffizient ist.

Als Maß für die Sedimentation dient der Sedimentationkoeffizient $s$, der als Quotient aus Geschwindigkeit und dem Zentrifugalfeld definiert wird.

$$s = \frac{v}{\omega^2 \cdot r} = \frac{m(1 - V_p)}{f} \tag{3.2}$$

Die Sedimentationskoeffizienten werden in Svedberg-Einheiten [S] angegeben, wobei ein Svedverg $10^{-13}$ Sekunden entspricht. Für einige ausgewählte biologische Substanzklassen sind die Sedimentationskoeffizienten und -bereiche auf den folgenden Svedberg-Skalen schematisch dargestellt.

Der Anwendungsmöglichkeiten der Ultrazentrifugation erstrecken sich von nieder- bis zu hochmolekularen Proteinen und von DNA- bzw. RNA-Fragmenten bis zu Viren und Zellen.

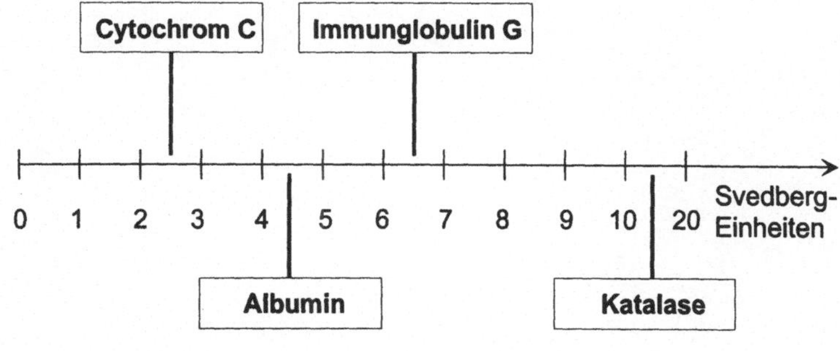


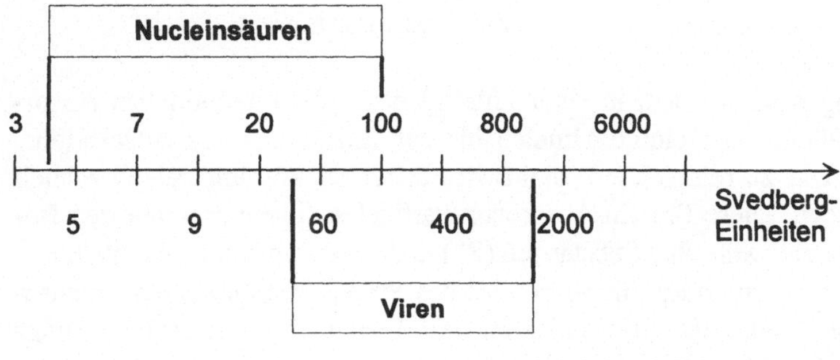


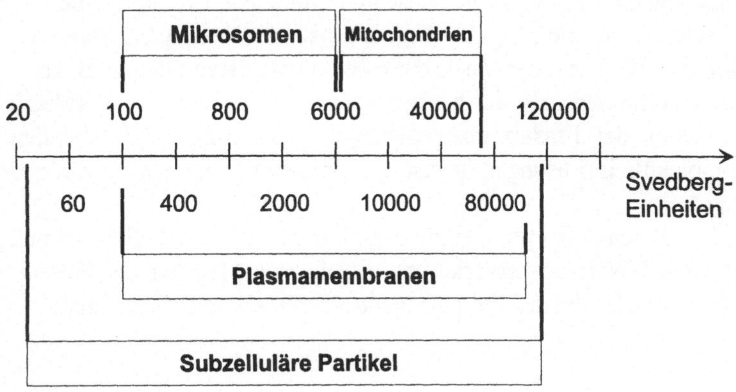


**Bild 3-7** Sedimentationskoeffizienten für biologische Substanzen

## 3.6 Batch-Adsorption

Eine einfache Variante zum Konzentrieren von Proteinmischungen ist die direkte Adsorption an Chromatographiematerialien. Dies können Ionenaustauscher, Affinitätsgele und andere organische oder anorganische Materialien sein.

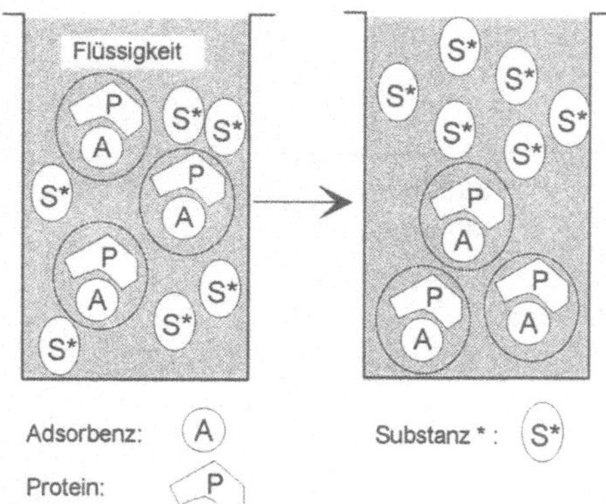



**Bild 3-8**
Prinzip einer Batch-Adsorption

Die Biomoleküllösung wird mit dem in einer Flüssigkeit (Puffer) befindlichen Adsorbenz gemischt, aufgeschlämmt und einige Minuten bis zur Einstellung des Adsorptionsgleichgewichtes gerührt. Das zu reinigende Protein wird dabei selektiv und relativ schnell an das Adsorbenz gebunden. Diese Protein-Adsorbenz-Partikel sedimentieren auf den Boden des Gefäßes, während unerwünschte Substanzen (S*) in der Suspension gelöst bleiben.

Nach dem Abdekandieren und/oder Filtrieren wird das Protein mit einem entsprechenden Lösungsmittel (Puffer) vom Adsorptionsmaterial desorbiert und durch weitere Aufarbeitungsschritte (Fällung, Gefriertrocknung) isoliert und konzentriert.

Andererseits können auch Chromatographiematerialien eingesetzt werden, die mit hoher Selektivität Fremdsubstanzen binden, wobei die gewünschten Proteine in Lösung bleiben.

Die Effektivität einer Batch-Adsorption [9, 18] hängt u. a. von der Menge und Selektivität des Materials sowie vom pH-Wert und der Ionenstärke der verwendeten Flüssigkeit ab.

Hauptvorteile des Batch-Verfahrens sind der geringe apparative Aufwand im Vergleich zu Chromatographie-Techniken, der Einsatz kostengünstiger grobkörniger Adsorbentien und die Möglichkeit, Biomoleküle in Lösungen in fast unbegrenzten Volumina zu reinigen und aufzukonzentrieren.

Für die Optimierung einer Batch-Adsorption sind einige Vorversuche bezüglich Art und Menge des Adsorbenz sowie pH-Wert, Ionenstärke und organischen Modifier der Flüssigkeit erforderlich, wenn die Eigenschaften des Proteins nicht weitestgehend bekannt sind.


## 3.7  Flüssig-flüssig-Extraktion

Bei Extraktionsprozessen werden die gewünschten Moleküle von einer wäßrigen Phase in eine andere wäßrige oder organische Phase überführt. Als Zweiphasensysteme [19, 20] für die Anreicherung von Proteinen dienen Polyethylenglycol (PEG) und Dextran, die miteinander nicht mischbar sind. Die PEG-reiche Phase besitzt eine geringere Dichte als die Dextran-haltige Phase.

Die Proteine reichern sich auf Grund ihres unterschiedlichen Verteilungskoeffizienten $K$ in einer der beiden Phasen an, wobei $c_1$ die Konzentration in der oberen PEG-Phase und $c_2$ die Konzentration in der unteren Dextran-Phase ist.

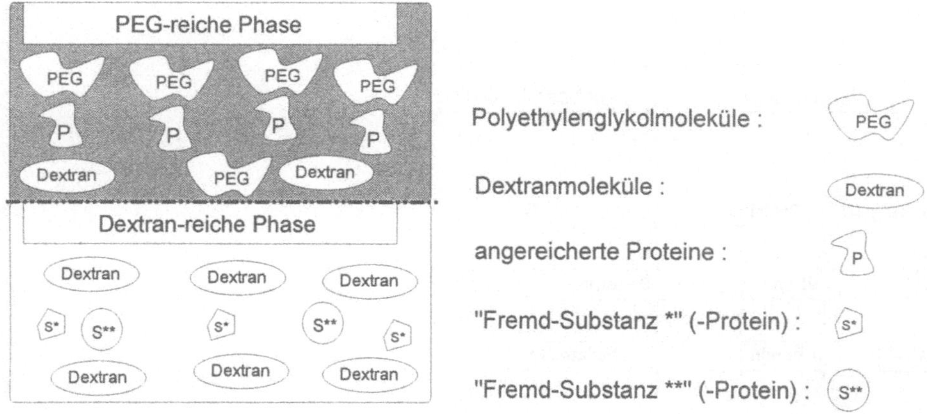


**Bild 3-9**    Prinzip der Flüssig-flüssig-Extraktion

$$K = \frac{c_1}{c_2} \tag{3.3}$$

Polyethylenglycol ist ein nichtionisches Polymer, in dem die Proteine nicht denaturiert werden und auch keine anderen unspezifischen Wechselwirkungen zeigen. Es steht in verschiedenen Molekulargewichtsbereichen zur Verfügung, so daß die Anreicherung von Proteinen über einen weiten Bereich ihrer Größe variiert werden kann.

Die Entfernung der Proteine aus dem PEG erfolgt durch Filtration oder Größenausschlußchromatographie (Abschnitt 4.3.2), bei der das Polyethylenglycol nicht an der stationären Phase gebunden wird.

Flüssig-flüssig-Extraktionen können auch zur Konzentrierung von sehr großen Proteinmengen im präparativen Maßstab angewandt werden. Dabei muß beachtet werden, daß Extraktionspolymere wie PEG relativ teuer sind, so daß eine Optimierung des Extraktionsprozesses erforderlich ist.

Als Vorteile der Zweiphasensysteme gelten hohe Wiederfindungsraten, geringe apparative Kosten und die einfache Handhabung.

# 3.8  Filtration

Durch Filtration [21, 22] werden feste oder kolloidale Partikel von einer Flüssigkeit mit Hilfe von Membranen getrennt. Der Anteil, der den Filter passiert, wird als Filtrat bezeichnet. Die zurückgehaltenen Substanzen bilden einen sogenannten Filterkuchen.

Die Einteilung und Anwendung der Filter erfolgt u.a. nach dem verwendeten Material (Cellulose, Polymere, Glas, Keramik, gesintertes Metall), der Struktur (Fasern, Partikel) und dem Filtermechanismus (Diffusion, Adsorption).

Man unterscheidet bei der Aufarbeitung von biologischen Materialien und Proteinen zwischen Ultra- und Mikrofiltration, die sich im Trennmechanismus und in der Anwendbarkeit für eine bestimmte Molekül- oder Partikelgröße unterscheiden.

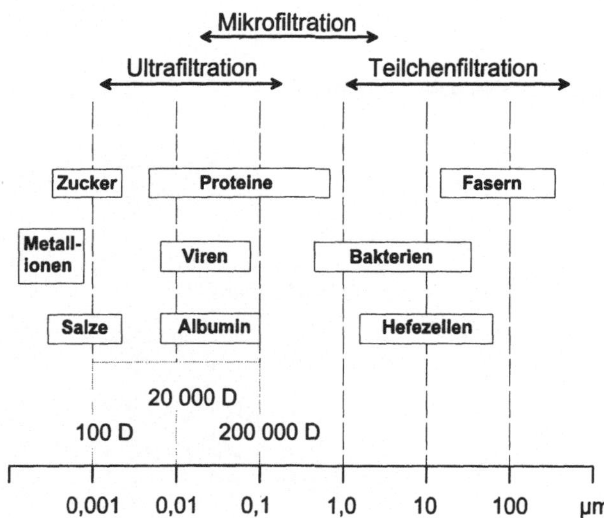



**Bild 3-10**
Anwendungsbereiche von
Mikro- und Ultrafiltration

Der für die Ultrafiltration charakteristische Größenbereich liegt zwischen 0,1 µm und 100–200 nm, während die Mirkrofiltration für größere Partikel und Moleküle im Bereich von 0,05 µm–2 µm eingesetzt wird.

## 3.8.1 Mikrofiltration

Bei der Mikrofiltration werden größere suspendierte Partikel oder Molekülverbände, die das Filtermedium nicht passieren können, zurückgehalten, während kleine Substanzen den Filter passieren. Damit werden Zellen aus Fermentationsbrühen oder Lysaten abgetrennt.

Tiefenfilter bestehen aus Fasern oder faserähnlichen Materialien mit labyrinthartigen Durchgängen (Bild 3-11 A), in denen sich Partikel und größere Moleküle festsetzen können. Diese Gewebe nehmen während der Filtration immer mehr Substanzen auf und ermöglichen, daß nur kleine Moleküle das Labyrinth des Filters passieren können.

Membranfilter besitzen demgegenüber definierte und kontrollierte Porenstrukturen, auf deren Oberfläche sich große Moleküle und Partikel gleichmäßig ansammeln (Bild 3-11 B), während kleine Substanzen die Poren und Kanäle passieren und sich im Filtrat niederschlagen.

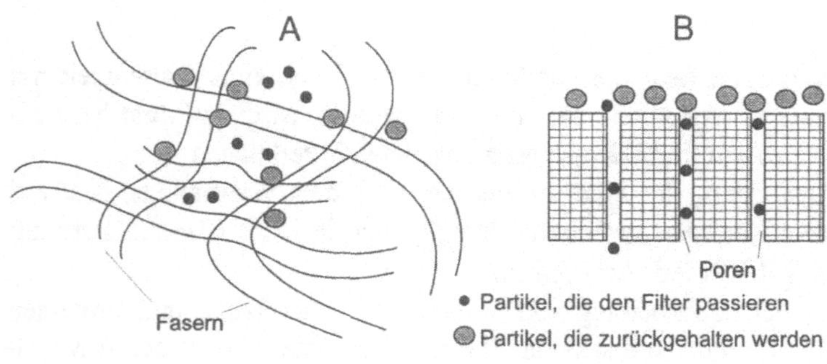



**Bild 3-11**
Prinzip der
Filtration mit einem
Tiefenfilter (A) und
einem Membran-
bzw. Siebfilter (B)

### 3.8.2  Ultrafiltration

Eine wichtige Methode zur Konzentrierung von verdünnten Proteinlösungen ist die Ultrafiltration. Mit Hilfe eines Gases (Luft oder Stickstoff) und etwas Druck (ca. 5 bar) wird die Flüssigkeit durch eine Membran gedrückt. Das kontinuierliche Rühren der Lösung verhindert Verstopfungen der Membran (s. Bild 3-12).

Die Poren der Membranfilter sind klein genug, um Proteine zurückzuhalten und Wasser, Salzionen und Puffer passieren zu lassen.

Die Ultrafiltration ist eine unkomplizierte Methode, die eine Proteinlösung in zwei Fraktionen trennt. Die Proteine können nicht einzeln isoliert werden, sondern nur zusammen mit anderen Biomolekülen in einer gegenüber der Gelfiltration relativ breiten Molekulargewichtsverteilung.

Soll z.B. ein Protein mit einem Molekulargewicht von 300 000 Dalton möglichst verlustlos aufkonzentriert werden, empfiehlt sich die Anwendung einer Membran mit einer Durchlässigkeit (z.B. von 200 000 Dalton) für deutlich kleinere Proteine. Bei einer effektiven Arbeitsweise kann ein Volumen von 200 ml Proteinlösung auf ca. 10 ml Ultrafiltrat eingeengt werden.

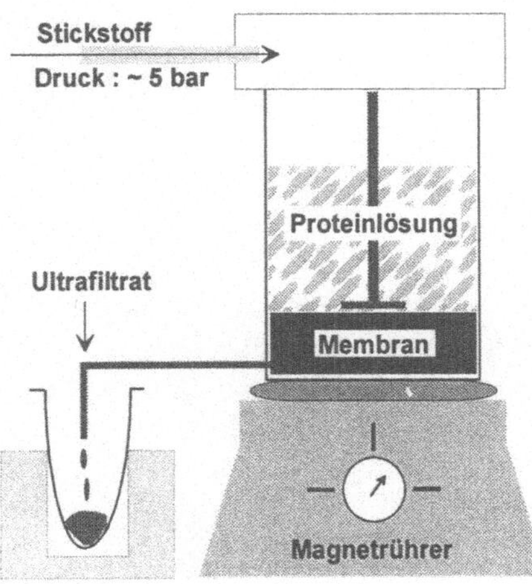


**Bild 3-12**
Prinzip der Ultrafiltration einer Proteinlösung

Niemals und auf keine Weise sollten

wir uns entmutigen lassen. Gerade

dann, wenn wir unsere Mängel und

Fehler zu erkennen in der Lage sind,

haben wir den allerwenigsten Grund,

unzufrieden zu sein.

**Francois Fénelon**

# 4 Flüssigchromatographie

## 4.1 Hochleistungsflüssigchromatographie

Die Säulenflüssigchromatographie (LC) gehört neben der Gas- (GC) und Dünnschichtchromatographie (DC) zu den wichtigsten und leistungsfähigsten Trennmethoden. In jüngster Zeit etabliert sich die Kapillarelektrophorese (CE) als ein weiteres sehr effizientes Trennverfahren, insbesondere in der bioanalytischen Forschung.

Durch die Entwicklung der Hochleistungsflüssigchromatographie (HPLC) vor ca. 30 Jahren wurde die klassische Säulenflüssigchromatographie [1] revolutioniert. Zu den Wegbereitern der faszinierenden HPLC-Methode gehören u.a. Giddings, Snyder, Knox, Kirkland, Huber, Engelhardt und Unger.

Charakteristisch für die HPLC im Vergleich zur Klassischen LC ist die Miniaturisierung und Optimierung der Trennapparatur und -materialien.

**Tabelle 4-1**    Vergleiche zwischen klassischer LC und HPLC

|  | Klassische LC | HPLC [2-8] |
|---|---|---|
| Entwicklungsbeginn | 1906: M. Tswett [1] <br> Trennung von Pflanzen- <br> farbstoffen | 1965: Theroretische Grundlagen <br> 1970: Erste kommerzielle Geräte |
| Säulendimension | m- bis cm-Bereich <br> (z.B. 1 m × 5 cm) | cm- bis mm-Bereich <br> (25 cm × 4,6 mm) |
| Säulenmaterial | Glas | Stahl, stabiles Glas, Polymere (PEEK) |
| Stationäre Phasen | Silicagel, Aluminiumoxid | Silicagel, Polymere |
| Teilchengröße | oberer µm-Bereich <br> (100–200 µm) | unterer µm-Bereich <br> (3–10 µm) |
| Eluentförderung | Hydrostatisch, Schlauchpumpen | Hochdruckpumpen |
| Säulenvordruck | bis ca. 0,5 MPa (5 bar) | 1 bis ca. 20 MPa |
| Säulenfülldruck | Hydrostatisch, wenige Bar | 40–80 MPa für Silicagele <br> 1 bis ca. 12 MPa für Polymere |
| Flußrate | mehrere ml/Stunde | 0,3–ca. 2 ml/min |
| Analysenzeit | Stundenbereich (Tage) | Minuten-/(Sekunden)bereich |
| Probemenge | mg- bis g-Bereich | pg- bis µg-Bereich |
| Bodenzahl | 1–100/m | 5000–100 000/m |
| Anzahl der Peaks | 2–10 | 5–50 und mehr |

Die Entwicklung sehr kleiner und monodisperser Partikel im Bereich um 5 µm, spezieller Säulenfülltechniken unter Hochdruck, empfindlicher Detektoren mit nur geringem Volumen (ca. 10 µl) der Durchflußküvetten und pulsarmer Hochdruckpumpen ermöglichte die Durchführung von chromatographischen Trennungen kleinster Substanzmengen im Nanogramm- und Picogramm-Bereich innerhalb weniger Minuten mit hoher Trennleistung.

### 4.1.1  Grundlagen des Trennprozesses

Unter Chromatographie [9] versteht man einen Trennprozeß, bei dem das Probegemisch zwischen zwei Phasen im chromatographischen Bett (Trennsäule oder Ebene) verteilt wird. Die eine Hilfsphase, die stationäre Phase, ruht. Die andere Hilfsphase, die mobile Phase, strömt daran im chromatographischen Bett vorbei [4].

Als stationäre Phasen werden kleine Teilchen fester, poröser und oberflächenaktiver Materialien oder Trägermaterialien, die mit einem physikalisch oder chemisch gebundenen Flüssigkeitsfilm bedeckt sind, eingesetzt. In der Gaschromatographie ist die mobile Phase gasförmig (Stickstoff, Wasserstoff). LC-, HPLC- oder DC-Trenntechniken verwenden dagegen Flüssigkeiten als mobile Phasen.

*Darstellung des Trenneffektes in einer Chromatographiesäule*

Zwei verschiedene Probesubstanzen A und B werden auf eine Trennsäule appliziert und beginnen mit der mobilen und stationären Phase in verschiedene Wechselwirkungen zu treten (Situation 1 im Bild 4-1).

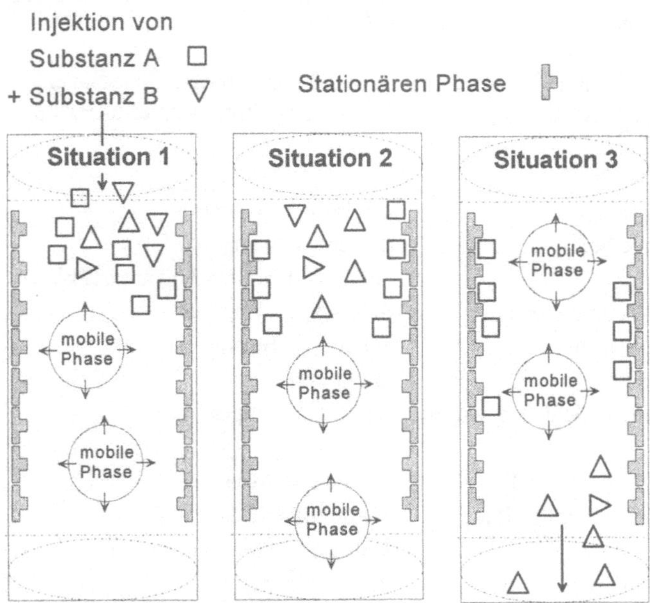


**Bild 4-1**   Schematische Darstellung der flüssigchromatographischen Trennung in Säulen

In diesem Beispiel besitzt Substanz A auf Grund seiner physiko-chemischen Eigenschaften eine höhere „Affinität" bzw. ein intensiveres Bindungsvermögen zu den Oberflächengruppen der stationären Phase. Substanz B wird im Gegensatz dazu von der Trennphase weniger stark angezogen bzw. gebunden und hält sich bevorzugt in der mobilen Phase auf (Situation 2).

Diese Wechselwirkungen der Probemoleküle zwischen beiden Phasen wiederholen sich ständig und werden an Hand des Verteilungskoeffizienten $K$, dem Quotienten der Konzentration einer Substanz in der stationären ($c_{stat}$) und mobilen Phase ($c_{mob}$), beschrieben.

$$K = \frac{c_{stat}}{c_{mob}} \qquad\qquad (4.1)$$

Dieser drückt aus, ob sich eine Substanz bevorzugt in der mobilen oder stationären Phase aufhält. Die Substanz B mit stärkerer „Affinität" zur mobilen Phasen gelangt zuerst zum Säulenausgang, während Substanz A von der stationären Phase zurückgehalten (retardiert) wird (Situation 3) und mit größerer zeitlicher Verzögerung die Trennsäule verläßt.

*Bandenverbreiterung in der Säule und Van-Deemter-Gleichung*

Aufgrund dieser Wechselwirkungen erfolgt eine zunehmende Verdünnung der Probemoleküle innerhalb der Trennsäule. Die resultierende Verbreiterung der Substanzpfropfen, die man als Peak- oder Bandenverbreiterung bezeichnet, wird durch verschiedene Phänomene (Ursache 1 bis 4) hervorgerufen.

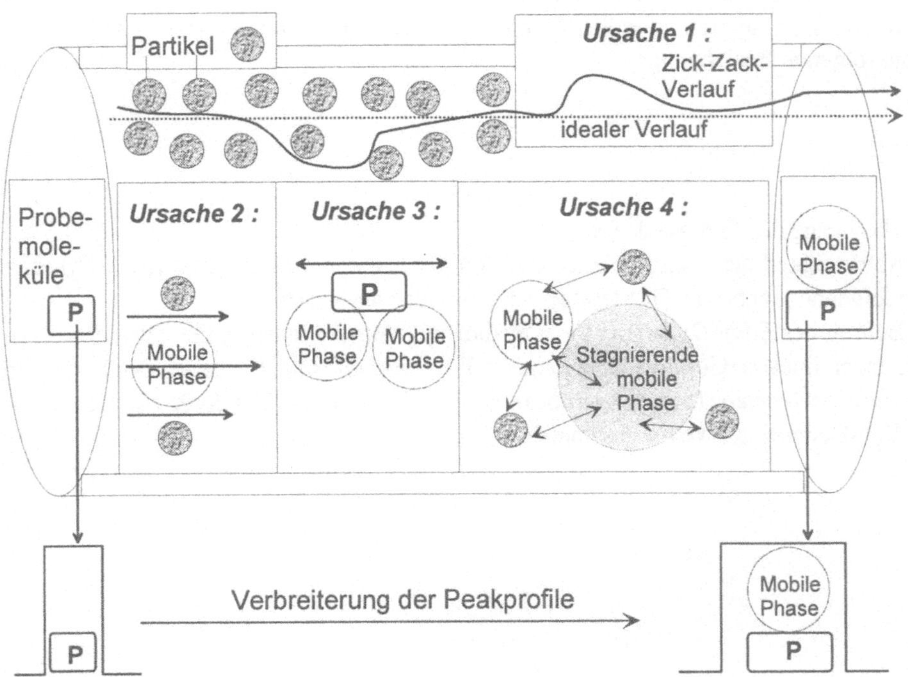


**Bild 4-2**   Ursachen der Bandenverbreiterung innerhalb der Trennsäule

*Ursache 1:*
Die *Streu- oder Eddydiffusion* beinhaltet, daß die Probemoleküle nicht linear (gestrichelte Linie), sondern auf „Zick-Zack-Wegen" in der Säule wandern und sich verbreitern.
*Ursache 2:*
Die Moleküle bewegen sich in der Mitte zweier Säulenpartikel schneller als in ihrer unmittelbaren Nähe, wodurch eine *Strömungsverteilung* entsteht.
*Ursache 3:*
Ein weiterer Beitrag zur Bandenverbreiterung resultiert durch die Diffusion der Probemoleküle in der mobilen Phase selbst, was als *Längsdiffusion* bezeichnet wird.
*Ursache 4:*
Außerdem finden *Stoffaustauschphänomene* zwischen mobiler, stationärer Phase und der in den Poren eingeschlossenen „stagnierenden" mobilen Phase statt.

All diese Effekte bewirken, daß die Peakprofile nach der Trennung breiter als zu Beginn der Probeinjektion sind.

Die dargestellten Ursachen der internen Bandenverbreiterung von Substanzpeaks innerhalb einer Säule sind in den Termen der Van-Deemter-Gleichung [10] enthalten.

$$H_{(\text{HETP})} = A + \frac{B}{u} + C \cdot u \qquad (4.2)$$

Danach ist die theoretische Trennstufenhöhe (theoretische Bodenhöhe) $H$ ein Maß für die Bandenverbreiterung eines Peaks. Der A-Term steht für die Streudiffusion, der B-Term repräsentiert die Strömungsverteilung und der C-Term beinhaltet alle Stoffaustauschphänomene der mobilen und stationären Phase. Je kleiner $H$ ist, desto schmaler werden die Peaks im Chromatogramm und um so größer ist die theoretische Trennstufen- oder Bodenzahl $N$. Es gilt die folgende Beziehung,

$$N = \frac{L}{H} , \qquad (4.3)$$

wobei $L$ die Länge der Trennsäule (cm) ist.

Die Abhängigkeit der Trennstufenhöhe $H$ von der linearen Strömungsgeschwindigkeit $u$ zeigt die folgende graphische Darstellung der Van-Deemter-Kurve.

Der Beitrag der *Eddy-Diffusion* (1) ist unabhängig von der linearen Geschwindigkeit $u$. Mit steigender linearer Geschwindigkeit geht die *Längsdiffusion* (2) gegen Null und die *Stoffaustauschphänomene* (3) nehmen linear zu. Aus allen drei Beiträgen setzt sich der Verlauf der Van-Deemter-Kurve (4) zusammen.

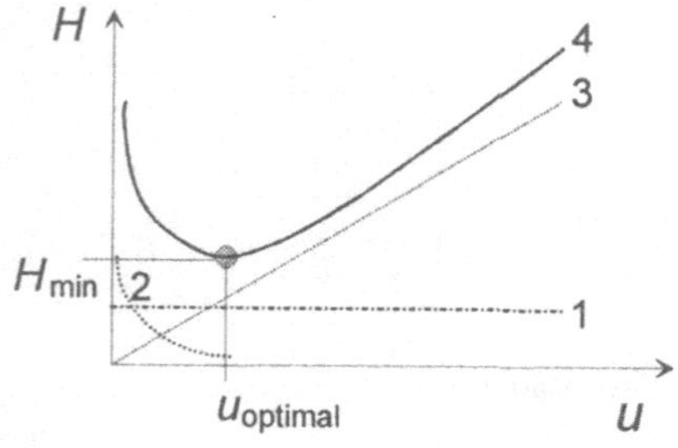


**Bild 4-3**
Beiträge zur Bandenverbreiterung
(Van-Deemter-Kurve)

Diese enthält eine optimale Fließgeschwindigkeit ($u_{optimal}$), bei der die Trennstufenhöhe minimal ist ($H_{min}$). Die HPLC-Säulen sollten im Bereich dieser Fließgeschwindigkeit eluiert werden, da die günstigsten Auftrennungen mit den schmalsten Peakprofilen in diesem Fall erreicht werden.

Ein Vergleich zwischen Partikeln unterschiedlicher Teilchengröße hinsichtlich der zu erzielenden Trennstufenhöhen zeigt das folgende Bild. Mit 3- und 5 µm-Materialien werden sehr niedrige $H$-Werte bzw. hohe Bodenzahlen und sehr effiziente Trennungen mit schmalen Peakformen erreicht.

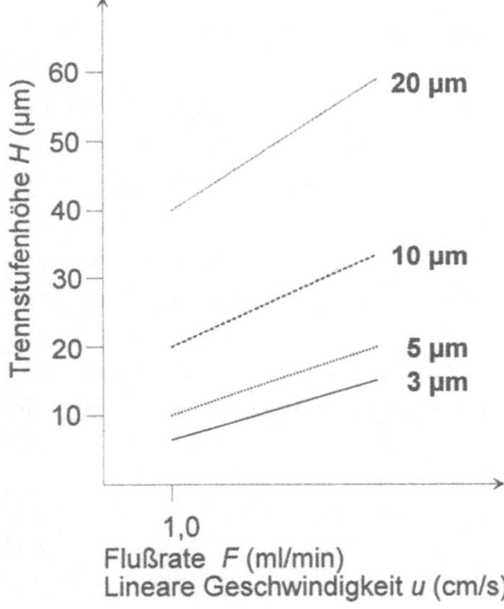


**Bild 4-4**
Einfluß der Teilchengröße
auf die Trennstufenhöhe $H$

*Bandenverbreiterung außerhalb der Säule*

Zur Peakverbreiterung tragen auch Totvolumina bei, die außerhalb der Chromatographiesäule durch die Verbindungskapillaren zwischen Injektor und Säule bzw. Säule und Detektor sowie innerhalb der Detektorzelle selbst entstehen (s. Bilder 4-8 und 4-13). Diese Verbindungskapillaren sollten einen kleinen Innendurchmesser (ca. 0,15 bis 0,25 mm) haben. Zu kleine Querschnitte der Kapillaren können jedoch zu Verstopfungen durch Probeverunreinigungen, Partikel der Trennsäule oder Auskristallisieren von Salzen aus der mobilen Phase, was in der Praxis nie auszuschließen ist, führen. Daraus würden Druckanstiege resultieren, die den Bruch der Küvettenfenster der Durchflußzelle bewirken können.

Der Kapillarquerschnitt nach der Detektorzelle, wo die externe Bandenverbreiterung keine Rolle mehr spielt, kann deshalb größer (ca. 0,5 bis 1,0 mm) gewählt werden.

*Kenngrößen und Aussagen des Chromatogramms*

In einem Chromatogramm ist ein bestimmtes Signal (z.B. die UV-Absorption) und dessen Intensität gegen die Zeit aufgetragen. Zwei verschiedene Substanzen ($S_1$ und $S_2$) werden in einer Trennsäule zeitlich verzögert aufgetrennt und erscheinen nach den für sie charakteristischen Retentionszeiten $t_R$ im Chromatogramm.

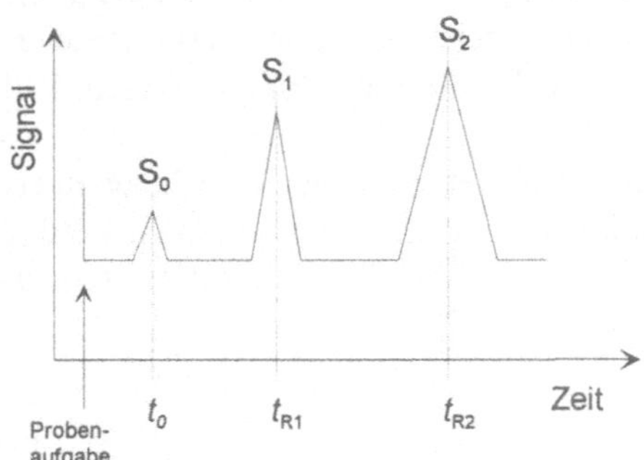

**Bild 4-5**
Chromatogramm (qualitativ)

Die Zeit $t_0$ der Substanz $S_0$ wird als Totzeit bezeichnet und repräsentiert eine Verbindung, die mit der stationären Phase in keinerlei Wechselwirkungen tritt. Identisch ist diese Zeit mit der Wanderungsdauer eines Moleküls der mobilen Phase vom Säulenanfang bis zur Registrierung des Peakmaximums in der Detektorzelle.

Grundlage der quantitativen Bestimmung ist die chromatographische Analyse einer entsprechenden Referenzsubstanz mit bekannter Konzentration und die Ermittlung ihrer Peakfläche oder -höhe (s. Bild 4-6).

Nach einem zweiten Chromatographie-Lauf, in dem diese Substanz mit unbekannter Konzentration aus einer Probe unter identischen Bedingungen analysiert wird, erfolgt die Quantifizierung mit Hilfe des Dreisatzes.

$$\frac{c_{\text{Probe}}}{A(h)_{\text{Probe}}} = \frac{c_{\text{Test}}}{A(h)_{\text{Test}}} \tag{4.4}$$

Aus dem Chromatogramm und den aufgezeichneten Peaks lassen sich weitere Kenngrößen wie die Peakbasisbreite $w$ oder die Peakbreite in halber Höhe $b_{1/2}$ ermitteln, die zur Charakterisierung einer chromatographischen Trennung erforderlich sind (s. Bild 4-7).

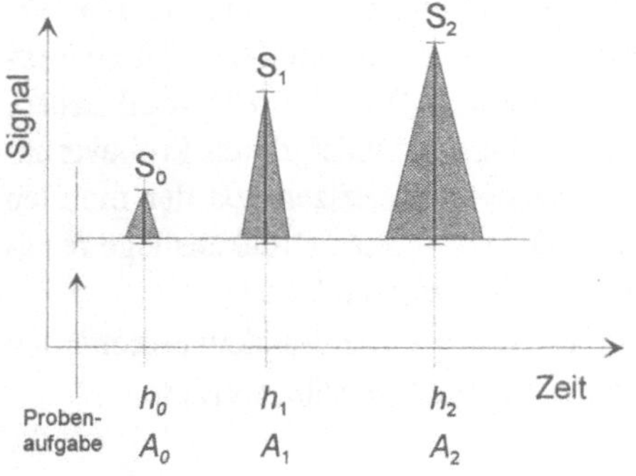

**Bild 4-6**
Chromatogramm (quantitativ)

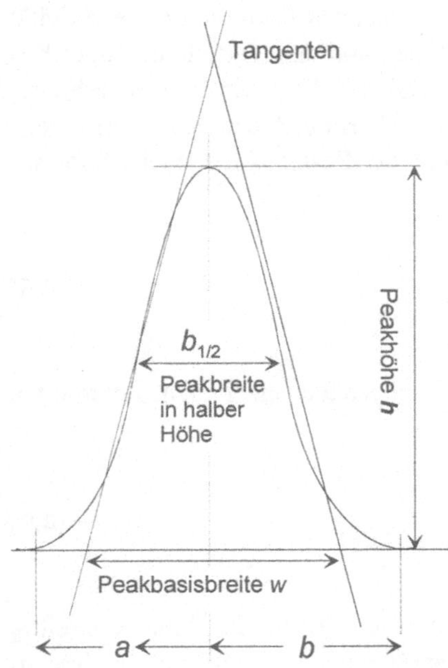



**Bild 4-7**
Peakprofil und Kenngrößen

Als Maß für das Trennvermögen einer Säule wird die auf ein benachbartes Peakpaar bezogene Auflösung $R$ herangezogen, die in der Praxis durch die Bildung des Quotienten aus dem Abstand beider Peakmaxima (Differenz der Retentionszeiten $t_2$ und $t_1$) und dem arithmetischen Mittel aus den dazugehörigen Peakbasisbreiten $w_1$ und $w_2$ (4.5) oder genauer auf der Basis der Retentionszeit und Peakbreite in halber Höhe (4.6) berechnet wird.

$$R = \frac{2(t_{R2} - t_{R1})}{w_1 + w_2} \tag{4.5}$$

$$R = 5{,}54 \left( \frac{t_R}{b_{1/2}} \right)^2 \tag{4.6}$$

Angestrebt werden optimale chromatographische Auflösungen. Bei $R = 1{,}5$, was auch als $6\sigma$-Trennung bezeichnet wird, erfolgt Basislinientrennung zwischen beiden Peaks. Für quantitative Peakauswertungen sind $R$-Werte $\leq 0{,}8$ unzureichend.

Die mathematische Formulierung der Auflösung erfolgt nach unterschiedlichen Näherungen bzw. Vereinfachungen, weshalb verschiedene „Auflösungsformeln" in der Literatur [11, 12] existieren. Eine in der Flüssigchromatographie häufig verwendete Form ist in der folgenden Gleichung enthalten.

$$R = \frac{1}{4} \left( \alpha - 1 \right) \sqrt{N} \, \frac{k'}{1 + k'} \tag{4.7}$$

Diese Gleichung kombiniert die auf der Trennung beruhenden Faktoren der Selektivität $\alpha$, auch als Trennfaktor oder relative Retention bezeichnet, und den Verteilungs- oder Kapazitätsfaktor $k'$ mit dem der Trennung entgegenwirkenden Faktor der Bandenverbreiterung, die durch die theoretischen Trennstufenzahl (oder Bodenzahl) $N$ charakterisiert wird.

Dabei ist die Selektivität $\alpha$ ein Maß für die Trennung der Peakmaxima zweier Substanzen mit den Kapazitätsfaktoren $k_1'$ und $k_2'$.

$$\alpha = \frac{k_2'}{k_1'} \tag{4.8}$$

Der Kapazitätsfaktor ist wiederum ein Maß für die gegenüber einer nicht retardierten Substanz erfahrenen Verzögerung.

$$k' = \frac{t_R - t_0}{t_0} \tag{4.9}$$

Die theoretische Trennstufenzahl $N$ dient als Maß für die während der Retentionszeit $t_R$ erfolgte Peakdispersion $\sigma^2$ oder als Quotient der Trennsäulenlänge $L$ (cm) und der Trennstufenhöhe $H$ ($\mu$m).

$$N = \frac{t_R^2}{\sigma^2} = \frac{L}{H} \tag{4.10}$$

Zur Angabe der Strömungsgeschwindigkeit der mobilen Phase dienen die Volumengeschwindigkeit $F$ (cm$^3$/s) oder die lineare Geschwindigkeit $u$ (cm/s). Gegenüber $F$ besitzt die lineare Geschwindigkeit den Vorteil, daß sie unabhängig vom Querschnitt der Säule und dem Druckabfall längs der Säule proportional ist. Sie wird definiert als Quotient aus Säulenlänge $L$ und Totzeit $t_0$.

$$u = \frac{L}{t_0} = \frac{F}{q} = \frac{F}{r^2 \pi \, \varepsilon_T} \tag{4.11}$$

$\varepsilon_T$ ist der Bruchteil des freien Querschnittes der ungefüllten Säule, der der flüssigen Phase zur Verfügung steht, und wird als Porosität bezeichnet.

Bei Verwendung von unporösen Partikeln beträgt $\varepsilon_T = 0{,}4$, da nur ca. 40 % des Säulenquerschnittes zur Verfügung stehen. Für poröses Säulenfüllmaterial wie Silicagel betragen die Porositäten ca. 0,8. Bei diesem Wert befindet sich eine Hälfte der gesamten flüssigen Phase in den Partikelporen.

Die Abhängigkeit der theoretischen Trennstufenhöhe von der linearen Geschwindigkeit wurde bereits in Bild 4-3 dargestellt. Um HPLC-Säulen, die stationäre Phasen mit verschieden großen Partikeln (z.B. 3, 5 oder 10 $\mu$m) enthalten, auch untereinander vergleichen zu können, leiteten Bristow und Knox [13] auf der Grundlage umfangreicher Messungen sogenannte dimensionslose Größen, auch als reduzierte Größen bezeichnet, für die Van-

Deemter-Gleichung ab. Der folgende Ausdruck zeigt die Verknüpfung von reduzierter theoretischer Trennstufenhöhe $h$ und reduzierter linearer Geschwindigkeit $v$.

$$h = a^{1/3} v + \frac{b}{v} + c v \tag{4.12}$$

Die dimensionslosen Konstanten $a$, $b$ und $c$ repräsentieren die Peakverbreiterungsphänomene in der Trennsäule. Eine HPLC-Säule besitzt gute Chromatographie-Parameter, wenn der Faktor $a$ für die Packungsqualität der Säule zwischen 2 und 4 liegt, der die Eddy-Diffusion charakterisierende Koeffizient $b$ ca. 1,3–1,5 beträgt und der Faktor $c$, der die Stoffaustauschphänomene erfaßt, zwischen 0,01 und 0,05 liegt [14-16]. Die Ermittlung von $h$ und $v$ erfolgt nach folgenden Gleichungen:

$$h = \frac{H}{d_\mathrm{p}} \tag{4.13}$$

$$v = \frac{u \cdot d_\mathrm{p}}{D_\mathrm{m}} \tag{4.14}$$

Als besonders geeignetes Qualitätsmerkmal einer Säule wurde die dimensionslose Trennimpedanz $E$ (auch Effizienz genannt) definiert, die von der Retentionszeit $t_\mathrm{R}$, dem Druckverlust $\Delta p$, der Bodenzahl $N$, der Viskosität $\eta$ der mobilen Phase und dem Kapazitätsfaktor $k'$ abhängen. Sie kann auch aus dem Produkt $h^2 \times \varphi$ berechnet werden, wobei $\varphi$ als dimensionsloser Strömungswiderstand bezeichnet und anstelle der Permeabilität $K_\mathrm{F}$ einer Säule verwendet wird.

$$E = \frac{t_\mathrm{R} \cdot \Delta p}{N \cdot \eta \cdot (1 + k')} = h^2 \cdot \varphi \tag{4.15}$$

Durch die Angabe aller vier dimensionslosen Größen $h$, $\eta$, $\varphi$ und $E$ wird die Qualität einer gefüllten HPLC-Säule charakterisiert. Üblich sind jedoch meist die $H$- und $N$-Werte für eine HPLC-Säule.

Folgende Parameter bezogen auf die Substanz Biphenyl wurden z.B. für eine mit Reversed-Phase-Material (Abschnitt 4.1.3.2) selbst hergestellte HPLC-Glassäule [17] erzielt: $N = 83\ 000/\mathrm{m}$, $H = 12\ \mu\mathrm{m}$, $h = 2{,}2\ \mathrm{dp}$, $\varphi = 8500$, $u = 1{,}3\ \mathrm{mm/s}$, $v = 4{,}3$, $\varepsilon = 40\ 800$.

Der Slurry für diese Säulenfüllung bestand aus Tetrachlorethan/Dioxan 17:3 V/V (20 ml) und ca. 1,2g LiChrosorb RP18 mit einer Korngröße von 5 μm. Die Flußrate betrug 0,7 ml/min, die Säulendimension 150 mm × 3,8 mm i.D. und die mobile Phase bestand aus einem Acetonitril-/Wassergemisch im Volumenverhältnis 70:30.

Eine ausführliche Beschreibung verschiedener Slurry-Techniken für das Füllen von HPLC-Säulen und die Darstellung einer entsprechenden Füllapparatur erfolgen im Abschnitt 4.1.2 und an Hand von Bild 4-13.

### 4.1.2  Apparative Grundlagen

*Aufbau einer HPLC-Apparatur*

Die mobile Phase befindet sich in einem Elutionsmittelvorratsgefäß und wird mit Hilfe einer Hochdruckpumpe bei einem Druck von ca. 2 bis 20 MPa (20–200 bar) über eine Pulsationsdämpfung und einen Filter zum Injektor gefördert. Dort erfolgt die Aufgabe der Probe (Volumen 5–20 µl), ohne daß eine Druckreduzierung notwendig wird. Die Vorsäule dient zum Zurückhalten von möglichen Probekontaminationen und damit zur Schonung der Hauptsäule, in der die einzelnen Substanzen durch Wechselwirkungen zwischen mobiler und stationärer Phase aufgetrennt werden. Danach erfolgt ihrer Registrierung mit Hilfe eines Detektors oder mehrerer hintereinander geschalteter Detektoren, die mit Integratoren oder Computern verbunden sind. Mit Hilfe eines Fraktionssammlers können die Substanzen auch mikropräparativ isoliert werden.

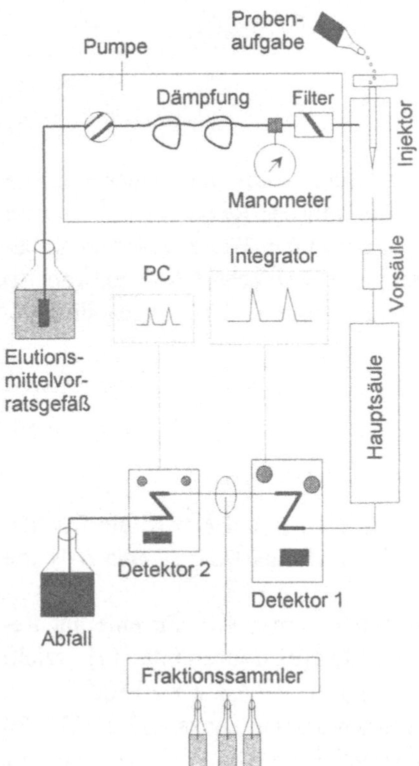


**Bild 4-8**
HPLC-Apparatur

*Hochdruckpumpen*

Zur Förderung des Elutionsmittels werden meist Kurzhub-Kolbenpumpen eingesetzt, aber auch Membran- und Spritzenpumpen finden in der HPLC Anwendung.

Bild 4-9 zeigt das Förderprinzip einer Hochdruck-Kolbenpumpe. Der Pumpenkopf besteht im Kernstück aus zwei Saphirkolben und je einem Ein- und Auslaßventil.

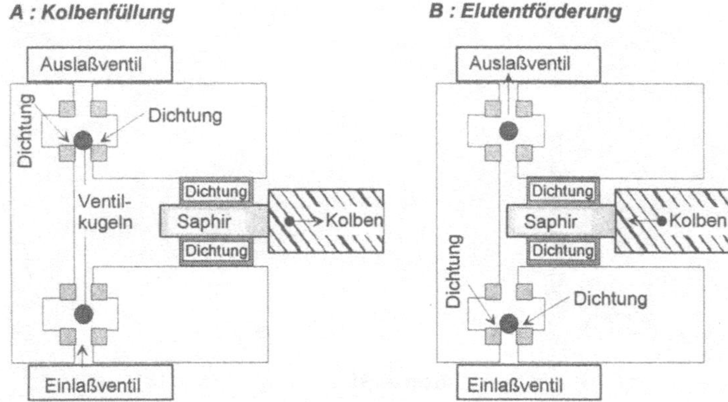


**Bild 4-9**   Förderprinzip einer Hochdruck-Kolbenpumpe

Ein Kolben fördert die mobile Phase vom Reservoir in den Pumpenkopfraum (Situation A), der zweite Kolben drückt die zuvor „angezogene" (geförderte) Flüssigkeit über das Injektionsventil zur HPLC-Säule (Situation B).

Die Ventile enthalten kleine Rubinkugeln, die ober- und unterhalb des Ventilzylinders abgedichtet sind. Auch die Saphirkolben sind so mit Dichtungen umgeben, daß bei Drücken um 40 bis 60 MPa keine Flüssigkeit aus der Pumpe entweichen kann. Bei der Kolbenfüllung (A) bewegt sich der Kolben aus dem Pumpenkopf heraus und erzeugt dadurch einen Unterdruck, der das Öffnen des Einlaßventils hervorruft. Dabei wird die Rubinkugel etwa in die Mitte des Ventilzylinders gedrückt, und die Flüssigkeit strömt in den Pumpenkopf, während das Auslaßventil geschlossen bleibt.

Innerhalb diese Vorganges drückt der andere Kolben die von ihm bereits geförderte Flüssigkeit durch sein entsprechendes Auslaßventil in das Trennsystem (Elutionsmittelförderung), wobei das Einlaßventil durch den entstehenden Druck geschlossen wird (Situation B). Wenn beide Kolben exakt gegenläufig Flüssigkeit fördern, wird die Pulsation jedes einzelnen Kolbenhubes kompensiert. Meist sind der Pumpe Dämpfungsglieder (Manometer mit Widerstands-Kapazitätselementen) nachgeschaltet, so daß noch verbliebene Pumpenpulsationen weiter gedämpft werden. Nicht gedämpfte Pulsationen ergeben „reißverschlußartige" und verrauschte Basislinien und Peakprofile bei der Registrierung des Chromatogramms, die u.a. die Nachweisgrenze einer Substanz herabsetzen und die quantitative Bestimmung der Peaks verfälschen.

Bereits kleine Luftblasen im Pumpenkopf, die z. B. durch ungenügend entgaste mobile Phasen entstehen, bewirken drastische Pulsationen. Schmutzpartikel und feiner Abrieb der Dichtungsmaterialien können zu Verstopfungen des HPLC-Systems führen.

Die Elutionsmittelförderung erfolgt isokratisch, d. h., die Zusammensetzung der mobilen Phase bleibt während der Elution konstant und nur eine HPLC-Pumpe ist erforderlich.

Eine kontinuierliche Veränderung der Elutionsmittelkraft tritt bei der Gradientenelution (Hoch- oder Niederdruckgradient) ein. Dabei werden zwei Flüssigkeiten unterschiedlicher Polarität (Elutionsmittelkraft) kontinuierlich gemischt und durch die Säule gepumpt. Man unterscheidet zwischen linearen, stufenförmigen, konkaven und konvexen Gradientenverläufen. Neben binären Gradienten werden z. T. auch ternäre und quarternäre (3 bzw. 4 verschiedene Lösungsmittel) Gradienten in der HPLC verwendet.

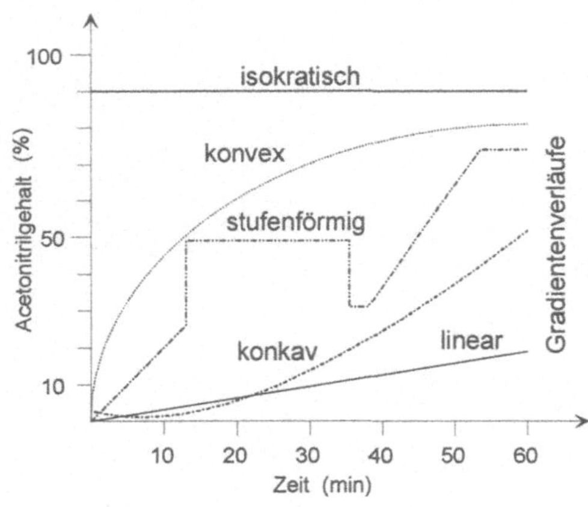

**Bild 4-10**
Isokratische Elution und binäre
Gradientenverläufe

Die Eluentenmischung innerhalb einer Mischkammer (T-Stück) erfolgt häufig auf der Hochdruckseite, d.h., für jedes Lösungsmittel ist eine separate Hochdruckpumpe erforderlich. Für ternäre oder quarternäre Gradienten werden demzufolge eine dritte bzw. vierte Pumpe benötigt.

Für die Niederdruckgradiententechnik ist dagegen nur eine Hochdruckpumpe notwendig. Mit einem programmierbaren und automatisch gesteuerten Mischungsventil werden die einzelnen Eluenten in entsprechenden Volumenverhältnissen stets kontinuierlich neu eingestellt, gefördert und zu einem Elutionsstrom wechselnder Zusammensetzung vereinigt.

*Injektionssysteme*

Sogenannte Septuminjektoren werden heute kaum noch eingesetzt. Probeschleifenventile wie das Rheodyneventil sind Bestandteil fast aller HPLC-Systeme. Die Probeaufgabetechnik unter Hochdruck zeigt das Bild 4-11. In der Situation A wird die Probeflüssigkeit mit Hilfe einer Dosierspritze in das Injektionsventil unter Normaldruck (dünne Linie) appliziert.

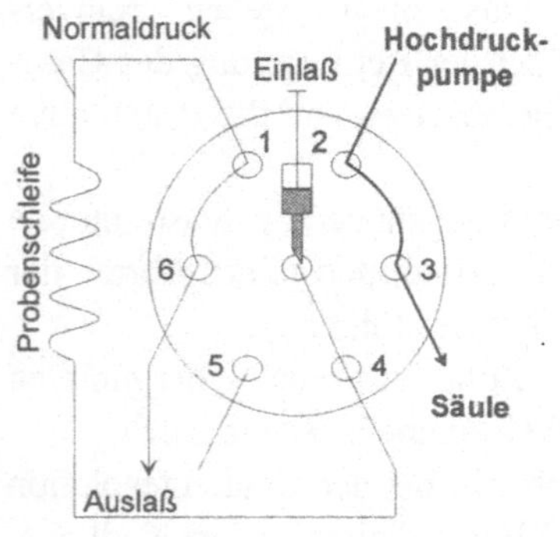


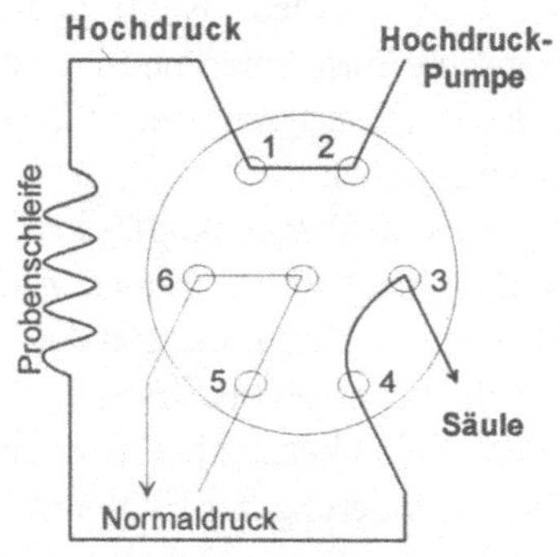


**A : Füllen der Probeschleife**
**bei Normaldruck**

**B : Injektion der Probe auf die**
**Säule unter Hochdruck**

**Bild 4-11**  Schematische Darstellung des HPLC-Injektionsventils

Um eine Probeschleife von 20 µl zu füllen, ohne daß Restsubstanzen der vorangegangenen Dosierung noch vorhanden sind, sollte das Aufgabevolumen ca. 50 bis 100 µl betragen, wenn zuvor keine Schleifenspülung z.B. mit der mobilen Phase erfolgte. Die Förderung der mobilen Phase von der Pumpe zur Trennsäule erfolgt zu dieser Zeit unter Hochdruck (dicke Verbindungslinie).

Bei der Injektion der Probe auf die Säule werden durch Drehen des Dosierventils die Kapillarwege, wie in der Situation B dargestellt, positioniert. Die Probeschleife wird schlagartig in das Hochdruck-Kapillarsystem eingeschaltet, so daß die Probe auf die Trennsäule appliziert wird. Die Injektionswege (dünne Linie) befinden sich jetzt unter Normaldruck.

*Trennsäulen und stationäre Phasen*

Die Trennsäulen bestehen meist aus Edelstahl, aber auch Säulen aus Titan, Polymeren (PEEK) oder druckverfestigtem Glas werden eingesetzt. Die Säulenenden sind mit feinmaschigen Filtersieben (ca. 0,45 µm) verschlossen, so daß die kleinen Partikel (3, 5 µm) beim Durchpressen der mobilen Phase unter hohem Druck nicht aus der Trennsäule gespült werden. Die Säulenenden und Verbindungskapillaren zum Injektor und zur Detektorzelle müssen wie bereits erwähnt sehr totvolumenarm sein, um externe Peakverbreiterungen zu vermeiden.

Die Korngrößenverteilung eines Füllmaterials sollte möglichst eng sein. Feiner Abrieb (dp < 1 µm) muß auf jeden Fall vermieden werden. Dies kann durch Windsichten und/oder Sedimentieren der Partikel in einer entsprechenden Flüssigkeit innerhalb eines Standzylinders erfolgen. Die gewünschten größeren Partikel setzen sich zuerst auf dem Boden des Gefäßes ab, während der feine Abrieb durch Abgießen des oberen Flüssigkeitsvolumens entfernt werden kann.

In Bild 4-12 ist eine Verteilungskurve der Teilchengrößen eines geeigneten Trennmaterials am Beispiel einer 3–µm–Silicagelfraktion dargestellt. Die Werte $dp_{10}$ und $dp_{90}$ entsprechen mittleren dp-Werten bei 10 bzw. 90% der Teilchenverteilung. Die Differenz vom Mittelwert $dp_{50}$ soll das 0,5 bzw. 1,5-fache nicht übersteigen. Bezogen auf das Beispiel in diesem Bild geht hervor, daß die $dp_{10}$- und $dp_{90}$-Werte zwischen einem Partikeldurchmesser von 1,5 und 4,5 liegen könnten. Der Kurvenverlauf zeigt, daß die Verteilung eng ist und den Anforderungen genügt.

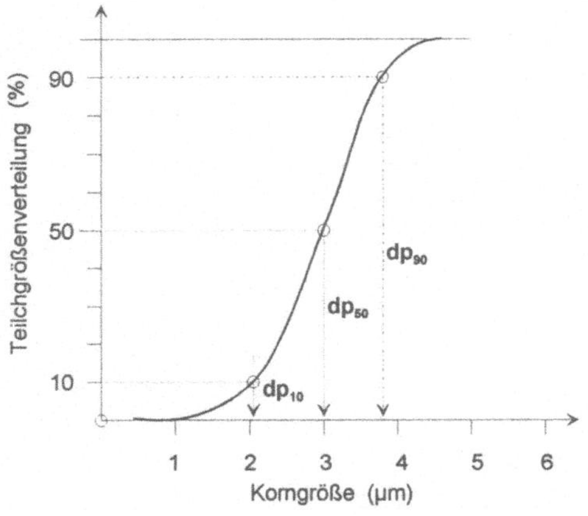


**Bild 4-12**
Teilchengrößenverteilung, 3 µm-
Trennmaterial

*Säulenfülltechnik*

Bild 4-13 zeigt den prinzipiellen Aufbau einer Apparatur zum Füllen von HPLC-Säulen unter Hochdruck. Die stationäre Phase (Silicagel) wird zuerst in einer Flüssigkeit aufgeschlämmt und mit Hilfe von Ultraschall möglichst homogen verteilt. Ein Zusammenklumpen von Partikeln ergibt schlecht gefüllte Säulen, deren Packung nachrutschen kann. Dadurch entstehen Hohlräume und es resultieren Peakverbreiterungen, so daß die Säule niedrige Bodenzahlen und hohe Trennstufenhöhen aufweist. Bereits geringe Totvolumina in der Säule können bewirken, daß alle Komponenten in einem Peak erscheinen und keine Trennung möglich ist.

Das Gemisch aus dieser meist viskosen Flüssigkeit und der Trennphase wird als Slurry bezeichnet. Ideal ist, wenn jedes Teilchen einzeln von Flüssigkeitsmolekülen in dieser Suspension umgeben ist.

Verwendet werden u.a. halogenierte Kohlenwasserstoffe (Tetrachlorethan) hoher Dichte, die durch Zusatz anderer Flüssigkeiten (Dioxan, Ethanol, Isopropanol) so eingestellt werden, daß die resultierende Dichte $\gamma$ der Trennphase (Silicagel, $\gamma = 2{,}2\,g/cm^3$) möglichst genau entspricht (*Balanced Density Method*). Das Aufschlämmen der Trennphase in einer hochviskosen Flüssigkeit wie Paraffinöl wird als *Viscosity Method* bezeichnet. Beide Varianten verhindern ein schnelles Absinken und Agglomerieren des Trennmaterials und sind eine Voraussetzung, daß die HPLC-Säule nach ihrer Füllung eine möglichst dichte (Kugel)packung aufweist.

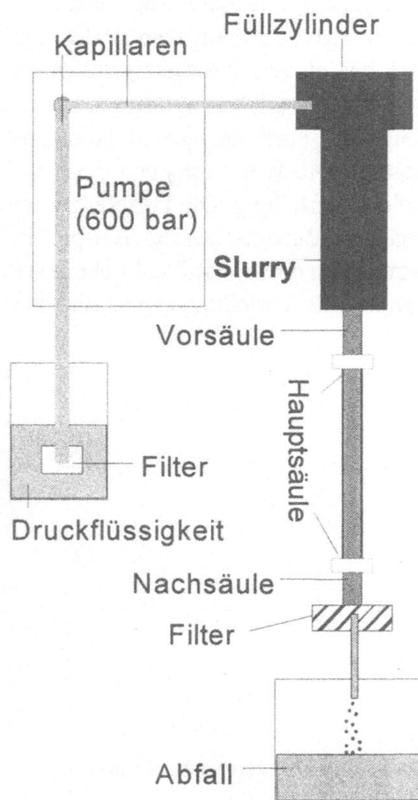


**Bild 4-13**
HPLC-Säulen-Füllapparatur

Nach Präparation des Slurry's wird dieser in den Füllzylinder eingebracht, der sofort dicht verschlossen wird. Mit hoher Pumpenleistung (10 ml/min und mehr) wird eine Druckflüssigkeit (Methanol) zum Füllzylinder gefördert, die den Slurry durch eine kleine Vorsäule in die Hauptsäule preßt. Vor- und Nachsäule werden bei dieser Druckfiltration mit gepackt, da Anfang und Ende der Hauptsäule weniger dicht gefüllt sein können.

Der Filter am Ende der Säulenkopplung verhindert den Austritt der Partikel. Die Druck- und Slurry-Flüssigkeiten passieren den Filter und gelangen in ein Abfallgefäß. In der Regel ist eine HPLC-Säule nach ca. 10 Minuten vollständig gefüllt, wobei der Enddruck der Pumpe bei einem 5–μm–Material z.B. 40 bis 60 MPa beträgt. Meist erfolgt noch ein Nachkonditionieren (10–20 Minuten) der Säule bei diesem Druck.

Hydrophile Trennphasen für die Biochromatographie (Abschnitt 4.3) werden meist nur mit Wasser oder Puffern aufgeschlämmt und bei niederem Druck (5–50 bar) in die Säule gefüllt.

*Detektoren mit Mikrodurchflußküvette*

Als Detektoren dienen hauptsächlich UV- bzw. UV/VIS-Spektralphotometer sowie Refraktometer (RI-Detektoren). Für spezielle Trennungen werden Fluoreszenzspektrometer und elektrochemische Detektoren eingesetzt.

Zur Registrierung der Elutionskurve (Chromatogramm-Peaks) sind in der HPLC möglichst hohe Empfindlichkeiten erforderlich. Bei der UV-Detektion, die für die meisten Analysen angewandt wird, kann die Schichtdicke der Küvette bedingt durch die Zusammenhänge im Lambert-Beer'schen-Gesetzes (s. Abschnitt 6.1.3) nicht beliebig klein gewählt werden, wenn ausreichend große Extinktionen (Empfindlichkeiten) für die Probekomponenten gemessen werden sollen. Zur Minimierung der Peakverbreiterung sind jedoch die Volumina der Verbindungskapillare zur Trennsäule und das Küvettenvolumen selbst möglichst klein zu halten. In Bild 4-14 ist die Konstruktion einer Mikrodurchflußküvette für ein UV-Spektrometer in schematischer Form enthalten.

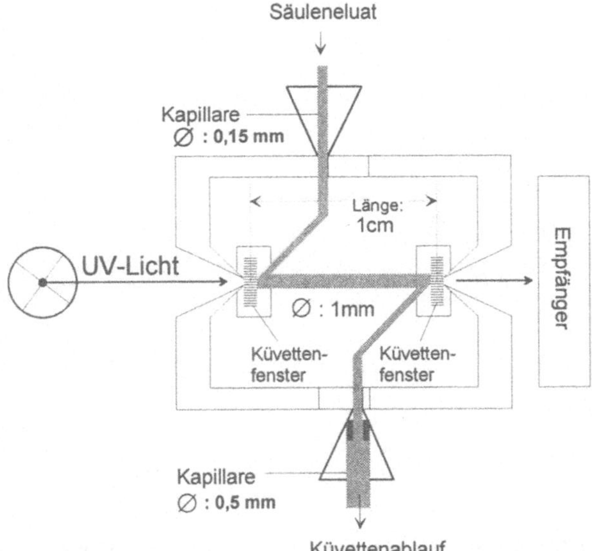


**Bild 4-14**
HPLC-Mikrodurchfluß-
küvette

Diese Mikrodurchflußküvette ist nach der „Z-Form" konstruiert und weist ein Volumen von ca. 10 µl auf. Der Innendurchmesser der Zulaufkapillare beträgt meist 0,15 mm. Die Ablaufkapillare kann, wenn keine weiteren Detektoren nachgeschaltet werden, einen größeren Querschnitt (ca. 0,5 mm) besitzen. Die optische Weglänge beträgt 1 cm und der verfügbare Querschnitt des Küvettenfensters, auf das die UV-Strahlung trifft, hat eine Fläche von ca. 1 mm$^2$.

Nach dem Abfluß der mobilen Phase aus der Trennsäule und beim Passieren der Durchflußküvette befindet sie sich wieder unter Normaldruck. Die Küvettenfenster sind abgedichtet und können in der Regel mit Drucken bis maximal 2 und 5 bar belastet werden. Seit einigen Jahren existieren spezielle Küvettenkonstruktionen, die auch den Hochdruckbedingungen standhalten.

*Praktische Probleme der chromatographischen Trennung*

Nachdem die Grundlagen der HPLC erläutert worden und bevor die selektiven stationären Phasen zur Analyse von kleinen Biosubstanzen und Biopolymeren näher vorgestellt werden, stehen einige praktische Probleme von HPLC-Trennungen im Mittelpunkt.

Zuerst wird gezeigt, daß Chromatogramm-Peaks, die zur Totzeit gemeinsam mit den Molekülen der mobilen Phase oder anderer nichtretardierter Verbindungen eluiert werden, in der Regel nicht quantifiziert werden sollten. In Abhängigkeit von der Detektion und Konzentration leisten meist alle Substanzen, die gleichzeitig und überlappend in dieser Durchbruchsfront auftreten, einen bestimmten Beitrag zur Größe des Gesamtpeaks.

Das Bild 4-15 zeigt fünf übereinander gelegte Chromatographie-Läufe, die unter identischen experimentellen Bedingungen entstanden. Zur Trennung diente eine Reversed-Phase-Säule (s. Abschnitt 4.1.3.2), und die Elution erfolgte mit 0,1 % Trifluoressigsäure, die sich für eine vollständige Auftrennung von Glutathion (GSH) und γ-Glutamyl-Cystein (γ-EC) als besonders geeignet erwies (s. a. Bild 8-9 in Abschnitt 8.1.5.2). Die Registrierung der Elutionskurve erfolgte im nahen UV-Bereich bei 210 nm.

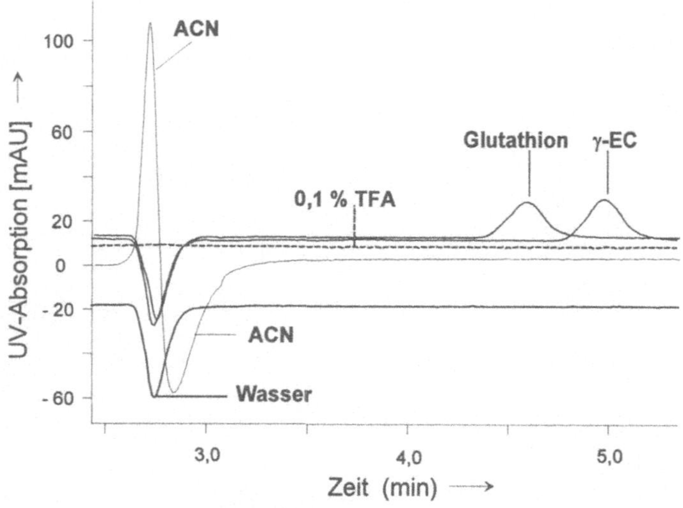


**Bild 4-15**  Beiträge von ACN, Wasser und 0,1 %-iger TFA während ihrer Detektion bei 210 nm

Nacheinander wurden reines Acetonitril, Wasser, 0,1%-ige Trifluoressigsäure und das in dieser mobilen Phase gelöste Glutathion bzw. γ-EC einzeln auf die Säule appliziert.

Das aufgegebene ACN ($V$ = 20µl) ergibt bei 210 nm auf Grund seines relativ hohen Absorptionsvermögens einen positiven Peak. Bevor die Durchflußküvette des UV- Detektors vollständig mit mobiler Phase (0,1 % TFA) wieder gefüllt ist, „driftet" die Elutionskurve kurz in den negativen Absorptionsbereich, was u.a. auf eine verzögerte Gleichgewichtseinstellung zurückgeführt werden kann.

Reines Wasser besitzt gegenüber dem TFA-haltigen wäßrigen Eluenten ein geringeres Absorptionsvermögen, d.h., es ist für das UV-Licht transparenter und ergibt einen Peak im negativen Bereich der Durchbruchsfront.

Das Applizieren der mobilen Phase selbst (gestrichelte Linie) führt in der Regel zu keiner Veränderung der Elutionskurve. Dies könnte z.B. nur durch Druckstöße während des Ventilschaltens hervorgerufen werden.

Auch wenn die zu trennenden Substanzen wie GSH oder γ-EC im Eluenten gelöst und appliziert wurden, können zusätzliche Peaks, z.B. durch Verunreinigungen aus der Ursubstanz, auch in der Durchbruchsfront auftreten.

In dieser sollten jedoch, wie eingangs gefordert und in Bild 4-16 dargestellt, interessierende Peaks wie z.B. Cystein nicht quantifiziert werden. Die Aminosäure wurde in relativ hoher Konzentration appliziert, so daß ein positives Peaksignal resultiert. Bei geringen Cysteinmengen könnten andere in der Durchbruchsfront registrierte Peaks die wahre Fläche oder Höhe des Cysteins unverhältnismäßig verändern.

Vorrangiges Ziel einer chromatographischen Trennung ist es deshalb, die Selektivität der stationären bzw. mobilen Phase so auszuwählen, daß die Substanzen retardiert, getrennt und außerhalb der Durchbruchsfront eluiert werden (vgl. auch Bilder 8-10 und 8-11).

Ein weiteres praktisches Problem, was zur Verfälschung von chromatographischen Trennungen führen kann, sind Bandenverbreiterungen innerhalb und außerhalb der Säule.

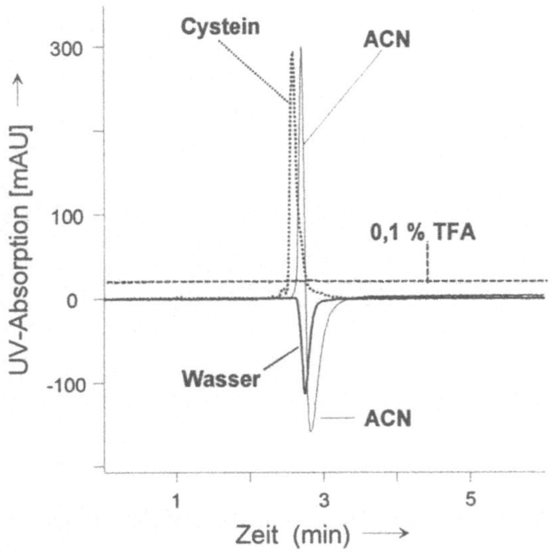


**Bild 4-16**
Elution von Cystein in der Durchbruchsfront

Bereits geringe Totvolumina am Kopf der Trennsäule, die u.a. durch das Nachrutschen der Säulenpackung bei schlecht bzw. mit zu geringem Packungsdruck gefüllten Säulen oder durch Hydrolyseerscheinungen des Silicagels entstehen können, führen zu extremen Peakverbreiterungen und -profiländerungen oder auch zu sogenannten Doppelpeaks.

Die folgenden Chromatogramm-Ausschnitte von drei HPLC-Trennungen sollen diesen Effekt veranschaulichen. Zu Beginn der Trennung A (dünne Linie) von GSH ($t_R$ = 4,578 min) und $\gamma$-EC ($t_R$ = 4,977 min) zeigt die HPLC-Säule ausreichend hohe Auflösungen. Nach ca. 200 Injektionen (B) sind Doppelpeaks entstanden, die auf Veränderungen der Packungsdichte der Säule hinweisen. Derartig unbrauchbar gewordene Trennsäulen können durch Nachfüllen mit stationärer Phase oft wieder regeneriert werden.

Eine Umkehr der Flußrichtung wird für die meisten Säulen, insbesondere in der Biochromatographie, nicht empfohlen. Für die Schonung von Säulen ist ein konstanter Fluß stets in gleicher Richtung auf jeden Fall günstig und zu bevorzugen.

Wie die Elutionskurve im Beispiel C (dicke Linie) jedoch zeigt, führt ein Richtungswechsel dieser Säule zum Verschwinden der Doppelpeaks, und es resultiert eine chromatographische Auflösung der Peaks wie zu Beginn (A). Die Retentionszeiten haben sich nur geringfügig verändert. Meist wird die Trennung nach weiteren Injektionen wieder verschlechtert, wenn z.B. die Säulenpackung erneut nachrutscht. Oft lassen sich jedoch das Nachfüllen der Säule oder ihr Austausch nicht vermeiden.

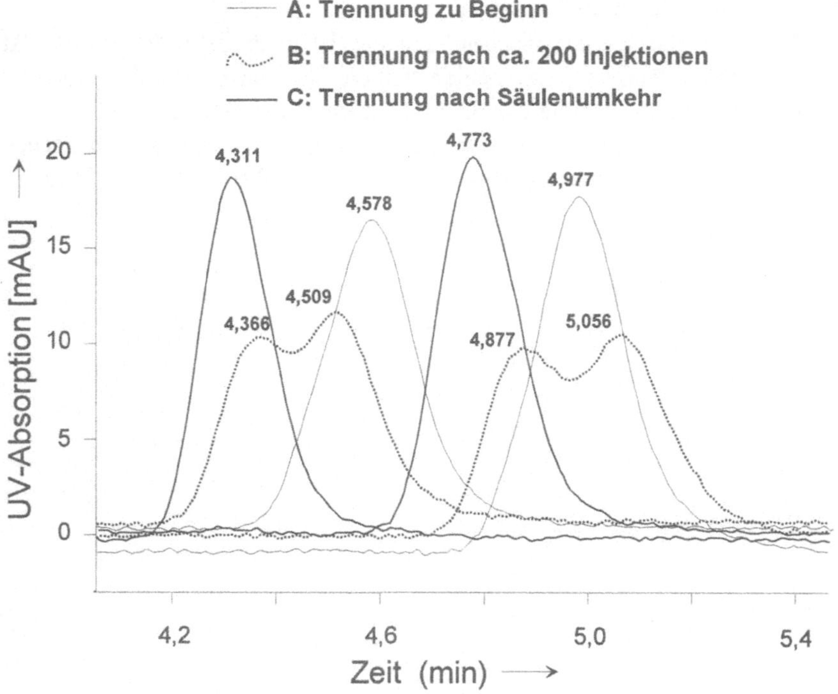


**Bild 4-17** Entstehung von Doppelpeaks durch Veränderungen (Nachrutschen) der Säulenpackung

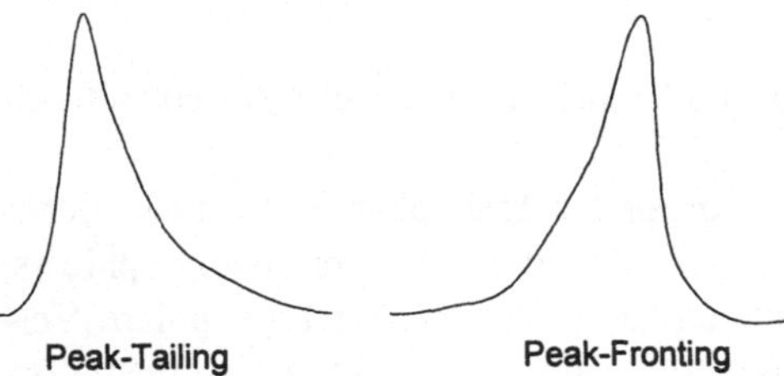



**Bild 4-18**
Asymmetrische Peakformen in der
Flüssigchromatographie

Hinweise auf schlecht gepackte Säulen ergeben sich auch, wenn die Chromatogramm-Peaks von ihrer Gaußform abweichen. Bei asymmetrischen Peaks unterscheidet man zwischen *Peak-Tailing* und *Peak-Fronting* (s. Bild 4-18). Aber auch unspezifische Wechselwirkungen der Probemoleküle mit der Oberfläche der stationären Phase können die Ursache für asymmetrische Peakprofile sein.

Insbesondere Bandenverbreiterungen durch zu großvolumige Verbindungskapillaren mit der HPLC-Säule können die Peakauflösung dramatisch verschlechtern und bis zum Ausbleiben der Trennung führen.

Die folgenden Versuche wurden so gestaltet, daß das Ende der Trennsäule mit der Detektorzelle einmal durch eine kleinvolumige Kapillare ($V = 20\mu l$) und zum anderen mit einer großen 1-ml-Schleife verbunden wurde. Im ersten Fall erfolgte kaum eine Verschlechterung der Auflösung zwischen GSH (Peak 1) und γ-EC (2), während innerhalb des großen Volumens nach der Säule die zuvor getrennten Peakpfropfen wieder ineinander „liefen" und als ungewöhnlich breiter Substanzpeak im Chromatogramm (gestrichelte Linie) erscheinen.

Außer diesen Beispielen sind weitere Phänomene und Fehlermöglichkeiten bekannt, die in der einschlägigen Literatur über *Troubleshooting* nachgelesen werden können [18, 19].

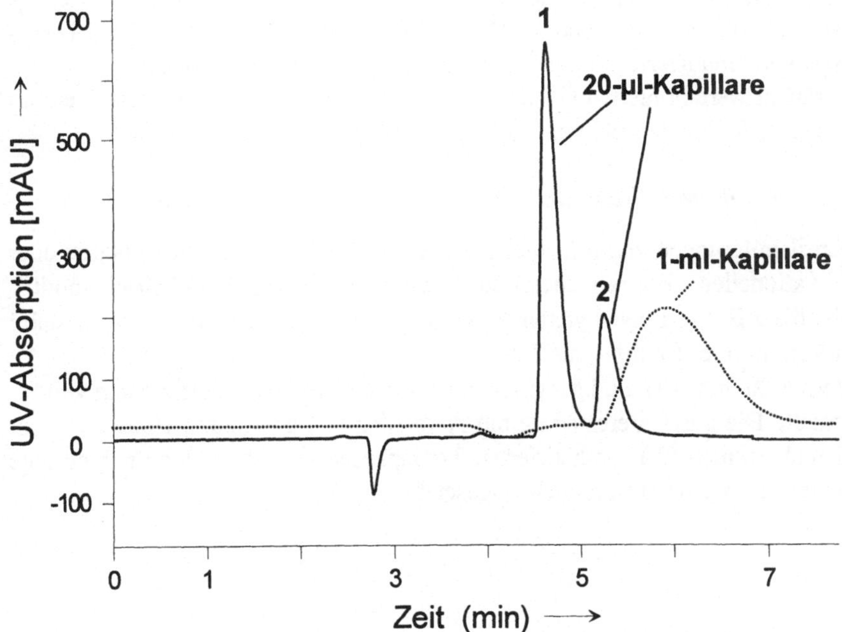



**Bild 4-19** Bandenverbreiterung außerhalb der Trennsäule durch externe Volumina

## 4.1.3  Trennsysteme

Das Herzstück eines Flüssigchromatographen ist die Trennsäule mit der darin enthaltenen stationären Phase.

Insbesondere die Entwicklung druckstabiler hydrophiler Trennphasen, die nicht denaturierend auf Proteine wirken, haben zu den Fortschritten in der Biochromatographie (s. Abschnitt 4.3) geführt. Aber auch spezielle Polymerphasen für ionische bzw. polare Verbindungen wie organische Säuren oder Kohlenhydrate (s. Abschnitt 4.2) waren für die Erschließung ganz neuer Aufgabengebiete innerhalb der modernen Flüssigchromatographie von entscheidender Bedeutung.

Zu Beginn der HPLC-Entwicklung standen jedoch die Herstellung kleiner und einheitlicher Korngrößen von Adsorbentien und die chemische Modifizierung insbesondere von Silicagelen mit organischen Gruppen im Mittelpunkt. Damit konnte die Selektivität der stationären Phase in einem breiten Bereich variiert werden, woraus auch die überaus erfolgreiche Entwicklung der Reversed-Phase-Chromatographie resultiert. Dies wird an einigen Beispielen in den folgenden Abschnitten demonstriert.

### 4.1.3.1  Normalphasenchromatographie

Adsorptionschromatographische Trennungen, die durch eine höhere Polarität der stationären Phase (Adsorbentien) im Vergleich zur mobilen Phase gekennzeichnet sind, stellen die typischste Form einer Normalphasenchromatographie (NPC) dar. Diese Adsorbentien sind durch aktive Zentren auf ihrer Oberfläche charakterisiert. So verfügen Silicagele sphärischer (kugelförmiger) oder irregulärer (gebrochene Partikel) Gestalt über freie Silanolgruppen und Aluminiumoxide besitzen adsorptive Eigenschaften auf Grund von Aluminium- und Sauerstoffionen an ihrer Peripherie.

Probemoleküle mit freien Elektronenpaaren, funktionellen Gruppen oder Doppelbindungen können mit diesen Adsorbentien Wasserstoffbrückenbindungen, Dipol-Dipol-Wechselwirkungen und induzierte Dipole sowie $\pi$-Komplexbindungen ausbilden.

Adsorptionssäulen werden meist mit unpolaren Flüssigkeiten (Hexan, Isooctan) eluiert und kommen außer in der Kohlenwasserstoff-Analytik relativ wenig zum Einsatz.

### 4.1.3.2  Chemisch modifizierte Phasen und Reversed-Phase-Chromatographie

Die Oberflächensilanolgruppen von Silicagelen können mit unterschiedlichen polaren oder hydrophoben funktionellen Gruppen chemisch modifiziert werden. Physikalisch modifizierte Silicagele, die z.B. mit Polyethylenglykolen imprägniert werden, sind weniger stabil und können im Verlauf ihrer Elution „ausbluten".

In den Bildern 4-20 und 4-21 sind Möglichkeiten der chemischen Modifizierung von Silicagelen dargestellt. Die durch Veresterung mit Alkoholen (1.) oder durch Umsetzung mit Thionylchlorid und Aminen (2.) synthetisierten Trennphasen besitzen jedoch nur geringe Langzeitstabilitäten und werden kaum noch eingesetzt.

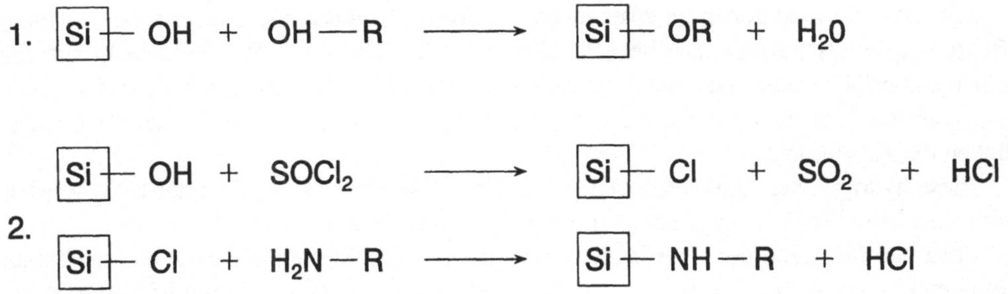

1.   $\boxed{Si}-OH \ + \ OH-R \ \longrightarrow \ \boxed{Si}-OR \ + \ H_2O$

$\boxed{Si}-OH \ + \ SOCl_2 \ \longrightarrow \ \boxed{Si}-Cl \ + \ SO_2 \ + \ HCl$

2.

$\boxed{Si}-Cl \ + \ H_2N-R \ \longrightarrow \ \boxed{Si}-NH-R \ + \ HCl$

**Bild 4-20**  Modifizierung von Silicagel (1. Veresterung mit Alkohol, 2. Umsetzung mit
Thionylchlorid/Aminen)

Eine besonders geeignete Methode zur Funktionalisierung der Silanolgruppen des Silicagels ist die Silylierung. Am Anfang wurden vorrangig alkylsubstituierte Silane eingesetzt. Der Oberflächencharakter der stationären Phase wird dadurch überwiegend hydrophob.

Die chemischen Modifizierungen der Silanolgruppen erfolgen meist mit mono-, bi- oder trifunktionellen Reagenzien, wobei in der Regel Chlorsilane verwendet werden [20-25].

Am stabilsten sind Si-O-Si-C-Verknüpfungen, wie im Beispiel der ersten Reaktionsgleichung in Bild 4-21 dargestellt ist.

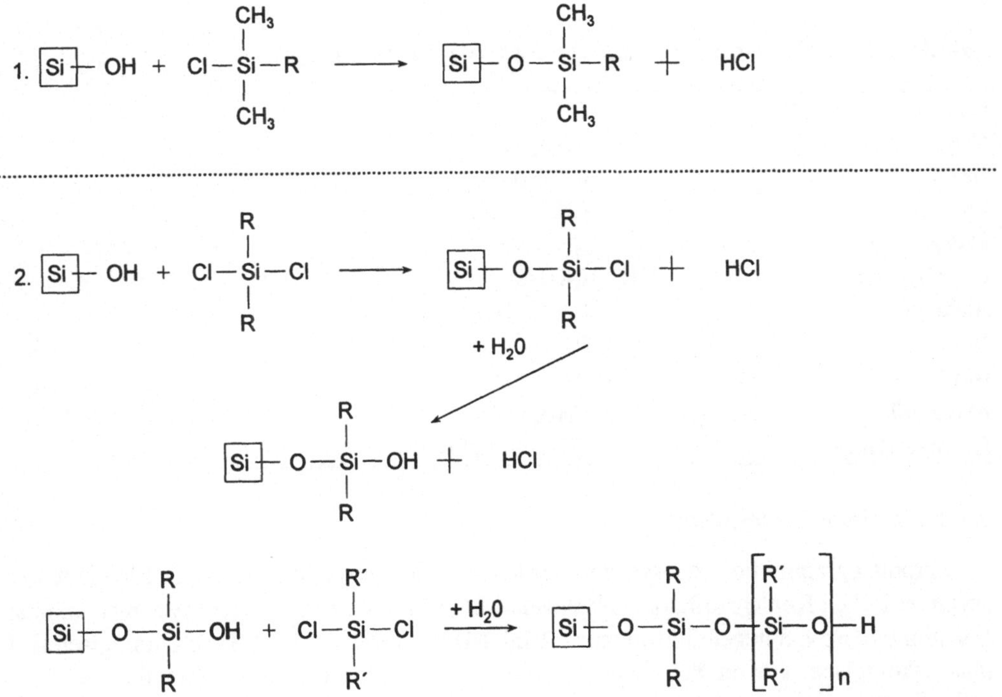

$$1. \ \boxed{Si}-OH \ + \ Cl-\underset{\underset{CH_3}{|}}{\overset{\overset{CH_3}{|}}{Si}}-R \ \longrightarrow \ \boxed{Si}-O-\underset{\underset{CH_3}{|}}{\overset{\overset{CH_3}{|}}{Si}}-R \ + \ HCl$$

$$2. \ \boxed{Si}-OH \ + \ Cl-\underset{\underset{R}{|}}{\overset{\overset{R}{|}}{Si}}-Cl \ \longrightarrow \ \boxed{Si}-O-\underset{\underset{R}{|}}{\overset{\overset{R}{|}}{Si}}-Cl \ + \ HCl$$

$+ \ H_2O$

$$\boxed{Si}-O-\underset{\underset{R}{|}}{\overset{\overset{R}{|}}{Si}}-OH \ + \ HCl$$

$$\boxed{Si}-O-\underset{\underset{R}{|}}{\overset{\overset{R}{|}}{Si}}-OH \ + \ Cl-\underset{\underset{R'}{|}}{\overset{\overset{R'}{|}}{Si}}-Cl \ \xrightarrow{+ \ H_2O} \ \boxed{Si}-O-\underset{\underset{R}{|}}{\overset{\overset{R}{|}}{Si}}-O-\left[\underset{\underset{R'}{|}}{\overset{\overset{R'}{|}}{Si}}-O\right]_n H$$

**Bild 4-21**  Modifizierung von Silicagel mit Chlorsilanen

Mit Hilfe der Reaktionen im zweiten Teil des Bildes ergeben sich hydrophobe Polymerstrukturen, die als Polysiloxane bezeichnet werden. Die Dicke der Polymerschicht auf der Silicageloberfläche kann fast beliebig variiert werden. Dicke Schichten schützen den „Silicagelunterbau" vor irreversiblen Adsorptionen und führen zu einer verbesserten pH-Beständigkeit der RP-Phasen.

Diese hydrophoben Umkehrphasen (Reversed-Phase-Materialien, C8 oder C18) werden mit polaren mobilen Phasen (Methanol- oder Acetonitril/Wasser-Gemische) eluiert.

Etwa nur die Hälfte der Oberflächensilanolgruppen (ca. 8 $\mu mol/m^2$) kann aus sterischen Gründen besetzt werden, so daß irreversible Adsorptionen an den nicht modifizierten polaren Gruppen auftreten können. Die weitestgehende Verringerung der Silanolgruppen erfolgt durch Substitution mit Trimethylchlorsilan (TMCS) oder Hexamethyldisilazan (HMDS). Diese nachträgliche Modifizierung wird als *„end-capping"* bezeichnet [22, 26-28].

Auf der Basis verschiedener bzw. unterschiedlich bezeichneter Silicagele (LiChrosorb, Silasorb, Nucleosil, Spherisorb, Zorbax, Hypersil u.a.) finden diese stationären Phasen als RP-Materialien die breiteste Anwendung in der HPLC kleiner Moleküle.

Durch Silylierung des Silicagels mit Chlorsilanen polarer Struktur werden auch (polare) chemisch gebundene Trennmaterialien erhalten, die als Amino-, Diol- oder Nitrilphasen bezeichnet werden. Diese stationären Phasen besitzen gegenüber unmodifizierten Silicagelen meist eine höhere Selektivität und werden z.B. bevorzugt in der Kohlenhydratanalytik eingesetzt. Tabelle 4-2 gibt einen Überblick zu den chemisch modifizierten Silicagelen.

**Tabelle 4-2**    Funktionelle Gruppen chemisch modifizierter Silicagele

| | |
|---|---|
| Octadecyl (ODS, C18) | - $(CH_2)_{17}$ - $CH_3$ |
| Octyl | - $(CH_2)_7$ - $CH_3$ |
| Hexyl | - Si ($CH_3$) |
| Trimethyl | - $(CH_2)_{17}$ - $CH_3$ |
| Phenyl | - $C_6H_5$ |
| Dimethylamino | - $N(CH_3)_2$ |
| Aminopropyl | - $(CH_2)_3$ - $NH_2$ |
| Nitro | - $NO_2$ |
| Nitril | - CN |
| Alkylnitril | - $(CH_2)_n$ - CN |
| Hydroxyl (Diol) | - CH(OH) - $CH_2(OH)$ |

### 4.1.3.3  Chirale Trennsysteme

Chromatographische Trennsysteme werden als chiral bezeichnet, wenn sie Moleküle mit asymmetrischen Kohlenstoffatomen besitzen. Mit Hilfe von chiralen Trennsystemen können Enantiomere bzw. Spiegelbildisomere (s. Bild 2-10 in Abschnitt 2.1.1.3) von biologisch und pharmakologisch aktiven Substanzen getrennt werden. Insbesondere synthetisierte Pharmaka liegen als sogenannte racemische Gemische vor, deren Enantiomere ganz unterschiedliche biologische und physiologische Eigenschaften besitzen können. Prädestiniertes Beispiel dafür ist das Thalidomid, das unter der Bezeichnung *Contergan* tragische Bekanntheit erhalten hat. Während das R-Enantiomere nur als Schlafmittel wirkt, führt das S-Enantiomere außerdem zu Mißbildungen bei Embryonen.

Enantioselektive Trennungen basieren auf verschiedenen Interaktionen wie z.B. Wasserstoffbrückenbindungen, Dipol-Dipol-, Van-der-Waals-, $\pi$-$\pi$-Wechselwirkungen und Einschlußmechanismen. Es sollten mindestens drei unterschiedliche Bindungen zwischen der chiralen Phase und einem der Enantiomere möglich sein, die seine Stereoselektivität signifikant beeinflussen können (3-Punkt-Kontakttheorie).

Man unterscheidet zwischen Trennungen mit chiralen stationären oder chiralen mobilen Phasen sowie Trennungen von Enantiomeren, die mit chiralen Reagenzien derivatisiert wurden.

Derivatisierungsreaktionen der Enantiomere mit chiralen Substanzen [29] führen zu leicht trennbaren Diastereomeren. Dies sind Substanzen, die mehr als ein chirales Zentrum besitzen. Beide Diastereomere sind dann keine Spiegelbildisomeren mehr. Sie verfügen über unterschiedliche physiko-chemische Eigenschaften und können an normalen RP-Säulen getrennt werden. Die Derivatisierungsreagenzien sind relativ kostenintensiv, da sie nur in hochreiner optischer Form einsetzbar sind.

Durch den Zusatz einer chiralen Verbindung zur mobilen Phase [30-32] werden mit den Enantiomeren diastereomere Komplexe ausgebildet, die in den chromatographischen Trennsystemen durch unterschiedlich starke Wechselwirkungen sowohl innerhalb der mobilen als auch mit der stationären Phase retardiert und somit getrennt werden können.

Chirale stationäre Phasen (CSP, [33-36]) enthalten in den funktionellen Gruppen, die an Trägermaterialien wie Silicagel ionisch oder kovalent gebunden sind, ein (Bild 4-22) oder auch mehrere asymmetrische C-Atome (C*). Derartige stationäre Phasen wurden zuerst von Pirkle entwickelt und werden heute nach ihm benannt.

Das an Silicagel gekoppelte 3,5-DNB-Phenylglycin ist ein $\pi$-Elektronen-Akzeptor. Die enantioselektiven Wechselwirkungen erfolgen bei diesem chiralen Molekül über $\pi$-Elektronen und Wasserstoffbrücken.

Von besonderer Bedeutung sind Trennsysteme mit chiralen Kavitäten [37], die unter der Bezeichnung Cyclodextrine (CD) bekannt sind. Man unterscheidet zwischen $\alpha$-, $\beta$- und $\gamma$-Cyclodextrinen, die aus 6, 7 oder 8 Glucosebausteinen bestehen. Die Glucoseeinheiten sind durch glycosidische $\alpha$-1,4-Bindungen verknüpft (s. Abschnitt 2.3), wobei das $\beta$-Cyclodextrin (Bild 4-23a) den bekanntesten Vertreter repräsentiert.

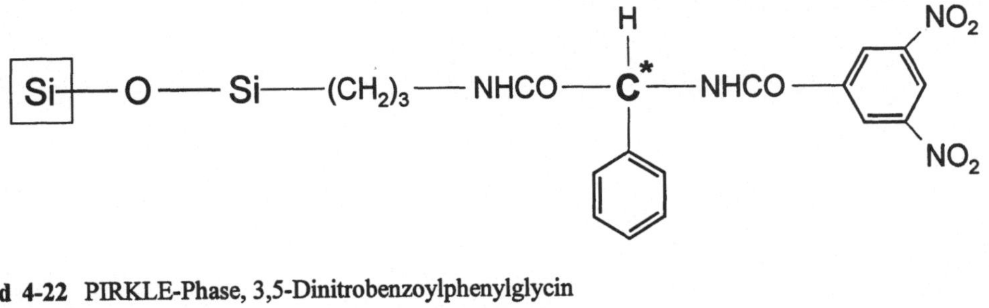

**Bild 4-22**  PIRKLE-Phase, 3,5-Dinitrobenzoylphenylglycin

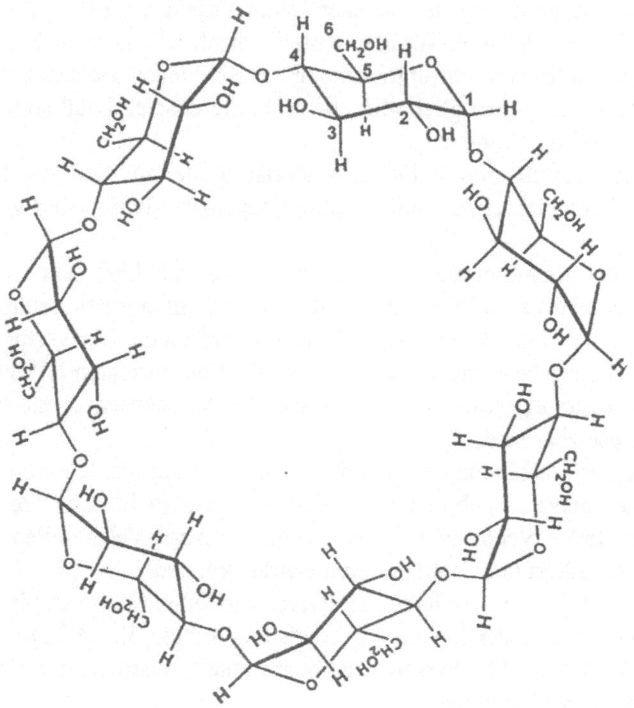

**Bild 4-23a** Struktur von $\beta$-Cyclodextrin

Die Kohlenstoffatome der Glucosemoleküle sind in den Innenraum der Cyclodextrine gerichtet, so daß das Innere dieses „Käfigs" hydrophob ist. Die Hydroxylgruppen sind dagegen an der Peripherie dieses Cyclodextrin-Kegels angeordnet. Die hydrophoben Gruppen eines Analyten bzw. Enantiomers können in den Kegel eindringen und Einschlußkomplexe (Wirt-Gast-Komplexe) ausbilden. Dabei führen die Wechselwirkungen zwischen den chiralen Zentren der Enantiomere und den hydrophilen Zentren am Cyclodextrinrand zur chiralen Erkennung und damit zur Trennung dieser Moleküle.

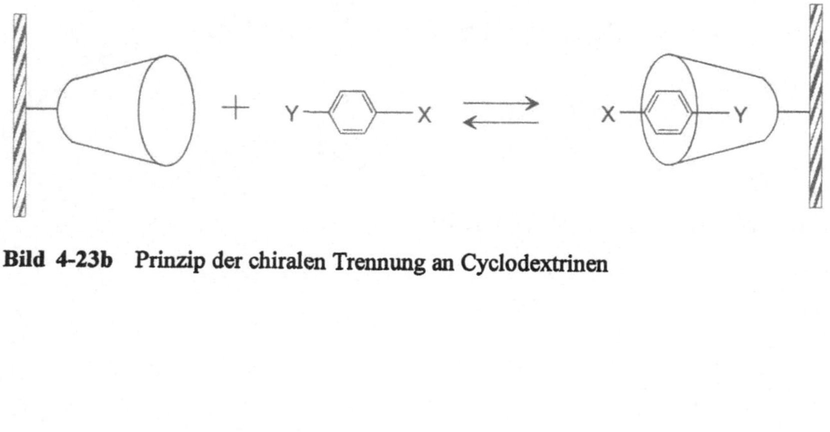

**Bild 4-23b** Prinzip der chiralen Trennung an Cyclodextrinen

# 4.2 Spezielle Trennmethoden und -systeme

Die folgenden flüssigchromatographischen Methoden können im weitesten Sinne als „Bio-analytik" bezeichnet werden. Sie dienen zur Analyse niedermolekularer meist polarer Species wie organische Säuren, Aminosäuren, Amine, Katecholamine, Kohlenhydrate anorganische Kationen und Anionen, (aromatische) Kohlenwasserstoffe oder pharmazeutische Wirkstoffe. Proteine und andere Biopolymere werden dagegen meist mit hydrophilen Trägermaterialien getrennt und gereinigt, wie im Abschnitt 4.3 „Biochromatographie" ausgeführt ist.

## 4.2.1 Ionenpaarchromatographie

Die Ionenpaarchromatographie (IPC) wird zur Bestimmung sowohl von kationischen als auch anionischen Verbindungen eingesetzt [38-42], die vor allem im Arzneimittelbereich von Bedeutung sind.

Als Trennsysteme dienen meist hydrophobe Reversed-Phase-Materialien (RP-8, RP-18), was zur breiten Anwendung dieser Methode beigetragen hat. Polare Verbindungen wie organische Säuren können in der Regel nur dann an RP-Säulen getrennt werden, wenn der Eluent auf einen sauren pH-Wert eingestellt ist, der die Dissoziation der Säuren unterdrückt und damit hydrophobe Wechselwirkungen mit der stationären RP-Phase ermöglicht.

Die Elution erfolgt in der Ionenpaarchromatographie meist mit einem Puffergemisch, das Zusätze an organischen Lösungsmitteln (MeOH, ACN) enthält. Der mobilen Phase werden entsprechende Gegenionen (Gl$^-$) hinzugefügt, die mit den ionischen Probespecies (Sn$^+$) Ionenpaare (Sn$^+$ Gl$^-$) ausbilden. Diese sind nach außen neutral geladen und werden durch hydrophobe Wechselwirkungen mit der RP-Phase [43] und flüssig-flüssig-chromatographische Verteilungsvorgänge getrennt. Ein Vorteil besteht darin, daß neben ionischen auch neutrale Verbindungen chromatographiert werden können.

Für kationische Species wie Katecholamine dienen Alkansulfonsäuren wie Pentan-, Hexan-, Heptan- oder Octansulfonsäure als Ionenpaarreagenzien.

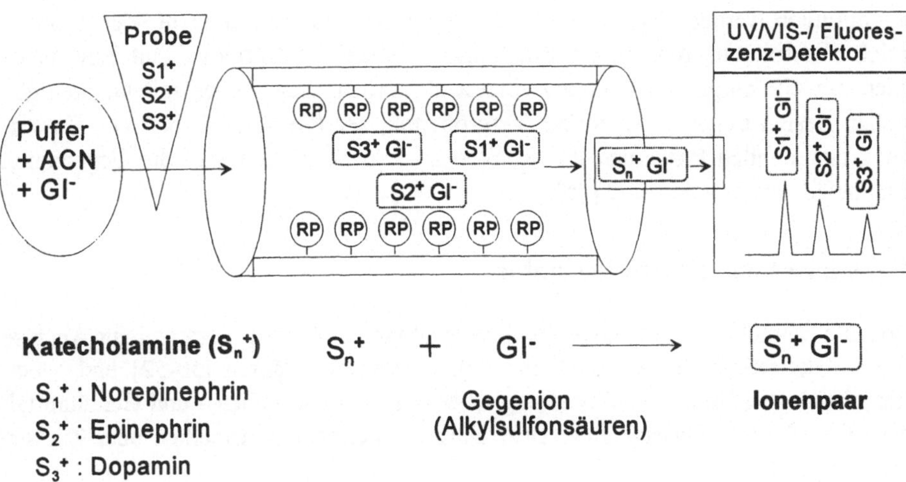


**Bild 4-24** Prinzip der Ionenpaarchromatographie von kationischen Species

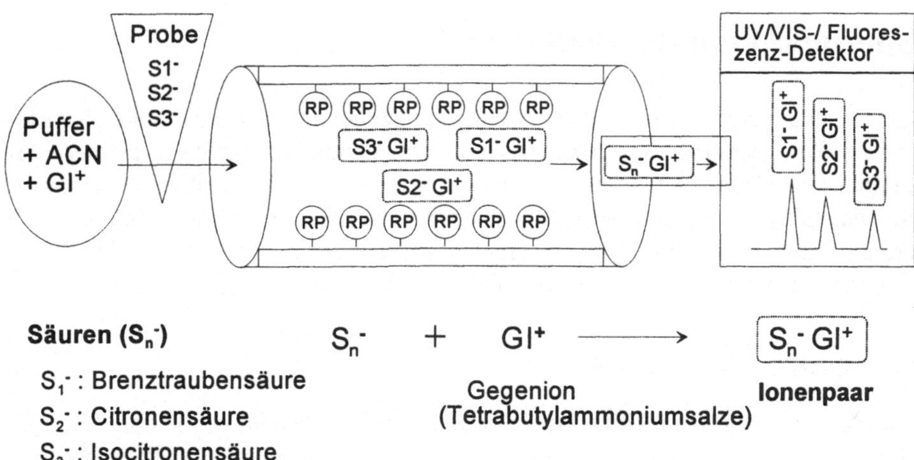



**Säuren ($S_n^-$)**          $S_n^-$  +  $GI^+$ ⟶  $\boxed{S_n^-\,GI^+}$

$S_1^-$ : Brenztraubensäure

$S_2^-$ : Citronensäure            **Gegenion**                      **Ionenpaar**
                        (Tetrabutylammoniumsalze)
$S_3^-$ : Isocitronensäure

**Bild 4-25**  Prinzip der Ionenpaarchromatographie von anionischen Species

Der pH-Wert der mobilen Phase liegt meist im sauren Bereich, um die Dissoziation der Ionenkomplexe zu unterdrücken und die Selektivität der hydrophoben Wechselwirkungen zu erhöhen.

In der Ionenpaarchromatographie von Anionen ($Sn^-$) werden als Gegenionen Tetrabutyl-ammoniumsalze ($G^+$) der mobilen Phase zugesetzt. Dadurch resultieren auch hier nach außen neutral geladene Ionenpaare ($Sn^-\,G^+$), die über hydrophobe Wechselwirkungen an RP-Säulen voneinander getrennt werden. Die Analyse von organischen Säuren [44] ist ein prädestiniertes Beispiel für diese Chromatographie-Technik.

Innerhalb der Ionenpaarchromatographie sollten beim praktischen Arbeiten einige Besonderheiten beachtet werden. Die Ionenpaarreagenzien sind nur schwer von der Ober-fläche der RP-Säulen vollständig wieder zu entfernen. Für jedes Trennproblem in der Ionen-paarchromatographie wird deshalb eine gesonderte HPLC-Säule empfohlen.

Die Chromatographie von Ionenpaaren kann außerdem durch Variation verschiedener Parameter optimiert werden. Falls die kat- oder anionischen Substanzen nicht oder kaum im UV-Bereich absorbieren, können zur Erhöhung der Detektorempfindlichkeit Ionenpaar-Reagenzien mit chromophoren Gruppen eingesetzt werden. Gegenionen mit langkettigen hydrophoben Resten tragen dagegen zur Vergrößerung der Rentionszeit bei. Die Zusam-mensetzung der mobilen Phase und ihr pH-Wert sind so zu wählen, daß die Gegenionen vollständig gelöst und ionisiert sind [45].

## 4.2.2  Ionenausschlußchromatographie

Diese spezielle Methode der „Ionenaustauschchromatographie" wird vorrangig zur Analyse von niedermolekularen Kohlenhydraten [46-49], organischen Säuren [50-52] und Meta-boliten innerhalb einer breiten Palette biologischer Matrices wie Lebens- und Genußmittel, biologische Gewebe und Flüssigkeiten (Urin, Plasma), Fermentationsmedien oder Zucker-hydrolysate eingesetzt.

Als stationäre Phasen dienen poröse oder unporöse sulfonierte Polymerpartikel auf Styren-Divinylbenzen-Basis, die in einem weiten pH-Bereich (1–13) hydrolysestabil sind.

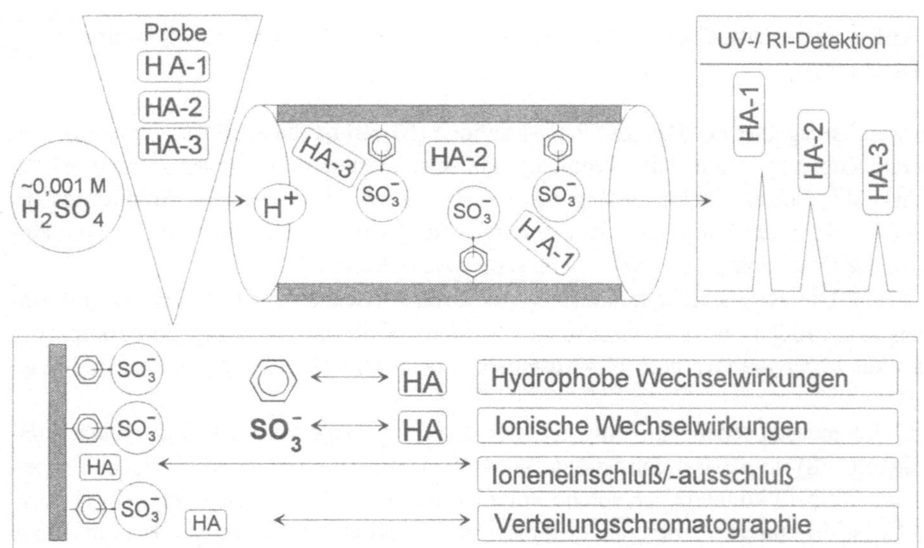


**Bild 4-26**  Prinzip der Ionenausssschlußchromatographie

Die funktionellen Sulfonsäuregruppen sind mit Gegenionen ($H^+$, $Na^+$, $Ca^+$, $Pb^+$) belegt, die die Selektivität maßgeblich beeinflussen.

Für die Analyse von Kohlenhydraten sind Wasser als Elutionsmittel und Polymerphasen (Aminex HPX-87), die mit $Ca^+$- oder $Pb^+$-Ionen belegt und auf ca. 70–80 °C temperiert sind, sehr gut geeignet [49]. Dabei zeigen $Pb^+$-Ionen als Counter-Ionen für die Trennung von Monosacchariden bzw. Hexosen die besten chromatographische Auflösungen.

Zur Bestimmung von Säuren dienen dagegen bevorzugt HPX-87-Säulen, die mit Wasserstoffionen modifiziert sind. Die Elution dieser polaren Probesubstanzen erfolgt meist bei Normaltemperatur oder etwas höher (bis 40 °C) und mit verdünnten anorganischen Säuren (z.B. 0,001 M Schwefelsäure), deren pH-Werte im Bereich von 2–4 liegen.

Für eine anschauliche Darstellung der Trennung von organischen Säuren ist der IMP-Mechanismus (ion mediated partitition), der einen Mixed-Mode-Trennmechanismus darstellt, gut geeignet.

Die Phenylgruppen des Copolymers Styren-Divinylbenzen-Basis ermöglichen hydrophobe Wechselwirkungen mit den anionischen Probesubstanzen (z.B. den organische Säuren), die jedoch im sauren Milieu als undissoziierte und damit nach außen neutrale Verbindungen vorliegen.

Die negativ geladenen Sulfonsäuregruppen üben zum Teil ionische Wechselwirkungen aus, die jedoch auf Grund ihrer negativen Ladung nur abstoßend wirken können.

Demzufolge tragen auch Ausschluß- und Einschlußeffekte sowie Verteilungsgleichgewichte zum Retardieren der organischen Säuren und anderer Komponenten innerhalb dieser Trennsysteme im besonderem Maße bei.

### 4.2.3  Anionenaustauschchromatographie mit gepulst-amperometrischer Detektion

Hauptanwendungsgebiet der HPAEC-PAD-Methode [53-60] ist die Analyse von mono- und oligomeren Kohlenhydraten. Die chromatographische Trennung der Komponenten erfolgt unter stark alkalischen Elutionsbedingungen („HP": *high pH*) an einem Anionenaustauscher (AEC: *anion-exchange chromatography*). Zur Registrierung dient die gepulst-amperometrische Detektion (PAD: *pulsed-amperometric detection*).

Die Firma Dionex entwickelte spezielle pelliculäre Ionenaustauscherpolymere mit einheitlichen Korngrößen um 5, 8 oder 10 µm, an deren Oberfläche winzig kleine unporöse Latexpartikel *(MicroBeads)* über elektrostatische Wechselwirkungen gebunden sind (vgl. Bild 4-27).

Diese Ionenaustauscher auf Polymerbasis sind im Gegensatz zu Silicagelen (pH-Beständigkeit < 8) im pH-Bereich von ca. 1–14 hydrolysestabil und für biologische Proben sehr robust. Deshalb können auch solche Polymerphasen mit NaOH-Eluenten bei pH-Werten von 12 bis 13 eluiert werden. Unter diesen stark basischen Bedingungen kommt es zur Dissoziation der auf die Trennsäule applizierten Kohlenhydrate. Auf Grund ihrer hohen pK-Werte, die z.B. für Glucose 12,35 oder für Mannose 12,08 betragen, liegen die Zucker innerhalb der Säule als Oxyanionen bzw. schwach dissoziierte Säuren vor, die durch anionische Wechselwirkungen chromatographiert werden können.

Das Polymer in der Trennsäule *Carbo Pac PA1* besteht im Inneren des Partikelkerns aus einem sulfonierten Polystyren-Divinylbenzen. An seiner Oberfläche befinden sich $SO_3^-$-Gruppen, die mit 350–nm-Latexpartikeln elektrostatisch verknüpft sind. Im Falle der Säule *CarboPak PA–100* ist das Basispolymer ein sulfoniertes Ethylvinylbenzen-Divinylbenzen mit 350–nm–MicroBeads.

Die Latexpartikel tragen die Anionenaustauscherfunktionen ($NR_3^+$-Gruppen). Um diese positiv geladenen freien Ionenaustauschergruppen konkurrieren die Hydroxylionen ($OH^-$) aus dem NaOH-Eluenten mit den Oxianionen der Zucker. Es treten unterschiedlich starke ionische Wechselwirkungen mit den quarternären Ammoniumgruppen des Ionenaustauschers auf, so daß die Zuckeranionen retardiert und getrennt werden.

Für eine sehr empfindliche Detektion von mono- und oligomeren Kohlenhydrate im ppb-Bereich wurde die gepulst-amperometrische Detektion [53, 54] entwickelt.

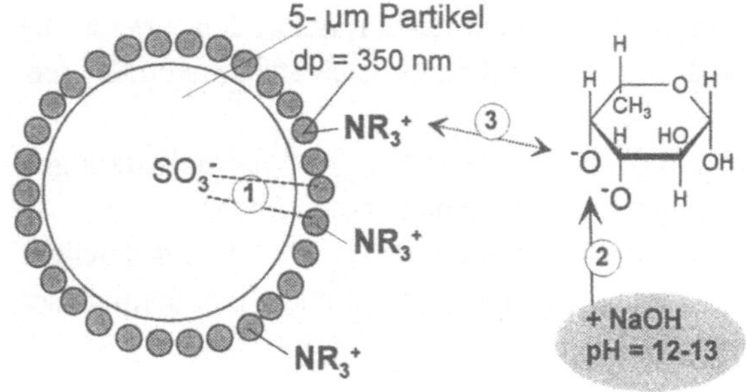


**Bild  4-27**
Sulfoniertes Ionenaustauscher-Polymer mit funktionalisierten *MicroBeads*

Auf Grund der basischen Elutionsbedingungen sind die Kohlenhydrate bereits partiell ionisiert, wodurch auch ihre elektrochemische (amperometrische) Detektion erleichtert bzw. erst ermöglicht wird. An einer Goldelektrode, die in einer Mikrodurchflußküvette angeordnet ist, werden die Kohlenhydratanionen oxidiert.

$$[\text{Kohlenhydrat}]^- \rightarrow [\text{Kohlenhydrat}] + e^- \tag{4-11}$$

Der entstehende Elektronenstrom wird für die einzelnen Komponenten kontinuierlich gemessen und in einem Chromatogramm in Form von Peaks aufgezeichnet.

Bei der Oxidation lagern sich Kohlenhydratreste auf der Elektrode ab, die im Laufe der Zeit einen Basislinienanstieg hervorrufen und damit verrauschte Chromatogramme ergeben würden.

Das Anlegen eines zweiten (positiven) Potentials (E2) führt zur Oxidation der Oberfläche der Goldelektrode, die durch ein weiteres (negatives) Potential (E3) wiederum reduziert wird.

Das Anlegen dieser unterschiedlichen Potentiale zwischen Arbeits- und Referenzelektrode wird kontinuierlich innerhalb nur weniger hundert Millisekunden wiederholt.

Durch diese Reinigungsvorgänge werden die Kohlenhydratreste und andere Oxidations- bzw. Reduktionsprodukte quantitativ von der Goldelektrode entfernt.

Bei zu stark kontaminiertem Probematerial kann es erforderlich werden, die Elektrode aus dem Detektor herauszunehmen und gründlich zu reinigen, was jedoch in der Regel von einem erfahrenen Praktiker durchgeführt werden sollte.

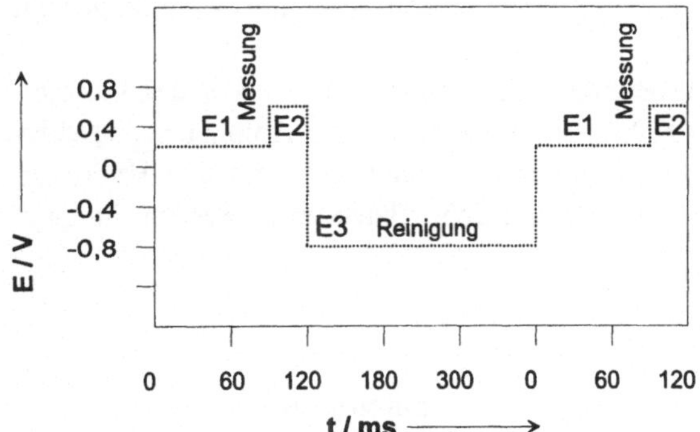


**Bild 4-28**
Potentialsequenz bei der
gepulst-amperometrischen
Detektion von Zuckern

## 4.2.4  Ionenchromatograpie

Die grundlegenden Arbeiten zur Ionenchromatographie (IC: *Ion Chromatography*) wurden 1975 von Small, Stevens und Baumann [61] veröffentlicht.

Die Ionenchromatographie [62-64] wird vorrangig zur Trennung von anorganischen Kationen und Anionen sowie für organische ionische Species wie organische Säuren eingesetzt.

Grundlage des Trennmechanismus ist die Ionenaustauschchromatographie (Abschnitt 4.3.3). Für die Ionenanalyse steht im Prinzip eine breite Palette an Ionenaustauschertypen (starker und schwacher Kationen- oder Anionenaustauscher zur Verfügung.

Das Problem ist, daß Ionenaustauscher mit wäßrigen Puffersalzen eluiert werden müssen, die selbst Ionen in hohen Konzentrationen enthalten. Für eine sehr empfindliche Registrierung von Ionen bieten sich Leitfähigkeitsdetektoren an. Die hochkonzentrierten Pufferlösungen besitzen jedoch selbst eine zu hohe Eigenleitfähigkeit, die jedes separate Ionensignal überdecken würde.

Daraus resultierten für die Etablierung der Ionenchromatographie zwei entscheidene Forderungen.

1.    Herstellung von Ionenaustauschern kleiner Kapazität für Anionen und Kationen.
2.    Unterdrückung der Eigenleitfähigkeit der Eluenten.

Als stationäre Phasen für die Anionenanalyse wurden spezielle oberflächensulfonierte Latex-Anionenaustauscher auf Styrol-Divinylbenzen-Basis (Abschnitt 4.2.3) mit Partikelgrößen um 5 oder 10 µm entwickelt. An diese inerten und druckstabilen Latexpartikel sind über elektrostatische und van-der-Waals-Wechselwirkungen winzig kleine aminierte Polymerkügelchen von ca. 0,1 µm gekoppelt. Ihre quarternären Ammoniumgruppen ermöglichen anionische Wechselwirkungen mit den Probeionen. Aus der Kleinheit der Partikel resultieren niedrige Austauschkapazitäten, obwohl die $NR^+_3$ - Gruppen zu den stark basischen Ionenaustauschern gehören. Für die Trennung der Anionen dienen basische Eluenten wie NaOH.

Zur Unterdrückung der Leitfähikeit der Eluenten wurden sogennante Suppressorsäulen, die der Anionenaustauscher-Säule nachgeschaltet sind, entwickelt. Diese enthalten im Falle der Anionenanalyse einen Kationenaustauscher mit hoher Kapazität, der zur Entfernung der Natriumionen aus der mobilen Phase dient, wie im unteren Teil des Bildes 4-29 dargestellt ist.

Darin sind die Vorgänge der Ionenchromatographie von Anionen anschaulich zusammengefaßt. Die Probeionen (z.B. $SO_4^{2-}$, $NO_3^-$, $Cl^-$) werden auf die Anionenaustauscher-Säule appliziert und mit NaOH eluiert. Die Probeionen konkurrieren mit den Hydroxylionen um die freien, positiv geladenen Ionenaustauscherplätze und werden dadurch retardiert.

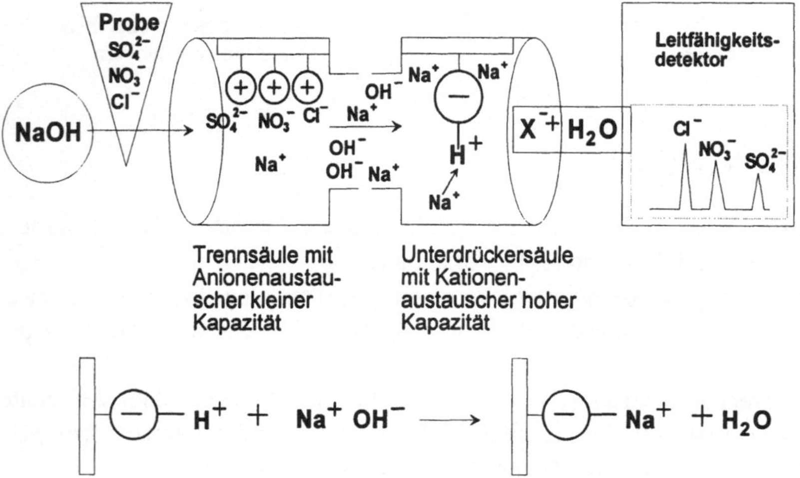


**Bild 4-29**  Prinzip der Ionenchromatographie von Anionen

Auf Grund des geringen Abstandes zwischen dem undurchdringlichen Latexkern und den 0,1–µm–Partikeln sind die Diffusionswege für die Probeionen sehr gering; die resultierenden Peakprofile dadurch sehr schmal.

Die Natriumionen lagern sich dagegen an den negativ geladenen Kationenaustauscher in der Unterdrückersäule an, während die Anionen keine Wechselwirkungen in dieser Säule eingehen und zum Leitfähigkeitsdetektor transportiert werden, wobei ihre Peakverbreiterung gering ist. Im Idealfall gelangen nur die getrennten Probeionen und reines Wasser zum Leitfähigkeitsdetektor, so daß die Ionen extrem empfindlich nachgewiesen werden können (Pico- bis Femtomolbereich).

Das Prinzip der Ionenchromatographie läßt sich auch auf Kationen ($Na^+$, $NH_4^+$, $K^+$) anwenden. Die Trennsäule ist mit einem entsprechenden Kationenaustauscher niedriger Kapazität und die Suppressorsäule mit einem Anionenaustauscher hoher Kapazität gefüllt.

Zur Herstellung dieser Kationenaustauscher wurde vom Anionenaustauscher niedriger Kapazität ausgegangen. Die an der Latexoberfläche gekoppelten aminierten Anionenaustauscher-Kügelchen wurden mit einer zweiten Latexschicht überzogen, die total sulfoniert ist und auf Grund dieser negativen Ladungen kationische Wechselwirkungen ermöglicht.

Die Unterdrückung der Leitfähigkeit der Chloridionen des Eluenten erfolgt mit Hilfe eines Anionenaustauschers mit hoher Kapazität, der vor jeder neuen Ionenanalyse regeneriert werden muß. Dies ist einerseits zeitaufwendig; andererseits resultieren dadurch auch sehr hohe Empfindlichkeiten.

Anstelle von Suppressorsäulen werden heute Hohlfaser- oder Membranunterdrücker sowie elektronische Unterdrücker eingesetzt, die mit ähnlicher Effektivität die Eluentionen hoher Leitfähigkeit eliminieren. Diese „Ionenunterdrücker" zeichnen sich durch ein geringes Totvolumen aus und sind im Vergleich zur Suppressorsäulen etwas weniger empfindlich.

Die Ionenchromatographie hat sich insbesondere in der Umweltanalytik und Lebensmittelchemie etabliert. Für pharmazeutische, biotechnologische und andere bioanalytische Untersuchungen gewinnt die IC zunehmende Bedeutung, da auch organische ionische Substanzen (organische Säuren und Kohlenhydrate) bestimmbar sind.

Einer der Vorteile der IC z.B. gegenüber der Atomabsorptionsspektrometrie (AAS) oder Atomemissionsspektroskopie (AES) auf dem Gebiet der Spuren- und Elementanalytik liegt in der gleichzeitigen Analyse von ein- und mehrwertigen Species eines Ions oder Moleküls. Organische und anorganische Komponenten können innnerhalb nur eines Chromatographie-Laufes getrennt und nachgewiesen werden.


# 4.3  Biochromatographie

Die Biochromatographie beinhaltet die chromatographische Trennung und Reinigung insbesondere von Proteinen. Auch andere Biopolymere wie Glycoproteine oder Nucleinsäuren werden mit dieser schonenden Trenntechnik analysiert und charakterisiert.

Die Biochromatographie hat einerseits ihre Wurzeln in der klassischen Säulenchromatographie (vgl. Tabelle 4-1), deren hydrophile Weichgele sowie andere Trennmaterialien vor allem im präparativen Maßstab für schonende Proteintrennungen eingesetzt wurden. Sie gehört auch heute noch zu den Standardmethoden der Proteinanalytik in vielen biochemischen Laboratorien.

Andererseits ist sie aus der Weiterentwicklung der Hochleistungsflüssigchromatographie zu Beginn der 80-er Jahre hervorgegangen und kann auch als HPLC biologischer Substanzen bezeichnet werden. Ein speziell für Proteinreinigungen entwickeltes Trennsystem, das dem analytischen Anspruch „Biochromatographie" sehr gut entspricht, ist das FPLC-System *(fast protein liquid chromatography)*.

Alle Bemühungen, „klassische HPLC-Materialien" wie z.B. RP-Säulen zur Trennung von Proteinen einzusetzen, scheiterten an den Effekten der irreversiblen Adsorptionen und Denaturierungserscheinungen an diesen Trennphasen, insbesondere auch unter den hochdruckchromatographischen Bedingungen.

Die für Proteine seit den 50- und 60-er Jahren mit Erfolg in der klassischen Protein-LC eingesetzten hydrophilen Polymere auf der Basis von Agarose (Bild 4-30 bis 4-32), Dextranen und Polyacrylamid waren nur bis zu wenigen Bar druckstabil.

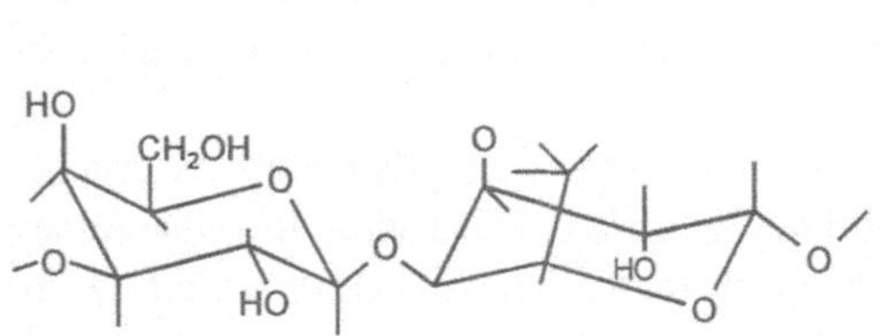

**Bild 4-30** Agarose-Struktur

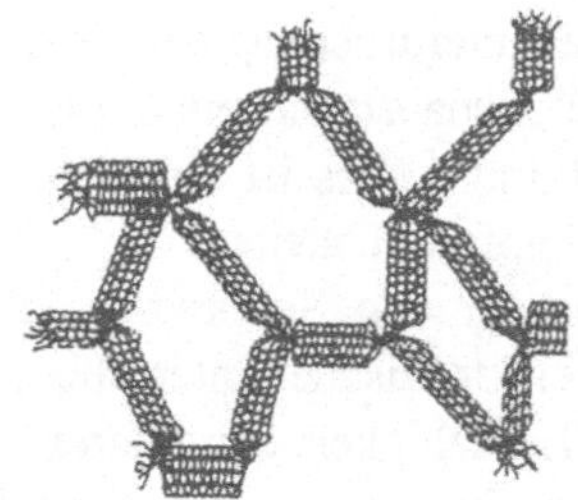

**Bild 4-31** Gelstruktur der Agarose

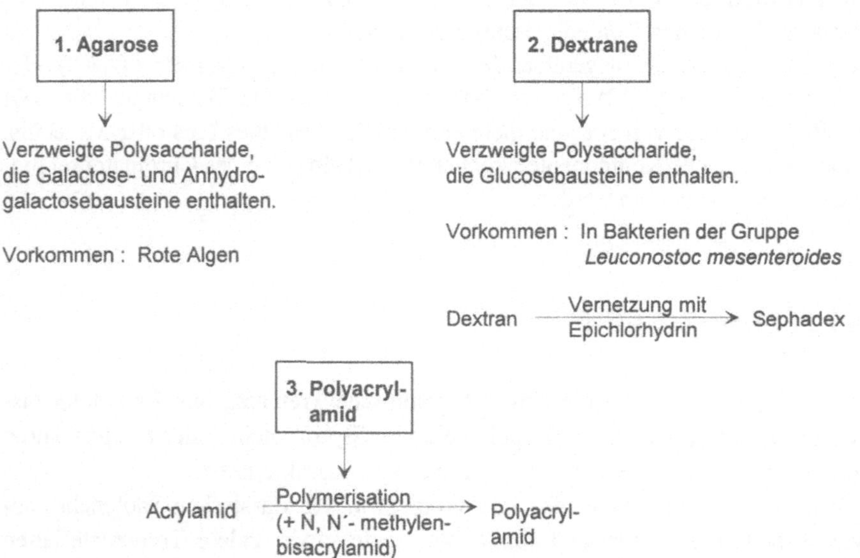


**Bild 4-32** „Klassische Chromatographie-Gele"

Diese Trennmaterialien besaßen große (um 100 oder 200 μm) und relativ uneinheitliche Partikeldurchmesser. Dies führte zu geringen Trennleistungen der Säulen und zu langen Analysenzeiten.

Nachteilig war auch das Quellen und Schrumpfen dieser Materialien, wodurch die Reproduzierbarkeit der Trennungen verschlechtert wurde.

Entscheidend für den Durchbruch der HPLC in der Proteinanalytik war die Entwicklung neuer druckstabiler stationärer Phasen auf der Basis hydrophiler Polymere, insbesondere auf der Grundlage von Kohlenhydraten und modifizierten Silicagelen mit aufgepfropften oder überzogenen hydrophilen Gruppen. Diese Materialien sind kugelförmig und monodispers und eignen sich für sehr schonende Proteintrennungen unter Erhalt ihrer biologischen Aktivität bei erhöhtem Druck (1 bis ca. 10 MPa).

**Tabelle 4-3**     Ausgewählte kommerzielle druckstabile Chromatographie-Gele

| Bezeichnung der Trenngele (Silicagelbasis) | Bezeichnung der Trenngele (Polymerbasis) | Bezeichnung der Polymere |
|---|---|---|
| Porasil | Ion-Pak | Sulfoniertes Polystyren |
| Fractosil | OH-Pak | Hydroxylierter Polyester |
| TSK-Gel-SW | TSK-Gel-PW | Hydroxylierter Polyether |
| LiChrospher | Ashipak | Polyvinylalkohol |
| Protein-Pak | Pl-aqua Gel P | Polyacrylamid |
| SynChropak | Superose (6 und 12 HR) | Vernetztes Dextran |

## 4.3.1  Chromatographie an Hydroxylapatit

Hydroxylapatit (HA) wird zur Trennung von basischen oder sauren Proteinen, von Enzymen und Antikörpern meist dann eingesetzt [65-67], wenn andere Trennsysteme (IEC, HIC, AC) nicht oder nur wenig geeignet sind.

Dieses Mineral ist sehr preisgünstig, und es kann auch zu Beginn einer Reinigungsprozedur als eine Art Vorstufe verwendet werden. Oft resultieren jedoch nur geringe Reinigungsfaktoren (3-6) und mäßige Ausbeuten (um 50 %).

Hydroxylapatit besteht aus kristallinem Kalziumphosphat $[Ca_{10}(PO_4)_6(OH)_2]$ und besitzt eine hexagonale Struktur. Besonders stabil ist die keramische (gesinterte) Form.

Die $Ca^{2+}$- und die $PO_4^{n-}$-Ionen sind die aktiven Bindungsstellen des Minerals, mit denen die Proteine in Wechselwirkungen treten. Saure Proteine bilden über ihre Carboxylgruppen mit den Calziumionen Komplexe aus, während basische Proteine über ihre Aminogruppen mit den negativ geladenen Oberflächengruppen ($PO_4^{n-}$, $OH^-$) des Hydroxylapatits in elektrostatische Interaktionen treten können.

Die Elution erfolgt u.a. mit Phosphatpuffern ansteigender Ionenstärke. Die basischen Proteine können auch mit Kalziumchloridsalzen niedriger Ionenstärke (1–10 mM) von der Hydroxylapatit-Säule verdrängt werden. Für saure Proteine sind Chloridsalze ungeeignet. Sie werden mit fluorid- und phosphathaltigen Lösungen eluiert, da beide Ionen ($PO_4^{n-}$, $F^-$) die Carboxylgruppen des Proteins von den Kalziumionen des Minerals verdrängen können.

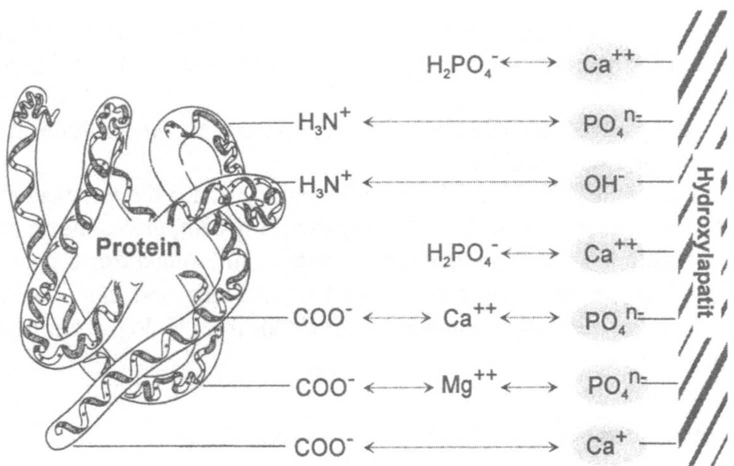


**Bild 4-33**  Prinzip der Proteintrennung an Hydroxylapatit

Das Trennprinzip wird als Adsorptionschromatographie oder als Mischung von anionischen und kationischen Wechselwirkungen *(Mixed-mode Ion-exchange Chromatography)* interpretiert.

## 4.3.2  Größenausschlußchromatographie

Zur Trennung von Molekülen nach ihrer effektiven Größe dient die Größenausschlußchromatographie (SEC: *Size-exclusion Chromatography*, [68-77]).

Erfolgt die Elution mit einem organischen Lösungsmittel, wird diese Trenntechnik als Gelpermeationschromatographie (GPC) bezeichnet. Damit werden organische Polymere (z.B. Polyethylenglycole) an porösen hydrohoben Trennphasen auf Styren-Divinylbenzen-Basis chromatographiert, die jedoch für Proteintrennungen unter Erhalt ihrer biologischen Aktivität völlig ungeeignet wären.

Für Biopolymere wird die als Gelfiltration (GF) bezeichnete SEC-Methode eingesetzt. Diese ist charakterisiert durch weitporige (ca. 100 nm) stationäre Phasen, die hydrophil sind und mit wäßrigen Eluenten unter isokratischen Bedingungen chromatographiert werden.

Unter diesen physiologischen Bedingungen sind kaum Denaturierungserscheinungen zu verzeichnen. Die verwendeten Phosphatpuffer enthalten meist geringe Zusätze von Natriumchlorid [74], das zur Vermeidung möglicher Adsorptionserscheinungen der Proteine an der Trennphase dient.

Das Prinzip der Größenausschlußchromatographie von Biomolekülen (Proteinen) wird an dem Modell in Bild 4.34 anschaulich vermittelt.

Die Proteine werden nach der Größe ihres Molekulargewichtes zwischen den Poren der Trennphase (Gel) und der mobilen Phase „filtriert", d. h., kleinere Proteine können in die Poren eindringen und diese durchwandern. Je kleiner die Moleküle sind, desto längere Verweilzeiten entstehen im Porensystem, so daß sie am stärksten retardiert werden und als Peaks am Ende des Chromatogramms erscheinen.

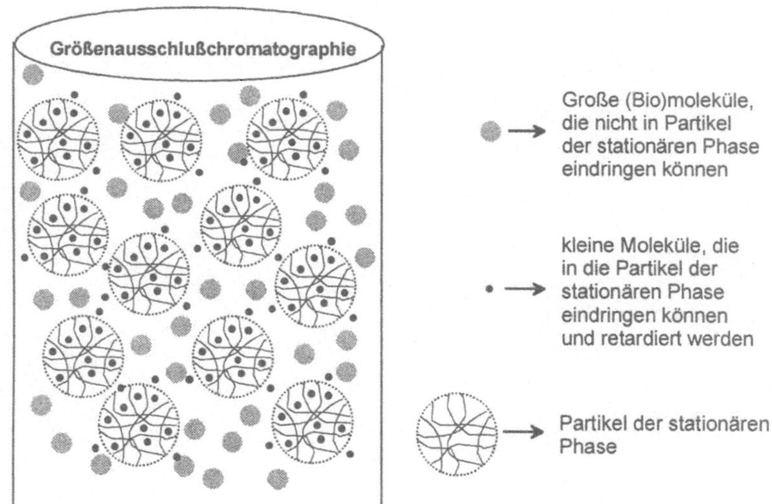



**Bild 4-34**   Prinzip der Proteintrennung mittels SEC

Sehr große Proteine, die in die Poren nicht hineinpassen, werden ausgeschlossen (deshalb Größenausschlußchromatographie) und an den Partikeln vorbei innerhalb des Flüssigkeitsvolumens mit der Totzeit $t_0$ (bzw. dem Zwischenkornvolumen $V_z$) eluiert. Sie erscheinen als erster Chromatogrammpeak.

Zur Bestimmung des Molekulargewichtes eines unbekannten Proteins wird zuerst eine Standardmischung von Proteinen mit bekannten Molekulargewichten auf die SEC-Säule appliziert und getrennt.

Aus dieser chromatographischen Trennung werden für jedes Protein die Elutionsvolumina bestimmt und gegen den Logarithmus ihrer entsprechenden Molekulargewichte aufgetragen, wie im Bild 4-35 anschaulich gezeigt wird.

Im Kurvenbereich zwischen $V_z$ und $V_0$ („Totvolumen") erfolgt die Trennung der Moleküle nach ihrem Molekulargewicht. Die von der „Filtration" in den Trennporen ausgeschlossenen Proteine werden mit $V_z$ in einem Peak eluiert. Die kleinsten Moleküle, die gleich lange Wege durch das Porensystem zurückgelegen, treffen in der Peakfraktion $V_0$ zusammen.

Nach der Analyse eines unbekannten Proteins unter identischen chromatographischen Bedingungen wird aus seinem Elutionvolumen auf der Basis der erstellten Eichkurve das entsprechende Molekulargewicht ermittelt.

Die Beladbarkeit von SEC-Säulen mit einer Proteinprobe ist relativ gering, da nur die Poren der stationären Phase für diesen Trenneffekt zur Verfügung stehen. Die Gelfiltration wird deshalb meist am Ende mehrstufiger chromatographischer Reinigungsschritte zur „Feinreinigung" von Proteinen eingesetzt.

Im Abschnitt 9.1 werden die Einsatzmöglichkeiten der Größenausschlußchromatographie am Beispiel der Reinigung von thermostabilen Enzymen dargestellt. An Hand von zahlreichen Literaturzitaten wird indirekt auch der Entwicklungsweg der SEC innerhalb der HPLC bzw. Biochromatographie transparent gemacht.

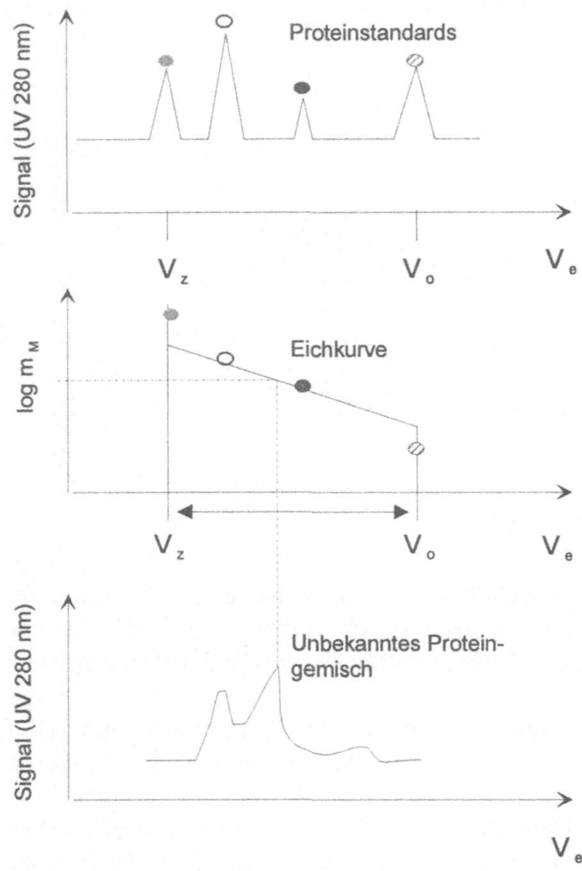



**Bild 4-35**
Bestimmung des Molekular-
gewichtes mittels SEC

### 4.3.3 Ionenaustauschchromatographie

In der Ionenaustauschchromatographie (IEC: *Ion-exchange Chromatography*, [78-82]) werden stationäre Phasen verwendet, die an ihrer Oberfläche elektrische Ladungen tragen. Dies
sind anionische $SO_3^-$- oder $COO^-$-Gruppen und kationische $NH_3^+$- oder $NR_3^+$- Gruppen, die
an das Ionenaustauscherharz oder -gel kovalent oder elektrostatisch gebunden sind. Neben
Polymeren werden auch Silicagele als Ionenaustauscher-Matrix verwendet. Für Proteine
sind, wie in Tabelle 4-3 bereits aufgeführt, hydrophile Basismaterialien, die keine unerwün-
schten Adsorptionen erlauben, anzuwenden. Die folgenden Erklärungen zum Ionenaustausch innerhalb dieses Kapitels beziehen sich auf Anionen und Kationen, die auch als negativ oder positiv geladene Proteine angesehen werden können.

Die Ladungen am Ionenaustauscher werden durch entgegengesetzt geladene Ionen, die
beweglich sind, besetzt und können gegen andere Ionen ausgetauscht werden. Daher
resultiert der Name „Ionenaustausch", bei dem ionische Probemoleküle die Gegenionen, die
die Ionenaustauscherplätze der Matrix besetzt halten, verdrängen müssen, um selbst gebunden zu werden.

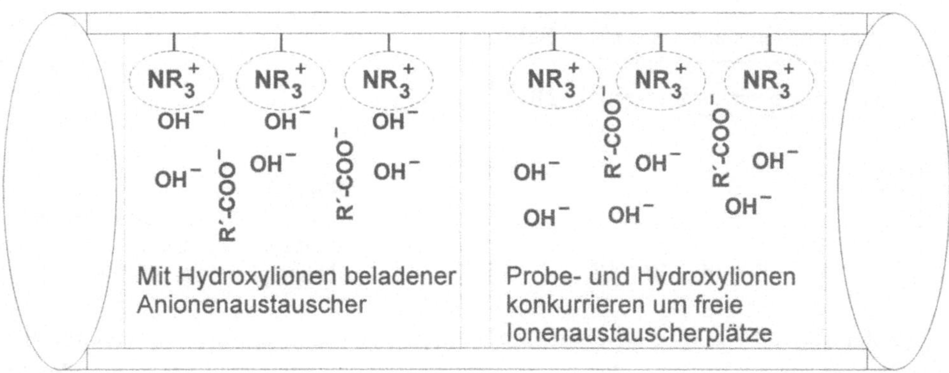


**Bild 4-36**  Trennung an einem Anionenaustauscher

Ionenaustauscher-Säulen können im Vergleich zur Gelfiltration mit wesentlich größeren Proteinmengen beladen werden. Je mehr funktionelle Gruppen an diese Trennphasen gekoppelt sind, desto größere Mengen an Proteinen können gebunden und chromatographiert werden. Diese Ionenaustauscher besitzen eine hohe Austauschkapazität (einige meq/g[3]). Demgegenüber sind die Austauscherkapazitäten für Dünnschichtteilchen (Abschnitt 4.3.8) oder in der Ionenchromatographie (Abschnitt 4.2.4) deutlich geringer (ca. 10–50 µeq/g).

Man unterscheidet zwischen stark und schwach sauren Kationenaustauschern (Kopplung mit Sulfonsäure- bzw. Carboxylsäuregruppen) sowie zwischen stark und schwach basischen Anionenaustauschern (Kopplung mit tertiären Aminogruppen bzw. Diethylaminoethylgruppen, DEAE).

Im Säulen-Modell in Bild 4-36 ist das Trennprinzip an einem stark basischen Anionenaustauscher dargestellt.

An die Ionenaustauscher-Partikel sind $NR_3^+$-Gruppen kovalent gebunden und die Hydroxylionen ($OH^-$), die z.B. aus dem Equilibrierungs-Puffer stammen, besetzen die freien Ionenaustauscherplätze. Der Ionenaustauscher ist mit diesen Gegenionen beladen und befindet sich im Gleichgewichtszustand (linke Seite der Abbildung). Nach Applizieren von Probemolekülen (Proteinen) mit negativer Ladung ($R´COO^-$) auf die Trennsäule beginnen diese mit den $OH^-$-Ionen um die Ionenaustauscherplätze zu konkurrieren (rechte Seite). Dadurch wird die Elution der anionischen Species verzögert. Je länger und intensiver diese ionischen Wechselwirkungen sind, desto später werden die Ionen von der Säule eluiert.

Demgegenüber trägt ein stark saurer Kationenaustauscher $SO_3^-$-Gruppen auf seiner Oberfläche, die z.B. mit $Na^+$-Ionen (Gegenionen) belegt sind. Die zu trennenden Kationen ($R´´-X^+$) würden in diesem Fall mit den Natriumionen um die freien Plätze an den $SO_3^-$-Gruppen konkurrieren.

Wie in Bild 4-37 gezeigt, besitzen stark saure Kationenaustauscher hohe Austauschkapazitäten zwischen pH = 2 bis 12 (13). Stark basische Anionenaustauscher zeigen schon ab pH = 8 Verkleinerungen in der Kapazität.

---

[3] Milliäquivalent pro Gramm Ionenaustauscher

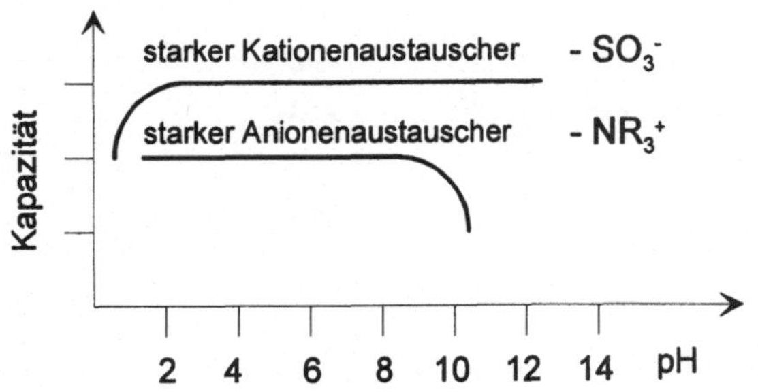


**Bild 4-37**
Kapazitäten starker Kationen- und Anionenaustauscher in Abhängigkeit vom pH-Wert

Im Säulen-Modell von Bild 4-38 wird das Trennprinzip an einem schwach sauren Kationenaustauscher veranschaulicht. Die gebundenen Carboxylgruppen sind schwache Säuren, die unterhalb eines pH-Wertes von 4, der durch den Equilibrierungs- bzw. Elutions-Puffer eingestellt wird, in nicht dissoziierter Form vorliegen. In diesem Ladungszustand kann an diesen funktionellen Gruppen kein Ionenaustausch und damit auch keine Trennung stattfinden. Im Bereich zwischen pH-Werten von 4 und 8 beginnt die Dissoziation des Ionenaustauschers, wodurch positiv geladene Probemoleküle an den Ionenaustauscher binden können. Maximale Austauschkapazitäten werden erst im stark basischen pH-Bereich (>8–10) erzielt, wie auch aus Bild 4-39 hervorgeht.

Schwach basische Anionenaustauscher besitzen im sauren Bereich maximale Austauschkapazitäten, die bei pH-Wert von 6–8 beginnen, kleiner zu werden.

Durch Variation des Ionenaustauschertyps, des pH-Wertes des Eluenten sowie der Art und Konzentration (Ionenstärke) der Gegenionen in der mobilen Phase können die Trennungen optimiert werden. Obwohl die Erfolge der Ionenaustauschchromatographie meist von den Erfahrungen des Experimentators abhängen und durch stark empirisches Herangehen geprägt sind, existieren wichtige Grundregeln.

Die Vergrößerung der Ionenstärke im Elutionspuffer, wodurch die freien Ionenaustauscherplätze stärker belegt und die Wechselwirkungs-Möglichkeiten der Probeionen vermindert werden, führt zur Verkürzung der Retentionszeit. Ionen mit kleinen Radien, hoher Ladung und guter Polarisierbarkeit lagern sich besser an die funktionellen Gruppen eines Ionenaustauschers an.

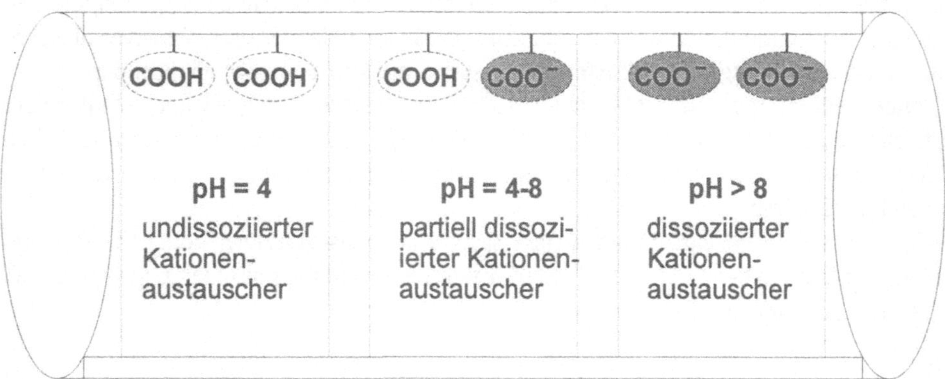


**Bild 4-38** Schematische Darstellung der Ladungsverhältnisse eines schwach sauren Kationenaustauschers in Abhängigkeit vom pH-Wert

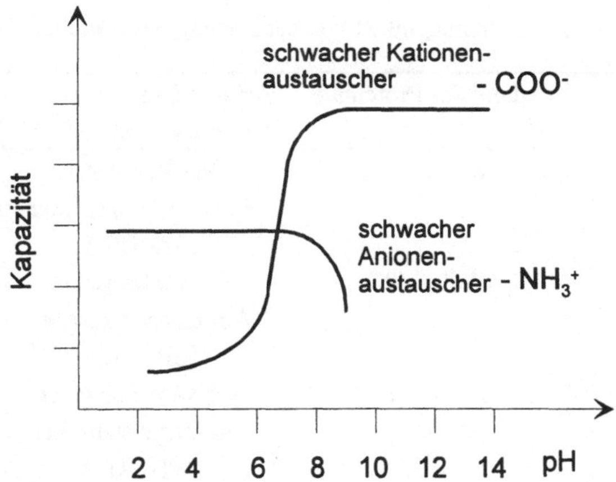


**Bild 4-39**
Kapazitäten schwacher Kationen-
und Anionenaustauscher in Abhängigkeit vom pH-Wert

Beim Kationen- und Anionenaustausch ist ein Anstieg der Retentionszeit zu verzeichnen, wenn ein Gegenion durch ein anderes Ion entsprechend den nachstehend aufgeführten Reihenfolgen substituiert wird, wie in Bild 4-40 dargestellt ist. Beispiele dafür sind der Austausch von $H^+$ gegen $Ca^{2+}$ oder Chlorid- gegen Sulfationen.

Eine Erniedrigung des pH-Wertes im Puffer führt bei starken Anionenaustauschern zur Verkürzung der Retentionszeit, während schwache Anionenaustauscher bei niedrigen pH-Werten besser dissoziiert vorliegen und zur Verzögerung der Rentention beitragen.

Für starke Kationenaustauscher resultieren bei einer pH-Wert-Erhöhung verkürzte Retentionszeiten. Die schwachen Kationenaustauscher sind dagegen unter basischeren Elutionsbedingungen besser dissoziiert und verlangsamen die Elution der Ionen bzw. Proteine.

Wenn der isoelektrische Punkt (pI) eines Proteins bekannt ist, können der Ionenaustauscher und die Elutionsbedingungen weitestgehend vorhergesagt werden, wie in Tabelle 4-4 gezeigt und an ausgewählten Beispielen erläutert wird.

Besitzt ein Protein z.B. einen isoelektrischen Punkt von 4, so liegt es in einem Elutionspuffer von pH = 2 als Kation und bei pH = 4 oder höher als Anion vor. Im ersten Fall sind die Carboxylgruppen nicht dissoziiert und die Aminogruppen tragen eine positive Ladung. Im anderen Fall sind die Ladungsverhältnisse umgekehrt und das Protein mit negativer Ladung kann an einem Anionenaustauscher getrennt bzw. gereinigt werden.

Für die Ionenaustauschchromatographie von Proteinen, die selbst einen pI-Wert im basischen Bereich (pI = 10) besitzen und die mittels Puffer (pH-Wert = 12) auf eine negative Ladung eingestellt sind, bieten sich auch schwach saure Kationenaustauscher an.

Anstieg der Retentionszeit beim Kationenaustausch

$Ba^{2+} < Ca^{2+} < Cd^{2+} < Cu^{2+} < Zn^{2+} < Mg^{2+} < Ag^+ < K^+ < NH_4^+ < H^+ < Li^+$

Anstieg der Retentionszeit beim Anionenaustausch

Citrat < Sulfat < Oxalat < Nitrat < Phosphat < Chlorid < Acetat < Hydroxid

**Bild 4-40**  Abhängigkeit der Retentionszeit vom Gegenion bei Kationen- und Anionenaustausch

**Tabelle 4-4**	Auswahl des Ionenaustauschertyps in Abhängigkeit von der Ladung des Proteins

| pI-Wert des Proteins | pH-Wert des Puffers | Ladung des Proteins P | Art und Ladung des Ionenaustauschers |
| --- | --- | --- | --- |
| 4 | 2 | Kation $(P^+)$ | Starker saurer Kationenaustauscher $(SA-CE^-)$ |
| 4 | 6 | Anion $(P^-)$ | Starker basischer Anionenaustauscher $(SB-AE^+)$ |
| 10 | 8 | Kation $(P^+)$ | Schwach basischer Anionenaustauscher $(WB-AE^-)$ |
| 10 | 12 | Anion $(P^-)$ | Schwach saurer Kationenaustauscher $(WA-CE^-)$ |

$(SA-CE^-)$: strongly acid cation-exchanger, $(SB-AE^+)$: strongly basic anion-exchanger
$(WB-AE^-)$: weakly basic anion-exchanger, $(WA-CE^-)$: weakly acid cation-exchanger

### 4.3.4  Hydrophobe Wechselwirkungs-Chromatographie

Eine schonende Trennung von Proteinen erfolgt auch durch milde hydrophobe Wechselwirkungen (HIC: *Hydrophobic Interaction Chromatography*, [83-88]) mit wäßrigen (physiologischen) Flüssigkeiten als Elutionsmittel.

Herkömmliche Reveserd-Phase-Materialien sind zu hydrophob, um Proteine allein mit wäßrigen mobilen Phasen zu eluieren. Dies würde nur mit entsprechenden Zusätzen organischer Lösungsmittel gelingen, die jedoch denaturierend auf Proteine wirken und demzufolge in der Regel für biochromatographische Trennungen ungeeignet sind.

Speziell für die Hydrophobchromatographie wurden stationäre Phasen entwickelt, deren Hydrophobizität gegenüber RP-Materialien nur etwa 10 % beträgt. Meist werden weitporige hydrophile Gelfiltrationsmaterialien mit gebundenen schwach hydrophoben Alkylgruppen, z.B. der Serien Butyl-G 3000 SW und Phenyl-G3000 SW, Phenyl- und Alkylsuperose oder Fractogel TSK Butyl-650, eingesetzt.

Fast alle Proteine enthalten hydrophobe Bereiche (gekennzeichnet mit „C" in Bild 4-41) an ihrer Oberfläche, die durch die Anwesenheit entsprechend hydrophober Aminosäuren (s. a. Bild 2-4 und 2.5 in Abschnitt 2.1.1) resultieren.

Sowohl die hydrophile Trennmatrix als auch die Proteine selbst sind von Hydrathüllen umgeben, wobei in den hydrophoben Bereichen beider die Wassermoleküle abgestoßen werden und kaum Hydratisierungen erfolgen.

In wäßrigen Lösungen assoziieren die hydrophoben Bereiche der Proteine mit den schwach hydrophoben Oberflächengruppen der HIC-Trennphasen. Dadurch werden die Hydrathüllen der Trennmatrix und des Proteins zu einer gemeinsamen Hydrathülle umorientiert.

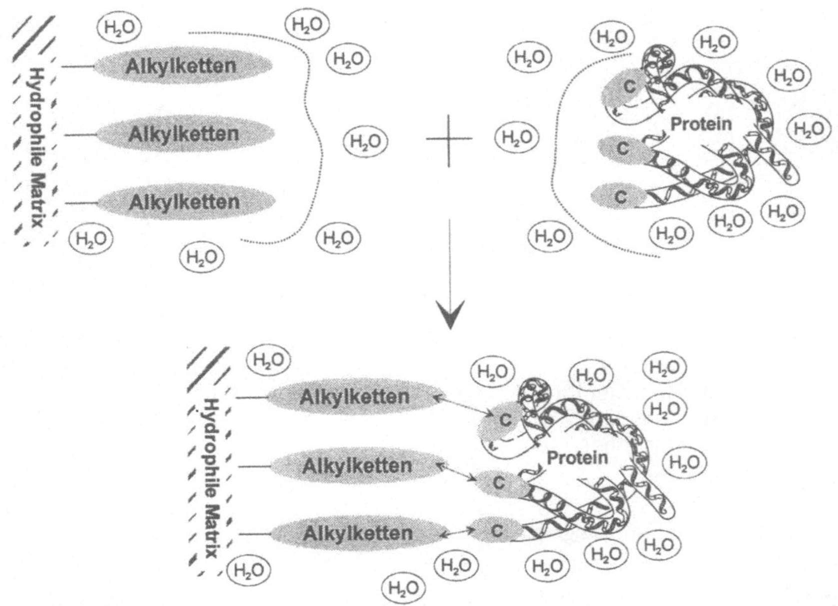


**Bild 4-41** Hydrophobe Wechselwirkungen

Das Assoziationsbestreben ist von der Hydratisierung und den im Wasser gelösten Salzen (Ionen) abhängig.

Es gibt wäßrige Lösungen, die Ionen in hoher Konzentration enthalten, die die hydrophoben Wechselwirkungen zwischen den Proteinen und der HIC-Trennphase stabilisieren und verstärken. Andererseits haben chaotrope Salze die Eigenschaft, hydrophobe Wechselwirkungen zu verringern.

Eine Reihenfolge von Kationen und Anionen hinsichtlich ansteigender Affinität zur Stabilisierung der hydrophoben Wechselwirkungen geht aus Bild 4-42 hervor.

Die herausgestellten Phänomene bilden die Grundlage der Hydrophobchromatographie von Proteinen unter Erhalt ihrer biologischen Aktivität.

Die Proteine werden bei dieser Technik durch eine sehr hohe initiale Salzkonzentration (1–2 M Ammoniumsulfat) zu Beginn der Elution am Kopf der HIC-Säule ausgefällt (präzipitiert) und in ihren milden hydrophoben Wechselwirkungen mit der stationären Phase (Situation 1 in Bild 4-43) durch dieses Salz stabilisiert.

Im folgenden wird mittels Gradientenelution der Gehalt an Ammoniumsulfat (Puffer A) im Eluenten durch Anstieg des prozentualen Anteils von verdünntem Phosphateluenten (Puffer B) verringert, wie in Situation B dieses Bild dargestellt ist.

**Zunehmende Affinität für hydrophobe Wechselwirkungen** →

**Kationen :** $Ba^{2+} < Ca^{2+} < Mg^{2+} < Li^+ < Cs^+ < Na^+ < K^+ < RB^+ < NH_4^+$

**Anionen :** $SCN^- < I^- < ClO_4^- < NO_3^- < Br^- < Cl^- < CH_3COO^- < SO_4^{2-} < PO_4^{3-}$

**Bild 4-42** Ionen für die Hydrophobchromatographie

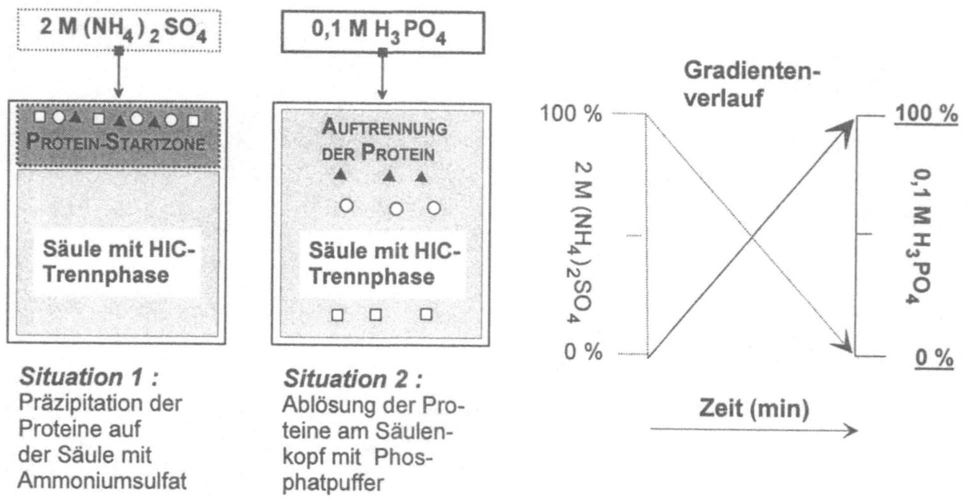


**Bild 4-43**  Prinzip der Hydrophobchromatographie

Das führt zur Minderung der hydrophoben Wechselwirkungen und damit zur selektiven kontinuierlichen Ablösung der Proteine von der Säule.

## 4.3.5  Affinitätschromatographie

Die Affinitätschromatographie (AC: *Affinity Chromatography*) ist die spezifischste biochromatographische Trennmethode [89-97], die bereits in den 60-er und 70-er Jahren innerhalb der klassischen LC und später für die HPLC entwickelt wurde.

Grundlage der Methode sind Liganden (funktionelle Gruppen), die meist über eine flexible Molekülgruppe (Abstandshalter bzw. Spacer) an eine Matrix (z.B. ein hydrophiles Affinitätsgel) kovalent gebunden sind und mit Biomolekülen (Proteinen) biospezifische Wechselwirkungen eingehen.

Als biologisch aktive Liganden werden u.a. Antigene, Lektine, Rezeptoren, Enzyme oder Hormone an die Trägermatrix immobilisiert. Der Molekülaufbau und die physiko-chemischen Eigenschaften der Liganden sind so gewählt bzw. „konstruiert", daß es den Bindungsmöglichkeiten der Probemoleküle möglichst ideal entspricht. Gebundene Enzyme wechselwirken z.B. mit Inhibitoren, Lektine mit Glycoproteinen oder Antikörper mit Antigenen. Umgedreht fungieren Antigene auch als Liganden zur Reinigung von Antikörpern.

Eine affinitätschromatographische Trennung kann anschaulich mit dem „Schlüssel-Schloß-Prinzip" dargestellt werden (Bild 4-44).

Das Beispiel im Säulen-Modell zeigt, daß ein bestimmter Antikörper aus einer komplexen Probemischung ganz spezifisch an den Liganden (das Antigen) der Matrix „ankoppelt", während andere Moleküle (z.B. Zucker, Hormone oder auch Antikörper mit abweichender Struktur) sich nicht spezifisch binden können und mit der mobilen Phase sofort von der Säule eluiert werden.

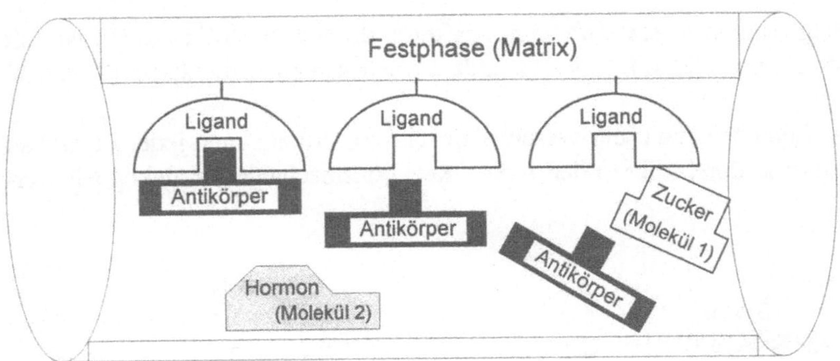


**Bild 4-44** Prinzip der Affinitätschromatographie

Danach wird ein neuer Puffer eingesetzt, der z.B. auf Grund eines veränderten pH-Wertes oder einer anderen Ionenstärke die spezifische Bindung zwischen Antikörper und Ligand entkoppelt, so daß das Biomolekül möglichst unverzögert und „schlagartig" eluiert werden kann.

Aus sterischen Gründen können jedoch die großvolumigen Biomoleküle meist nicht direkt an den Liganden binden, weshalb langkettige Spacer zwischen Matrix und Ligand eingebaut werden, wie aus Bild 4-45 ersichtlich ist.

Als Matrixmaterial wird Polyarylamid oder bevorzugt die hydrophile Agarose (1), die zahlreiche Hydroxylgruppen auf ihrer Oberfläche trägt, verwendet. Ein geeignetes Diamin (2: z.B. Hexamethylendiamin) dient als Spacer und wird mit Hilfe von Bromcyan durch $\omega$-Aminoalkylierung an die Agarosematrix kovalent gebunden (3: aminoalkylierte Agarose).

**Bild 4-45** Kopplung der Agarose (1) mit einem Diamin (2) zur aminoalkylierten Agarose (3)

In einem zweiten, davon vorerst unabhängigen Reaktionsschritt wird die Carboxygruppe eines spezifischen Liganden (R) durch ein wasserlösliches Carbodiimid (5) aktiviert und es entsteht die Carbodiimid-aktivierte Carboxygruppe mit dem Liganden R (6).

**Bild 4-46** Aktivierung der Carboxygruppe (4) des Liganden (**R**) mittels Carbodiimid (5)

Diese Verbindung reagiert in einer weiteren Reaktion, die hier nicht dargestellt ist, mit der aminoalkylierten Agarose (3: s. Bild 4-45) zu dem gewünschten Affinitätsgel (7: s. Bild 4-47).

Die Struktur des Liganden kann sehr verschieden sein. Im Prinzip kann jeder Ligand an das Affinitätsgel Agarose durch diese oder andere Reaktionsmechanismen gekoppelt werden.

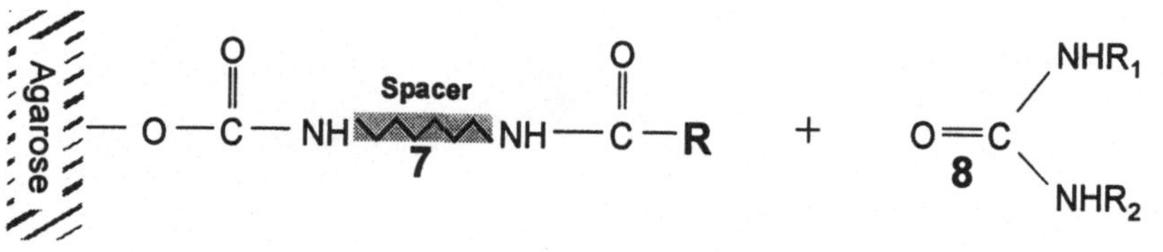

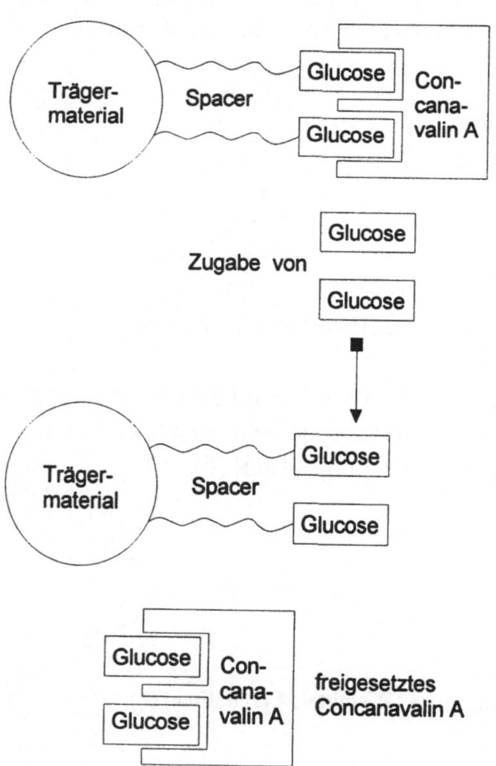

**Bild 4-47**  Agarose-Affinitätsgel mit Spacer und Ligand (7),  Reaktionsprodukt (8)

Als Liganden besitzen sogenannte Lektine hohe Zuckerspezifitäten, weshalb sie für die Reinigung von Glycoproteinen sowie von mono- und oligomeren Kohlenhydratstrukturen (Oligosaccharide) besonders geeignet sind. Der Name Lektine (lat. legere: auswählen) wurde von Boyd schon 1954 für diese zuckerbindenden Proteine geprägt, da sie verschiedene Blutgruppen unterscheiden können.

Lektine binden sogar spezifisch ganz bestimmte Kohlenhydratsequenzen, was vor allem bei der Isolierung von einzelnen Glycoproteinen aus komplexen Matrices ausgenutzt wird.



**Bild 4-48**
Affinitätschromatographie
von Concanavalin A

Das Concanavalin A (Con A, [98]) z.B. besitzt eine hohe Bindungsaffinität zu mannosehaltigen Strukturen und wird für die affinitätschromatographische Reinigung von Glycoproteinen des „High-Mannose-Typs" (Abschnitt 2.3.1.1) eingesetzt. Dieses Lektin kann auch umgekehrt an einer mit Glucose gekoppelten Affinitätsmatrix gereinigt werden, wie in Bild 4-48 dargestellt ist.

Con A besitzt eine hohe Affinität zu Glucose, die an einen hydrophilen Träger direkt oder über einen Spacer kovalent gebunden ist. Andere Moleküle binden (fast) nicht und werden eluiert. Erst wenn eine glucosehaltige Lösung durch die Affinitätssäule gefördert wird, kann das Concanavalin A auf Grund seines Bindungsbestrebens zu diesem Zucker von der Säule eluiert und freigesetzt werden.

Weizenkeimagglutinin (WGA, [99]) erkennt besonders gut Molekülstrukturen mit N-Acetylglucosamin.

Das Lektin *Ricinus communis* Agglutinin (RCA, [100]) bindet sehr gut an Zucker- oder Proteinstrukturen, die viel Galactose enthalten.

## 4.3.6  Kovalente Chromatographie

Die kovalente Chromatographie (CC) wurde bereits 1973 von Brocklehurst [101] eingeführt und dient zur Trennung und Isolierung von schwefelhaltigen Proteinen und Peptiden [102-106] insbesondere in biologischen Matrices.

Im Gegensatz zu den üblichen Trennmechanismen in der Biochromatographie, die z.B. auf nichtkovalenten biospezifischen (AC), hydrophoben (HIC) oder ionischen (IEC) Interaktionen beruhen, werden innerhalb der „Kovalenten Chromatographie" feste Bindungen zwischen den Thiolgruppen der Probemoleküle und den funktionellen Gruppen (Disulfidbrücken) einer stationären Phase geknüpft und wieder gelöst. Dies wird als Thiol-Disulfid-Wechselwirkung bezeichnet.

Die Herstellung geeigneter stationärer Phasen, deren Matrix aus vernetzter Agarose (Sepharose), Cellulose, Dextran, Polyacrylamid, porösem Glas oder Silicagel bestehen kann, erfolgt in mehreren Schritten. Zuerst werden die Hydroxylgruppen des Chromatographieträgers mit Bromcyan aktiviert, wie am Beispiel des Polysaccharides Sepharose 4B in Bild 4-49 dargestellt ist.

Anschließend wird das aktivierte Trägermaterial mit Glutathion umgesetzt (Bild 4-50). Die Thiolgruppe reagiert mit 2,2'-Dipyridyldisulfid (2-Py-S-S-2-Py) unter Bildung eines Sepharosegels mit gemischtem Disulfid, das als Sepharose-(Glutathion-2-Pyridyldisulfid) bezeichnet wird, und dem 2-Thiopyridon (Bild 4-51).

Peptide und andere Biomoleküle, die SH-Gruppen enthalten (PSH), können mit den Disulfidgruppen dieser stationären Phase in Wechselwirkungen treten, die zur Ausbildung von kovalenten Bindungen führt (Bild 4-52).

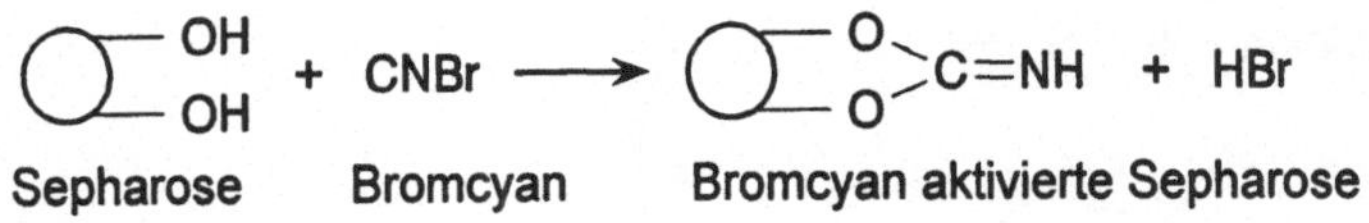

OH + CNBr ⟶ O C=NH + HBr
OH                    O

Sepharose     Bromcyan     Bromcyan aktivierte Sepharose

**Bild 4-49** Bromcyanaktivierung des Trägermaterials

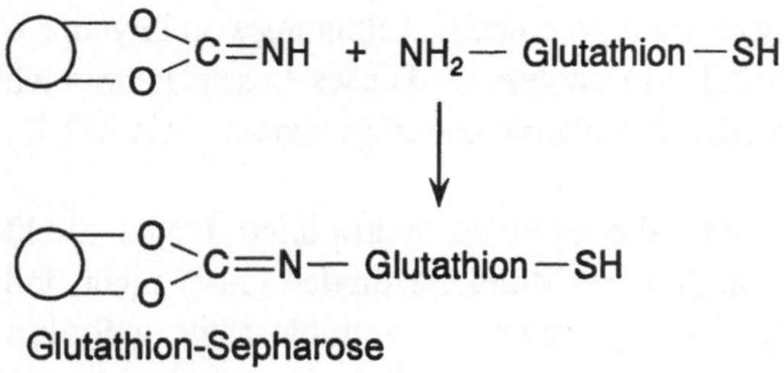

Glutathion-Sepharose

**Bild 4-50**
Kopplung von Glutathion

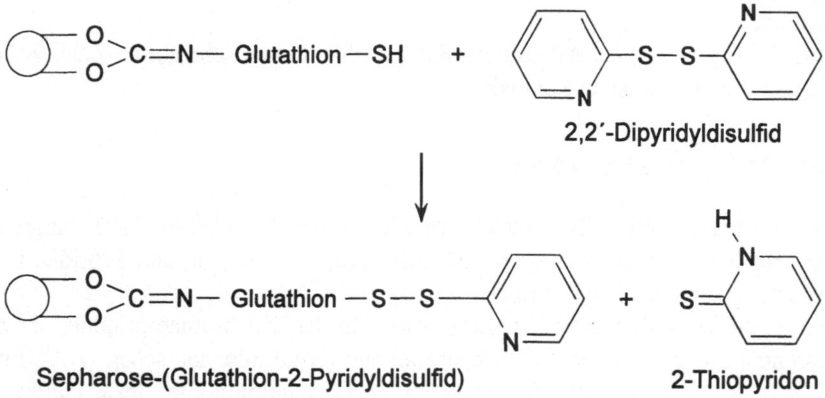

2,2′-Dipyridyldisulfid

Sepharose-(Glutathion-2-Pyridyldisulfid)

2-Thiopyridon

**Bild 4-51**  Reaktion der Thiolgruppe des Sepharose-Glutathion-Konjugates mit  2-Py-S-S-2-Py

Die Elution des gesamten Proteingemisches an der aktivierten Thiolsepharose wird z.B. mit 0,1M Tris-HCl-Puffer im pH-Bereich um 7–8 mit Zusatz von ca. 0,3 M NaCl und 1 mM EDTA durchgeführt.

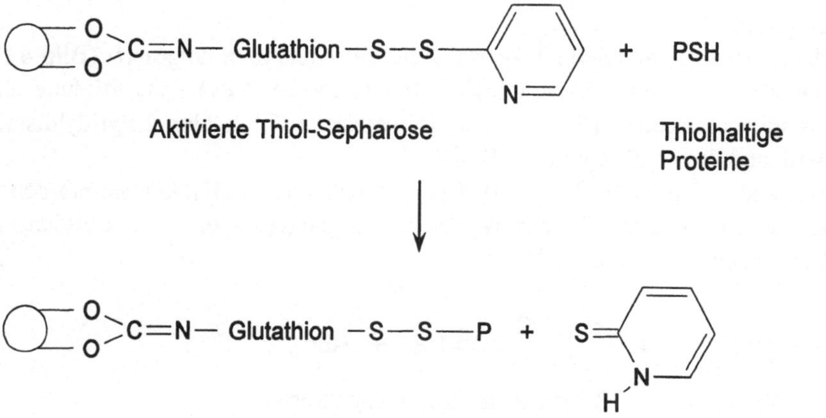

Aktivierte Thiol-Sepharose

Thiolhaltige
Proteine

**Bild 4-52**  Kovalente Bindung thiolhaltiger Proteine an die aktivierte Thiol-Sepharose

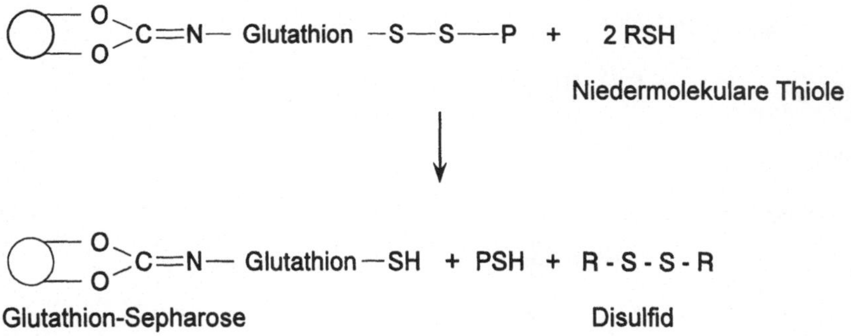

$$\text{Glutathion-Sepharose} \quad \bigcirc\!\!-\!\!\overset{O}{\underset{O}{>}}\!C\!=\!N\!-\!\text{Glutathion}-S\!-\!S\!-\!P \quad + \quad 2\,RSH$$

Niedermolekulare Thiole

$$\bigcirc\!\!-\!\!\overset{O}{\underset{O}{>}}\!C\!=\!N\!-\!\text{Glutathion}-SH \quad + \quad PSH \quad + \quad R\text{-}S\text{-}S\text{-}R$$

Glutathion-Sepharose

Disulfid

**Bild 4-53**  Ablösung thiolhaltiger Proteine von der aktivierte Thiol-Sepharose

Die anschließende Elution der Chromatographiesäule mit einem niedermolekularen Thiol (s. Bild 4-53) wie Dithiotreitol (RSH) bewirkt die Ablösung der kovalent gebundenen thiolhaltigen Proteine von der stationären Phase, die in den Ausgangszustand der Glutathion-Sepharose-Matrix zurück überführt wird. Das Ablösen unterschiedlich stark gebundener thiolhaltiger Proteine kann dabei durch Änderung der Konzentration oder der Art des Thiols erfolgen.

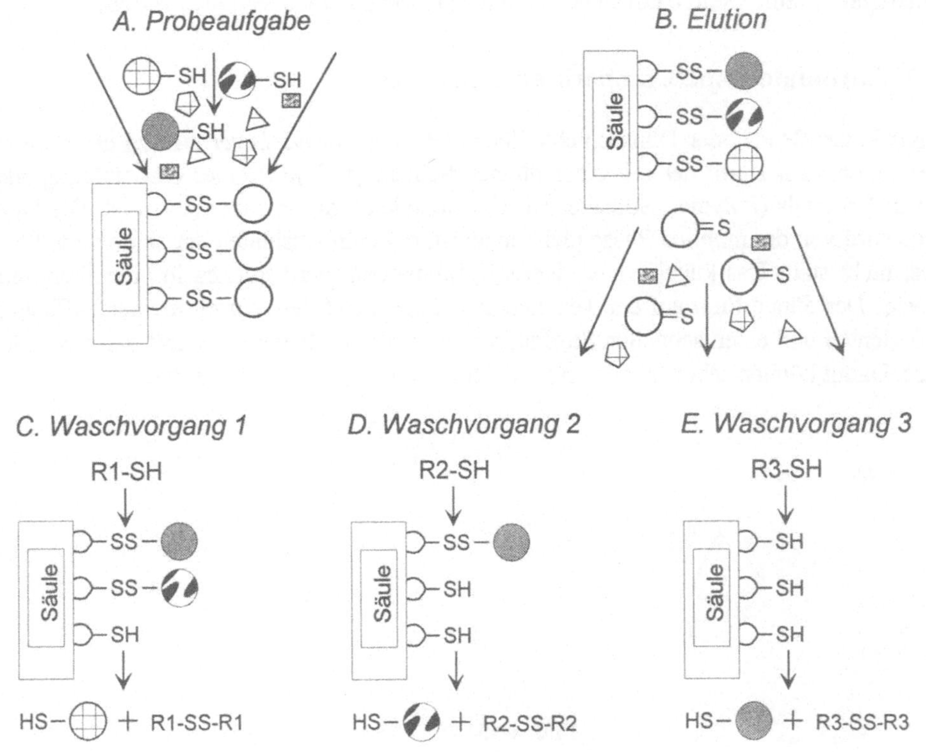


**Bild 4-54**  Schematische Darstellung des kovalenten Chromatographie-Prozesses

*Erläuterung der Symbole zu Bild 4-54:*

| | |
|---|---|
| Thiolhaltige Proteine: | ⊕–SH  ●–SH  ◐–SH |
| Fremdsubstanzen: | ▨ △ ⬠ |
| Aktivierte Thiol-Sepharose: | ⊃–SS–○ |
| Gebundene Proteine: | ⊃–SS–● |
| 2-Thiopyridon: | ○=S |
| Niedermolekulare Thiole: | R1-SH |
| Glutathion-Sepharose: | ⊃–SH |
| Thiohaltiges Protein 1: | HS–● |
| Dislufid-Molekül 1: | R1-SS-R1 |

Nach erneutem Aktivieren mit 2,2′-Dipyridyldisulfid ist das chromatographische Trägermaterial für eine weitere kovalente Trennung einsetzbar (sequentielle Elution).

## 4.3.7  Chromatographie an porösen Glaskugeln

Porous Layer Beads oder Dünnschichtteilchen (PLB's: *Porous Layer Beads*) bestehen aus einem unporösen Kern, der mit einer dünnen Schicht (1–3 μm) eines chromatographisch aktiven Materials (Polymer, Silicagel mit funktionellen Gruppen) überzogen ist. Die Oberfläche wird von der mobilen Phase nicht abgelöst, d.h., ein Ausbluten der stationären Phase findet nicht statt. Das kugelförmige inerte Trennmaterial wird trocken in eine Trennsäule gepackt. Der dünne Film auf der Teilchenoberfläche bietet den Vorteil kleiner Diffusionskoeffizienten und einen schnellen Stoffaustausch für die Probemoleküle mit der stationären Phase. Damit können sehr schnelle und effiziente Trennungen erzielt werden.

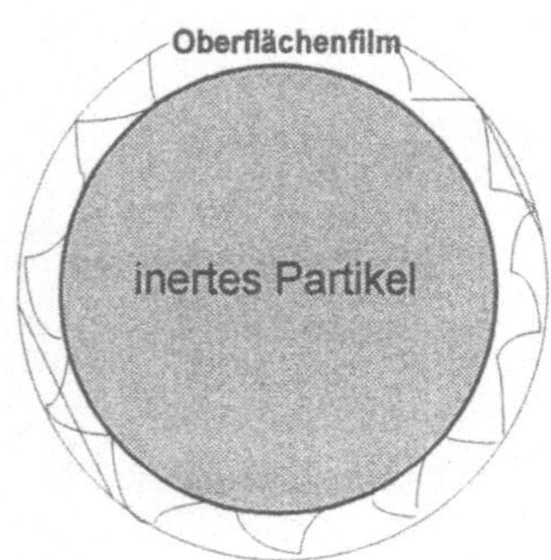


**Bild  4-55**
*Porous Layer Beads*

### 4.3.8  Perfusionschromatographie

Die Perfusionschromatographie („PC": *Perfusion Chromatography*, [107, 108]) wird im Vergleich zu den anderen biochromatographische Methode relativ wenig angewamdt.

Die stationäre Phase besitzt Durchflußporen, in die die Proteine hinein eluiert werden. Durch relativ hohe Flußraten werden sehr schnelle Trennungen innerhalb weniger Minuten und darunter erreicht. Die Partikel verfügen über funktionelle Gruppen, die zur selektiven Trennung beitragen. Bevorzugte Anwendungsgebiete sind Trennungen von Enzymen, Antikörpern, Oligonucleotiden und Peptiden.

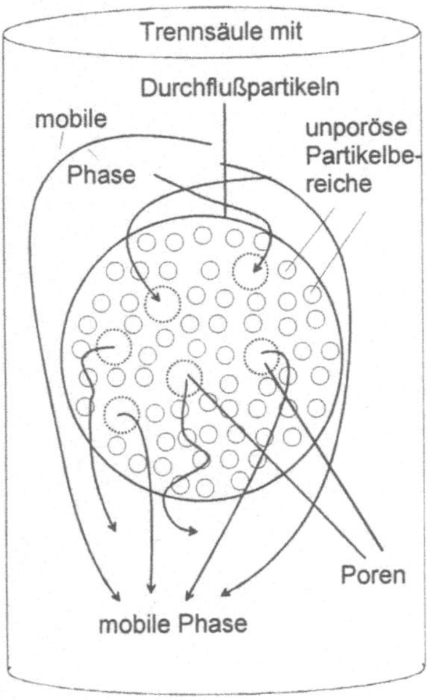


**Bild  4-56**
Prinzip der Perfusionschromatographie

Krise ist ein produktiver Zustand. Man

muß ihr nur den Beigeschmack der

Katastrophe nehmen.

**Max Frisch**

# 5 Elektrophorese-Techniken

## 5.1 Klassische Elektrophorese

Die „klassische" Elektrophorese [1-4] ist die Standardmethode der biochemischen und biomedizinischen Analytik zur Trennung und Isolierung von Nucleinsäuren, Aminosäuren, Kohlenhydraten, Peptiden, Proteinen, Enzymen und Glycoproteinen. Es können sowohl anionische und kationische, niedermolekulare Biosubstanzen und große Biopolymere als auch Partikel und Zellen mit Hilfe der Elektrophorese getrennt werden.

Zu den wichtigen Einsatzgebieten gehören die Molekularbiologie, Pharmazie, Veterinärmedizin und Lebensmittelüberwachung.

Die elektrophoretische Trennung erfolgt in trägergestützten Medien (Glasplatte mit aufgetragenem Gel oder Folien) oder innerhalb freier Lösungen. In einer Elektrophorese-Apparatur befinden sich Anode und Kathode, an die eine Gleichspannung angelegt werden kann.

Das Elektrophorese-Prinzip beruht auf der Wanderung von geladenen Probemolekülen (Ionen) unter dem Einfluß eines Gleichstromfeldes, wobei sich die Probespecies in wäßriger Lösung befinden. Die anionischen und kationischen Species migrieren zu den Polen mit entgegengesetzter Ladung.

Die Bewegung der Molekülionen, Partikel oder Zellen erfolgt auf Grund ihrer verschiedenen Ladungen, Massen und Volumina mit unterschiedlichen Geschwindigkeiten. Diese werden als Mobilitäten bezeichnet. Bedingt durch die verschiedenen Mobilitäten erfolgt die Auftrennung der Moleküle in einzelne Substanzzonen.

Der Elektroosmose-Effekt, der die Elektrophorese überlagern kann, tritt in Erscheinung, wenn im Trennmedium negative Ladungen vorhanden sind. Dann bewegt sich die wäßrige Lösung mit den Probeionen insgesamt zur Kathode. Dieser Effekt wird besonders in der Kapillarelektrophorese (Abschnitt 5.2) ausgenutzt und zur Optimierung der kapillarelektrophoretischen Trennung herangezogen. In der klassischen Elektrophorese wird dieser Effekt möglichst vermieden.

### 5.1.1 Trägerfreie und trägergestützte Elektrophorese

Die Entwicklung einer Apparatur und Methode zur trägerfreien Elektrophorese von Proteinen geht auf eine Arbeit des schwedischen Forschers A. Tiselius [5] zurück, die bereits im Jahre 1937 bekannt wurde. Für diese wissenschaftliche Leistung und andere Beiträge (Adsorptionsanalyse) erhielt er 1948 den Nobelpreis.

In einem U-förmigen Rohr (s. Bild 5-1) befinden sich im unteren Teil die zu analysierenden Probemoleküle, die in einem Puffer gelöst sind. Darüber ist in beiden Schenkeln des Rohres eine spezifisch leichtere Pufferlösung geschichtet.

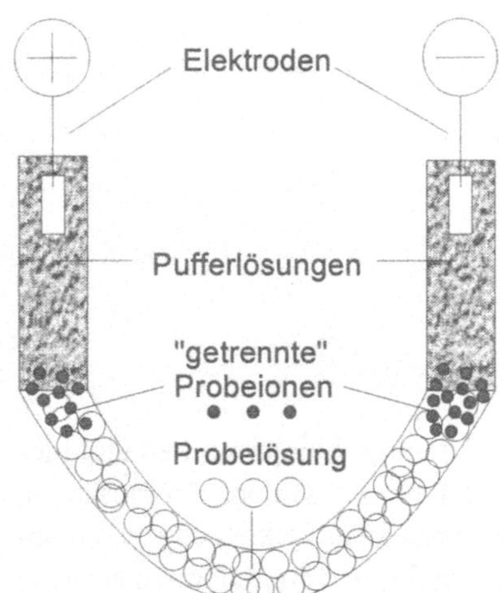

**Bild 5-1**
Prinzip der trägerfreien Elektrophorese

Nach Anlegen einer Gleichspannung orientieren sich die Probeionen in Abhängigkeit von ihrer Ladung und Beweglichkeit in die Grenzfläche zwischen beiden Lösungen (Grenz-flächen-Elektrophorese). An dieser Stelle können die Probeionen detektiert werden, da sie eine Änderung im Brechungsindex bzw. in der Lichtbrechung hervorrufen.

Dieser Konzentrierungseffekt bewirkt jedoch eine nur diffus ausgeprägte Substanzzone und damit eine unvollständige und grobe Trennung der Probeionen.

Weit verbreitet ist die Anwendung von trägergestützten Elektrophoresen [6]. Als Trenn-strecke dient eine horizontal oder vertikal angeordnete Platte (Glas, Folie), worauf ein Trenngel (Polyacrylamid- oder Agarose-Gel) möglichst homogen und mit gleichbleibender Schichtdicke aufgetragen ist. Diese porösen Trägermaterialien minimieren durch das Auf-saugen der Elektrolytlösungen in ihre Poren die der Trennung entgegenwirkenden Diffu-sionserscheinungen, die bei der trägerfreien Elektrophorese auftreten.

Kathode und Anode sind am Anfang und Ende der Trennstrecke angeordnet. Die Probe-ionen sind in einem Puffer gelöst und wandern entsprechend ihrer elektrophoretischen Mo-bilität in diesem Gleichspannungsfeld auf einen für sie charakteristischen Platz im Gel und bilden mehr oder weniger scharf ausgeprägte Substanzbanden. Diese können durch Anfär-betechniken (Silber-, Comassiefärbung) sichtbar gemacht und mit einem Detektor qualitativ oder auch quantitativ bestimmt werden.

Die (relative) elektrophoretische Mobilität ($m_r$ oder $R_m$) hängt von den pK-Werten der geladenen Gruppen in den Molekülen und von deren Größe ab. Sie wird auch von der Qua-lität und der Zusammensetzung des Trenngels, der angelegten Feldstärke und Temperatur sowie von Art, Konzentration und pH-Wert des Puffers beeinflußt. Die relative elektrische Mobilität kann angegeben werden, wenn eine Standardsubstanz unter den gleichen elektro-phoretischen Bedingungen wie die Probesubstanz im Gel getrennt wird. Sie dient zum Aus-gleich unterschiedlicher Feldstärken und Trennzeiten.

In Bild 5-2 ist dieses Prinzip der „klassischen" Trägerelektrophorese dargestellt. Die Probemoleküle werden strichförmig auf das Trenngel aufgetragen und sollen aus einer mög-lichst schmalen Startzone heraus die elektrophoretische Trennung beginnen.

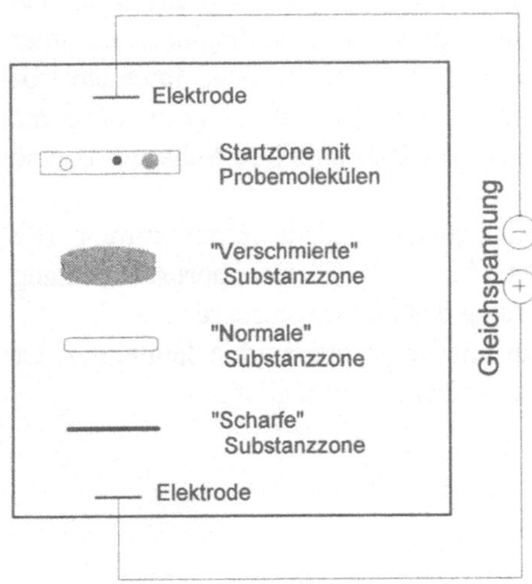


**Bild 5-2**
Prinzip der Trägerelektrophorese

Das Ziel der elektrophoretischen Trennung ist, möglichst „scharfe" und gut getrennte Substanzzonen zu erhalten.

Ursachen für „verschmierte Substanzzonen" können schlecht gegossene Gele, eine sehr komplexe Zusammensetzung der Probe oder sehr ähnliche Probespecies (Isoenzyme oder Mikroheterogenitäten von Glycoproteinen), eine breite Substanzaufgabe und nicht optimierte elektrophoretische Bedingungen sein.

### 5.1.2  Zonenelektrophorese

Bei der (Zonen)elektrophorese [7] wird ein Puffer mit konstanter Zusammensetzung und gleichbleibendem pH-Wert zur Trennung von Probemolekülen eingesetzt.

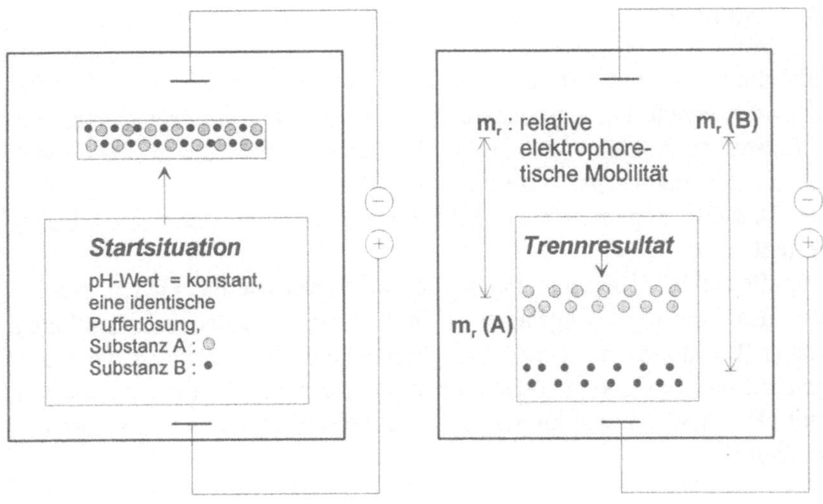


**Bild 5-3**    Ergebnis einer (Zonen)elektrophoretischen Trennung

Die im Puffer gelösten Substanzen A und B werden innerhalb einer möglichst schmalen Zone auf die Gelmatrix aufgetragen (Startsituation in Bild 5-3). Danach beginnen sie unter dem Einfluß des angelegten elektrischen Feldes zu wandern. Entsprechend ihrer elektrophoretischen Mobilität $m_r$ positionieren sie sich auf dem Trenngel. Dabei legt die Substanz A im Gel eine kürzere Strecke zurück als die elektrophoretisch mobilere Substanz B, wie das „Trennresultat" ausweist.

Die Substanzen können durch Anfärben sichtbar gemacht und detektiert werden. Die Bilder 5-4 und 5-5 zeigen in schematischer Form eine klassische Elektrophorese-Trennung von Serumproteinen und die photometrische Auswertung des Elektropherogramms.

Durch „Ausschneiden" der Substanzflecke kann auch eine präparative Isolierung der Proteine erfolgen, die eine weitere analytische Charakterisierung ermöglicht.

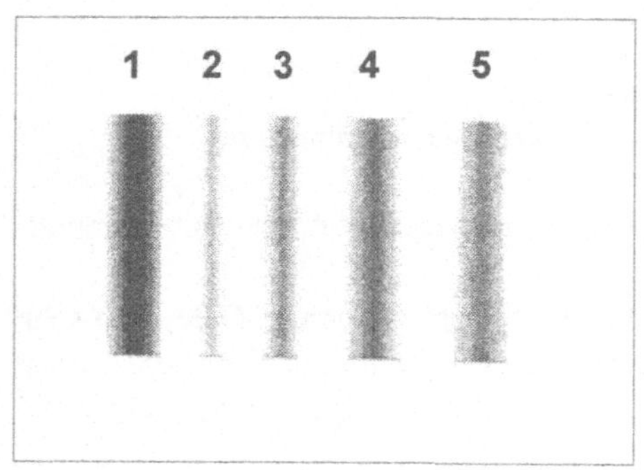
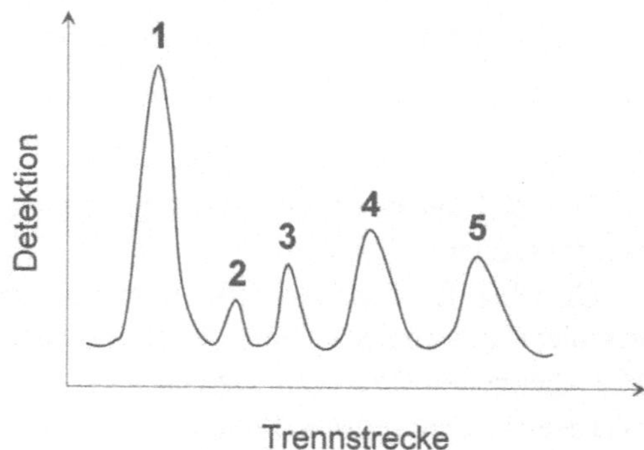


**Bild 5-4**  Elektropherogramm von Serumproteinen  
1: Albumin, 2: $\alpha_1$-Globulin, 3: $\alpha_2$-Globulin,  
4: $\beta$-Globulin, 5: $\gamma$-Globulin

**Bild 5-5**  Photometrische Auswertung des Elektropherogramms

### 5.1.3 Disk-Elektrophorese

Mit Hilfe der diskontinuierlichen Elektrophorese [8-11] werden sehr scharfe und hochaufgelöste Proteinbanden erzielt. Die Diskontinuität bezieht sich auf die Anwendung von unterschiedlichen Gelstrukturen (klein- bzw. großporige) sowie verschiedenen pH-Werten, Ionenstärken und Arten der eingesetzten Pufferionen und -lösungen.

Das Prinzip der Disk-Elektrophorese ist in Bild 5-6 in drei Stufen (Situation 1 bis 3) schematisch dargestellt.

Der Elektrodenpuffer enthält langsame anionische Folgeionen wie das Glycin, das jedoch beim pH-Wert des Sammelgels ungeladen ist. Im Gel werden andererseits Leitionen mit hoher Mobilität (z.B. Chlorid) verwendet. Die gesamte Gelmatrix setzt sich aus einem großporigen Sammelgel und einem kleinporigen Trenngel zusammen. Dieses enthält einen Tris-HCl-Puffer mit pH = 8,8, während im Sammelgel der pH-Wert dieses Puffers auf 6,8 eingestellt ist (Situation 1).

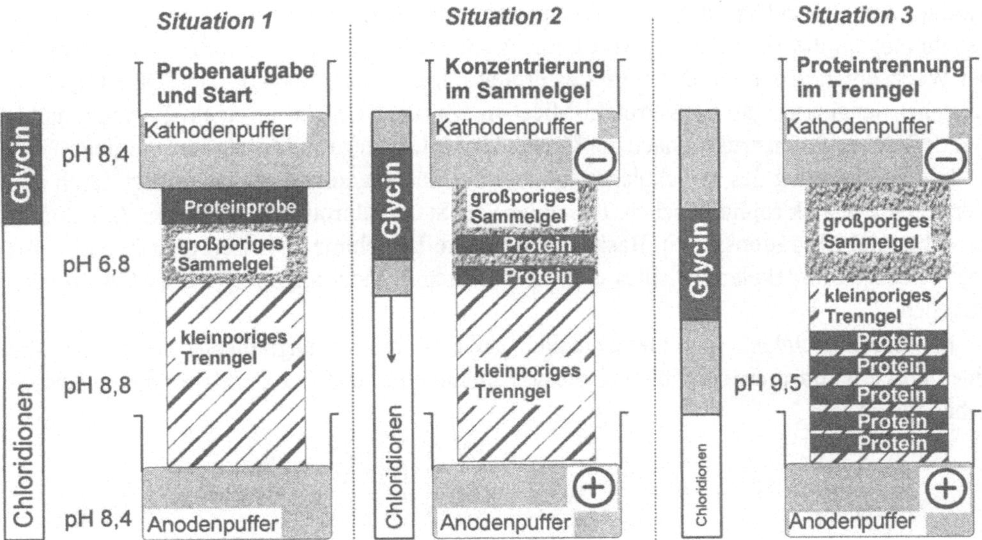


**Bild 5-6**   Prinzip der Disk-Elektrophorese

Nach dem erfolgten Start einer Disk-Elektrophorese positionieren sich die Proteine entsprechend ihrer Mobilitäten in einzelnen sogenannten Stapeln, was als „Stacking-Effekt" bezeichnet wird.

Wie aus Bild 5-6 hervorgeht, beginnen sich die einzelnen Substanzbanden im Sammelgel zu konzentrieren. Dies erfolgt ausschließlich nach ihren Ladungen, da der weitere Trenneffekt der Proteine nach Molekülgröße auf Grund der Großporigkeit des Gels nicht stattfindet.

Danach wandert der Substanzstapel kontinuierlich in Richtung Anode und zum kleinporigen Trenngel weiter. Beim Übergang der Proteine in die kleineren Poren kommt es zu Anstauungseffekten, die eine Schärfung der Proteinbanden zur Folge haben. Das Glycin als Folgeionmatrix wird von diesem Fokussierungseffekt nicht beeinflußt und fließt an den Proteinzonen vorbei. Diese beginnen sich ihrerseits innerhalb des vorhandenen homogenen Puffermilieus voneinander zu trennen, was nach dem Prinzip der herkömmlichen Zonenelektrophorese geschieht.

Auf Grund der Kleinporigkeit des Trenngels werden die Proteine jetzt zusätzlich nach ihrer Molekülgröße aufgetrennt (Situation 3).

Dadurch entsteht in der Disk-Elektrophorese die hohe Bandenschärfe. Auch die Möglichkeit zur Aggregation der Proteine wird mit dieser Elektrophorese-Art vermieden.

## 5.1.4 SDS-Polyacrylamid-Gel-Elektrophorese

Die SDS-Gel-Elektrophorese (SDS-PAGE) dient zur Bestimmung der Molekulargewichte von Proteinen [12-14]. In einem Polyacrylamid-Gel migrieren die Proteine im denaturierten Zustand, der durch einen geringen Zusatz (0,1 %) von SDS (Natriumdodecylsulfat) zum Puffer hergestellt wird. Dieses denaturierende Detergens bewirkt (s. Bild 5-7) in den Proteinen (Ausgangszustand A bedeutet das Vorliegen eines nativen Proteins) die Auflösung der

Tertiär- und Sekundärstruktur, die Aufspaltung von Sulfidbrücken und Wasserstoffbrük-
kenbindungen, die Überdeckung von Ladungsunterschieden und die Aufhebung hydrophober Wechselwirkungen (B: Denaturiertes Protein). Durch das Anlagern von SDS-Molekülen
entstehen langgestreckte SDS-Protein-Micellen (Zustand C), die in einem Polyacrylamid-
Gel definierter Porenstruktur nach der Größe der Molekulargewichte getrennt werden.

Die Bestimmung des Molekulargewichtes eines unbekannten Proteins erfolgt durch den
Vergleich der elektrophoretischen Trennung von Standardproteinen bekannter Molekulargewichte und Migrationszeiten. Basis ist die lineare Beziehung zwischen dem Logarithmus
des jeweiligen Molekulargewichtes und der relativen Wanderungsstrecke der SDS-Protein-
Micellen.

Es werden auch Gele mit unterschiedlich großen Poren (Porengradienten) eingesetzt, die
einen größeren linearen Trennbereich aufweisen und eine schärfere Bandentrennung ermöglichen.

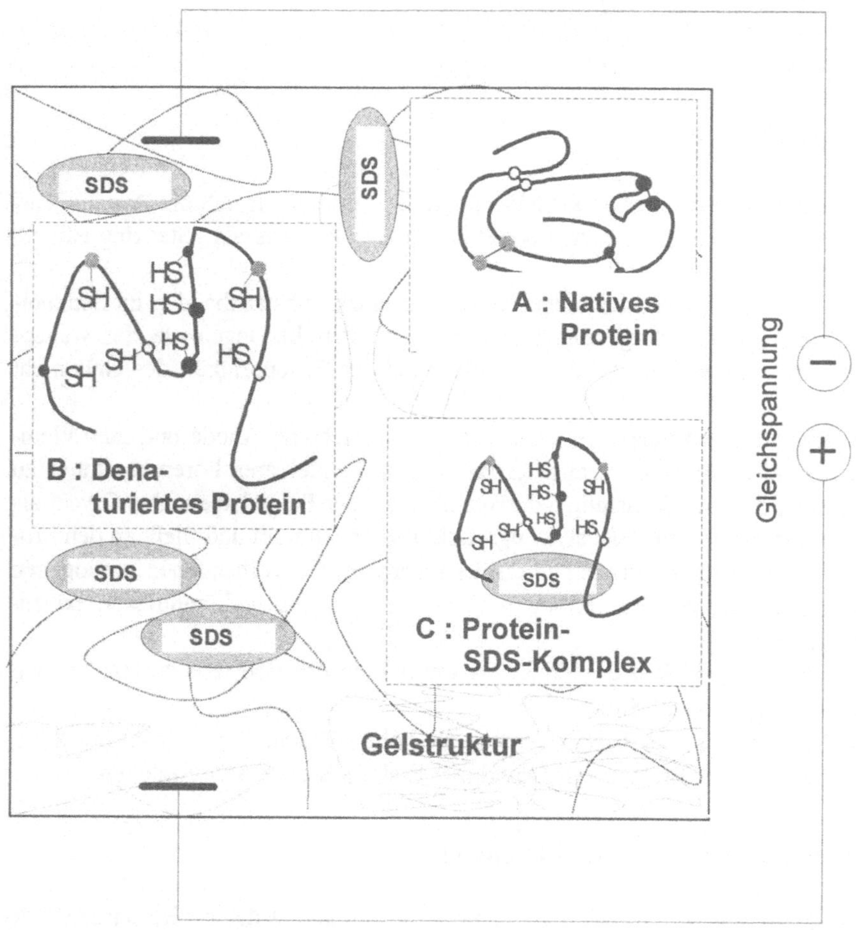


**Bild 5-7**   Prinzip der SDS-PAGE

### 5.1.5  Isotachophorese

Die Isotachophorese (ITP) wird auch als Gleichgeschwindigkeits-Elektrophorese („iso" = gleich, „tacho" = Geschwindigkeit) bezeichnet. Die elektrophoretische Trennung entweder von Kationen oder nur von Anionen erfolgt in einem diskontinuierlichen Puffersystem [15]. Dieses besteht aus einem Leitelektrolyt (L) und einem Folgeelektrolyt (T: Abkürzung für *terminierend*).

Die Probe wird zwischen dem Leitionenelektrolyt, der schneller als die Probeionen wandert, und dem Folgeionenelektrolyt, der die langsamste Mobilität aufweist, positioniert, wie im linken Teil des Bildes 5-8 schematisch dargestellt ist.

Nach Anlegen eines elektrischen Feldes positionieren sich die Ionen in der Reihenfolge ihrer abnehmenden Mobilität und werden dabei getrennt. Im Gleichgewichtszustand folgt deshalb das Ion mit der höchsten Beweglichkeit dem Leitionenelektrolyt (Substanz B), während das Ion mit der geringsten Mobilität (Substanz A) vor dem Folgeionenelektrolyt positioniert ist.

Die Substanzzone mit der niedrigsten Beweglichkeit ist durch die höchste Feldstärke gekennzeichnet, während die niedrigste Feldstärke in der Zone der größten Ionenbeweglichkeit anliegt. Diffundieren nun Ionen in die Zone hoher Mobilität und demzufolge niedriger Feldstärke, werden diese Ionen solange abgebremst, bis sie wieder in ihre Zone hoher Feldstärke zurückwandern. Von dort werden die Ionen zu gegebener Zeit wieder nach vorn beschleunigt.

Durch diese ständig wechselnden Brems- und Beschleunigungseffekte kommt es zur Schärfung der Substanzbanden.

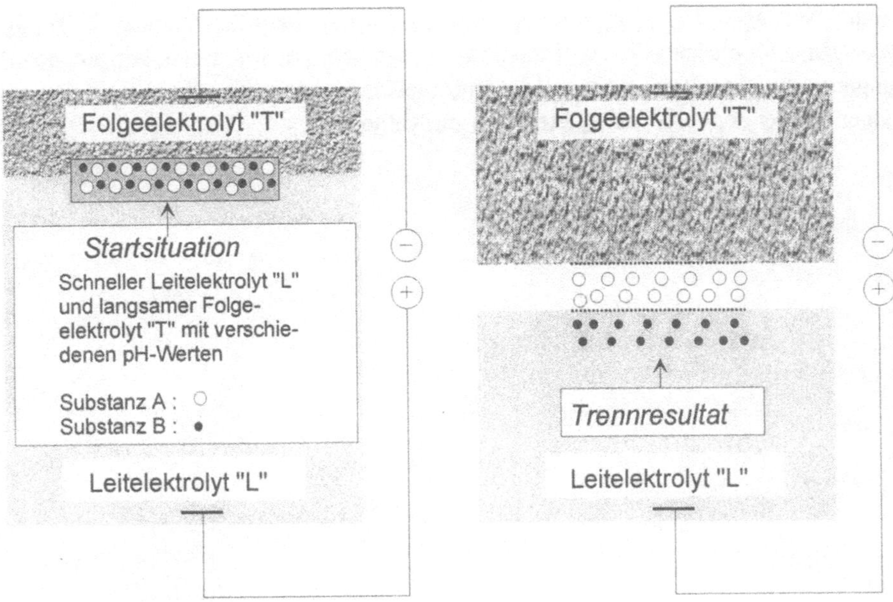


**Bild 5-8**   Prinzip der Isotachophorese

### 5.1.6  Isoelektrische Fokussierung

Die isoelektrische Fokussierung (IEF) ist prädestiniert für die Trennung von amphoteren Molekülen mit verschiedenen isoelektrischen Punkten [16-18].

Amphotere Substanzen sind Proteine, Glycoproteine oder Nucleinsäuren, die nach außen positiv *und* negativ geladen sein können. Der isoelektrische Punkt (pI) ist der pH-Wert, bei dem diese Moleküle als sogenannte Zwitterionen ohne Nettoladung vorliegen.

In einem elektrischen Feld wandern die Biomoleküle innerhalb eines pH-Gradienten genau zu der Stelle im Trenngel, an der ihre Nettoladung gleich Null ist bzw. wo sich ihr isoelektrische Punkt befindet.

Bezüglich der Ladungsverhältnisse eines Proteins gelten folgende Regeln: Bei niedrigem pH-Wert wird die Dissoziation der Carboxylgruppen der Aminosäuren unterdrückt und ihre Ladung ist nach außen neutral. Die Aminogruppen tragen dagegen im sauren Bereich positive Ladungen, so daß auch für das Protein eine positive Nettoladung resultiert. Bei Erhöhung des pH-Wertes (bis in den basischen Bereich) dissoziieren die Carboxylgruppen und die funktionellen Aminogruppen bleiben neutral geladen, woraus sich für das Protein eine nach außen gerichtete negative Nettoladung ergibt.

Durch Auftragen der jeweiligen Nettoladung eines Proteins in Abhängigkeit vom pH-Wert resultiert eine Kurve, wie in Bild 5-9 gezeigt. Ihr Schnittpunkt mit der Abszisse entspricht dem isoelektrischen Punkt des Proteins.

Zur Herstellung von IEF-Gelen mit definierten pH-Gradienten dienen Trägerampholyte, die sich aus verschiedenen Polyaminocarbonsäuren zusammensetzen. Diese Verbindungen einer homologen Reihe unterscheiden sich nur geringfügig in ihren pI-Werten.

Bild 5-10 zeigt schematisch die Präparation von IEF-Gelen. Die Ampholyte befinden sich nach dem Auftragen völlig ungeordnet (Situation 1) innerhalb der Gelmatrix. Durch das Anlegen eines elektrischen Feldes (Situation 2) beginnen die Ampholyte entsprechend ihrer Ladung zu wandern. Die negativ geladenen Moleküle wandern zur Anode und die positiv geladenen Trägerampholyte orientieren sich zur Kathode.

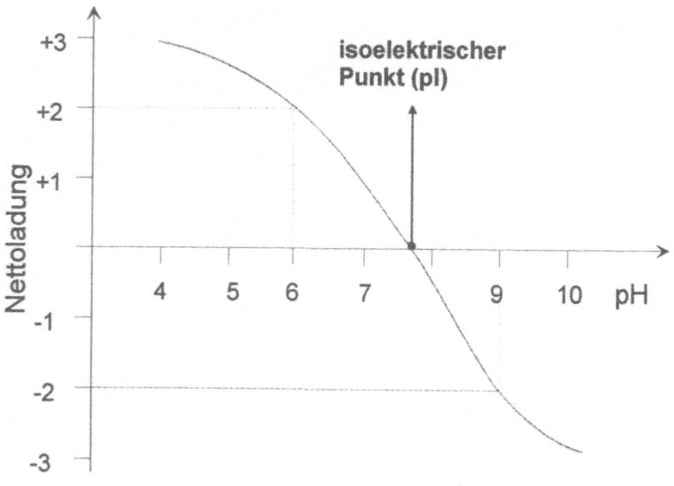


**Bild 5-9**
Abhängigkeit der Nettoladung eines Proteins vom pH-Wert

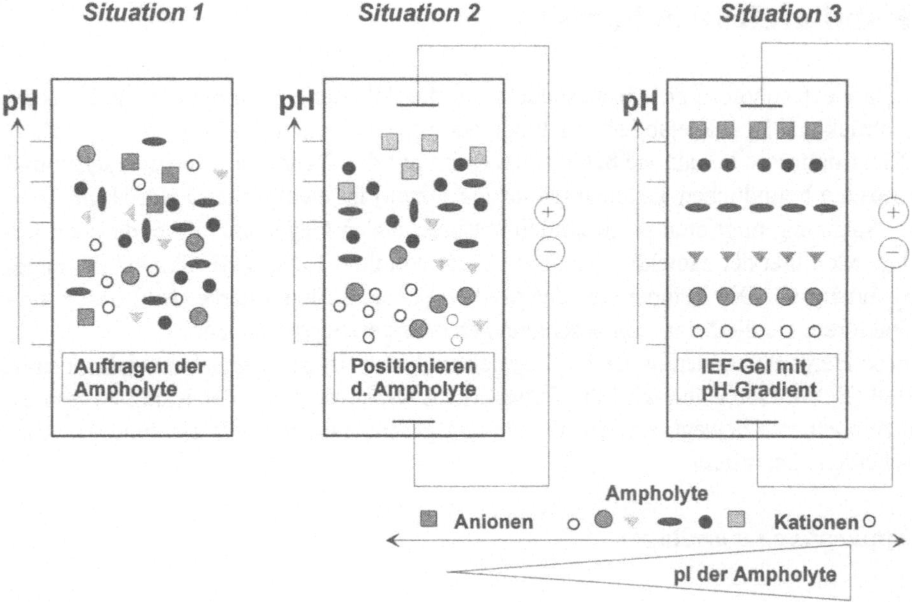



**Bild 5-10**   Herstellung von IEF-Gelen

Anders ausgedrückt, Ampholytmoleküle mit niedrigem isoelektrischen Punkt wandern zur Anode und die mit hohem pI-Wert zur Kathode. Die anderen Ampholyte positionieren sich dazwischen, wodurch ein kontinuierlicher pH-Gradient ausgebildet wird (Situation 3).

Nach der Aufgabe einer Proteinmischung an einer Stelle innerhalb dieses pH-Gradienten besitzen die einzelnen Proteine bei diesem pH-Wert unterschiedliche Nettoladungen. Im elektrischen Feld wandern die Proteine zu ihrem entsprechenden pI-Wert (Bild 5-11).

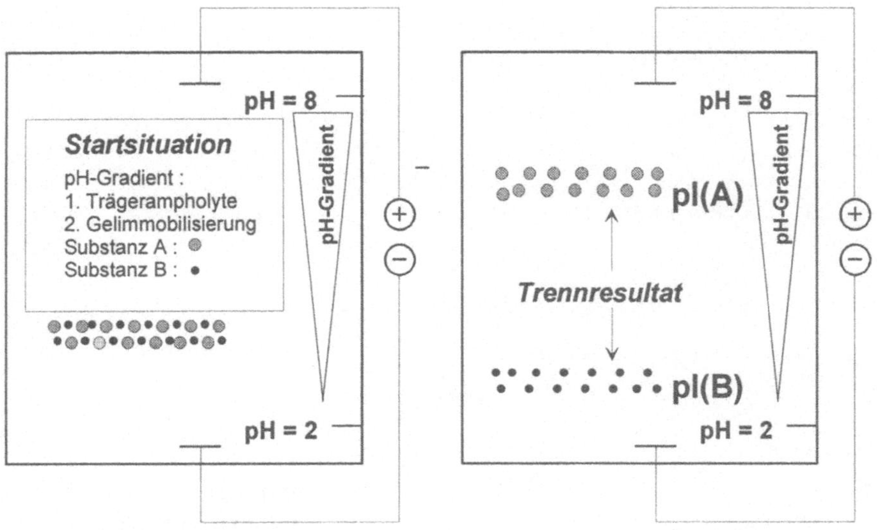



**Bild 5-11**   Prinzip der isoelektrischen Fokussierung (IEF)

## 5.2  Kapillarelektrophorese

Die Kapillarelektrophorese geht insbesondere auf die Arbeiten von Jorgenson und Lukacs [19, 20] zurück und ist eine etablierte Methode der instrumentellen (Bio)analytik [21-25].

Die Elektrophorese beruht wie bereits ausgeführt auf der Wanderung von geladenen und in einer Lösung befindlichen Teilchen (Moleküle, Ionen) im elektrischen Feld. Nach Anlegen einer Spannung migrieren diese zu den entsprechenden Gegenpolen (Anode oder Kathode). Die Mobilität der Moleküle (Analyte) hängt von ihrer Ladung, Größe und der angelegten Spannung ab. Die Temperatur, der pH-Wert oder die Ionenstärke der Lösung sind weitere Faktoren, die die Migration beschleunigen oder verzögern können.

Ein besonderes Phänomen in der Kapillarelektrophorese ist der sogenannte elektroosmotische Fluß (EOF). Durch ihn wird die Pufferlösung selbst innerhalb der Kapillare von einem Pol zum anderen bewegt, was die Wanderungsgeschwindigkeit und -richtung der Analyte entscheidend beeinflußt.

### 5.2.1  Apparative Grundlagen

#### 5.2.1.1  Aufbau einer Kapillarelektrophorese-Apparatur

Der Aufbau einer CE-Apparatur beinhaltet zwei Puffergefäße, die durch eine Hochspannungsquelle ($U \cong 30$ kV) verbunden sind (Bild 5-12). Die Enden der Kapillare tauchen in die entsprechenden Pufferlösungen ein. Zur Probeinjektion wird ein Kapillarende kurzzeitig in das Probegefäß eingeführt, um die Analyte durch unterschiedliche Injektionstechniken in die Kapillare zu applizieren. Im elektrischen Feld wandern sie zur Gegenelektrode und passieren den Detektor. Die Kapillare selbst dient als Küvette und wird direkt von einer Lichtquelle durchstrahlt. Die getrennten und detektierten Analyte werden in einem Elektropherogramm registriert.

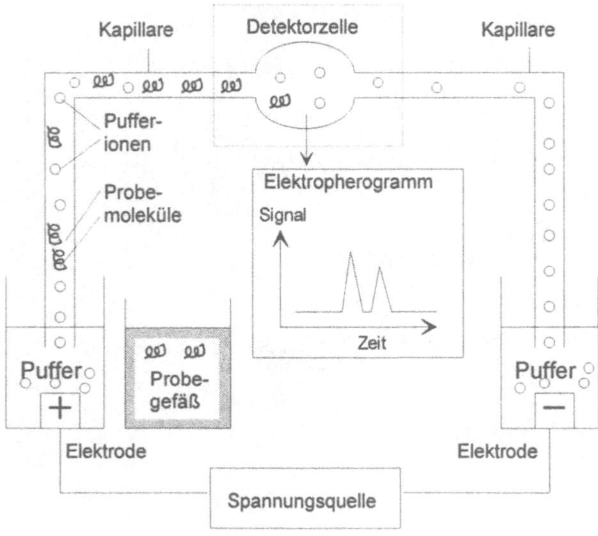


**Bild  5-12**
Aufbau einer Kapillar-
elektrophorese-Apparatur

### 5.2.1.2 Injektionstechniken

Die Reproduzierbarkeit der Injektion von kleinen Probevolumina (Nanoliterbereich) war längere Zeit ein unzureichend gelöstes Problem in der CE. Als Injektionstechniken werden die in Bild 5-13 dargestellten Varianten vorzugsweise angewendet.

Bei der hydrodynamischen Methode [26, 27] wird Druck im Probegefäß angelegt und es entsteht eine Druckdifferenz zwischen Kapillaranfang und -ende. Je größer die Druckdifferenz und die Injektionsdauer sind, desto mehr Probevolumen wird appliziert.

Durch Anlegen von Vakuum im Puffergefäß, in welches das Kapillarende eintaucht, entsteht auch eine Druckdifferenz, die gleichermaßen zur Probeinjektion führt.

Das Siphon-Prinzip [28, 29] beruht auf der Ausnutzung der Höhendifferenz zwischen Probegefäß und dem zweiten Puffergefäß. Die applizierten Probevolumina sind von der eingestellten Höhendifferenz und Injektionsdauer abhängig. Üblich sind 10–30 min bei Höhenunterschieden von ca. 10 cm.

Bei der elektrokinetischen Injektion [19, 20, 30] wird der Kapillaranfang in das Probegefäß eingeführt. Durch kurzzeitige Spannungsintervalle erfolgt die Injektion der Probemoleküle. Das injizierte Volumen hängt von der Höhe der Spannung und der Zeit ab.

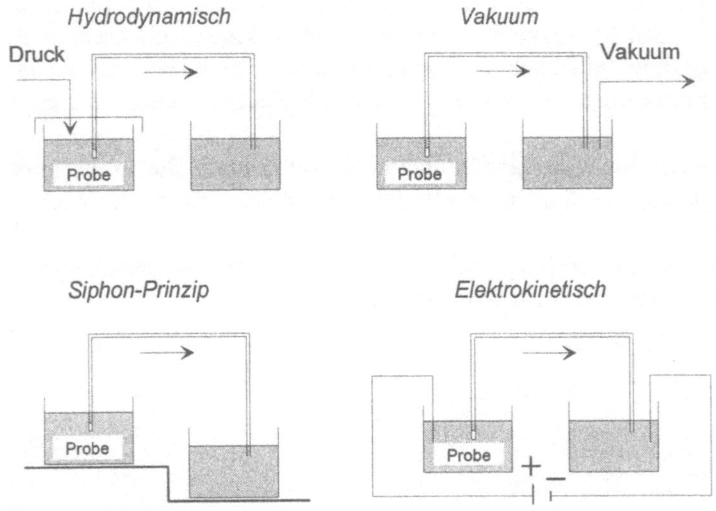


**Bild 5-13** Injektionstechniken

### 5.2.1.3 Trennkapillaren

Als Trennkapillaren [31, 32] dienen meist Fused-Silica-Kapillaren, aber auch Glas oder Polymermaterialien finden Anwendung. Ihre Längen betragen etwa 10 bis 50 cm und der Innendurchmesser liegt zwischen 50 und 100 µm (Bild 5-14). Zur Verbesserung der Flexibilität und Handhabung der Kapillaren werden sie mit einem Polyimidpolymer beschichtet, wie auch im Bild 5-14 gekennzeichnet ist.

Applikationsbeispiele zum Einsatz dieser CE-Kapillaren beinhalten die Abschnitte 8.1.6 (Thiole, Disulfide), 8.1.7 (Phytochelatine), 8.2.2 (Nucleobasen/Nucleoside) und 9.2.2 (DNA-Fragmente).

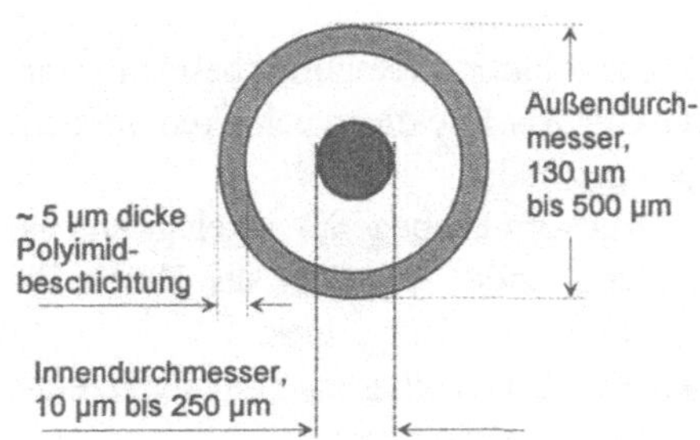

**Bild 5-14**
Querschnitt einer Kapillare

### 5.2.1.4  Detektion

UV/VIS-Spektralphotometer wie in der HPLC werden vorrangig eingesetzt [33-36]. Auch die Fluoreszenzdetektion [37], elektrochemische Detektoren [38], optische Glasfasern [39] und die Kopplung mit der Massenspektrometrie [40] gewinnen für spezielle Anwendungen zunehmend an Bedeutung.

Bei der optischen Detektion wird die Kapillare direkt durchstrahlt. Die Polyimidschicht wird an dieser Stelle entfernt. Die Schichtdicke für eine derartige „Küvette" ist jedoch sehr gering, woraus entsprechend den Zusammenhängen des Lambert-Beerschen-Gesetzes (s. Abschnitt 6.1.3) eine geringe Empfindlichkeit (Extinktion) resultiert. Diese kann durch Aufweiten der Kapillare verbessert werden, wie in Bild 5-15 (Bubble-Zelle) schematisch dargestellt ist.

Dazu wird die Kapillare mit Flußsäure gespült und im Eisbad gekühlt. Die Aufweitung an der entsprechenden Stelle auf die drei- bis vierfache Schichtdicke erfolgt mit Wasserdampf.

Die Empfindlichkeit wird ca. um den Faktor 6 erhöht. Das vergrößerte Volumen bewirkt jedoch auch eine Verbreiterung der Peaks um den Faktor 3.

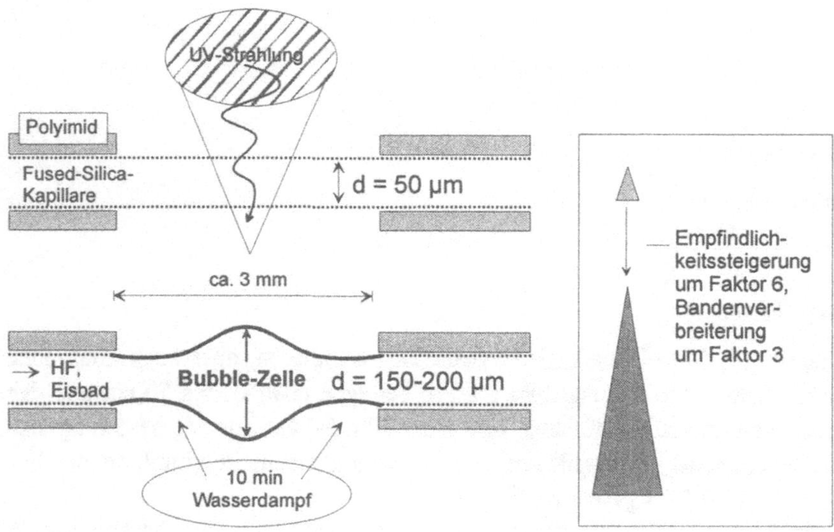


**Bild 5-15**  Funktion einer Bubble-Zelle innerhalb der CE-Detektion

Substanzen, die keine Chromophore oder intensiv absorbierende funktionelle Gruppen enthalten (z.B. Zucker) und deshalb sehr niedrige Extinktionskoeffizienten besitzen, können mit der Methode der indirekten UV-Absorption [41, 42] detektiert werden (Bild 5-16). Dem Migrationspuffer wird ein stark absorbierender Elektrolyt (z.B. Sorbinsäure) zugemischt, der eine den Probeionen vergleichbare Mobilität besitzt. Die Substanzzonen von getrennten und nicht oder nur gering absorbierenden Probeionen (Peak 1 und 2) bewirken eine Abschwächung der Gesamtabsorption im Migrationspuffer und werden in Form von negativen Peaks detektiert, wie aus Bild 5-16 hervorgeht.

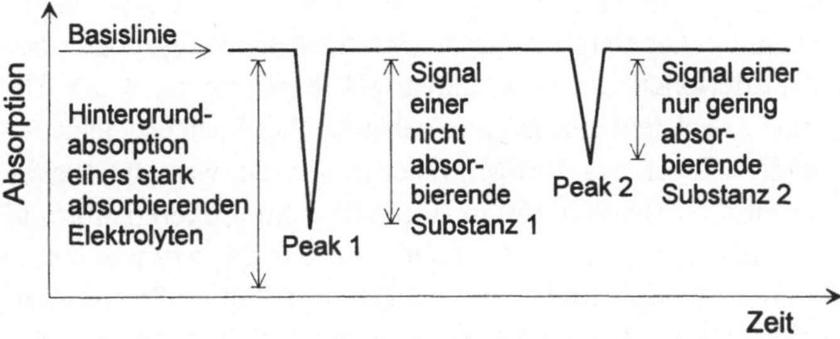


**Bild 5-16** Signalentstehung bei der indirekten UV-Detektion

## 5.2.2 Trennphänomene

Die Kapillarelektrophorese [21-25] beruht auf dem Elektrophoreseprinzip, das die Trennung der Analyte nach ihrer unterschiedlichen Mobilität im elektrischen Feld bewirkt, und der Elektroosmose, die die Wanderung von Pufferionen in der Kapillare hervorruft (elektroosmotischer Fluß).

### 5.2.2.1 Elektrophoreseprinzip

Beim Anlegen einer Spannung wandern positiv geladene Analyte innerhalb der Pufferlösung zur Kathode, wobei kleinere gegenüber größeren Ionen und mehrfach im Vergleich zu einfach geladenen Ionen größere Mobilitäten aufweisen.

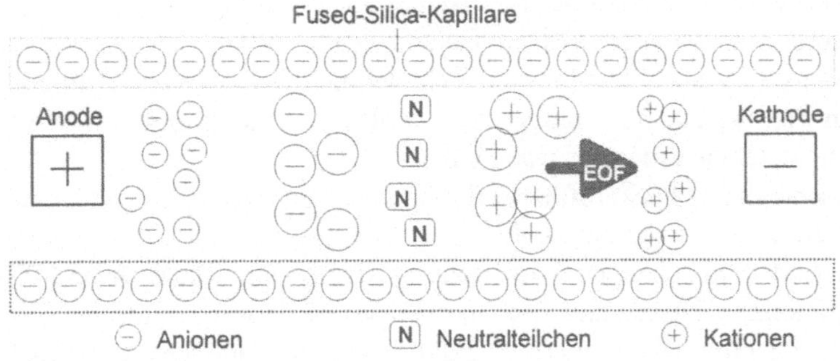


**Bild 5-17** Elektrophoretische Trennung und EOF

Ungeladene Analyte (Neutralteilchen) migrieren bei der Elektrophorese nicht. Die Anionen zeigen bezüglich Ladungszahl und Molekülgröße den Kationen gegenüber ein vergleichbares Mobilitätsverhalten, welches entgegengesetzt zur Anode gerichtet ist

### 5.2.2.2   Elektroosmotischer Fluß

Der elektroosmotische Fluß (EOF) ist das charakteristische Trennphänomen in der CE und besitzt meist einen stärkeren Einfluß auf die Trennung im Vergleich zur elektrophoretischen Mobilität der Analyte. Er bewirkt, daß Neutralteilchen und sogar Anionen zur Kathode wandern. Zur näheren Erklärung des EOF dienen die folgenden Schemata. Bild 5-18 veranschaulicht, daß ungefüllte Fused-Silica-Kapillaren neutrale Oberflächensilanolgruppen besitzen. Durch ihren Kontakt mit Pufferionen erfolgt ab einem pH-Wert von ca. 4 die Abspaltung von Wasserstoffionen, und es entsteht eine negativ geladen Oberflächenschicht.

Daran lagern sich positiv geladene Ionen aus dem Migrationspuffer an, was zur Ausbildung einer starren Doppelschicht führt (s. Bereich „A" in Bild 5-19). Im größeren Abstand dazu positionieren sich Kationen und Anionen mehr oder weniger orientiert, weshalb dieser Bereich als diffuse Grenzschicht oder Sternschicht (B) bezeichnet wird. Mit größer werdenden Abstand von der Kapillarwand nimmt die Affinität der positiven Teilchen bis zur Zone der „reinen" Elektrolytmoleküle (C) ständig ab. Diese exponentielle Abnahme ist der Grund für den Effekt der Elektroosmose und wird durch das Zeta ( $\zeta$ )-Potential beschrieben.

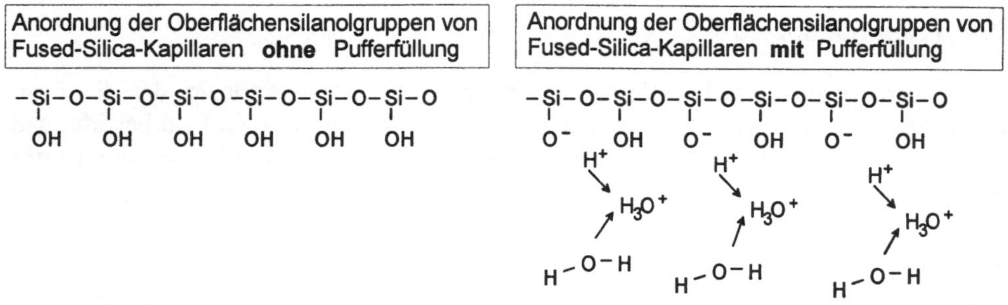

**Bild 5-18**  Dissoziationsverhalten der Oberflächensilanolgruppen

Das Phänomen der Anlagerung von kationischen Species an und in der Nähe der Kapillarwand bewirkt, daß im elektrischen Feld diese „positiven Flüssigkeitsbereiche" als Ganzes zur Kathode gezogen werden („als ob alles an einem Faden hinge"), weshalb auch darin gelöste Neutralteilchen sowie große und kleine bzw. einfach und mehrfach geladene Anionen in dieser Reihenfolge im Sog des Analyten mitgerissen werden. Mit steigendem pH-Wert des Migrationspuffers nimmt der elektroosmotische Fluß zu.

Die Entstehung unterschiedlicher Peakprofile bei flüssigchromatographischen und kapillarelektrophoretischen Trennungen verdeutlichen die Bilder 5-20 und 5-21.

In einer HPLC-Säule findet ein ständiger Stoffaustausch der Probemoleküle (A und B) zwischen mobiler und stationärer Phase statt. Die Substanzen wandern unter idealer Betrachtungsweise senkrecht zur Flußrichtung mit der Trennphase (vgl. Van-Deemter-Kurve) und werden stärker retardiert, wodurch eine größere Peakverbreiterung innerhalb der Säule entsteht. In der Kapillarelektrophorese treten die Stoffaustauschphänomene nicht oder kaum

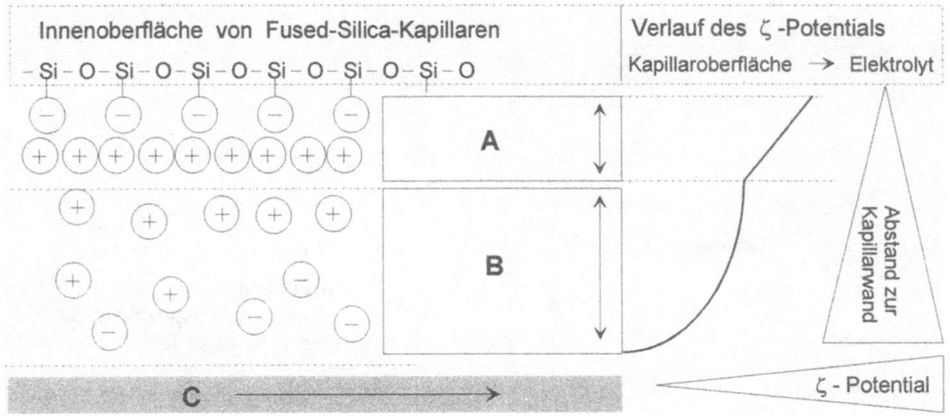



A: Starre Doppelschicht
B: Sternschicht oder diffuse Doppelschicht
C: Elektrolyt

**Bild 5-19** Doppelschicht an der Kapillarinnenwand und $\zeta$ - Potential

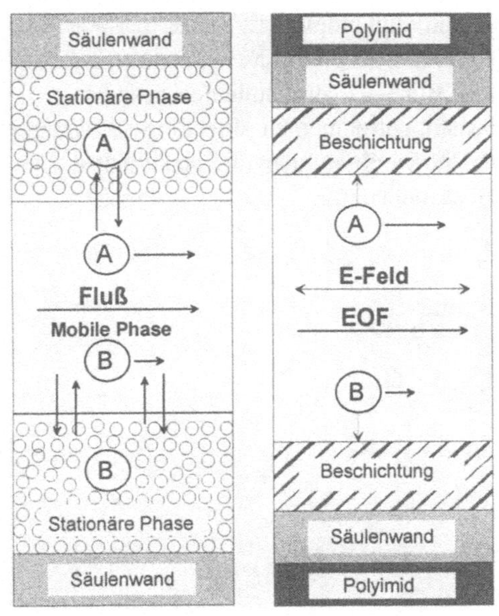



**Bild 5-20**
Vergleich der Trennung zwischen HPLC und HPCE

auf. Der EOF und die Migration der Teilchen im elektrischen Feld sind beide in Längsrichtung positioniert.

Daraus resultiert ein „plugförmiges" Flußprofil. In HPLC-Säulen ist dagegen der Fluß laminar. Für die CE resultieren geringere Peakverbreiterungen und damit höhere Trenneffizienzen. Bisher werden schon mehrere Millionen theoretische Trennstufen bezogen auf eine Kapillarlänge von einem Meter erreicht. Für leistungsfähige HPLC-Säulen liegt dieser Wert bei 100 000.

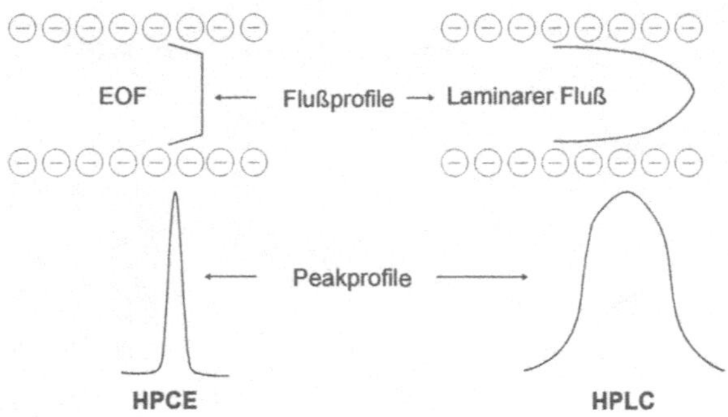


**Bild 5-21**
Fluß- und Peakprofile in der
HPLC und HPCE

## 5.2.3 Trennmechanismen

### 5.2.3.1 Kapillarzonenelektrophorese

Die Zonenelektrophorese (CZE) gehört zu den wichtigsten Trenntechniken in der CE und findet die breiteste Anwendung in der kapillarelektrophoretischen Analytik [19, 20, 43].

Das Prinzip und die Durchführung erscheinen relativ unkompliziert, da der pH-Wert und die Ionenstärke des Migrationspuffers sowie die elektrische Feldstärke konstant sind. Der prinzipielle Ablauf einer Zonenelektrophorese ist in Bild 5-22 anschaulich dargestellt.

Für selektive Kapillarelektrophoresen mit Basislinientrennungen sind diese Parameter und weitere zu optimieren. Detergenzien, organische Modifier oder die speziellen Cyclodextrine für Enantiomerentrennungen sind einige Beispiele dafür.

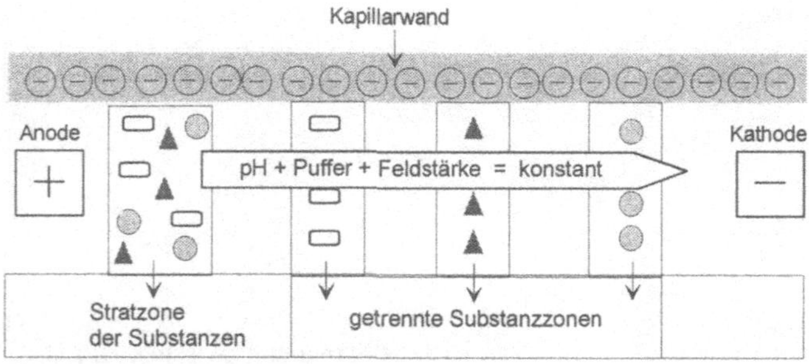


**Bild 5-22**  Prinzip der Kapillarzonenelektrophorese

### 5.2.3.2 Kapillargelelektrophorese

Die Kapillaren in der Kapillargelelektrophorese (CGE, [44-46]) sind mit verschiedenen Polyacrylamid-Gelen, die unterschiedlich vernetzt sind, gefüllt und finden hauptsächlich in der Protein- und DNA-Analytik (s. Abschnitt 9.2.2) Anwendung.

Die Gele mit ihrer Porenstruktur ermöglichen die Trennung insbesondere von Biomolekülen nach unterschiedlichen Molekulargewichten.

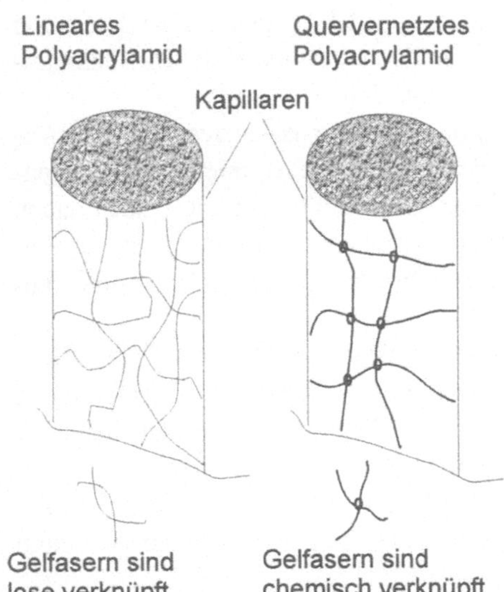



**Bild 5-23**
Prinzip der Kapillargelelektrophorese

### 5.2.3.3  Isoelektrische Fokussierung

Die isoelektrische Fokussierung (IEF, [47-51]) in Kapillaren ist für die Trennung amphoterer Substanzen wie Proteine und Peptide besonders effizient, wenn diese unterschiedliche isoelektrische Punkte (pI) und Mobilitäten besitzen. Das Prinzip wurde im Abschnitt Elektrophorese (5.1.6) bereits anschaulich dargestellt und ist auf Kapillaren übertragbar. Die Trennung von Biomolekülen nach ihren pI-Werten erfordert einen pH-Gradienten, der durch Füllung der Kapillaren mit Ampholyten realisiert wird. Als Ampholyte dienen aliphatische Aminocarbonsäuren mit verschiedener Anzahl von Amino- und Carboxylsäuregruppen. Je ähnlicher die einzelnen Ampholytkomponenten in ihren pI-Werten sind, um so enger ist der pH-Gradient angeordnet. Diese Vorraussetzung garantiert sehr scharfe und selektive Trennungen.

### 5.2.3.4  Isotachophorese

Die Funktionsweise der Isotachophorese (ITP, [52, 53]), bei der Probeionen mit gleicher Geschwindigkeit wandern (vgl. Abschnitt 5.1.5), ist mit der Verdrängungschromatographie vergleichbar. Die Kapillare ist mit einem Leit- und Folgeelektrolyten gefüllt. Ionen mit geringer Mobilität wandern mit der Front des langsameren Folgeionenelektrolyten. Mobile Ionen migrieren dagegen mit dem schnelleren Leitionenelektrolyten, so daß eine Trennung resultiert.

### 5.2.3.5  Micellare Elektrokinetische Chromatographie

Mit Hilfe der Micellaren Elektrokinetischen Chromatographie (MECK, [54-58]), die auf Arbeiten von Terabe (1984, [54]) zurückgeht, kann das Problem der kapillarelektrophoretischen Auftrennung von neutralen Molekülen gelöst werden.

Wie an Hand der Funktionsweise des elektroosmotischen Flusses bereits demonstriert wurde, migrieren neutrale Analyte zwischen den Anionen und Kationen zur Kathode und erscheinen im Elektropherogramm als Gruppenpeak, da die elektrophoretischen Bedingungen für eine Trennung in einzelne Species zu wenig selektiv sind.

Grundlage der MECK-Technik ist, dem Migrationspuffer Detergenzien (s. auch Abschnitt 2.4) zuzusetzen. Beim Überschreiten der sogenannten kritischen micellaren Konzentration werden aus den Detergenzien und den Analyten die Micellen gebildet. Nach außen sind sie positiv oder negativ geladen, was ihre Migration in einem elektrischen Feld ermöglicht. Wenn SDS als Detergens zugesetzt wird, sind die Micellen negativ geladen und wandern zur Kathode.

Im Inneren sind die Micellen hydrophob, woraus ihre Bindungsfähigkeit zu den Neutralmolekülen resultiert. Je hydrophober die Analyte sind, um so stärker werden sie von den Micellen solubilisiert (s. Bild 5-24, Fall A : Gleichgewicht liegt auf der rechten Seite bei Micelle 2). Neutrale Substanzen mit geringer Hydrophobizität werden nur partiell solubilisiert (Fall B: ausgewogenes Gleichgewicht für die Micelle 3), während stark polare Moleküle (1) nicht in die Micellen eindringen und keine hydrophoben Interaktionen ausführen können (Fall C: Gleichgewicht liegt auf der linken Seite).

Die polaren Moleküle sind im Migrationspuffer gelöst und wandern mit dem elektroosmotischen Fluß in Richtung Kathode. Sie werden vom Detektor mit der Totzeit $t_0$ zuerst registriert.

Wenn die elektrophoretische Mobilität der Micellen ($\mu_{MC}$) geringer ist als die elektroosmotische Mobilität ($\mu_{eo}$), wandern die Micellen insgesamt zur Kathode. Die ausgebildeten Micellen selbst werden auf Grund ihrer Hydrophobizität am stärksten verzögert und erscheinen zuletzt im Elektropherogramm mit der Zeit $t_{MC}$.

Moleküle, die sich zwischen dem hydrophoben Inneren und dem Migrationspuffer verteilen, werden retardiert und erscheinen zwischen $t_0$ und $t_{MC}$. Partiell solubilisierte Analyte ($t_{R1}$) migrieren schneller als total solubilisierte Substanzen ($t_{R2}$).

Die ständige Verteilung der Analyte zwischen den Micellen und Pufferionen während der elektrophoretischen Trennung ist Ausdruck dafür, weshalb die MECK auch als chromatographisches Trennverfahren eingestuft wird.

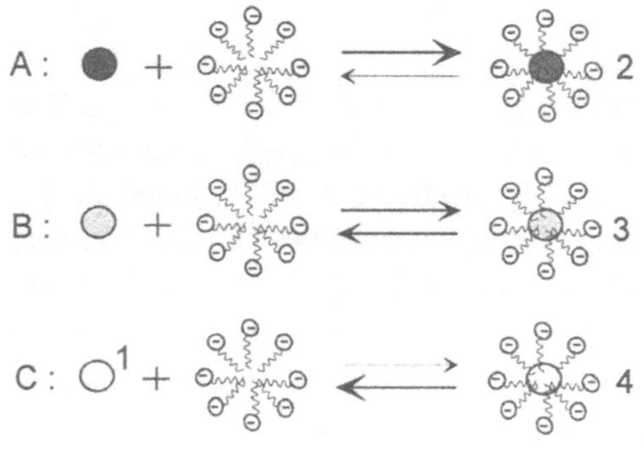

**Bild 5-24**
Wechselwirkungen
der Analyte mit den Micellen

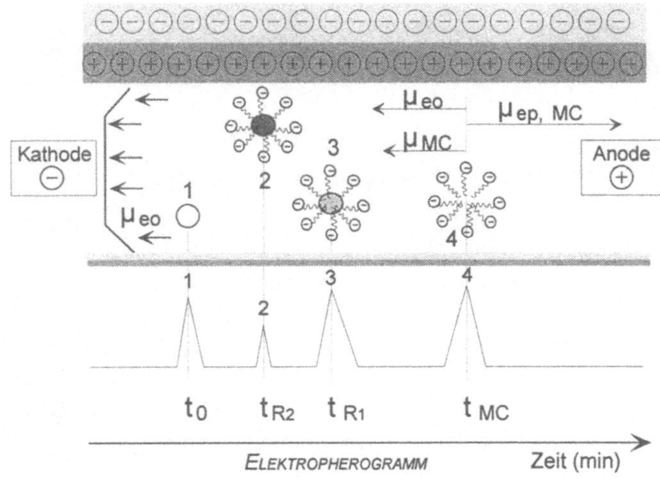


**Bild 5-25** Prinzip der Micellaren Elektrokinetischen Chromatographie

### 5.2.3.6 Kapillar-Elektrochromatographie

Ein Trennverfahren, das die Prinzipien der schnellen Flüssigchromatographie (HPLC) mit denen der Kapillarelektrophorese (CE) kombiniert, ist die Kapillar-Elektrochromatographie (CEC, [59-63]). Grundlage dieser Kapillartechnik sind stationäre Phasen, die als Beschichtung an der Innenwand der Kapillare immobilisiert sind (offene Kapillaren [20, 64, 65]) oder als kleine Partikel in die Kapillare wie in der HPLC gefüllt sind (gepackte Kapillaren, [66-68]).

Der schematische Aufbau einer CEC-Apparatur (s. Bild 5-26) zeigt, daß das eine Ende der gepackten Kapillare in das Gefäß, in dem sich der Migrationspuffer und eine Platinelektrode befinden, hineintaucht. Das andere Ende der Kapillare mündet in einem T-Stück, das geerdet ist und als zweite Elektrode fungiert. Dazwischen ist die Hochspannungsquelle angeordnet. Ein weiterer Ausgang des T-Stückes ist mit dem Probeaufgabesystem verbunden; der andere stellt die Kopplung mit einer HPLC-Pumpe her. Zwischen T-Stück und dem Migrationspuffer ist das Detektionssystem angeordnet.

Nach dem Applizieren der Probe wandern die Analyte unter dem Einfluß des elektrischen Feldes innerhalb der Kapillare. Sie werden nach ihren unterschiedlichen Mobilitäten getrennt. Zusätzlich wird mit Hilfe der Pumpe eine mobile Phase durch die Kapillare gefördert, die zur weiteren Elution der Probemoleküle beiträgt. Dabei kommt es zu Stoffaustauschphänomenen zwischen den Partikeln der stationären Phase in der Kapillare, den Pufferionen und den Probemolekülen. Daraus resultiert ein weiterer Trenneffekt.

Die Selektivität der stationären Phase wird zusätzlich zu den elektrophoretischen Trennphänomenen genutzt, so daß hochaufgelöste Peaktrennungen möglich sind.

Die Kapillar-Elektrochromatographie besitzt in der bioanalytischen Forschung überwiegend akademisches Interesse. Ein signifikanter und apparativer Durchbruch für die Routineanalytik ist z.Z. nicht erkennbar.

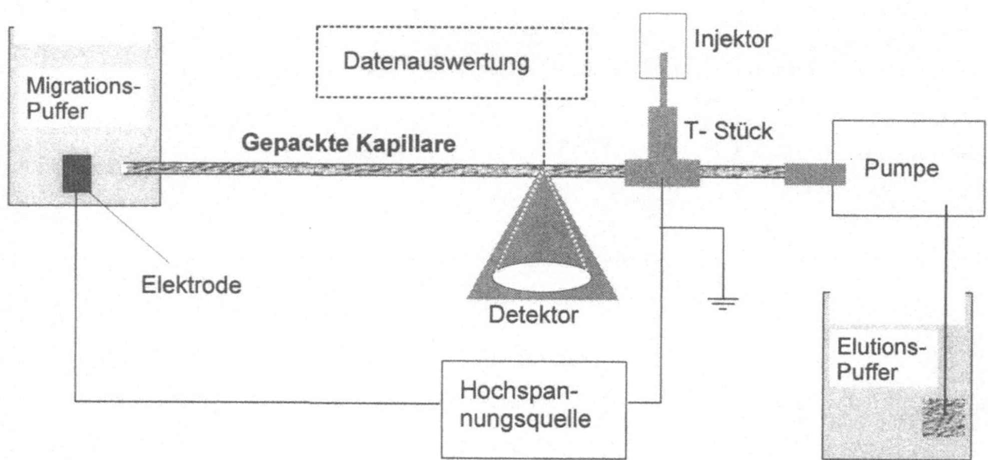


**Bild 5-26** Prinzipieller Aufbau einer Apparatur für die Kapillar-Elektrochromatographie (CEC)

Der Optimist sieht in jeder Schwierigkeit eine Gelegenheit. Der Pessimist sieht in jeder Gelegenheit eine Schwierigkeit.

**Günter F. Gross**

# 6 Strukturanalytische Methoden

Von den strukturanalytischen Methoden gewinnt insbesondere die Massenspektrometrie (MS, Abschnitt 6.3) in ihren verschiedenen Variationen innerhalb der biochemischen Forschung zunehmend an Bedeutung. Dies ist hauptsächlich auf die Entwicklung von sehr schonenden (z.B. Elektrospray, Thermospray) und selektiven Ionisierungstechniken für biologische Makromoleküle und die On-line-Kopplung der Massenspektrometrie mit der Flüssigchromatographie (LC-MS) zurückzuführen. Zur exakten Bestimmung der Molekulargewichte von Biomolekülen haben sich in jüngster Zeit die MALDI-TOF-MS und für die weitere Biopolymer-Charakterisierung durch schonende Fragmentierungen die MALDI-PSD-TOF-MS zu sehr leistungsfähigen Methoden innerhalb der instrumentellen Bioanalytik entwickelt, weshalb dazu ein gesonderter Abschnitt (6.4) erstellt wurde.

Die Kernmagnetische Resonanzspektroskopie (NMR, Abschnitt 6.2) gehört wie die Massenspektrometrie zu den sehr kostenintensiven, aber auch besonders aussagekräftigen Methoden bei der Strukturaufklärung von organischen bzw. biologischen Molekülen. Die NMR-Technik (s.a. Abschnitte 9.3.2.5 und 9.4.2) ist u.a. innerhalb der Glycobiologie für die Aufklärung komplizierter (verzweigter) Oligosaccharid-Strukturen (9.4.2) prädestiniert.

Die UV/VIS-Spektralphotometer und Fluoreszenzspektrometer gehören zu den wichtigsten, seit vielen Jahren etablierten Instrumentarien innerhalb der biochemischen Routine und Forschung. Insbesondere als Detektionssysteme für die Hochleistungsflüssigchromatographie (HPLC) und Kapillarelektrophorese (CE) finden diese spektroskopischen Techniken breite Anwendung zur Registrierung von Chromatogrammen bzw. von Elektropherogrammen. Mit speziellen Detektoren (Photodioden-Array-Detektion) können von Molekülen, die chromophore Gruppen besitzen, auch Spektren innerhalb einer HPLC- oder CE-Trennung im On-line-Betrieb aufgenommen werden.

## 6.1 UV/VIS- und Fluoreszenzspektroskopie

Die Spektroskopie [1-11] beinhaltet die analytischen Methoden, die auf Wechselwirkungen zwischen elektromagnetischer Strahlung und Materie basieren. Materie bedeutet die Gesamtheit des zu analysierenden Probematerials. Dies können Ionen, Atome, Moleküle oder Atom- und Molekülverbände sein.

Unter elektromagnetischer Strahlung versteht man eine mit Lichtgeschwindigkeit sich bewegende Energieart, die u.a. in Form von ultravioletter und sichtbarer Strahlung, Mikro- und Radiowellen oder auch Gamma- und Röntgenstrahlen meßbar bzw. sichtbar ist.

Das Ergebnis einer spektroskopischen Messung ist ein Spektrum, bei dem auf der Ordinate die Intensität der elektromagnetischen Strahlung und auf der Abszisse entsprechende Wellenlängenbereiche aufgetragen sind. Demgegenüber erfolgt in einem Chromatogramm die Aufzeichnung der Intensität eines Signals (Absorption) gegen die Zeit, was im Bild 6-1 schematisch gegenübergestellt wird.

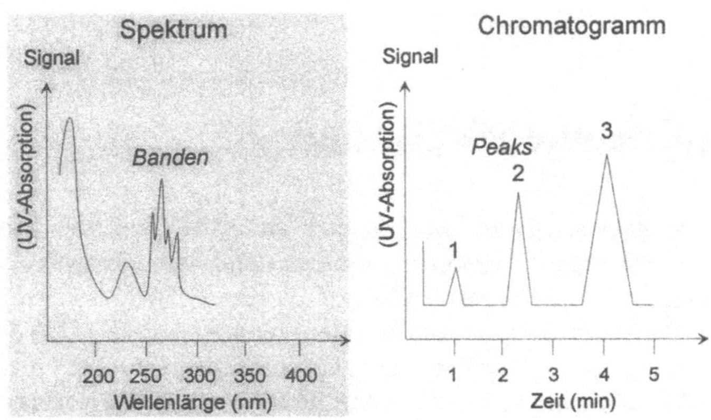


**Bild 6-1**    Spektrum versus Chromatogramm

Zur Erklärung der Eigenschaften elektromagnetischer Strahlung dienen sowohl das Wellen- als auch das Teilchenmodell (Gegenüberstellungen in Bild 6-2).

Mit Hilfe der Wellennatur des Lichtes werden z.B. Frequenz, Wellenlänge, Geschwindigkeit und Amplituden der Strahlung verdeutlicht und beschrieben.

Das Bild 6-3 zeigt, daß die Wellenlänge des Lichtes beim Übergang von dem Medium Luft in das Medium Glas (Küvette) um 200 nm verringert wird.

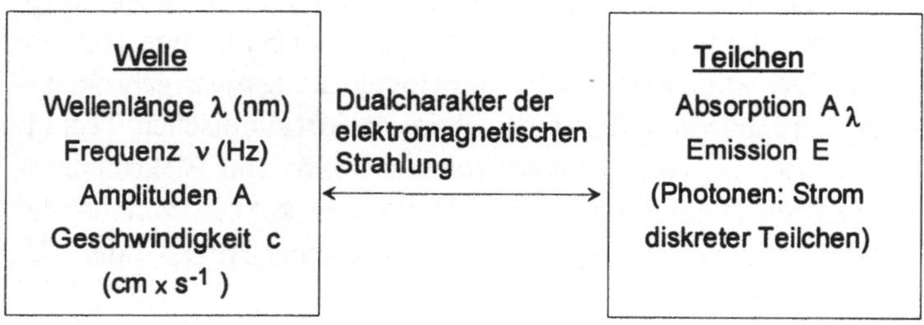


**Bild 6-2**    Welle-Teilchen-Charakter des „Lichtes"

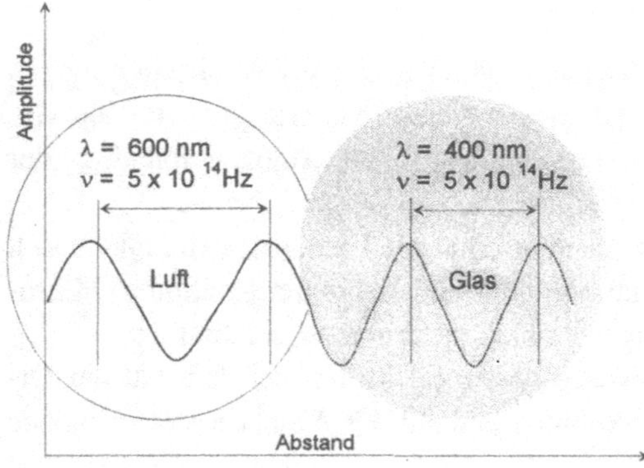


**Bild 6-3**    Verringerung der Wellenlänge $\lambda$ beim Übergang vom Luft- zum Glasmedium

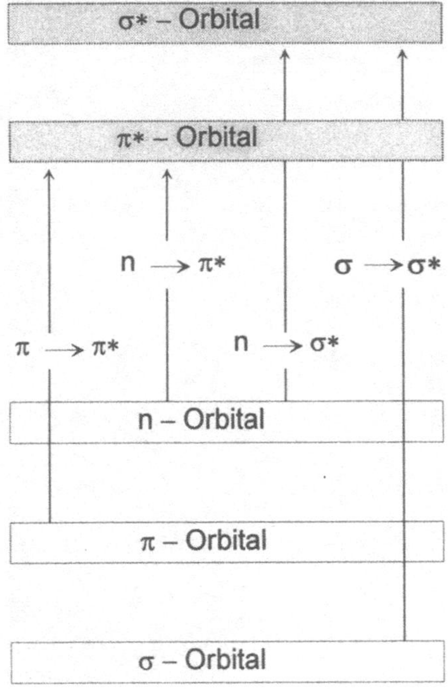



**Bild 6-4**
Elektronenübergänge

Der Teilchencharakter des Lichtes ist dagegen geeignet, die Phänomene der Absorption und Emission zu erklären.

Die diskreten Elektronenübergänge (Auswahlregeln), die mit der Aufnahme bzw. Abgabe nur bestimmter „Lichtmengen" (Quanten) verbunden sind, zeigt Bild 6-4.

Charakteristisch für die UV/VIS-Spektroskopie sind σ-π* - und π*-π* -Übergänge.

Die Entstehung der Emissionsstrahlung in der Fluoreszenzspektroskopie wird im Abschnitt 6.1.5 behandelt.

## 6.1.1  Spektralbereiche

Die Einteilung der Spektralbereiche elektromagnetischer Strahlung erfolgt an Hand charakteristischer Wellenlängen. Die für spektroskopische Methoden meist genutzte Wellenlängenbereiche sind im Bild 6-5 aufgeführt.

Kurzwelliger als die Strahlen im UV-Bereich sind Röntgen- und γ-Strahlung, größere Wellenlängen als Mikrowellen besitzen die Radiowellen.

In Bild 6-6 wird der Zusammenhang zwischen den einzelnen Spektrenarten (Spektralbereiche) und den entsprechenden Anregungsformen aufgezeigt.

Die schematische Darstellung der resultierenden Banden- und Linienspektren aus der Elektronenanregung im UV- und VIS-Bereich, der Schwingungen im Infrarot-Bereich (IR) und der Rotation im Fernen Infrarot (FIR) geht zusammenfassend aus Bild 6-7 hervor.

Nur der sichtbare Bereich (VIS) wird vom menschlichen Auge wahrgenommen. Die einzelnen Farben von Gegenständen werden als sogenannte Komplementärfarben gesehen.

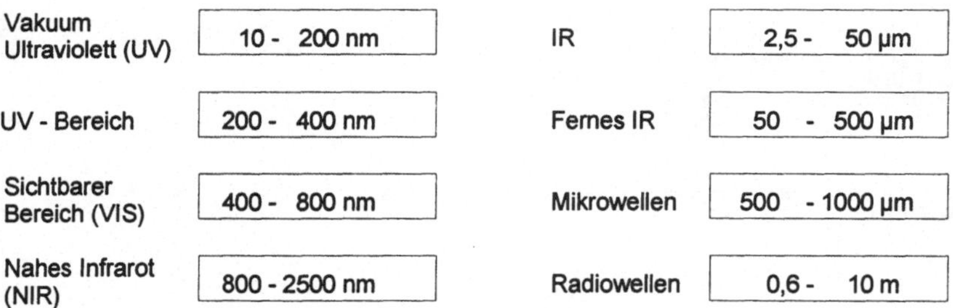

| Vakuum Ultraviolett (UV) | 10 - 200 nm | | IR | 2,5 - 50 µm |
| UV - Bereich | 200 - 400 nm | | Fernes IR | 50 - 500 µm |
| Sichtbarer Bereich (VIS) | 400 - 800 nm | | Mikrowellen | 500 - 1000 µm |
| Nahes Infrarot (NIR) | 800 - 2500 nm | | Radiowellen | 0,6 - 10 m |

**Bild 6-5**   Einteilung der Spektralbereiche

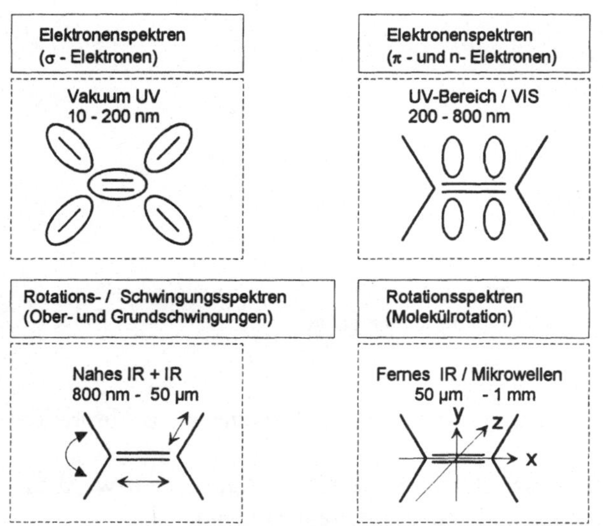

**Bild 6-6**   Anregungsformen in der Spektroskopie

Die Gegenstände strahlen nur das Licht (die Farbe) zurück, das nach Absorption bestimmter Wellenlängen an einer undurchlässigen Oberfläche reflektiert oder durch ein transparentes Medium durchgelassen wird. Die durch das Auge registrierten Komplementärfarben im sichtbaren Wellenlängenbereich sind in Tabelle 6-1 zusammengestellt.

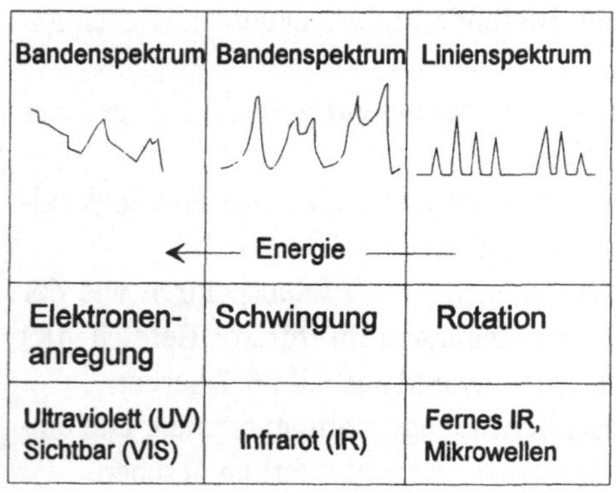

**Bild 6-7**
Struktur der Elektronen-, Schwingungs-
und Rotationsspektren

**Tabelle  6-1**        Komplementärfarben des „Sichtbaren Bereichs"

| Absorbierter Wellenlängenbereich  (nm) | Farbe | Komplementärfarbe |
|---|---|---|
| 400-435 | violett | gelb-grün |
| 435-480 | blau | gelb |
| 480-490 | grün-blau | orange |
| 490-500 | blau-grün | rot |
| 500-560 | grün | purpur |
| 560-580 | gelb-grün | violett |
| 580-595 | gelb | blau |
| 595-610 | orange | grün-blau |
| 610-750 | rot | blau-grün |

## 6.1.2  Wechselwirkungen zwischen Strahlung und Substanz

Wenn ein Lichtstrahl der Intensität $I_0$ mit einer Probesubstanzen in Wechselwirkung tritt, wird ein Teil von der Probe absorbiert ($I_A$), ein anderer wird an der Oberfläche reflektiert ($I_R$) und ein weiterer Strahlungsanteil wird von Probemolekülen gestreut ($I_S$). Die danach noch vorhandene Strahlung passiert die Probe mit der Restintensität $I$. Es resultiert folgende Beziehung:

$$I_0 = I_A + I_R + I_S + I \tag{6.1}$$

$I_S$ wird vom Verhältnis der Teilchendurchmesser zur Wellenlänge der Strahlung bestimmt und ist dann am größten, wenn beide in vergleichbarer Größenordnung vorliegen. $I_R$ ist nur von den makroskopischen Eigenschaften abhängig und erlaubt wie auch $I_S$ keine Angaben über die innere Struktur der Probemoleküle. Demgegenüber ist der absorbierte Strahlungsanteil für einen bestimmten Molekülaufbau charakteristisch, wobei Strahlungsenergie meist in andere Energieformen umgewandelt wird. Das Molekül wird von einem Grundzustand in einen angeregten Energiezustand überführt und kann nach der Quantentheorie nur ganz bestimmte diskrete Energiezustände einnehmen. Für die Beschreibung dieser „gequantelten" Energiezustände dient die Bohr'schen Beziehung, die aus der nachstehenden Gleichung hervorgeht.

$$E = h \cdot v \tag{6.2}$$

Die Konstante $h$ ist das Planck'sche Wirkungsquantum und $v$ ist die Frequenz der Strahlung. Demzufolge kann nur die Strahlungsenergie absorbiert werden, die der Energiedifferenz zwischen Grund- und Anregungszustand entspricht.

Elektromagnetische Strahlungen können nur von Molekülen absorbiert werden, die ein permanentes elektrisches Dipolmoment aufweisen. Die Änderung dieser Dipole führt zur Emission elektromagnetischer Strahlung.

Man unterscheidet Änderungen der Dipolmomente durch Rotation, Schwingung und Elektronenanregung.

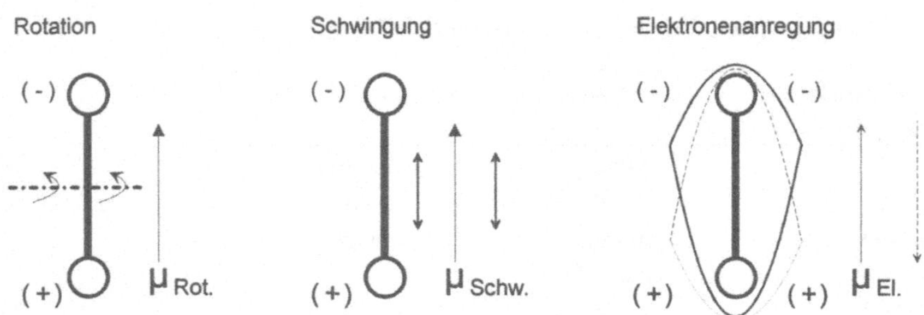

**Bild 6-8**   Dipoländerungen durch Rotation, Schwingung und Elektronenanregung

## 6.1.3  Lambert-Beer'sches Gesetz

Das Lambert-Beer'sche Gesetz gilt im Grunde genommen nur für das monochromatische Licht und für sogenannte „ideale Lösungen".

In der Gleichung 6.1 wurden bereits die Änderungen in den Intensitätsverhältnissen der Strahlung, die auf eine Probesubstanz trifft, erläutert. Eine schematische Darstellung dazu geht aus Bild 6-9 hervor.

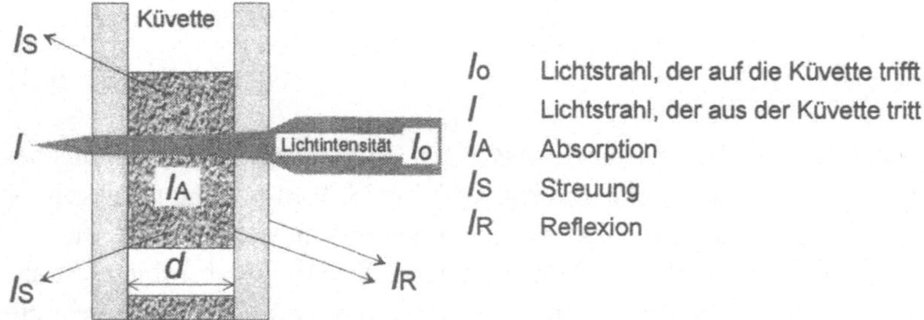


**Bild 6-9**   Schwächung des Lichtstrahls beim Passieren der Küvette

Der auf eine mit Probesubstanz gefüllte Küvette treffende Lichtstrahl wird in der Regel beim Passieren des Mediums durch Absorption (innerer Effekt) sowie durch Reflexion und Streuung (äußere Effekte) abgeschwächt.

Das Verhältnis der aufgetroffenen und der durchgegangenen Strahlung bei einer bestimmten Wellenlänge wird als Durchlässigkeit $D_\lambda$ definiert.

$$\frac{I_0}{I} = D_\lambda \tag{6.3}$$

Für die Absorption $A_\lambda$ bei der Wellenlänge $\lambda$ gilt der folgende Ausdruck.

$$\left[\frac{I_0 - 1}{I_0}\right]_\lambda = 1 - \left[\frac{I}{I_0}\right]_\lambda = 1 - D_\lambda = A_\lambda \tag{6.4}$$

Daraus ergibt sich, daß die Summe aus Absorption und Durchlässigkeit gleich 1 ist.

$$A_\lambda + D_\lambda = 1 \tag{6.5}$$

$D_\lambda$ und $A_\lambda$ hängen von der Schichtdicke der Küvette und von der Konzentration des absorbierenden Mediums ab. Es sind jedoch keine Materialkonstanten bzw. substanzspezifischen Konstanten.

Das Lambert-Beer'sche Gesetz enthält dagegen eine Materialkonstante, die als molarer Extinktionskoeffizient $\varepsilon_\lambda$ (cm²/mmol) bezeichnet wird. Durch Multiplikation mit der Konzentration $c$ (mol/l) der Probe und der Schichtdicke $d$ (cm) der Küvette resultiert die Extinktion $E_\lambda$, die dimensionslos ist. Die Extinktion ist der Logarithmus aus dem Quotienten der Intensitäten von einfallender und austretender Strahlung.

$$\log\left[\frac{I_0}{I}\right]_\lambda = \varepsilon_\lambda \cdot c \cdot d = E_\lambda \tag{6.6}$$

Zur Berechnung des molaren Extinktionskoeffizienten werden bei bekannter Konzentration und Schichtdicke die Extinktionen bei verschiedenen Wellenlängen berechnet.

### 6.1.4  Aufbau eines Spektralphotometers

Die Strahlung von einer Lichtquelle fällt im Wechsel auf die Meß- und Vergleichszelle des Spektrometers und gelangt danach zu einem Monochromator. Darin wird das Licht spektral zerlegt und zu einem Empfänger weitergeleitet. Die Signale werden verstärkt und als Spektrum angezeigt.

*Lichtquelle*

Im UV-Bereich werden Deuteriumlampen und im sichtbaren Bereich Halogen- oder Wolframlampen eingesetzt. Die Zerlegung des Lichtes erfolgt mit einem Filter oder Gitter.

*Küvetten*

Im Sichtbaren werden Glasküvetten eingesetzt. Im UV-Bereich müssen auf Grund der Eigenabsorption des Glases Quarzküvetten verwendet werden.

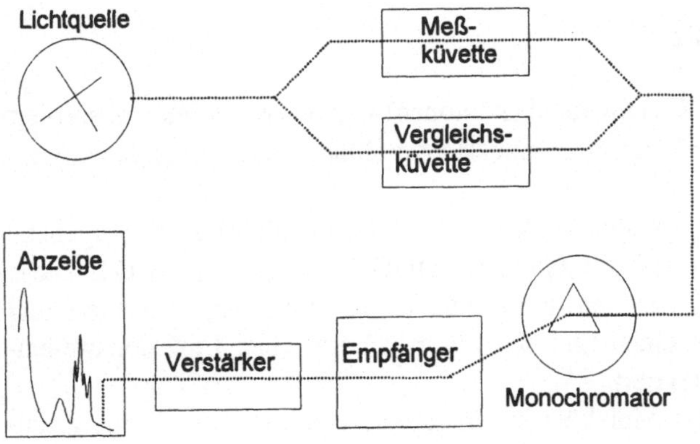


**Bild 6-10**
Aufbau eines
Spektralphotometers

*Empfänger*

Meist werden Sekundärelektronenvervielfacher (SEV), Photozellen oder Photodioden eingesetzt.

Mit Hilfe eines Photodioden-Array-Detektors (DAD) erfolgt die Aufnahme des gesamten UV-VIS-Spektrums (Wellenlängenabstand meist 2 nm) einer Substanz beim Passieren der Mikrodurchflußküvette ($V \approx 10\mu l$) innerhalb von 0,1 s. Polychromatisches Licht wird durch die mit Probelösung gefüllte Küvette geleitet und trifft auf ein Gitter, welches die Strahlung spektral zerlegt und auf Photodioden weiterleitet. Diese sind auf einem Chip angeordnet und ihre Anzahl liegt z.B. zwischen 64 und 4096 einzelnen Photoelementen.

Die Bild 6-11 zeigt das mit einem Photodioden-Array-Detektor aufgenommene dreidimensionale UV-Spektrum von einem aromatischen Kohlenwasserstoff (Phenanthren) im Spektralbereich von 200–400 nm.

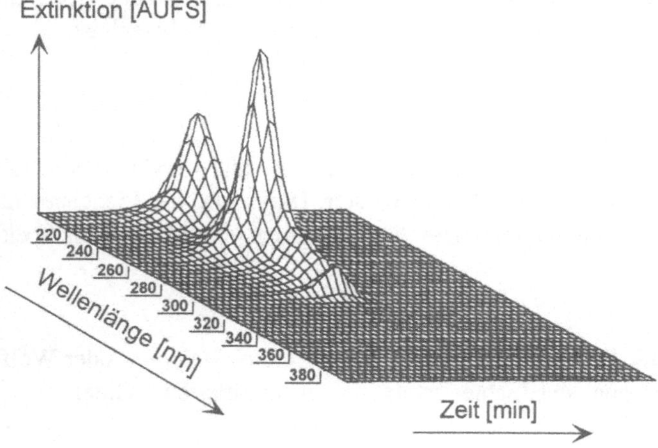


**Bild 6-11**  3D-Diagramm von Phenanthren

## 6.1.5 Fluoreszenzspektroskopie

Die Fluoreszenz beruht darauf, daß Lichtquanten (Photonen) von einem Molekül absorbiert und danach von diesem Molekül in Form einer Emissionsstrahlung wieder abgegeben werden.

Die Lichtquelle sendet über ein optisches System mit Anregungsfilter eine vorgegebene Extinktionswellenlänge ($\lambda_{ex}$) direkt auf die Mikrodurchflußküvette (s. Bild 6-12). Diese elektromagnetische Strahlung wird von den darin enthaltenen Molekülen absorbiert und senkrecht zur Strahlungsebene über einen Emissionsfilter in Form einer Emissionswellenlänge ($\lambda_{em}$) auf den Photodioden detektiert.

Das absorbierte Licht, durch das Moleküle in einen angeregten (höheren) Energiezustand überführt werden, liegt im Vergleich zur Emission im kürzeren Wellenlängenbereich, wie das Beispiel des Anthracenspektrums in Bild 6-13 zeigt.

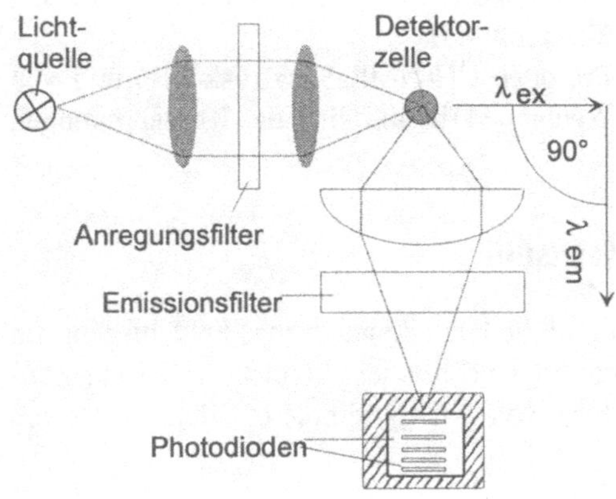

**Bild 6-12**
Schematische Anordnung eines Fluoreszenzspektrometers [2, 6, 8]

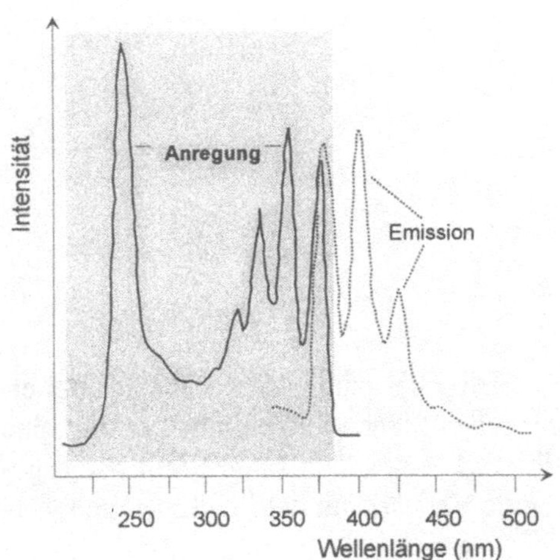

**Bild 6-13**
Anregungs- und Emissionsspektrum von Anthracen

# 6.2  Kernmagnetische Resonanzspektroskopie

Die Kernmagnetische Resonanzspektroskopie [12-20], kurz als NMR-Technik *(Nuclear Magnetic Resonance)* bezeichnet, basiert auf der Anregung von *Atomkernen* durch Radiowellen (s. Bild 6-5).

Im Vergleich zu Elektronen sind Kerne (Protonen) wesentlich schwerer, weshalb für ihre Überführung in einen höheren (angeregten) Energiezustand zusätzlich ein homogenes Magnetfeld angelegt werden muß.

Bloch und Purcell gehörten Mitte der 40-er Jahre zu den Wegbereitern dieser strukturanalytischen Methode und erhielten 1952 dafür den Nobelpreis für Physik.

Die NMR-Technik ist eine der wichtigsten und aussagekräftigsten instrumentalanalytischen Methoden in der organischen Chemie und gewinnt seit einigen Jahren für die Strukturaufklärung kompliziert zusammengesetzter Biomoleküle wie Proteine, Glycoproteine und Oligosaccharide zunehmend an Bedeutung (s. Abschnitt 9.3).

Am häufigsten erfolgt die Anregung von Protonen ($^1$H-NMR-Spektroskopie) und von Kohlenstoffkerne ($^{13}$C-NMR-Spektroskopie). Weniger verbreitet sind die Kernanregungen von $^{15}$N, $^{19}$F oder $^{31}$P (s.a. Abschnitt 9.4.2).

### 6.2.1  Magnetfeld, Kernanregung und Kernspin

Unter einem Magnet versteht man einen Körper von dem ein magnetisches Feld ausgeht. Im Vergleich zu elektrischen Ladungen, die negativ oder positiv sein können, treten magnetische Pole stets paarweise auf. Neben einem positiven Pol (Nordpol) existiert immer ein negativer Pol (Südpol).

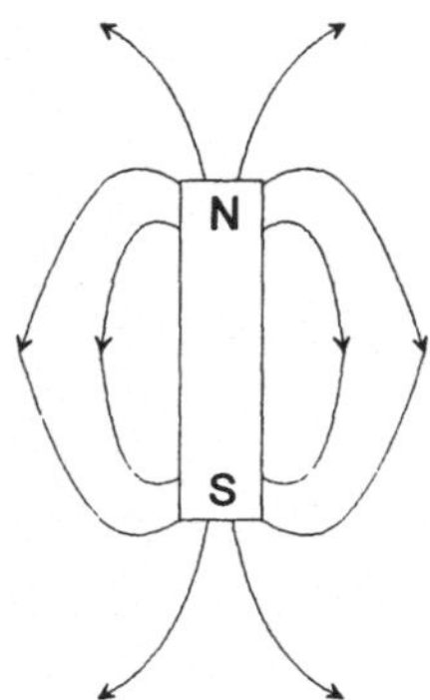


**Bild 6-14**
Stabmagnet

Man unterscheidet zwischen Körpern, die dia-, ferro- oder paramagnetisch sind. Bei einem diamagnetischen Stoff, der sich in einem homogenen Magnetfeld befindet, erfolgt eine Verdünnung der Feldlinien (Bild 6-15A). Deshalb wird er aus dem Magnetfeld herausgedrängt. Paramagnetische Stoffe bewirken dagegen eine Verstärkung der Feldlinien und werden ins Magnetfeld hineingezogen (Bild 6-15B).

Paramagnetismus und Ferromagnetismus haben Atome oder Moleküle, die auf Grund unvollständig besetzter Elektronenschalen ein eigenes magnetisches Moment $\mu$ aufweisen.

Die meisten Kerne der Atome (Protonen) besitzen einen sogenannten Kern- bzw. Eigendrehimpuls $P$, den man als Rotation eines Atomkerns um eine Kernachse betrachten kann. Dieser Drehimpuls ist gequantelt, d.h., er nimmt nur ganz bestimmte, diskrete Energiemengen (Quanten) auf.

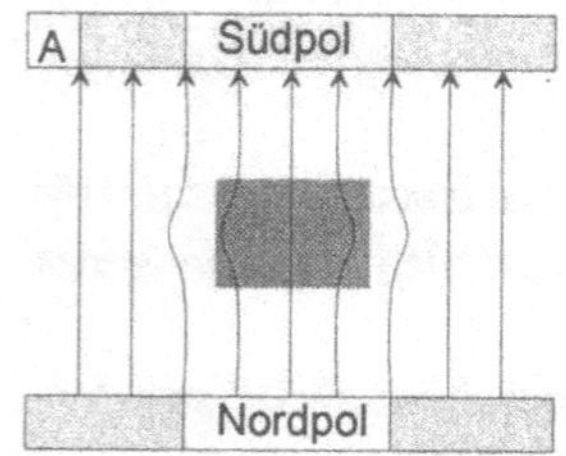


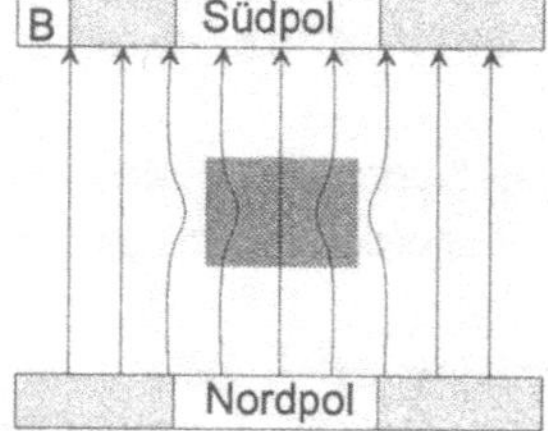


**Bild 6-15**  Körper im Magnetfeld, A: Diamagnetisch, B: Paramagnetisch

$$P = \frac{h}{2\pi} \cdot \sqrt{I(I+1)} \tag{6.7}$$

Dabei ist $I$ die Spinquantenzahl, die allgemein als Kernspin bezeichnet wird, und $h$ ist das Plank'sche Wirkungsquantum.

Voraussetzung für die Absorption von elektromagnetischer Strahlung ist, daß die Atomkerne ein magnetisches Moment besitzen. Dieses wird durch den Kernspin induziert. Das Verhalten der Atomkerne entspricht dem von winzig kleinen Magneten. Daher präzidieren die Kerne, wenn sie einem homogenen Magnetfeld $H_0$ ausgesetzt werden.

Die potentielle Energie $E$ für die magnetischen Zustände von Atomkernen hängt von den folgenden Parametern ab,

$$E = -\frac{\gamma \cdot m \cdot h}{2 \cdot \pi} H_0 \tag{6.8}$$

wobei $\gamma$ das gyromagnetische Verhältnis (Proportionalitätsfaktor, s.a. Gleichung 6.9) und $m$ die magnetische Quantenzahl bzw. die Orientierungsquantenzahl sind. Es resultieren $m$-Werte zwischen $m = I$ und $I-1$ bis $-I$. Daraus folgt, daß die Kerne gegenüber dem Magnetfeld nur ganz bestimmte Einstellmöglichkeiten haben, was als Richtungsquantelung bezeichnet wird. Für $^1$H- oder $^{13}$C-Kerne beträgt $I = 1/2$. Daraus ergeben sich zwei $m$-Werte von $+1/2$ und $-1/2$ (s. Bild 6-16).

Für $^{14}$N-Kerne resultieren dagegen drei $m$-Werte ($+1$, $0$, $-1$). Insgesamt können die Kernspins Werte zwischen 0 und 6 annehmen. Einige wichtige Kernisotope der NMR-Technik enthält die Tabelle 6-2.

Applikationen der $^{13}$C- und $^{31}$P-NMR-Spektroskopie innerhalb der qualitativen und quantitativen Analyse von Lipidfraktionen und insbesondere von Phospholipiden sind Gegenstand des Abschnitt 9.4.2.

Die Spins für die Isotope $^{12}$C und $^{16}$O betragen Null, weshalb sie mit dieser Technik nicht nachweisbar sind.

**Tabelle 6-2**      Wichtige Kerne in der NMR-Spektroskopie

| Kernisotop | Spin | Natürliche Häufigkeit [%] | Gyromagnetisches Verhältnis $\gamma$ [$10^7$ rad T$^{-1}$ s$^{-1}$] | NMR-Frequenz [MHz] $H_0 = 2{,}3488$ T |
|---|---|---|---|---|
| $^1$H | 1/2 | 99,98 | 26,7519 | 100,000 |
| $^2$H | 1 | 0,016 | 4,1066 | 15,351 |
| $^{12}$C | 0 | 98,6 | – | – |
| $^{13}$C | 1/2 | 1,108 | 6,7283 | 25,144 |
| $^{14}$N | 1 | 99,63 | 1,9338 | 7,224 |
| $^{15}$N | 1/2 | 0,37 | –2,712 | 10,133 |
| $^{16}$O | 0 | 99,96 | – | – |
| $^{17}$O | 5/2 | 0,037 | –3,6279 | 13,557 |
| $^{31}$P | 1/2 | 100 | 10,841 | 40,481 |

Das magnetische Moment $\mu$ (Magnetfeld) ist über den Proportionalitätsfaktor $\gamma$ linear mit dem Kernspin $P$ verknüpft.

$$\mu = \gamma \cdot P \tag{6.9}$$

Je größer die $\gamma$-Werte der Kerne sind, um so empfindlicher können diese Kerne nachgewiesen werden.

Wie aus Tabelle 6-2 bereits hervorging, bilden die Kernspins 1/2 in der NMR-Technik die am häufigsten verwendete Meßgrundlage. In Bild 6-16 ist diese Aufspaltung der Energieniveaus *(Zeemann-Aufspaltung)* nach Anlegen eines Magnetfeldes schematisch dargestellt.

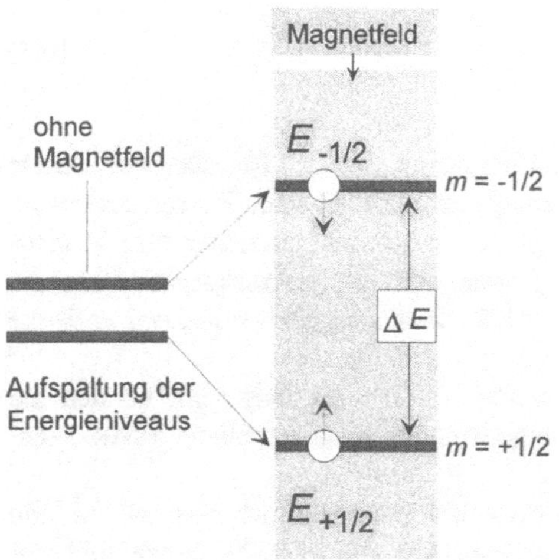


**Bild 6-16**
Aufspaltung der Energieniveaus des Kerns
nach Anlegen eines Magnetfeldes

Für die magnetischen Quantenzahlen $m = +1/2$ und $m = -1/2$ resultieren die folgenden Energiezustände $E_{+1/2}$ und $E_{-1/2}$.

$$E_{+1/2} = -\frac{\gamma \cdot h}{2 \cdot \pi} \cdot H_0 \tag{6.10}$$

$$E_{-1/2} = \frac{\gamma \cdot h}{2 \cdot \pi} \cdot H_0 \tag{6.11}$$

Die Differenz der Energieniveaus $\Delta E$ ergibt sich aus der folgenden Gleichung.

$$\Delta E = \frac{\gamma \cdot h}{2 \cdot \pi} \cdot H_0 \tag{6.12}$$

Die Energiedifferenz $\Delta E$ ist direkt proportional der Absorptions- oder Emissionsfrequenz der Strahlung und ergibt sich aus der folgenden Beziehung.

$$\Delta E = h \cdot \nu_0 \qquad\qquad (6.13)$$

$\nu_0$ ist die Radiofrequenz, die mit dem gyromagnetischen Verhältnis $\gamma$ und dem äußeren Magnetfeld (Magnetflußdichte) $H_0$ in folgender Beziehung steht:

$$\nu_0 = \frac{\gamma \cdot H_0}{2 \cdot \pi} \qquad\qquad (6.14)$$

Wie aus Tabelle 6-3 hervorgeht, werden in der NMR-Technik Magnetflußdichten zwischen 1,41 und 14,09 Tesla angewendet. Die entsprechenden Resonanzfrequenzen für die $^1$H- und $^{13}$C-NMR-Technik sind diesen Werten gegenübergestellt.

**Tabelle 6-3**     Magnetflußdichten und Resonanzfrequenzen

| Magnetflußdichte $H_0$ [Tesla] | $^1$H-NMR Resonanzfrequenz [MHz] | $^{13}$C-NMR Resonanzfrequenz [MHz] |
|---|---|---|
| 1,41 | 60 | 15,1 |
| 1,88 | 80 | 20,1 |
| 2,11 | 90 | 22,6 |
| 2,35 | 100 | 25,1 |
| 4,70 | 200 | 50,3 |
| 5,87 | 250 | 62,9 |
| 7,05 | 300 | 75,1 |
| 9,40 | 400 | 100,6 |
| 11,74 | 500 | 125,7 |
| 14,09 | 600 | 150,9 |

## 6.2.2  Resonanzbedingung

Die Kerne bewegen sich auf einer Kreisbahn (s. Bild 6-17). Unter dem Einfluß des Magnetfeldes $H_0$ erfolgt eine Auslenkung des Kerns auf dieser Kreisbahn um den Winkel $\theta$.

Die Auslenkung *(Präzession)* wird als *Lamor-Frequenz* bezeichnet. Die Energie für diesen energetischen Übergang steht im direkten Zusammenhang mit dem Winkel $\theta$, der aus dieser Kreisbewegung nur in einem bestimmten Maß ausgelenkt werden kann.

$$E = -\mu_z \cdot H_0 = -\mu \cdot H_0 \cdot \cos\theta \qquad\qquad (6.15)$$

Die Übergänge zwischen den Energieniveaus basieren auf folgender Auswahlregel:

$$\Delta m = \pm 1 \qquad\qquad (6.16)$$

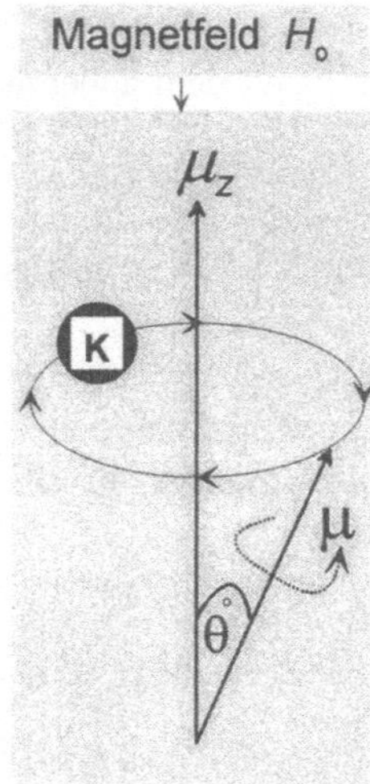



**Bild 6-17**
Rotationsbewegung eines magnetischen Kerns (K)
unter dem Einfluß eines angelegten Magnetfeldes

Damit wird deutlich, daß die Aufspaltung der Energieniveaus durch die Ausrichtung des magnetischen Moments des Kerns in Richtung des äußeren Magnetfeldes oder entgegengesetzt zu diesem erfolgen kann.

Für die magnetischen Zustände eines Kerns mit dem Spin 1/2 ergeben sich bei Anlegen eines Magnetfeldes mehrere Besetzungsmöglichkeiten für den Grundzustand im Vergleich zum angeregten Zustand, wie aus Bild 6-18 schematisch hervorgeht.

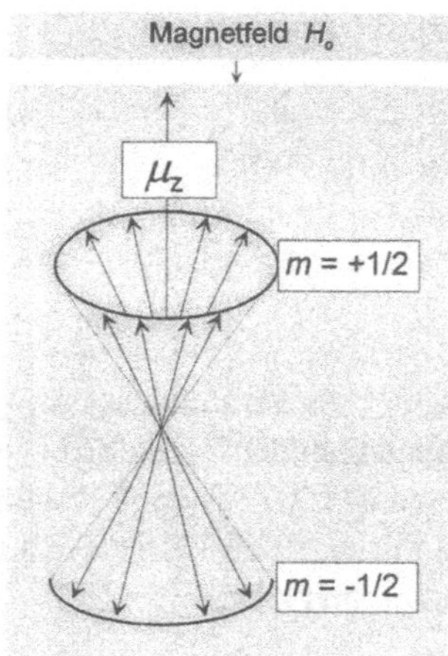



**Bild 6-18**
Schematische Darstellung eines Doppelkegels für Kerne mit einem Spin = 1/2

### 6.2.3 Relaxation

Zur Erklärung der Relaxation wird nochmals herausgestellt, daß Atomkerne unter dem Einfluß eines starken äußeren Magnetfeldes unterschiedliche Orientierungen annehmen, was eine Aufspaltung der Energieniveaus zur Folge hat (vgl. Bild 6-16). Entsprechen sich die Energiedifferenz zwischen beiden Niveaus und die Energie der eingestrahlten Radiowelle, so kommt es zur Resonanz zwischen dem schwingenden Feld dieser elektromagnetischen Strahlung und dem rotierenden Atomkern. Das magnetische Moment, induziert durch den Kernspin, geht dabei unter Absorption der Radiowellenfrequenz in einen energiereicheren Zustand über.

Der entgegengesetzt ablaufende Prozeß wird als Relaxation bezeichnet. Dabei kehrt das Spinsystem vom angeregten Zustand nach dem Abschalten des Magnetfeldes in den Grundzustand (Gleichgewichtszustand) zurück. Die Zeit dafür kann unter einer Sekunde, im Minutenbereich oder auch darüber liegen.

Man unterscheidet zwischen zwei im Mechanismus unterschiedlichen Relaxationsprozessen. Die Spin-Gitter-Relaxation oder longitudinale Relaxation wird durch die Relaxationszeit $T_1$ charakterisiert. Nach Abschalten des Magnetfeldes erfolgt die Abgabe von überschüssiger Energie an die Umgebung durch thermische Prozesse (Temperaturerhöhung).

Die Charakterisierung der Spin-Spin-Relaxation oder transversalen Relaxation erfolgt durch die Zeitkonstante $T_2$. Die Relaxation basiert auf dem Energieaustausch zwischen einzelnen Spins und führt zu keiner Energieerhöhung im Spinsystem.

## 6.2.4  Impulsverfahren

Die Aufnahme von NMR-Spektren von einer Probesubstanz durch eine kontinuierliche Veränderung des Magnetfeldes würde zu einer Verschlechterung des Signal-Rausch-Verhältnisses und damit zu geringeren Empfindlichkeiten führen.

Effizienter ist die Anregung von Atomkernen durch sehr schnelle hintereinander geschaltete Impulse aus dem Bereich der Radiowellen.

Bei diesem Impulsverfahren sendet ein Hochfrequenz-Generator ein kontinuierliches Frequenzband aus, von dem ein Teil zur Anregung der Atomkerne genutzt wird. Die Impulslänge $\tau$ beträgt nur wenige µs.

Die Auswahl der richtigen Generatorfrequenz $\nu$ hängt von der eingesetzten NMR-Technik und vom Magnetfeld $H_0$ ab. Für die $^1$H- und $^{13}$C-NMR-Technik sind diese Werte in der Tabelle 6-3 aufgelistet. Bei $H_0 = 2{,}35$ Tesla z.B. sind für den Protonenübergang eine Frequenz von 100 MHz und für die Anregung von $^{13}$C-Kernen 25,1 MHz erforderlich.

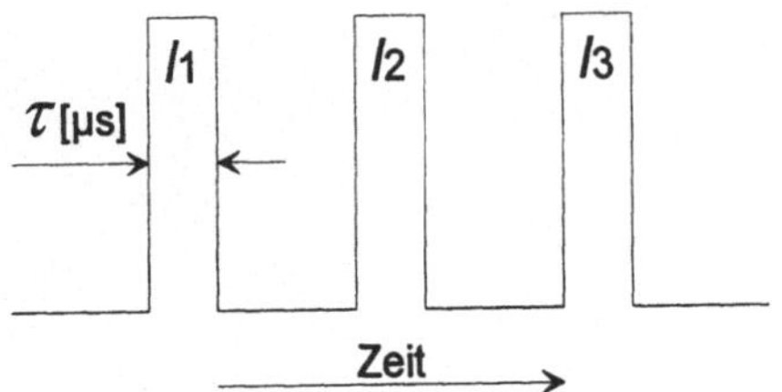


**Bild 6-19**
Impulsfolge ($I_1$, $I_2$, $I_3$ ...) eines Hochfrequenz-Generators in der NMR-Technik

## 6.2.5  Chemische Verschiebung

Bisher wurden die Vorgänge um die Atomkerne nur im „nackten" Zustand betrachtet. Die Kerne werden jedoch von der sie umgebenden Elektronenhülle und von anderen Atomkernen abgeschirmt. Dadurch entstehen weitere magnetische Felder, die dem Magnetfeld des Kernes entgegenwirken und die zur Verschiebung der Resonanzfrequenz des Kernes führen. Das ursprünglich angelegte Magnetfeld $H_0$ wird dadurch um den Betrag $\mu\, H_0$ verändert und es resultiert die effektive Magnetfeldstärke $H_{eff}$ :

$$H_{eff} = H_0 - \sigma \cdot H_0 = (1 - \sigma) \cdot H_0 \tag{6.17}$$

$\sigma$ wird als Abschirmkonstante bezeichnet. Sie ist um so größer, stärker die Abschirmung des Kernes ist. Zum Beispiel schirmen Elektronen in Kernnähe stärker ab als kernferne Elektronen.

Zur Angabe der Absorption der Atomkerne wird in der NMR-Technik eine relative Größe verwendet, die als chemische Verschiebung $\delta$ bezeichnet wird und sich aus der Differenz der Resonanzsignale der Probe und eines inneren Standards ergibt.

$$\delta = 10^6 \cdot \frac{\nu_{Substanz} - \nu_{Standard}}{\nu_{Standard}} \tag{6.18}$$

In der $^1$H- und $^{13}$C-NMR-Technik wird als Referenzsubstanz Tetramethylsilan (TMS) verwendet, da alle 12 Wasserstoffatome um das Siliziumatom mit identischer Umgebung angeordnet sind und sie eine starke Abschirmung des Kernes bewirken. Definitionsgemäß wird die chemische Verschiebung von TMS gleich Null gesetzt.

$$\delta\,(TMS) = 0 \tag{6.19}$$

Die chemische Verschiebung ist eine dimensionslose Größe, deren Angabe in ppm (Faktor $10^6$) erfolgt. Die Skala wird in der $^1$H-NMR-Spektroskopie im Bereich zwischen 0 und 10 ppm aufgetragen, in der $^{13}$C-NMR-Technik liegt dieser Bereich zwischen 0 und 220 bzw. 400 ppm.

Die chemische Verschiebung ist unabhängig von dem angelegten Magnetfeld und der eingestellten Meßfrequenz.

Für die repräsentativen Substanzen Bromoform, Ethyl- und Methylbromid ist das 90 MHz-$^1$H-NMR-Spektrum in Bild 6-20 schematisch dargestellt. Es erfolgt keine Aufspaltung der Signale, da die Moleküle keine benachbarten Protonen enthalten.

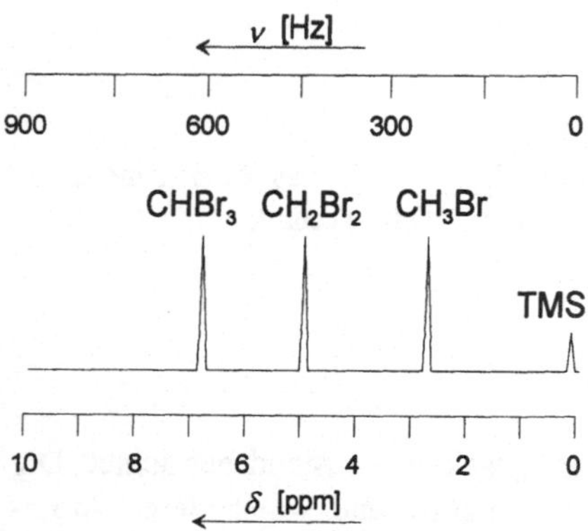


**Bild 6-20**
$^1$H-NMR-Spektrum von Bromoform, Ethyl- und Methylbromid (schematisch)

### 6.2.6  Spin-Spin-Kopplung

Wenn in einem Molekül Protonen benachbart angeordnet sind, treten über die Bindungen der Protonen zwischen den Kernspins Wechselwirkungen ein, die als Spin-Spin-Kopplung bezeichnet werden. Sie ist der chemischen Verschiebung überlagert.

Spin-Spin-Kopplungen und damit Aufspaltungen werden bei benachbarten Methyl- und Methylengruppen registriert, wie dies am Beispiel eines Ethylhalogenids (Ethylbromid) anschaulich dargestellt ist (s. Bild 6-21).

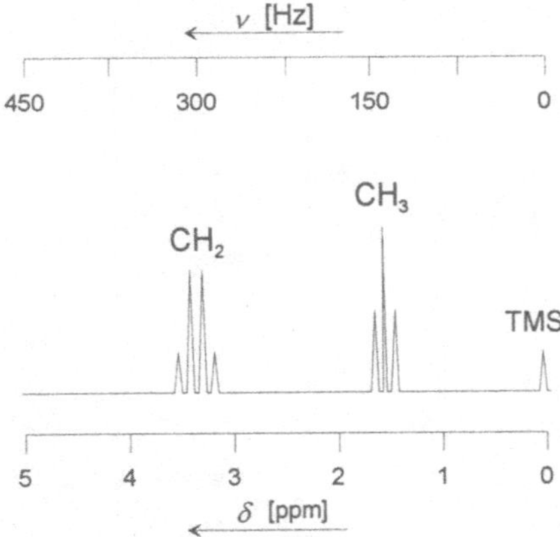


**Bild 6-21**
$^1$H-NMR-Spektrum von Ethylbromid
(schematisch)

Das Intensitätsverhältnisse für die $CH_3$-Gruppe, die dreifach aufspaltet, beträgt 1:2:1. Für die vierfache Aufspaltung der $CH_2$-Gruppe resultiert ein Verhältnis von 1:3:3:1.

Im ersten Fall koppeln die äquivalenten Protonen der Methylgruppe mit zwei Protonen der Methylengruppe, woraus vier Kopplungsmöglichkeiten resultieren. Die parallel gerichteten Spins (−1/2), die in Richtung des Magnetfeldes zeigen, verstärken das angelegte Feld, während die parallelen Spins in entgegengesetzter Richtung das Magnetfeld abschwächen. Die antiparallel orientierten Spins führen zu keiner weiteren Signalaufspaltung. Beide Intensitäten erscheinen verdoppelt im NMR-Spektrum.

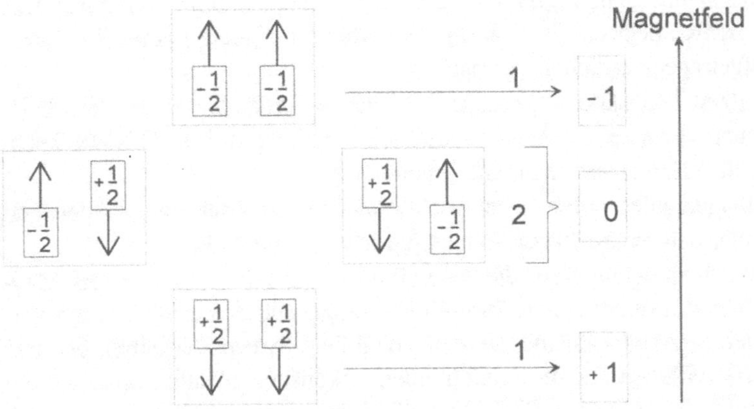


**Bild 6-22**  Kopplungsmöglichkeiten der Protonen zwischen Methyl- und Methylengruppe

Bei der folgenden Aufspaltung koppeln die Protonen der $CH_2$-Gruppe mit den drei Protonen der $CH_3$-Gruppe. Daraus ergeben sich insgesamt acht Möglichkeiten der Spin-Spin-Kopplung. Die beiden Gruppen in der Mitte des Bildes 6-23 enthalten gemischte Spins, die die Werte −1/2 oder +1/2 besitzen. Es resultieren zwei Signale, die im Vergleich zu den beiden parallel orientierten Spins (−3/2 und +3/2) eine dreifach höhere Signalintensität ergeben.

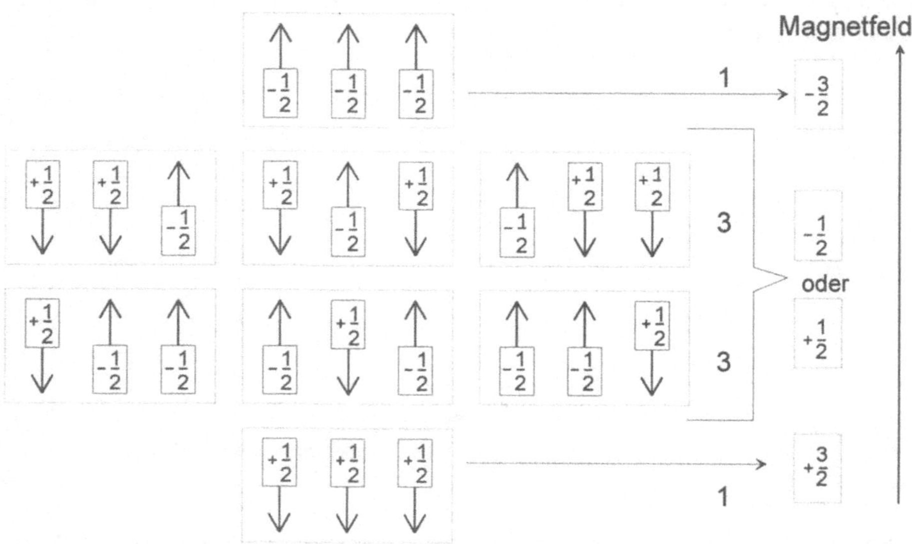


**Bild 6-23**  Kopplungsmöglichkeiten der Protonen zwischen Methylen- und Methylgruppe

## 6.2.7  Aufbau eines NMR-Spektrometers

NMR-Spektrometer gehören zu den teuren Analysengeräten. Sie bestehen aus einem homogenen und stabilen Magnetsystem, einem Sender zur Erzeugung der Radiowellen und einem Empfänger, der die Resonanzsignale registriert. Auf einem Schreiber bzw. Computer oder Oszilloskop wird das NMR-Spektrum, in dem die Intensität der Signale gegen die chemische Verschiebung aufgetragen ist, sichtbar gemacht.

Die Magneten besitzen Feldstärken zwischen 1,4 und 14 Tesla, die in der $^1$H-NMR-Spektroskopie Resonanzfrequenzen zwischen 60 und 600 MHz und in der $^{13}$C-NMR-Technik zwischen 15 und 150 MHz entsprechen (vgl. Tabelle 6-3).

Sender- und Empfängerspulen arbeiten im Hochfrequenzbereich der Radiowellen und sind senkrecht zueinander und senkrecht zur Magnetfeldrichtung angeordnet.

Nach erfolgter Kernspinanregung durch die Sendefrequenz wird im Empfänger ein Magnetfeld induziert, das einen proportionalen Stromfluß erzeugt. Diese Signale werden verstärkt und aufgezeichnet. Man unterscheidet zwischen dem Feld-Sweep-Verfahren, bei dem das magnetische Feld $H_0$ verändert und die Sendefrequenz $\nu$ konstant gehalten wird, und der Frequenz-Sweep-Technik, die bei konstantem Magnetfeld und variabler Frequenz arbeitet. Beide Verfahren werden in der NMR-Spektroskopie als Continuous-Wave-(CW)-Technik bezeichnet.

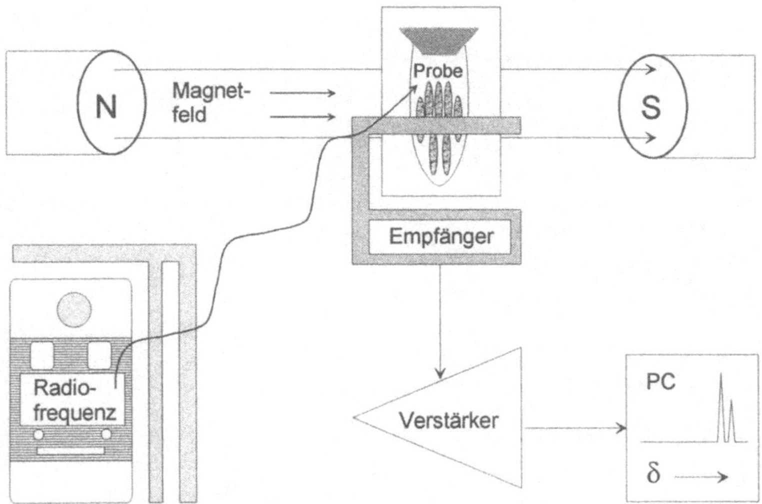



**Bild 6-24**  Prinzipieller Aufbau eines NMR-Gerätes

Demgegenüber gewinnen Puls-Fourier-Transform-Spektrometer, die auf der Impulstechnik basieren, zunehmend an Bedeutung.

Die zu analysierende Probesubstanz befindet sich in einem Röhrchen, das innerhalb des magnetischen Feldes positioniert ist. In der $^1$H-NMR-Technik werden die Substanzen z.B. in Tetrachlorkohlenstoff, Schwefelkohlenstoff oder in deuteriertem Chloroform gelöst. In der $^{13}$C-NMR wird hauptsächlich deuteriertes Chloroform als Lösungsmittel eingesetzt.

## 6.2.8  Strukturaufklärung

Die $^1$H-NMR- und $^{13}$C-NMR-Spektroskopie tragen sehr wesentlich zur Strukturaufklärung chemischer und biochemischer Moleküle bei.

Aus einem NMR-Spektrum können als wichtige Informationen die chemische Verschiebung, die Spin-Spin-Kopplungsmuster und die Peakflächen (Intensitäten) entnommen werden.

An Hand der chemischen Verschiebung von Protonenkernen können einzelne funktionelle Gruppen zugeordnet und die Struktur des Gesamtmoleküls vorausgesagt bzw. abgeleitet werden. Die zu erwartenden Bereiche für die chemische Verschiebung der $^1$H-Kerne sind im Bild 6-25 dargestellt.

Ein breites Anwendungsgebiet speziell der $^1$H-NMR-Spektroskopie innerhalb der Bioanalytik ist die Identifizierung von komplizierten Kohlenhydratstrukturen. Sie ist beispielsweise dafür prädestiniert, $\alpha$- und $\beta$-anomere Verknüpfungen innerhalb von Glycanketten, die aus Glycoproteinen enzymatisch oder durch Hydrazinolyse freigesetzt wurden, an Hand der unterschiedlichen Protonensignale zu differenzieren (vgl. Bild 9-27 in Abschnitt 9.3). Dabei resultiert für das Proton des $\alpha$-Anomers die größere chemische Verschiebung im NMR-Spektrum.

Die gesamte Strukturaufklärung von Oligosacchariden ist jedoch sehr diffizil und sollte in der Spezialliteratur [6, 16, 20] detaillierter nachgelesen werden.

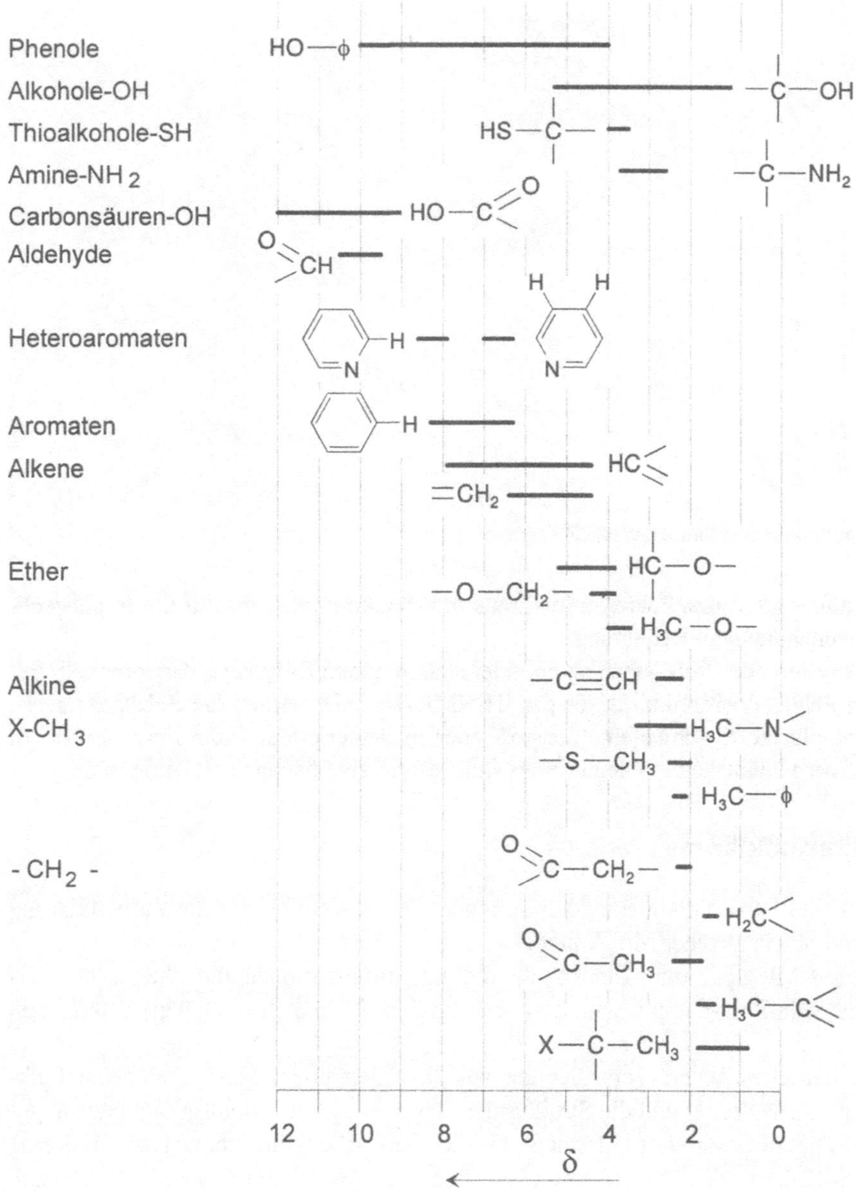



**Bild 6-25**  Chemische Verschiebungen für ¹H-Kerne organischer funktioneller Gruppen

Auf die $^{13}$C- und $^{31}$P-NMR-Spektroskopie innerhalb der Analyse von Lipiden und Phospholipiden wurde bereits verwiesen (Abschnitt 9.4.2.).

Die entsprechenden Erwartungsbereiche für die chemischen Verschiebungen in der $^{13}$C-NMR-Spektroskopie sind im Bild 6-26 wiedergegeben.

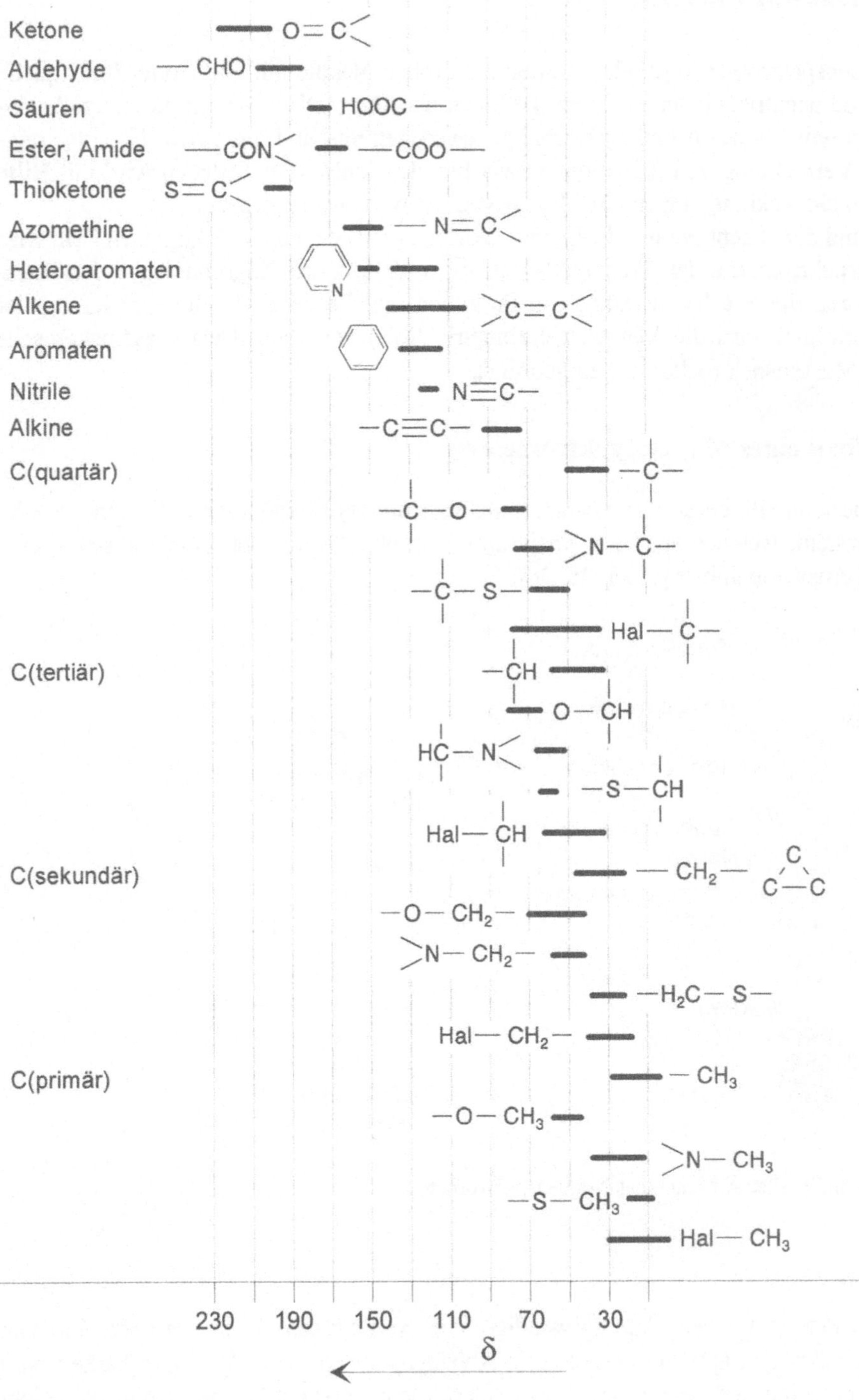


**Bild 6-26**  Chemische Verschiebungen für $^{13}$C-Kerne organischer funktioneller Gruppen

# 6.3  Massenspektrometrie

In der Massenspektrometrie [21-26] werden die Probemoleküle mit Hilfe einer Ionenquelle in positiv und negativ geladene gasförmige Ionen überführt. Diese werden in einem Analysator nach ihrem Masse-zu-Ladungsverhältnis ($m/z$) getrennt und mit einem Detektor registriert. Zur Vermeidung von Kollisionen zwischen den ionisierten Teilchen wird mit Hilfe von Pumpen ein Vakuum von ca. $10^{-5}$ Pa im Massenspektrometer erzeugt.

Auf Grund der Ionentrennung in einem elektromagnetischen oder elektrischen Feld wird die Massenspektrometrie den Trennmethoden zugeordnet. Unter Zugrundelegen der Tatsache, daß durch die Wechselwirkung von Strahlung und Probe zuvor die Ionisierung der Moleküle erfolgte, wird die Massenspektrometrie (MS) vorwiegend als spektroskopische Methode („Massenspektroskopie") eingeordnet.

### 6.3.1  Aufbau eines Massenspektrometers

Die Hauptbestandteile eines Massenspektrometers sind das Einlaßsystem, die Ionenquelle, das Trennsystem, welches auch als Analysator bezeichnet wird, der Detektor sowie eine Steuer- und Auswerteeinheit [9, 23, 25, 26].

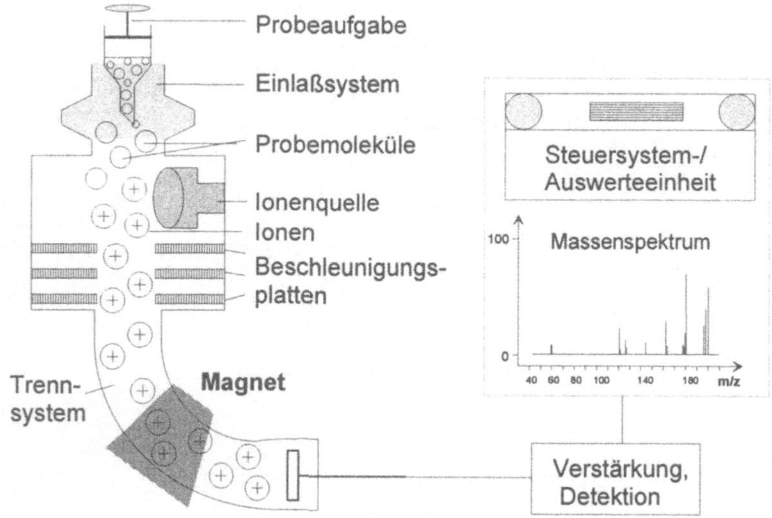


**Bild 6-27**  Prinzipieller Aufbau eines Massenspektrometers

*Einlaßsystem*

Die meisten Proben können ohne aufwendige Vorbereitungsschritte in das unter Vakuum stehende Einlaßsystem appliziert werden. In Abhängigkeit von ihrer Verdampfbarkeit wird der direkte oder indirekte Probeeinlaß ausgeführt. Beim direkten Einlaß erfolgt die Injektion einer weniger gut verdampfbaren Substanz auf einen Probeteller oder mit Hilfe einer Probestange über eine Schleuse in das Vakuumsystem, wo sie z.B. durch Erhitzen verflüchtigt wird.

Leicht flüchtige Komponenten werden beim indirekten Einlaß zuvor in einem Vorratsbehälter verdampft und gelangen als Gas in die Ionenquelle des Massenspektrometers. Nach beiden Varianten entstehen vorerst neutral geladene Moleküle.

Das Anlegen von Vakuum im Massenspektrometer bewirkt, daß die Sauerstoff- und Stickstoffionen aus der Luft die Probeionensignale nicht überlagern und daß Streueffekte an diesen Gasionen im Trennsystem vermieden werden.

*Ionenquelle*

Mit Hilfe der Ionenquelle (s. a. Bild 6-29), die sich unmittelbar an das Einlaßsystem anschließt, erfolgt die Ionisierung der Gasmoleküle in positiv oder negativ geladene Ionen, die danach weiter beschleunigt werden. Bei der harten Ionisation werden energiereiche Elektronen eingesetzt, die zur Fragmentierung der Moleküle in einzelne Bruchstücke führen. Für weiche Ionisierungsmethoden werden thermische oder elektrische Anregungen sowie energiearme Ionen oder Moleküle verwendet. Durch diese schonende Ionisierungsvarianten wird die Fragmentionenbildung vermieden. An Hand der Molekülpeaks bzw. sogenannter „Quasimolekülionen" können sehr exakte Molekulargewichtsbestimmungen insbesondere von Biomolekülen erfolgen.

Einige für die Massenspektrometrie typische Ionisationsverfahren enthält Tabelle 6-4.

**Tabelle 6-4**      MS-Ionisationsarten

| MS-Ionisationsart | Ionisationsquelle | Reaktionsablauf |
|---|---|---|
| Elektronenstoßionisation | Elektronen | $M + e^- \rightarrow M^+ + 2e^-$ |
| Chemische Ionisation | Reagenzgasionen | $M + CH_5^+ \rightarrow MH^+ + CH_4$ |
| Fast Atom Bombardement | Atome | $M + X \rightarrow (M + X)^+$ |
| Sekundärionenanregung | Ionen | $M + Ar^+ \rightarrow M^+ + Ar$ |
| Photoionisation | UV-Strahlung | $M + h\nu \rightarrow M^+ + e^-$ |

*Trennsystem*

Im Trennsystem (Massenanalysator) werden die ionisierten Moleküle nach dem Masse-zu-Ladungsverhältnis getrennt. Die verbreitetsten Prinzipien zur Massentrennung von Ionen sind die Ablenkung im Magnetfeld, die Flugzeit, die Ion-Trap- und Cyclotron-Resonanz-Methode [27-30].

*Detektor („Auffänger")*

Der Detektor registriert im Massenspektrum die nach Masse-zu-Ladung getrennten Ionen. Faraday-Detektor und Sekundärelektronenvervielfacher (SEV) dienen hauptsächlich zur Registrierung der Ionenströme.

*Massenspektrum*

Das Ergebnis einer massenspektrometrischen Analyse ist das in der Regel in Strichform aufgezeichnete Massenspektrum, in dem ein Signal (relative Intensität, %) gegen die Masse (Masse-zu-Ladungsverhältnis) aufgetragen ist. Neben dem Molekülpeak M werden charak-

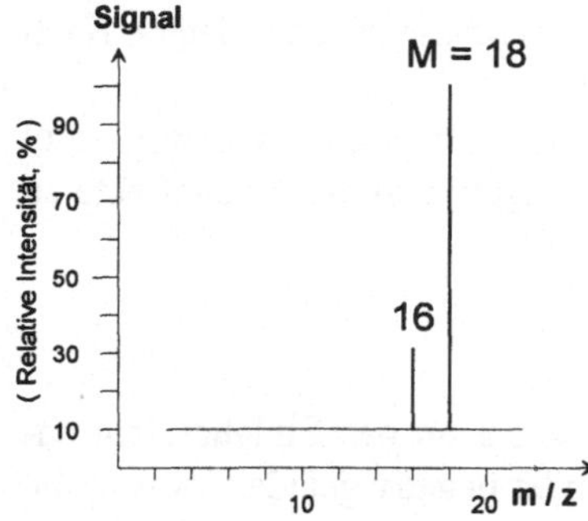


**Bild 6-28**
Massenspektrum von Wasser (schematisch)

teristische Bruchstücke nach einer Fragmentierung eines Moleküls an Hand der erhaltenen Massenzahlen zugeordnet. Bei der Analyse eines strukturell wenig kompliziert aufgebauten Wassermoleküls liegt der Molekülpeak bei der Massenzahl 18. Nach Abspaltung (Fragmentierung) beider Wasserstoffatome wird ein Fragmentierungspeak bei 16, der Atommasse des Sauerstoffs, registriert. Vergleiche zwischen einer harten und weichen Ionisation am Beispiel von Mannose zeigen die Spektren in den Bildern 6-39 und 6-40.

Weitere „spezielle Massenspektren" einschließlich ihrer Interpratation und Diskussion sind in den Abschnitten 8.1.5.3 (Bild 8-14 : Thiolspecies), 8.4.2.2 (Bild 8-47: Fettsäuren) und vor allem im Abschnitt 9.3 (Glycan-Strukturen) aufgeführt.

## 6.3.2  Harte Ionisationsarten

Die Struktur eines Massenspektrums wird entscheidend von der angewandten Ionisationsart geprägt. Massenspektrometer beinhalten mehrere Varianten der Ionisation. Man unterscheidet zwischen sogenannten Gasphasenquellen (Elektronenstoßionisation, chemische Ionisation, Feldionisation) und Desorptionsquellen wie Felddesorption, Fast Atom Bombardement und der MALDI-Methode (s. 6.4) sowie zwischen weicher und harter Ionisation.

Harte Ionisationsmethoden sind durch zahlreiche Fragmentionen gekennzeichnet und zeigen im Molekülionenbereich im Gegensatz zu weichen Ionisationsformen nur geringe Ionenausbeuten.

### 6.3.2.1  *Elektronenstoßionisation*

Die Elektronenstoßionisation (EI: electron impact) ist das klassische Ionisierungsverfahren in der Massenspektrometrie [21, 22]. Es gehört zu den „harten" Ionisierungstechniken, da die Moleküle in einzelne Bruchstücke fragmentiert werden. Dies erfolgt durch Elektronenbeschuß der Moleküle, kann aber auch bereits bei der Verdampfung der Moleküle eintreten.

Die Probemoleküle werden nach ihrer Verdampfung in eine unter Hochdruck stehende Ionenquelle (Bild 6-29) überführt. Mit Hilfe von Elektronen, die von einer Glühkathode (Heizdraht) aus emittieren und die durch eine angelegte Spannung von ca. 70 eV beschleunigt werden, erfolgt die Ionisation.

Dabei treten die Elektronen mit der Elektronenhülle der Probemoleküle in Wechselwirkung, wodurch Elektronen aus dem Molekülverband herausgeschlagen werden und positiv geladene Molekülionen entstehen.

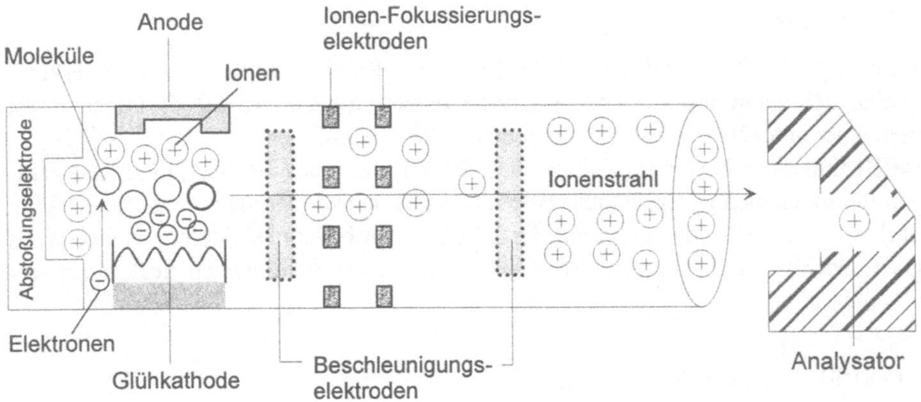


**Bild 6-29** Prinzipielle Funktionsweise einer Ionenquelle in der EI-Technik

Die angewandte Energie von 70 eV ist so hoch, daß diese Molekülionen in Schwingungen versetzt werden, was zur Fragmentierung der Moleküle führt. Weitere Ionenbildungsprozesse, die bei der EI-Technik auftreten können, sind in der folgenden Tabelle zusammengestellt.

**Tabelle 6-5**    Reaktionen der Ionenbildung in der EI-Technik

| Bezeichnung | Ionenbildungsreaktionen |
|---|---|
| Elektroneneinfang | $XYZ + e^- \rightarrow XYZ^-$ |
| Ionisation | $XYZ + e^- \rightarrow XYZ^+ + 2e^-$ |
| Umlagerung | $XYZ + e^- \rightarrow XY^+ + C^\circ + 2e^-$ |
| Anregung | $XYZ + e^- \rightarrow XYZ^* + e^-$ |

### 6.3.3 Weiche Ionisationsarten

Weiche Ionisationen bewirken keine oder nur geringe Molekülionenfragmentierungen. Auch hochmolekulare Biomoleküle wie Proteine oder Glycoproteine bleiben in ihrer Struktur erhalten. An Hand des Molekülpeaks und sogenannter „Quasimolekülionen" einer Substanz erfolgt die Zuordnung des Molekulargewichtes. Die in Tabelle 6-6 aufgeführten Reaktionen ergeben Quasimolekülionen.

Spezielle Fragmentierungs-Möglichkeiten mittels MALDI-PSD-TOF-MS sind Gegenstand von Abschnitt 6.4.1 (Bild 6-43 ) und von Abschnitt 9.3.2.5 (Bilder 9-23 bis 9-25).

**Tabelle 6-6**    Bildungsprozesse von Quasimolekülionen

| Bezeichnung | Reaktionsablauf |
|---|---|
| Protonierung | $M + H^+ \rightarrow [M+H]^+$ |
| Deprotonierung | $M \rightarrow [M–H]^+ + H^+$ |
| Kationisierung | $M + K^+ \rightarrow [M+K]^+$ (K, Na) |
| Hybridabstraktion | $M \rightarrow [M–H]^+ + H^-$ |

### 6.3.3.1  Thermospray

Beim Thermospray (TSP) wird die mobile Phase mit Probemolekülen aus einer HPLC-Säule in eine sich daran anschließende Kapillare geleitet, die auf ca. 180 °C aufgeheizt ist und sich in einer unter Vakuum stehenden Ionenquelle befindet.

Diese Bedingungen bewirken, daß die aus der Kapillare austretende Flüssigkeit aerosolartig in die Ionenquelle gesprüht und eine Lösungsmittelreduzierung im Vakuum erfolgt. Der mobilen Phase wird vor oder nach der HPLC-Säule bevorzugt Ammoniumacetat als flüchtiger Elektrolyt zugesetzt, so daß Quasimolekülionen nach folgenden Reaktionen entstehen:

$$CH_3COONH_4 \xrightarrow{(H_2O)} CH_3COO^- + NH_4^+$$

$$M + NH_4^+ \rightarrow [M + NH_4]^+$$

$$M + NH_4^+ \rightarrow [M + NH_4]^+ + NH_3$$

Thermospray-Technik sowie Electro- bzw. Ionspray [6.3.3.4) werden auch noch innerhalb der Abschnitte über Kopplungstechniken (7.2.1 und 7.2.4) behandelt.

### 6.3.3.2  Chemische Ionisation

Bei der Chemischen Ionisation (CI) werden die gasförmigen Probeionen mit den Ionen eines Reaktionsgases zur Umsetzung gebracht. Als Reaktionsgase dienen z.B. Ammoniak oder Methan. Diese Reaktionsgasionen entstehen beim Beschuß mit Elektronen. Als Ionenmolekülreaktionen treten u.a. Protonierung oder Hybridabstraktion auf. Das Prinzip der chemischen Ionisation ist in Bild 6-30 dargestellt.

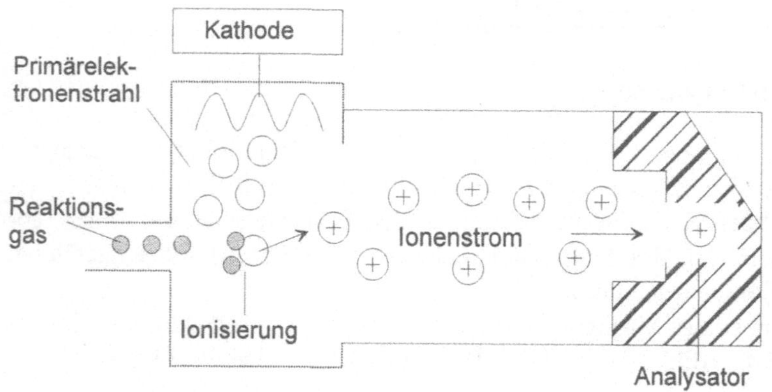


**Bild 6-30**
Prinzip der
chemischen
Ionisation

### 6.3.3.3  Fast Atom Bombardement

Bei der FAB-Technik („Bombardierung mit energiereichen Atomen") wird die zu analysierende Probe in einer schwer flüchtigen Flüssigkeit (Glycerin) gelöst und auf einem Metallteller (Target) in die Ionenquelle eingeschleust.

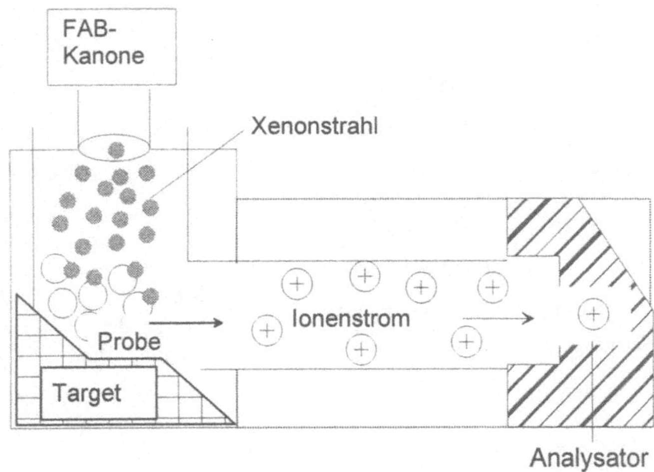


**Bild 6-31**
Prinzip der FAB-
Technik

Dort erfolgt die Bombardierung *(Sputtering)* dieser Lösung mit energiereichen Ionen wie Argon oder Xenon. Dabei entstehen Glycerinclustern ([Glycerin $_{x\,(x=1,2...)}$ + H]$^+$) und die Quasimolekülionen ([M + H]$^+$). Die schonende FAB-Technik ist insbesondere zur Bestimmung der Molekülionen von Peptiden und Proteinen sowie von charakteristischen Fragmentpeaks innerhalb der Strukturaufklärung von Glycanen (Abschnitt 9.3.2.2) gut geeignet.

### 6.3.3.4  Electrospray

Die früher noch verwendete Bezeichnung Ionenspray und der Begriff Electrospray (ESI) stehen heute für weiche Ionisationsarten, die vom Prinzip her identisch sind.

Die Probemoleküle einer Flüssigkeit werden durch eine Kapillare gefördert, die an ihrem Ausgang von einem elektrischen Feld umgeben ist. Beim Austritt aus der Kapillare führt dies zum Versprühen und zur elektrischen Aufladung (Ionisierung) der Probemoleküle. Die Ausbeute und damit die Nachweisbarkeit der Ionen ist um so größer, je mehr ionisierte Tröpfchen dabei entstehen. Bei der Ionenspraytechnik wird zusätzlich ein Stickstoffstrom zugeführt, der eine Vergrößerung der Tröpfchenanzahl bewirkt.

### 6.3.3.5  Feldionisation

Bei der Feldionisation (FI), die eine weitere „weiche" Ionisationsmethode (s. Bild 6-32) darstellt, wird ein sogenannter Emitter eingesetzt und aktiviert.

Bei der Aktivierung werden feine borstenartige Kohlenstoffnadeln ausgebildet. Dies erfolgt durch einen pyrolytischen Vorgang, der in einer Benzonitrilatmosphäre mit einem Partialdruck von ca. 80 Pa und unter hoher Spannung an einem bis zur Weißglut aufgeheizten Wolframfaden stattfindet. Die Probe wird auf einer Schubstange in die Ionenquelle eingebracht und verdampft. Die Ionisation der Probemoleküle erfolgt unmittelbar vor den Kohlenstoffnadeln durch Tunneln von Elektroden („quantenmechanischer Tunneleffekt").

Im Massenspektrum werden meist Molekülionen [M$^+$] und nur zum geringen Teil Quasimolekülionen registriert.

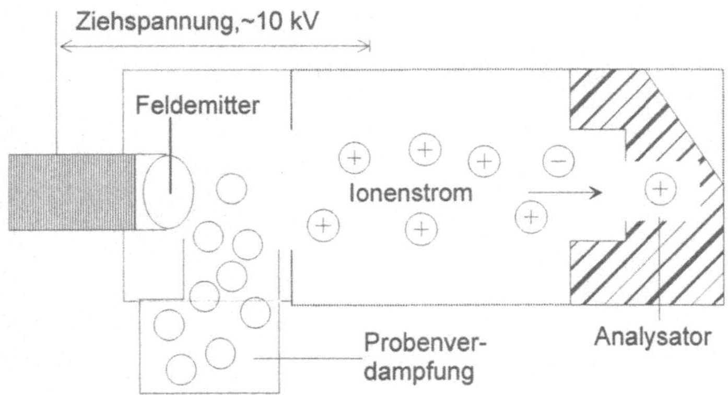


**Bild 6-32**
Prinzip der
Feldionisation

### 6.3.3.6  Felddesorption

Die Ionisation von Molekülen mittels Felddesorption (FD) beruht auf dem Prinzip einer Desorptionsquelle und ist mit der Feldionisation vergleichbar. Im Unterschied zu dieser erfolgt die Probeaufgabe durch direktes Eintauchen des Emitters in die Substanzlösung. Danach wird der präparierte Emitter auf einer Schubstange in die Ionenquelle eingeschleust. Die Desorption der Probeionen erfolgt durch Aufheizen im elektrischen Feld zwischen Emitter und einer Gegenelektrode. Die Massenspektren, in denen neben Molekül- auch Quasimolekülionen registriert werden, sind gegenüber der Feldionisation komplexer zusammengesetzt.

## 6.3.4  Spektrometertypen

Von besonderer Bedeutung für das Massenspektrometer ist sein Trennsystem (Analysator), daß wie die Trennsäule in den Hochleistungstrenntechniken als „Herzstück" der Apparatur betrachtet wird. Die wichtigsten Trennprinzipien in Verbindung mit verschiedenen Massenspektrometrie-Geräten sind Gegenstand der folgenden Ausführungen.

### 6.3.4.1  Magnetfeld-Sektorfeld-Massenspektrometer

Diese Art von Massenspektrometern ist weit verbreitet. Grundlage der Probeionentrennung nach dem Masse-zu-Ladungsverhältnis ist ihre Ablenkung in einem magnetischen Feld, wie dies in Bild 6-27 bereits schematisch gezeigt wurde. Aus der Darstellung ist ersichtlich, daß nach erfolgter Ionisierung die Moleküle mit Hilfe von Beschleunigungsplatten auf hohe Geschwindigkeiten gebracht werden. Das erfolgt durch Umwandlung der in einem elektrischen Feld von einigen Kilovolt erzeugten potentiellen Energie in kinetische Energie. Die beschleunigten Ionen gelangen in das Magnetfeld, in dem sie durch die Lorenzkraft auf eine Kreisbahn gelenkt werden.

Dabei ist die Bewegung, die durch die Zentrifugalkraft $F_Z$ (6.20) entsteht, der Lorenzkraft $F_L$ (6.21) in einem bestimmten Maß entgegen gerichtet.

$$F_Z = \frac{m \cdot v^2}{r} \tag{6.20}$$

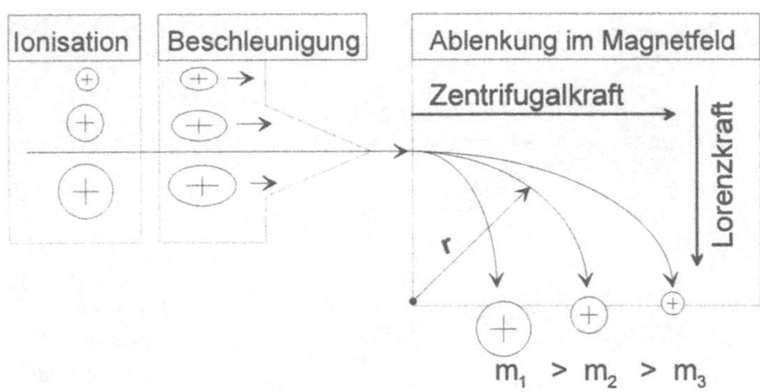


**Bild 6-33**
Prinzip der
Ionentrennung im
Magnetfeld

$F_Z$ ist proportional der Masse $m$ des Ions und dem Quadrat seiner Geschwindigkeit $v$ und indirekt dem Radius $r$ der Flugbahn.

$$F_L = e \cdot v \cdot H \tag{6.21}$$

$F_L$ ist direkt proportional der Elementarladung $e$ ($e = 1{,}6 \times 10^{-19}$ C) und der Geschwindigkeit des Ions sowie der angelegten Magnetfeldstärke $H$.

Beide Kräfte gelangen in einen Gleichgewichtszustand, dessen mathematischer Zusammenhang aus folgender Gleichung hervorgeht:

$$\frac{m \cdot v^2}{r} = e \cdot v \cdot H \tag{6.22}$$

Schwere Ionen werden bei konstanten Magnetfeldbedingungen auf kleinere und Ionen geringerer Massen auf größere Kreisbahnen abgelenkt. Ionen mit identischem Masse-zu-Ladungsverhältnis befinden sich auf identischen Flugbahnen und werden am gleichen Punkt des Detektors registriert.

Mit Hilfe der magnetischen Sektorfeldtechnik werden die Flugbahnen von Ionen mit unterschiedlicher Masse im Magnetfeld so „gesteuert", daß sie auch am gleichen Detektionspunkt ankommen. Das gelingt durch Variation der Magnetfeldstärke $H$ und der Beschleunigungsspannung $U$. Ihre Abhängigkeit von der Masse $m$ und Geschwindigkeit $v$ der Ionen geht aus Gleichung 6.23 hervor.

$$e \cdot U = \tfrac{1}{2} \cdot m \cdot v^2 \tag{6.23}$$

Durch Auflösen dieser Gleichung nach $v$ und Einsetzen in Gleichung 6.22 wird die folgende Beziehung erhalten.

$$\frac{m}{e} = \frac{H^2 \cdot r^2}{2 \cdot U} \tag{6.24}$$

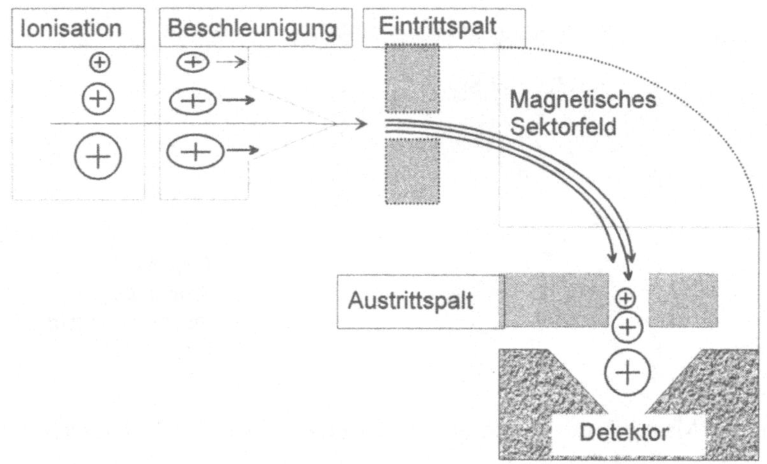



**Bild 6-34**
Prinzip der
Ionentrennung
im magne-
tischen Sek-
torfeld

Durch Scannen von $U$ oder $H$ erfolgt die Trennung der Ionen nach ihrem Masse-zu-Ladungsverhältnis im magnetischem Sektorfeld.

Die Größeneinstellung von Ein- und Austrittsspalt ist variabel. Je kleiner die Öffnungen sind, um so größer ist die Auflösung der Ionentrennung. Die Auflösung $R$ wird in der Massenspektrometrie als Verhältnis der Massenzahl $m_1$ eines Ions „1" zur Massendifferenz $\Delta m$ eines bezüglich seiner Masse benachbarten Ions „2" definiert.

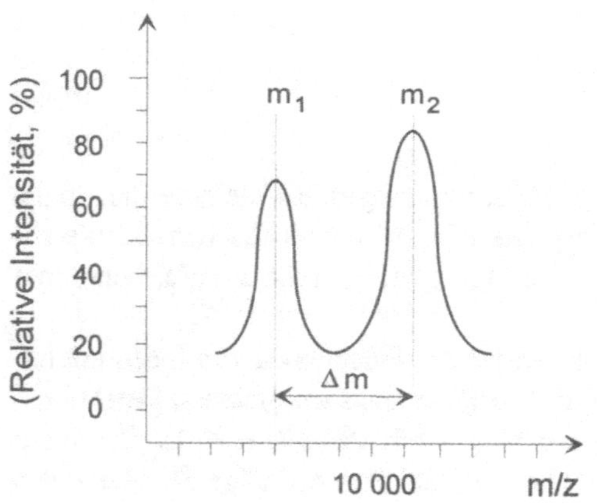



**Bild 6-35**
Die Auflösung in der Massenspektrometrie
(schematisch)

### 6.3.4.2  Flugzeitmassenspektrometer

Bei dieser MS-Technik, für die die Bezeichnung TOF *(Time of Flight)* gebräuchlich ist, werden die Flugzeiten von verschieden schweren Ionen für ihre Trennung ausgenutzt.

Die Länge des Flugrohres beträgt bis ca. 2 Meter, die Flugzeit der Ionen liegt im Bereich von wenigen Mikrosekunden. Leichte Ionen fliegen schneller als schwere und erreichen zuerst den Massendetektor (s. Bild 6-36). Der Massenbereich ist relativ unbegrenzt, weshalb diese Massenspektrometer bevorzugt zur Molekulargewichtsbestimmung von Biomolekülen eingesetzt werden (s. a. Abschnitte 6.4.1 und 9.3.3.4).

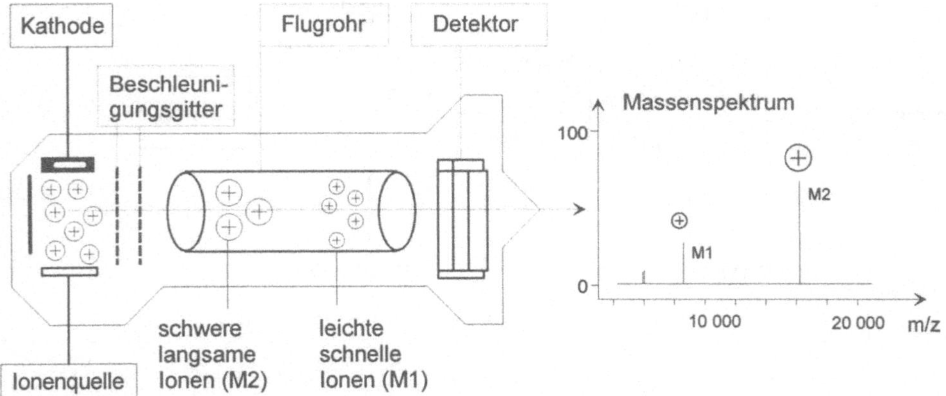


**Bild 6-36**   Prinzip des Flugzeitmassenspektrometers

### 6.3.4.3   Quadrupolmassenspektrometer

Bei diesem Gerätetyp sind vier gegenüberliegende Magnetstäbe angeordnet. Zwei sind mit positivem und zwei mit negativem Spannungspotential belegt. Außerdem wird eine Hochfrequenzwechselspannung im Winkel von 180° zu den Magnetpaaren angelegt. In der Mitte der Magnetanordnung „fließt" der Ionenstrom, der durch Änderung von Spannung und Frequenz gesteuert wird. Beide werden bei dieser Technik so gewählt, daß Ionen mit gleicher Masse auf einer entsprechenden Bahn zum Detektor gelangen. Quadrupolmassenspektrometer sind leicht handhabbar und zeichnen sich durch hohe Empfindlichkeit und Robustheit aus.

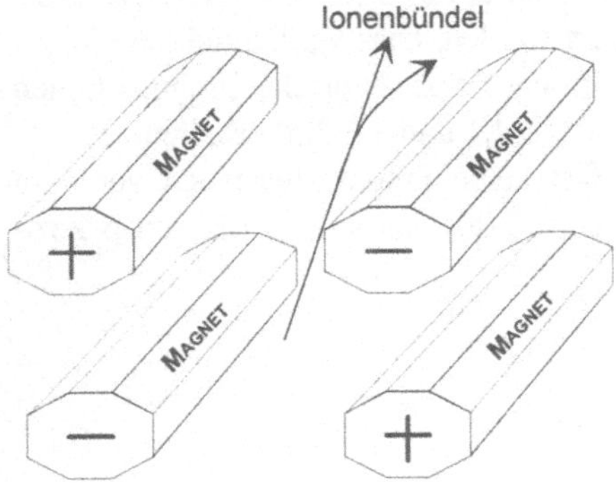


**Bild 6-37**
Magnetanordnung im
Quadrupolmassenspektrometer (schematisch)

### 6.3.4.4   Tandemmassenspektrometer

In diesem MS-Gerätetyp sind zwei Massenspektrometer hintereinander gekoppelt. Im ersten erfolgt die Aufnahme des Spektrums der Probesubstanz nach dem Masse-zu-Ladungsverhältnis. Daraus wird ein bestimmtes Ionenbündel ausgewählt und in eine Stoßkammer (Reaktionszone) überführt, in der es durch ein Inertgas energetisch angeregt wird.

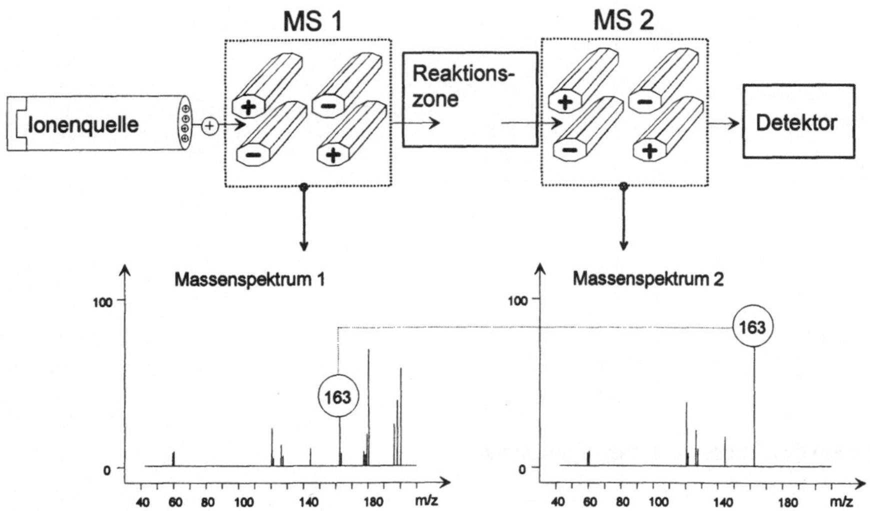


**Bild 6-38**  Prinzip der Tandemmassenspektrometrie (MS/MS)

Von den resultierenden Fragmentionen wird ein zweites Massenspektrum erzeugt, in dem ein ausgewähltes Ion mit höherer Empfindlichkeit registriert wird.

## 6.3.6  Spektrenvergleich zwischen harter und weicher Ionisation

Am Beispiel von Mannose, die zu den Monosaccharid-Species von Glycoproteinen (s. Abschnitt 2.3) gehört, werden beide Ionisationsarten gegenübergestellt. Als harte Ionisation wurde die Elektronenstoßionisation (EI) ausgewählt.

Der Molekülpeak für Mannose liegt bei 180. Das Spektrum in Bild 6-39 zeigt, daß deutliche Peaks nur in Massenbereichen unter 80 registriert werden. Dies verdeutlicht die intensive Fragmentierung des Moleküls in untypische Bruchstücke. Typische Fragmentionen werden mit einem Reflektor-TOF-MS-Gerät (Abschnitte 6.4.1 und 9.3.2.5) erhalten.

Bei einer weichen Ionisationstechnik kommen fast keine Fragmentierungen vor. Am Beispiel der chemischen Ionisation von Mannose (Bild 6-40) werden im Massenspektrometer zwei Hauptpeaks registriert.

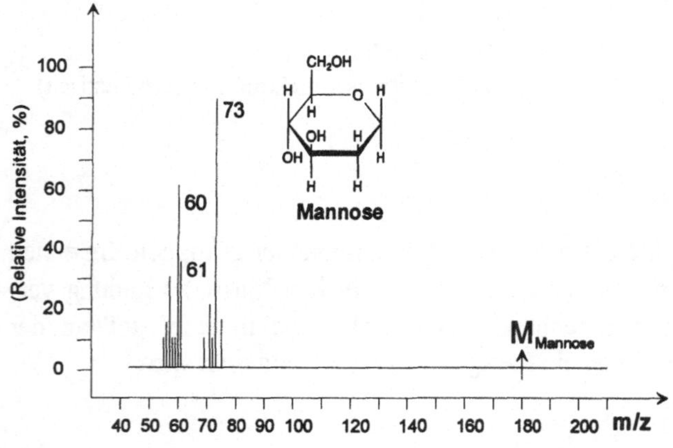


**Bild 6-39**
Elektronenstoßionisation
(schematisch)

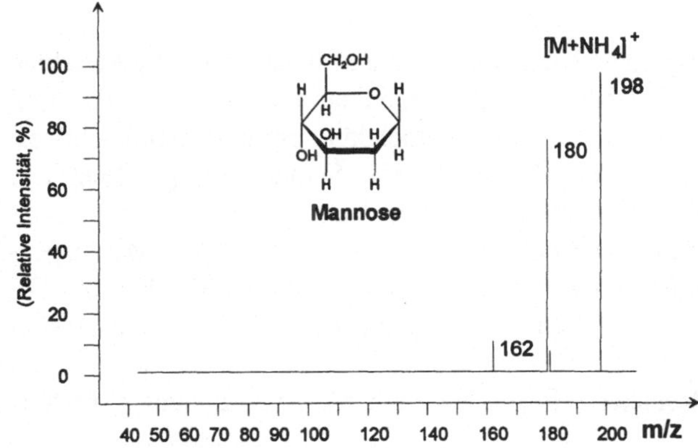


**Bild 6-40**
Chemische Ionisation mit
Ammoniak (schematisch)

Bei einer Massenzahl von 180 erscheint der Molekülpeak und bei 198 tritt ein intensiver Quasimolekülionenpeak auf, der durch die Anlagerung von $NH_4^+$-Ionen an die Mannose entsteht. Die weichen Ionisationstechniken werden insbesondere für hochmolekulare (Bio)moleküle angewandt.

# 6.4  Laser Desorptions/Ionisations - Massenspektrometrie

Grundlage dieser noch relativ neuen bioanalytischen MS-Technik mit der exakten Bezeichnung *„Matrix-assisted Laser Desorption/Ionisation–Time of Flight–Mass Spectrometry"* (MALDI-TOF-MS) ist die schonende Desorption und Ionisierung mittels gepulster Laserstrahlung („LDI") von intakten Biomolekülen wie Proteinen, Glycoproteinen, Nucleotiden, Oligosacchariden und Lipiden unter Verwendung einer organischen Matrix *(„matrixassisted")* in Kombination mit einem Flugzeitmassenspektrometer *(„TOF")*.

Der Einsatz der Massenspektrometrie zur Bestimmung von Biosubstanzen mit hohen Molekulargewichten (> 1000 Dalton) scheiterte lange Zeit daran, daß bei der Überführung von polaren, nicht flüchtigen Biomolekülen in die Gasphase erhebliche Fragmentierungen auftraten. Dieses Defizit der Massenspektrometrie wurde durch die Entwicklung schonender bzw. „weicher" oder „sanfter" Ionisierungstechniken (s. Abschnitt 6.3.3) behoben. Damit können hochmolekulare Gasionen durch Beschuß mit energiereichen Ionen bzw. Atomen (FAB), in geladenen „Flüssigkeits-Droplets" (Thermo-, Electrospray) oder in einem starken elektrischen Feld (Felddesorption) erzeugt werden.

Durch die Fortschritte auf dem Gebiet der Plasmadesorption (PD) und das Experimentieren mit Laserlicht wurde eine weitere „weiche" Ionisationsart (LDI-Technik: *„Laser-Desorption/Ionisation"*) zur Erzeugung von hochmolekularen intakten Gasionen entdeckt. Zu Beginn dieser Entwicklung waren Moleküle mit kleineren Molekulargewichten von wenigen Tausend Dalton ionisierbar.

Der entscheidende Durchbruch bei der schonenden Ionisierung sehr großer Biomoleküle mit Molekulargewichten bis 100 000 und mehr gelang Karas und Hillenkamp im Jahre 1988 [31-34]. Sie hatten beim Arbeiten mit Laserlicht beobachtet, daß eine niedrig absorbierende Substanz im Gemisch mit einer hoch absorbierenden Komponente bereits bei

Energiedichten des Laserpulses ionisiert wird, die für ihre Ionisierung im reinen Zustand nicht ausreichend sein würde.

Ausgehend von dieser relativ unspektakulären, aber für die Bioanalytik großer Moleküle revolutionierenden Entdeckung, wurde letztendlich die Grundlage für die einfach und sehr schnell zu handhabende MALDI-MS gelegt, bei der Biomoleküle mit einem 1000- bis ca. 10 000-fachen Überschuß einer organischen Substanz (z.B. Siapinsäure) gemischt und durch einen gepulsten Laserstrahl desorbiert und ionisiert werden.

Diese intakten gasförmigen Biomoleküle können mit Hilfe eines Flugzeitmassenspektrometers in fast unbegrenzt hohem Molekulargewichtsbereichen (bis ca. 500 000) mit hoher Empfindlichkeit (pmol- bis fmol-Bereich) und Genauigkeit (0,1–0,01%) analysiert werden.

Die Trennung im Massenspektrometer erfolgt nach dem Masse-zu-Ladungsverhältnis *(m/z)* der Molekülionen.

### 6.4.1  Aufbau von MALDI-TOF-MS-Geräten

Ursprünglich wurden Nd-YAD-Laser mit einer Anregungswellenlängen von 266 nm und einer Pulsdauer von ca. 10 ns zur Desorption und Ionisation der Moleküle eingesetzt. Charakteristische Parameter für die Beschleunigungsenergie waren 3 keV und für die Bestrahlungsstärke $1 \times 10^7$–$5 \times 10^7$ W/cm$^2$. Der Laserfokus lag zwischen 10 und 50 µm.

Als weitere Anregungswellenlänge diente auch 355 nm. Kürzlich wurden auch $CO_2$-Laser getestet, die z.B. bei 10,6 µm im infraroten Bereich arbeiten.

Weitverbreitet sind jedoch kostengünstige Stickstoff-Laser mit einer UV-Strahlung von 337 nm und einer Frequenzdauer zwischen 2 und 100 ns.

Der Laserimpuls trifft nach dem Passieren von optischen und elektronischen Bauteilen auf ein Target, worauf sich die in eine Matrix eingebetteten Probemoleküle befinden (s. a. Bild 6-41, vgl. auch 6.4.2). Die Moleküle absorbieren die Energie, werden desorbiert, ionisiert und als gasförmige Ionen in das Flugszeitmassenspektrometer überführt. Dieses kann im linearen TOF- oder Reflektor-TOF-Modus betrieben werden (s. Bild 6-42).

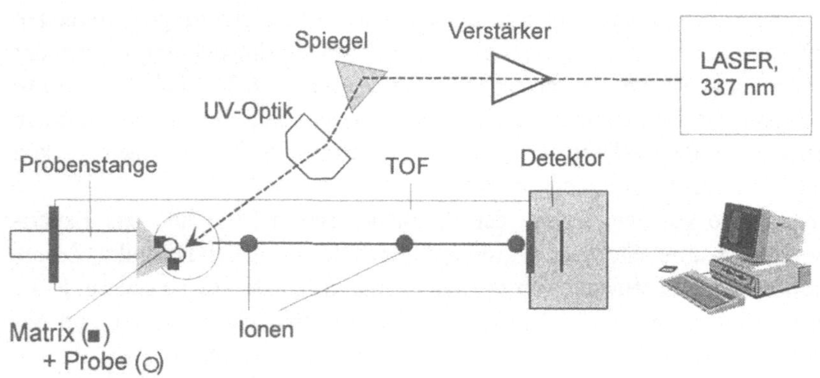


**Bild 6-41**  Instrumenteller Aufbau eines MALDI-TOF-MS-Gerätes

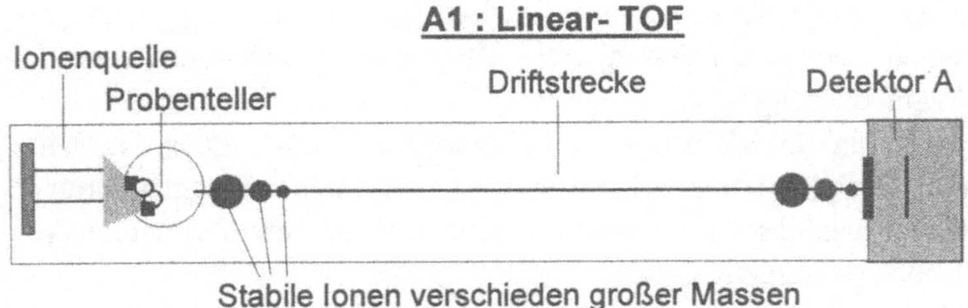



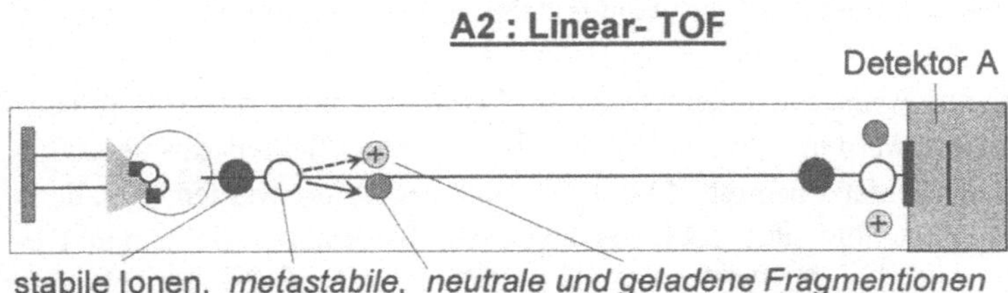



**Bild 6-42**  Anordnungen beim Linearen TOF (A1 und A2)

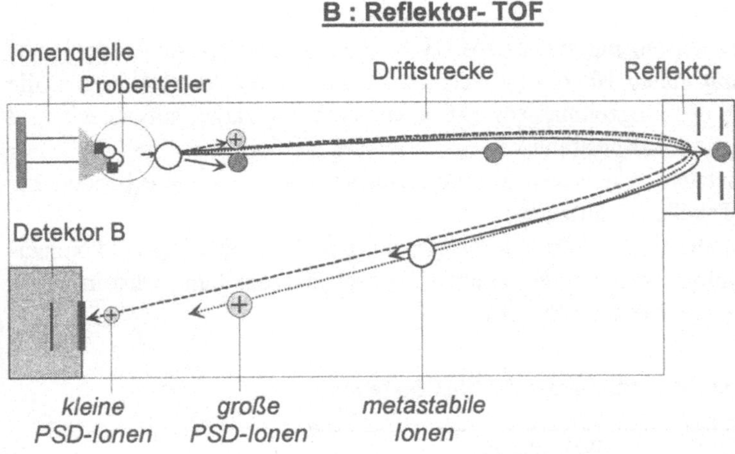



**Bild 6-43**  Anordnung beim Reflektor-TOF-Gerät (B)

Bei der linearen Anordnung fliegen die Ionen nach erfolgter Beschleunigung auf einer
geraden Flugbahn von der Ionenquelle innerhalb des Flugrohres (TOF) zum Detektor (A1
in Bild 6-42). Dabei werden sie nach ihrem Masse-zu-Ladungsverhältnis ($m/z$) getrennt.
Kleine und schnelle Ionen erreichen den Detektor zeitiger als die großen schweren Ionen.

Zu Beginn der MALDI-Technik wurden zunächst nur die intakten Molekülionen detektiert. Von besonderem Interesse waren thermisch labile Biopolymere wie Proteine, deren
Molekulargewicht im positiven (protoniertes Molekül) oder negativen Modus (deproto-

niertes Molekül) bestimmt werden konnte. Nach dem Ionisierungsprozeß (Bildung von Quasimolekülionen) wurden keine Fragmentionen registriert. Nur die Ionen, die unmittelbar in der Ionenquelle erzeugt wurden, konnten mit Hilfe eines linearen TOF-Gerätes detektiert werden („prompte Fragmentierung").

Erst später bemerkte man, daß die Molekülionen während des Fluges entlang der Driftstrecke im TOF-Gerät auch zerfallen können. Dies wird als „metastabile Fragmentierung" bezeichnet, wobei aus dem metastabilen Molekülion im Normalfall ein neutrales und ein geladenes Fragmention entstehen (A2 in Bild 6-42).

Für derartige metastabile Zerfallserscheinungen von Ionen wurde der Begriff PSD *(post source decay)* geprägt. Im linearen TOF-Gerät ist jedoch die Auftrennung dieser PSD-Ionen nicht möglich. Sie erreichen zur gleichen Zeit wie die stabilen bzw. metastabilen Ionen den Detektor. (A2).

Erst durch die Entwicklung von speziellen Reflektor-Geräten konnten diese Fragmentionen getrennt und detektiert werden (Bild 6-43). Im Reflektor verbleiben die neutralen Fragmentionen und können mit der linearen MALDI-Technik registriert werden. Geladene Fragmentionen werden „umgelenkt" und erreichen auf einer V-förmigen Bahn den Detektor (B). Für das „Abbremsen" von PSD-Ionen im Reflektor, worauf die nachfolgende Trennung der Ionen basiert, dienen variable Reflektorspannungen.

Einige interessante Applikationen aus der Glycan-Sequenzierung von Glycoproteinen mittels MALDI-PSD-TOF-MS werden im Abschnitt 9.3.2.5 demonstriert.

### 6.4.2  Probepräparation

Grundprinzip der Präparationstechnik in der MALDI-Technik ist das Vermischen der Probe bzw. des Biomoleküls mit einem $10^3$ bis $10^4$ -fachen Überschuß der Matrixsubstanz, die außerhalb oder innerhalb des Flugzeitmassenspektrometers auf das Target aufgebracht und mit einer gepulsten Laserfrequenz bestrahlt wird.

Einige häufig eingesetzten organischen Matrixsubstanzen und die entsprechenden Laserwellenlängen sind in Tabelle 6-7 aufgeführt.

Die Vorbereitungsschritte sind in Bild 6-44 dargestellt. Der Analyt (1), der ein kommerzielles oder aus einer biologischen Matrix isoliertes Biomolekül sein kann, wird in einem separaten Gefäß (3a) zuerst in Lösung gebracht.

**Tabelle 6-7**     Organische Matrixsubstanzen der MALDI-Technik

| Matrix | Wellenlängen |
| --- | --- |
| Sinapinsäure | 337 nm, 355 nm |
| DHB (2,5-Dihydroxybenzoesäure) | 337 nm, 355 nm |
| Nicotinsäure | 266 nm |
| α-Cyano-4-hydroxyzimtsäure | 337 nm, 355 nm |
| 4-Hydroxypicolinsäure | 337 nm, 355 nm |
| Bernsteinsäure | 2,94 µm, 10,6 µm |
| Glycerin | 2,79 µm, 2,94 µm, 10,6 µm |
| Harnstoff | 2,79 µm, 2,94 µm, 10,6 µm |

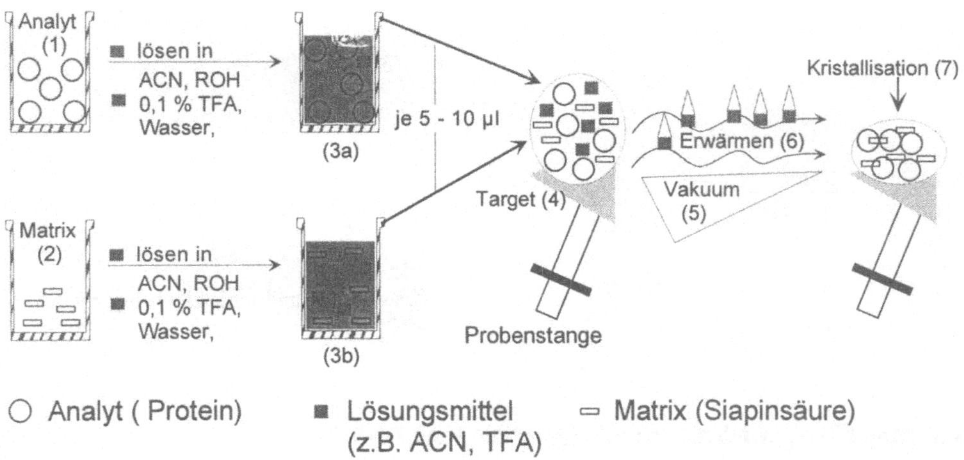


**Bild 6-44**  Probepräparation in der MALDI-Technik

Die für das Biomolekül ausgewählte organische Matrix (2) wird entsprechend in einem zweiten Gefäß (3b) aufgelöst. Von jeder Lösung werden je 5–10 µl auf die Oberfläche des Targets (4) in Form eines Tropfens aufgetragen. Durch Anlegen eines Vakuums (5) bzw. durch vorsichtiges Erwärmen (6) werden die Lösungsmittelmoleküle von der Oberfläche des Targets schonend entfernt.

Dabei tritt ein Kristallisationsprozeß (7) ein, der eine kreisförmige feste Randzone hinterläßt. Darin sind die intakten und nicht denaturierten Biomoleküle mit der organischen Matrix homogen „verschmolzen".

Die Qualität dieser „MALDI-Matrix" insgesamt, ihre Homogenität und die meist empirische Wahl der organischen Matrix und ihrer richtigen Konzentration sind wichtige Parameter für die Güte und Zuverlässigkeit der registrierten Massenspektren.

Die organische Matrix selbst besitzt innerhalb der Prozesse der Desorption und schonenden Ionisierung der Biomoleküle eine Reihe wichtiger physikalisch-chemischer Eigenschaften und Funktionen, die die charakteristische Bezeichnung „Matrix-unterstützte Laser Ionisation/Desorption" besonders dokumentieren.

(a)   Die Matrix absorbiert und akkumuliert Energie aus der Laserstrahlung. Zusätzlich schützt sie auf Grund ihres eigenen Absorptionsvermögens und ihrer hohen Konzentration im Gemisch die Analyte vor Zerstörungen und Fragmentierungen im MS.

(b)   Die Matrixmoleküle übertragen Energie für die Desorption auf die Analyte.

(c)   Die Matrix ist selbst an Protonen-Interaktionen und Protonen-Übergängen mit den Analytmolekülen beteiligt und überträgt die erforderliche Ionisierungsenergie. Dabei kann die Matrix sowohl Protonen aufnehmen als auch zur Verfügung stellen.

(d)   Die Matrix vermindert störende Wechselwirkungen zwischen den Analytmolekülen untereinander und trägt zur Beseitigung von Adsorptionsphänomenen mit der Oberfläche des metallischen Targets bei.

Nach erfolgter Bestrahlung des Kristallisationsringes mit gepulstem Laserlicht erfolgt die bereits erwähnte Desorption der hochmolekularen Analyte und ihre Überführung in den gasförmigen Zustand. Durch Anlagerung von Wasserstoff- oder Alkaliionen an die Biomoleküle entstehen sogenannte Quasimolekülionen wie $[M + H]^+$ $[M + NH_4]^+$, $[M + Na]^+$.

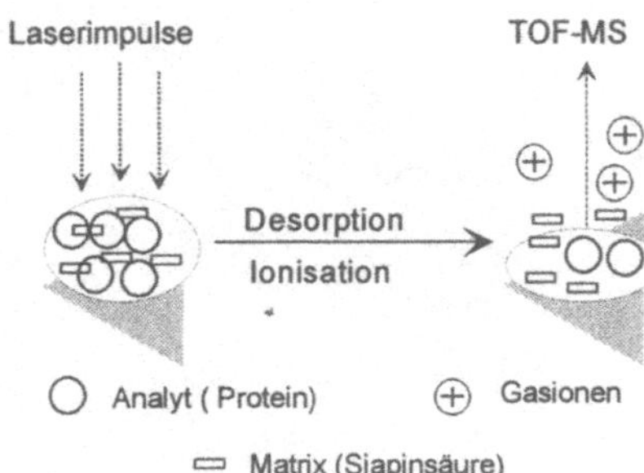



**Bild 6-45**
Desorptions- und Ionisationsvorgang der
Analyte

## 6.4.3  Molekulargewichtsbestimmung mittels MALDI-MS

Diese Quasimolekülionen werden zur Ermittlung der Molekulargewichte herangezogen. Im Vergleich zur Molekulargewichtsbestimmung von Proteinen und anderen Biomolekülen mit Hilfe der SDS-Polyacrylamid-Gel-Elektrophorese (Abschnitt 5.1.4) oder der Größenausschlußchromatographie (SEC, Abschnitt 4.3.2) stellt die MALDI-TOF-MS auf Grund ihrer Präzision und Einfachheit eindeutig die Methode der Wahl dar.

Die Molekulargewichtsbestimmung mit MALDI-MS ist signifikant von der Molekülgröße der Substanz abhängig. Während die Massen kleiner Peptide mit einer Präzision von 0,1 bis 0,01 % bestimmt werden können, ist die Genauigkeit für hochmolekulare Proteine meist kleiner als 0,1 %.

Für Lysozym resultiert beispielsweise ein Molekulargewicht von 7153,7 (Bild 6-46).

Dagegen werden für Proteine, die glycosyliert sind (Muzine, Fetuin, Asialofetuin), sehr breite Signale im MALDI-Spektrum registriert (vgl. Bild 9-21 in Abschnitt 9.3.3.4). Dies ist auf die Mikroheterogenitäten der Glycoproteine zurückzuführen und vermindert auch die Genauigkeit der Molekulargewichtsbestimmung.

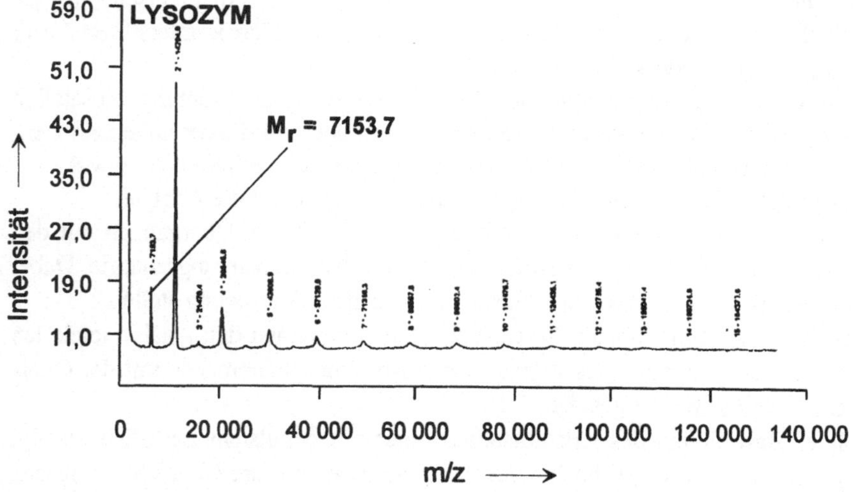



**Bild 6-46**  MALDI-MS-Spektrum von Lysozym

Wer Erfolg haben will, darf keine
Angst haben, Fehler zu machen.

**Frank Tyger**

# 7 Kopplungstechniken

## 7.1 Gaschromatographie - Massenspektrometrie

Das Prinzip der Gaschromatographie [1-10] beruht auf Verteilungsvorgängen der Probemoleküle zwischen einer festen (flüssigen) stationären Phase und einem Gas, das als mobile
Phase durch eine Säule strömt. Ist an die stationäre Phase ein Flüssigkeitsfilm physikalisch
oder chemisch gebunden, wird die Methode als Gas-Flüssigkeits-Chromatographie (GLC)
bezeichnet. Die zu analysierenden Substanzen dürfen sich beim Verdampfen nicht zerset-
zen, sie müssen flüchtig sein oder in flüchtige Derivate überführt werden können.

Die Gaschromatographie mit gepackten großvolumigen Säulen (5m × 5 mm i.D.) wurde
maßgeblich in den 40-er und 50-er Jahren entwickelt [1]. 1958 erhielten Martin und Synge
für ihre Arbeiten auf diesem Gebiet den Nobelpreis.

Bereits in den 60-er Jahren wurden gaschromatographische Trennungen in Kapillaren
(CGC: *capillary gas chromatography*) aus Stahl oder Kunststoff durchgeführt.

Die Einführung von Glas- und Fused-Silica-Kapillaren in den 60-er und 70-er Jahren
revolutionierte die Trenntechniken im besonderen Maße. Durch die Entwicklungsarbeiten
zur chemischen Modifizierung der Oberflächensilanolgruppen von Kapillaren resultierten
hohe Selektivitäten für die Trennung von niedermolekularen Substanzen. Der geringe
Durchmesser (50 µm), die sehr lange Trennstrecke (30–100 m) und die kleinen Diffusionskoeffizienten der Probemoleküle in der Gasphase der Kapillare sind die entscheidenden
Faktoren, die effiziente Trennungen von mehreren Hundert Substanzen mit sehr schmalen
Peakprofilen in wenigen Stunden ermöglichen.

Die Kombination der Gaschromatographie mit einem Massenspektrometer (GC-MS) gilt
als universelle Detektionsmethode. Alle gasförmigen Substanzen werden ionisiert und im
Massenspektrometer detektiert. Die Probevorbereitung und die exakte Ermittlung von
„Blindwerten" sind wichtige Voraussetzungen, um GC-MS-Kopplung optimal einzusetzen.

Das Massenspektrometer hat in der GC im Vergleich zu anderen Detektoren (FID,
ECD) für bioanalytische Fragestellungen die größte Bedeutung, obwohl nur etwa 10 % aller
organischen Verbindungen direkt und weitere 15 % nach Derivatisierung mittels GC-MS
analysiert werden können.

In Abhängigkeit der Ionisationsmethode (CI: chemische Ionisation) und des verwendeten Massenspektrometers (Quadrupol) können Substanzen im Bereich von 10 pg bis 10 fg
($10^{-11}$ ... $10^{-14}$ g) nachgewiesen werden, weshalb die GC-MS vor allem für die Analyse und
Strukturaufklärung von extrem niedrigen Spurengehalten von niedermolekularen Biosubstanzen in der Umwelt- und Lebensmittelanalytik fest etabliert ist.

In der Bioanalytik wird die Gaschromatographie in Kombination mit der Massenspektrometrie für ganz spezielle Untersuchungen eingesetzt (s. Abschnitt 9.3.2.1).

Von Bedeutung ist z.B. die Analyse von flüchtigen Kohlenhydrat-Derivaten (Trimethyl-silyl- oder Methylether, Acetate) sowie von Lipidbestandteilen und Fettsäuren, wie in den Abschnitten 8.4 und 9.3 noch gezeigt werden wird.

Besonders geeignet ist die GC-MS-Technik innerhalb der Aufklärung der Bindungs-verknüpfung und Isomerie der Glycanstrukturen von Glycoproteinen (Abschnitt 9.3) oder zur Enantiomerentrennung von optisch aktiven Biosubstanzen.

Biopolymere sind dagegen thermolabil, können in der Regel nicht derivatisiert werden und sind folglich für GC-MS-Untersuchungen nicht geeignet.

Für die Kopplung von gepackten GC-Säulen und dem Massenspektrometer ist ein Sepa-rator (Bild 7-1) erforderlich, da die hohe Trägergasmenge (20–60 ml/min) nicht direkt in das Massenspektrometer überführt werden kann. Der Gasstrom und die darin enthaltenen Probemoleküle werden vom Trennsäulenausgang über eine Düse in eine unter Vakuum ste-hende Trennkammer überführt. Darin erfolgt die Abtrennung und das Absaugen der Gas-moleküle mit Hilfe einer Vakuumpumpe. Die Probemoleküle gelangen durch die Transfer-kapillare in die Ionenquelle des Massenspektrometers.

Die noch in den 70-er Jahren verwendeten Glaskapillaren konnten auf Grund des gerin-gen Trägergasstromes direkt mit der Ionenquelle verbunden werden. Ihre Zerbrechlichkeit verhinderte jedoch die Verbreitung dieser Kopplung. Die heutzutage fast ausschließlich ein-gesetzten Quarzkapillaren (Fused-Silica-Kapillaren) sind flexibel und können direkt mit der Ionenquelle gekoppelt werden.

Bevorzugt wird das Prinzip der „offenen Kopplung". Zwischen Trennkapillare und Io-nenquelle wird eine Überführungskapillare mit druckdichten Fittings angeordnet. Fused-Silica- oder auch Glaskapillaren können daran problemlos angeschlossen bzw. gewechselt werden, ohne daß das Vakuum im Massenspektrometer unterbrochen werden muß.

Speziell zur Kapillargaschromatographie (CGC) und GC-MS-Kopplung existieren zahl-reiche gute und informative Monographien [5-10].

Für die Analytik insbesondere von Biopolymeren ist die Kopplung der Flüssigchroma-tographie und Massenspektrometrie wesentlich bedeutsamer, weshalb diese Technik hier im Mittelpunkt stehen soll.

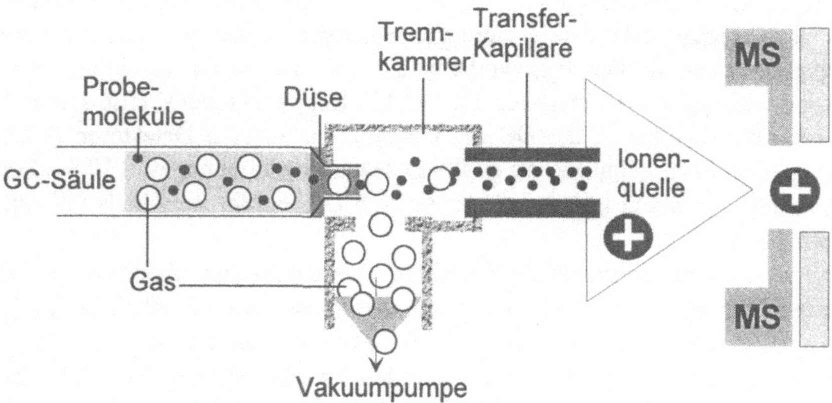


**Bild 7-1**   GC-MS-Kopplung über einen Separator

## 7.2  Flüssigchromatographie - Massenspektrometrie

Die On-line-Kopplung der Flüssigchromatographie mit der Massenspektrometrie (LC-MS) wird seit den 80-er Jahren in den analytischen Laboratorien angewandt und zählt heute fast schon zu den instrumentalanalytischen Routinemethoden [11-14].

Zu den Wegbereitern, die die verschiedensten Varianten und Interfaces für diese leistungsfähige Analysentechnik entwickelten, gehören Forschungsgruppen wie die von Vestal [15], Arpino [16], Fenn [17] oder Henion [18].

Bei der direkten Kombination zwischen zwei so leistungsfähigen Analysetechniken, wie sie die Flüssigchromatographie und Massenspektrometrie darstellen, existieren jedoch einige methodische Schwierigkeiten. Im Gegensatz zur Kopplung zwischen Kapillargaschromatographie und Massenspektrometrie ist bei der Verbindung zwischen einer HPLC-Säule und einem unter Hochvakuum stehenden MS-Gerät eine drastische Reduzierung der Menge des Säuleneluates notwendig. Übliche Flußraten des Säuleneluates liegen bei ca. 1 ml/min. Derartig große Flüssigkeitsvolumina führen bei der Einleitung in ein Massenspektrometer zum Zusammenbrechen des Hochvakuums. Das Problem der LC-MS-Kopplung wird in Bild 7-2 schematisch aufgezeigt.

Hinzu kommen unerwünschte Effekte bei der Ionisation von nicht flüchtigen bzw. thermolabilen Probemolekülen.

Ein Interface zwischen dem LC- und dem MS-Geräteteil zur Reduzierung der großen Lösungsmittelmenge ist deshalb erforderlich. Die Probemoleküle sollen dabei möglichst unbeeinflußt bleiben.

Die Eliminierung großer Elutionsmittelvolumina beim Transfer in ein Massenspektrometer gelang teilweise bereits in den 70-er Jahren, als die (klassische) *Moving-Belt*-Technik [19] eingeführt wurde. Die aus der Säule austretende mobile Phase, in der die Probemoleküle gelöst sind, tropft auf ein Transportband *(belt)* und wird darauf zur Ionenquelle des Massenspektrometers gefördert.

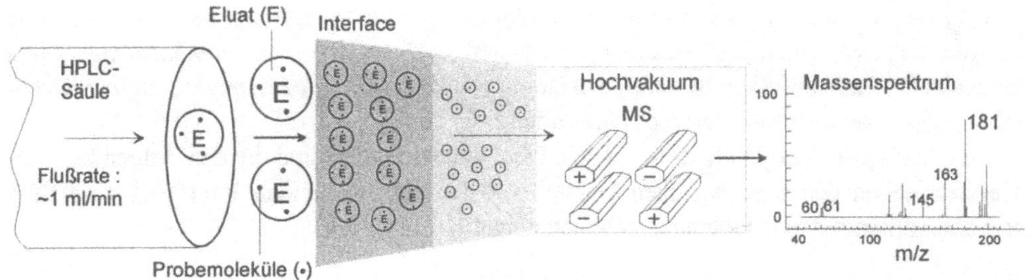


**Bild 7-2**  Problematik der LC-MS-Kopplung

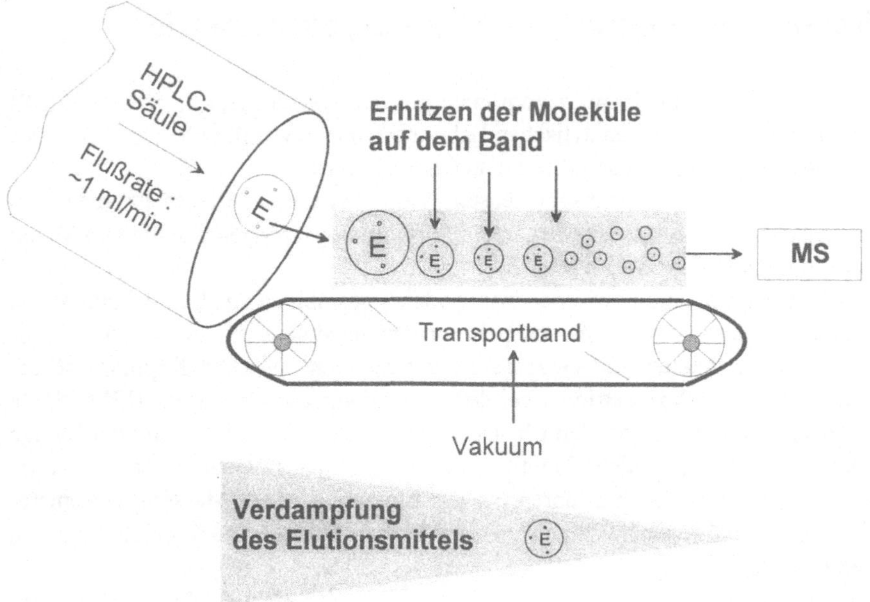


**Bild 7-3**   Moving-Belt-Interface

Während des Transportes erfolgt durch vorsichtiges Erhitzen und Verdampfen die weitestgehende Entfernung des Säuleneluates unter dem Einfluß eines geringen Vakuums. Danach werden die Analytmoleküle am äußersten Ende des Transportbandes schlagartig in die Ionenquelle des Massenspektrometers verdampft. Auf dem „Rückweg" des Bandes erfolgt seine Reinigung von noch verbliebenen Proberesten durch Zuführung von Wärme und Waschen mit Lösungsmitteln. Die schematische Darstellung des heute kaum noch verwendeten Interfaces geht aus dem Bild 7-3 hervor.

Gegenwärtig werden fast ausschließlich Verfahren zum Versprühen der mobilen Phase (Spray-Interfaces) eingesetzt. In der Praxis haben sich das *fast atom bombardement-* und das *particle beam*-Interface bewährt; vorrangig finden jedoch *electrospray-, atmosphärendruck-* oder *thermospray*-Interfaces Anwendung.

Zum besseren Vergleich dieser Techniken untereinander sind in den folgenden Abschnitten neben der schematischen Darstellung des entsprechenden Interfaces zusätzlich auch zusammenfassende Übersichtstabellen eingefügt.

## 7.2.1  LC-Thermospray-MS

Das Thermospray-(TSP)Interface („Zerstäuben in der erhitzten Kapillare", [20-23]) war lange Zeit die Methode der Wahl für die Kopplung zwischen Flüssigchromatographie und Massenspektrometrie. Auf Grund der geringen Empfindlichkeit und Robustheit wird die Methode gegenwärtig von der Atmosphärendruck- und Electrospray-Technik verdrängt.

Die Überführung des Eluates erfolgt von einer kommerziellen HPLC-Säule, deren Innendurchmesser ca. 4 mm beträgt, in eine auf 150–200°C aufgeheizte Metallkapillare *(Nebulizer)* mit einem Innendurchmesser von wenigen 100 Mikrometern.

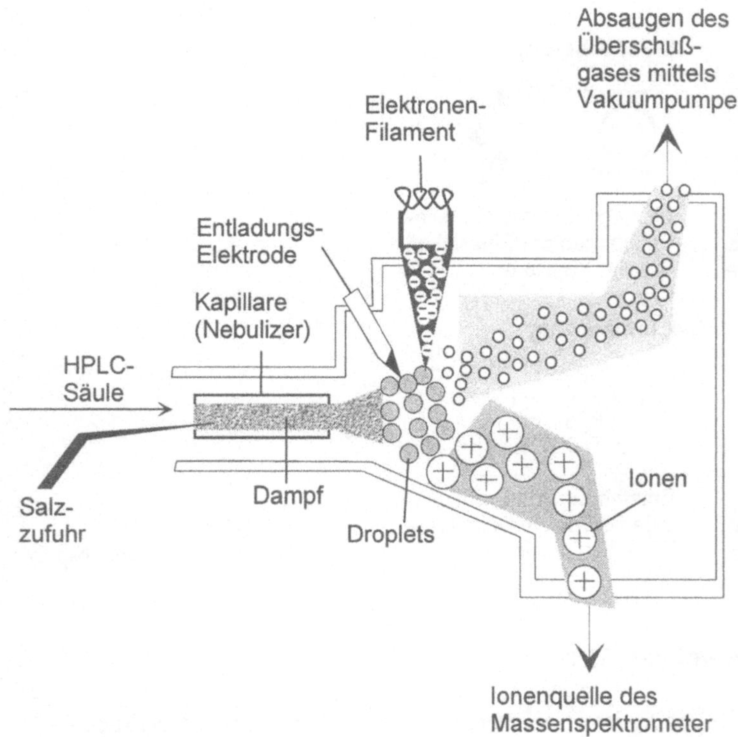


**Bild 7-4**   Thermospray-Interface

Eine Vernebelung (Aerosolbildung) des erhitzen Eluates entsteht, wenn das Flüssigkeitsvolumen beim Austritt aus der Kapillare entspannt wird.

Das Aerosol besteht aus kleinen Tröpfchen *(Droplets),* in denen die Probemoleküle hoch verdünnt vorliegen. Die Desolvatisierung der Droplets erfolgt durch das angelegte Vakuum (Vakuumpumpe) in der Niederdruckregion (Aerosolkammer). Die sich anschließende Ionisation der Probemoleküle kann auf verschiedenen Wegen erfolgen. Der mobilen Phase werden flüchtige Salze wie Ammoniumacetat (Pufferionisation) mit Hilfe einer weiteren LC-Pumpe zudosiert oder im Eluat sind bereits entsprechende Salzmoleküle für die Ionisation vorhanden. Nicht alle Substanzen werden durch derartige chemische Ionisationen (CI) ausreichend ionisiert, was in der Regel zu niedrigen Nachweisempfindlichkeiten führt.

Durch die Verwendung eines Elektronen emittierenden Glühfadens (Filament) oder einer Entladungs*(Discharge)*-Elektrode, die durch eine hohe Feldstärke an ihrer Spitze gekennzeichnet ist, werden Protonentransfer-Reaktionen als effiziente Ionisierungsprozesse mit hohen Ausbeuten ausgelöst. Zur Verstärkung der Ionisation der Probemoleküle dienen außerdem sogenannte Repeller-Elektroden.

Auf Grund der Pufferionen vermittelten Ionisation ist diese Technik besonders für die Analyse von polaren Probemolekülen an Reversed-Phase-Säulen geeignet.

Einen zusammenfassenden Überblick für die Vergleichbarkeit mit anderen *Spray-Interfaces* geht aus dem Bild 7-5 hervor.

**1. Verdampfer-Rohr**

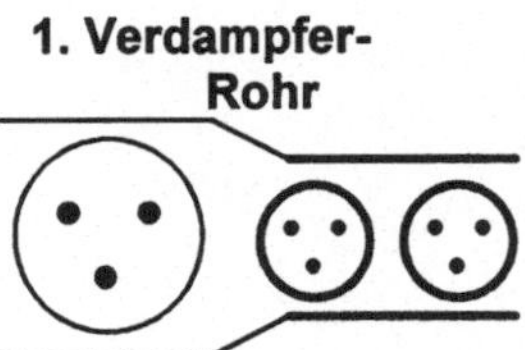

Überführung des Eluates
in eine geheizte Kapillare

**2. Vernebelung**

Bildung von Droplets beim
Enspannen der Flüssigkeit
aus der Kapillare

**3. Vakuum**

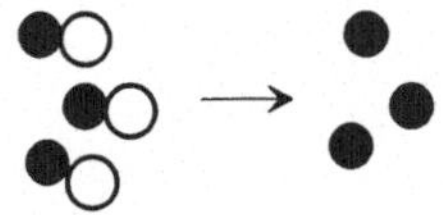

Desolvatisierung der
Droplets ohne Beeinflus-
sung der Probemoleküle

**4. Ionisierung**

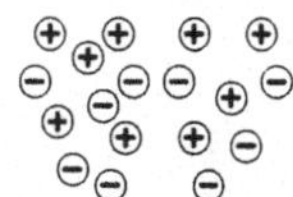

Entstehung von Probe-
ionen durch CI, Discharge-
Elektrode, Filament

**Bild 7-5**
Vorgänge beim Thermospray

## 7.2.2 LC-Atmosphärendruck-MS

Hauptbestandteil dieser Kopplung ist eine Ionenquelle, die unter Atmosphärendruck (API: *atmospheric pressure ionisation source*) arbeitet. In Kombination mit der chemischen Ionisation (CI) wird diese Technik auch als APCI [24-28] bezeichnet.

In der Atmosphärendruck-MS haben sich die beiden API-Techniken Ionenspray (*pneumatically assisted electrospray*, Bild 7-6) und das *heated pneumatic nebulizer interface* (Bild 7-7) als schnelle, empfindliche, selektive und robuste Überführungssysteme von hoch verdünnten Molekülen aus der Flüssigchromatographie in die Ionenquelle eines Massenspektrometers durchgesetzt. Beide Interfaces bewirken weiche Ionisationen der Analytmoleküle und erzeugen Quasimolekülionen ($[M+H]^+$, $[M+H]^-$) im positiven bzw. negativen Modus.

Im Nebulizer-Interface kommen konventionelle HPLC-Säulen mit Flußraten um 1,0 ml/min oder auch kleiner dimensionierte Säulen, die mit 0,1 bis 0,2 ml/min eluiert werden, zum Einsatz. Das Eluat gelangt ohne Splitting (T-Stück) in den Nebulizer *(Sprayer)*, in dem es mit Hilfe eines schnell strömenden Luftgasstromes vernebelt wird. Die zugeführte Luft *(make up gas)* treibt die Droplets durch die aufgeheizte Kapillare, in der die Desolvatisierung der Droplets und die Verdampfung der Analytmoleküle in den Gasstrom hinein realisiert wird.

Die Temperatur diese erwärmten Gases beträgt um 100°C. Diese ist ausreichend hoch, um die Verdampfungsprozesse in Gang zu setzen. Andererseits treten bei diesen Bedingungen noch keine thermischen Spaltungen der Moleküle auf.

Das erwärmte Gas und die darin enthaltenen Analytmoleküle gelangen als stark reduzierter Volumenstrom in das APCI-Interface, in dem die chemische Ionisation der Moleküle durchgeführt wird.

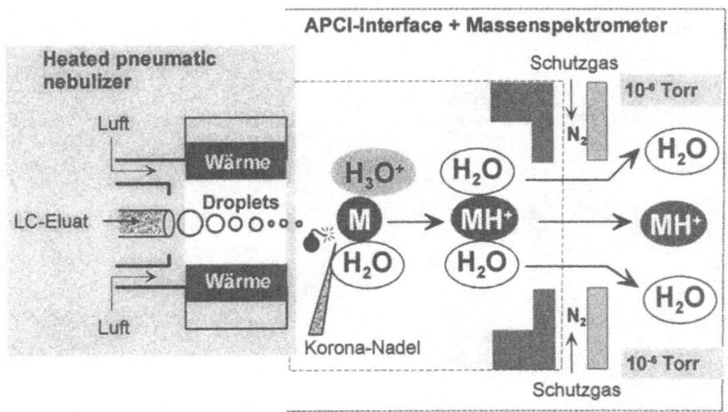


**Bild 7-6**   Heated-Pneumatic-Nebulizer-Interface und Atmosphärendruck-Ionisation

Die Ionisation kann auch mit Hilfe einer Korona-Nadel *(corona needle)* ausgelöst werden. Dadurch erfolgt die Überführung der Reagenzionen aus dem Lösungsmitteldampf in den ionisierten Zustand. Die Analytmoleküle werden dabei durch Protonentransfer von solvatisierten Protonen im positiven Ionisierungsmodus und durch Elektronentransfer zu den Sauerstoffatomen im negativen Modus ionisiert.

Als Schutzgas *(curtain gas, sheath gas, interface gas)* wird Stickstoff eingesetzt. Dieses trennt den Gasraum zwischen Ionenquelle und dem Massenspektrometer partiell ab. Es bewirkt durch zusätzliche Desolvatisierungseffekte eine Verminderung der Untergrundsignale im Massenspektrum. Weiterhin verhindert das Schutzgas ein übermäßiges Eindringen größerer Lösungsmittelmengen sowie von Pufferionen in das Vakuumsystem und trägt damit dazu bei, daß das Massenspektrometer für die analytischen Messungen in einem „sauberen" Zustand verbleibt.

Das Ionenspray-Interface besteht aus einem koaxial angeordneten Nebulizer, an dem eine elektrische Spannung von 3 bis 6 kV anliegt. Als flüssigchromatographische Trennsysteme werden Microbore-Säulen (1–2 mm i.D.), die mit geringen Flußraten von ca. 2–50 µl/min betrieben werde, eingesetzt. Das Säuleneluat gelangt über eine 100-µm-Fused-Silica-Kapillare zum Ausgang des elektrisch geladenen Nebulizers. Mit Hilfe von komprimierter Luft erfolgt die Vernebelung des Flüssigkeitsstromes und es resultiert ein Spray *(Aerosol)* mit geladenen Droplets. Für die Adaptation von konventionelle HPLC-Säulen ist ein Splitting erforderlich, das bei eine Fließmittelgeschwindigkeit von 1 ml/min auf ca. 1:20 eingestellt wird, so daß eine Flußrate von 50 µl/min resultiert. Innerhalb diese Ionen-Spray-Prozesses werden Ionen aus Lösungen, die aus schnell schrumpfenden und hoch geladenen Droplets bestehen, desorbiert. Im Resultat dieses Ionenverdampfungsprozesses entstehen Quasimolekülionen, wobei der positive Modus durch eine Aduktion und der negative Modus durch die Abspaltung von Protonen gekennzeichnet sind.

Das Ionen-Spray-Interface arbeitet bei Normaltemperatur. Sowohl organische oder wäßrige Eluenten als auch isokratische Elutionen oder die Gradienten-Technik können eingesetzt werden. Dies trifft auch für acetat- oder formiathaltige Puffer zu, während Eluenten mit Phosphationen für die Spray-Techniken vermieden werden sollten.

Ein kurze Zusammenfassung dieser Interface-Techniken enthält das Schema in Bild 7-7. Die Gesamtabläufe der Atmosphärendruck-Ionisation sind im Bild 7-8 dargestellt.

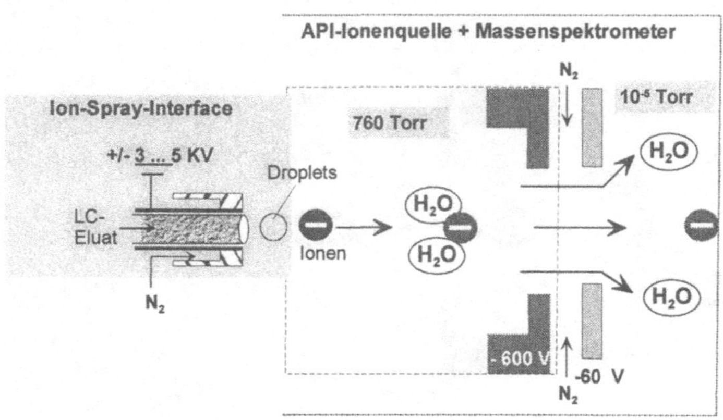


**Bild 7-7**   Ionspray-Interface und Atmosphärendruck-Ionisation

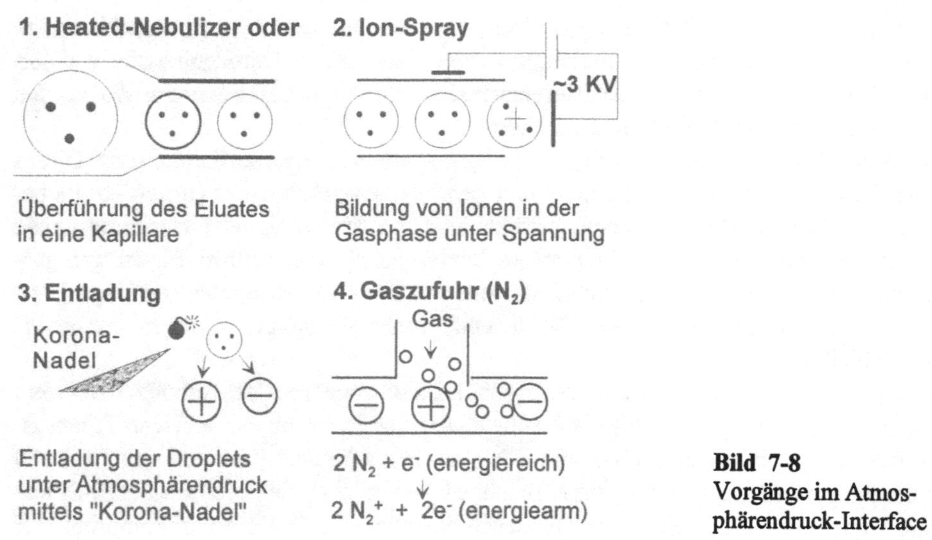


**Bild 7-8**
Vorgänge im Atmos-
phärendruck-Interface

## 7.2.3  LC-Fast-Atom-Bombardement-MS

Die Interface-Technik des LC-FAB-MS (FAB: Bombardierung bzw. Beschuß mit energiereichen Atomen) erfordert kleine Flüssigkeitsströme, wie sie in der Microbore-HPLC realisiert sind. FAB wird auch als *dynamic fast-atom-bombardement* oder meist als
*continuous-flow fast-atom-bombardement* (CF-FAB) bezeichnet [29]. Typische Flußraten
für diese Mikrotrennsäulen sind 5-20 µl/min.

Innerhalb einer Fused-Silica-Kapillare wird dem Eluat Glycerin (Situation 1 in Bild 7-9)
als sogenannte „FAB-Matrix" zugesetzt. An die Kapillare ist eine Stahlfritte *(frit-FAB)* oder
ein goldbeschichtetes Target gekoppelt (Situation 2). Auf beiden Apparateteilen stellt sich
ein ausgewogenes Gleichgewicht zwischen der Lösungsmittelverdampfung und der Ausbildung eines gleichförmigen Flüssigkeitsfilmes ein.

**1. Glyzerinzufuhr**

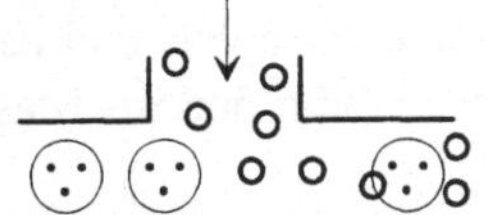

Zumischen von 10-15 %
Glyzerin zum Eluat in einer
Fused-Silica-Kapillare

**2. FAB-Target**

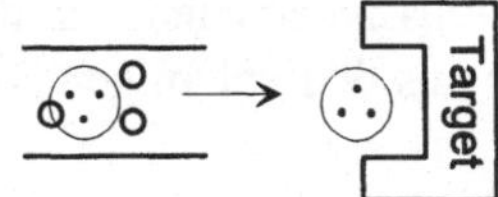


Überführung des "Glyzerin-
eluates" über eine Fused-
Silica-Kapillare zum Target

**3. Atombeschuß** Ⓐ

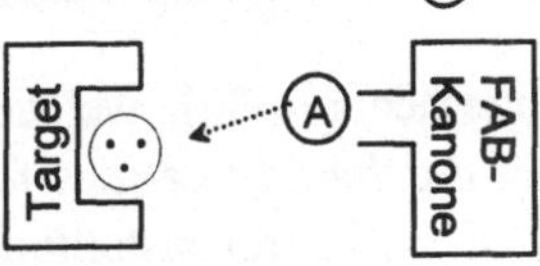


Beschuß der Moleküle
auf dem Target mittels
FAB-Kanone

**4. Ionisation**

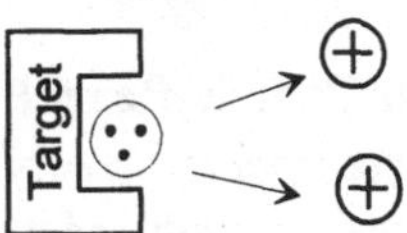


Ionisation der Moleküle
nach Beschuß mit der
FAB-Kanone

**Bild 7-9**
Vorgänge beim Continuous-
Flow Fast-Atom-Bombarde-
ment

Das Formieren von Ionen erfolgt in der FAB-MS durch Beschuß dieses Flüssigkeitsfilmes mit schnellen und energiereichen Atomen oder auch Ionen (Situation 3 und 4).

Der Vorteil der CF-FAB besteht darin, daß die Erneuerung des Oberflächenfilms kontinuierlich verläuft. Dadurch wird u.a. das Untergrundrauschen der FAB-Matrix vermindert.

## 7.2.4  LC-Electrospray-MS

Die Electrospray-Technik [17, 30-33], auch als „Zerstäubung im elektrischen Feld" (LC-
ESP-MS) bezeichnet, beinhaltet sowohl die Vernebelung des Säuleneluates in ein Aerosol
als auch die Ionisation dieser solvatisierten Analytmoleküle nach der Desolvatation der geladenen Droplets. Die Vorgänge des Electrospray sind in Bild 7-10 vereinfacht dargestellt.

**1. Fused-Silica-**
   **Kapillare**

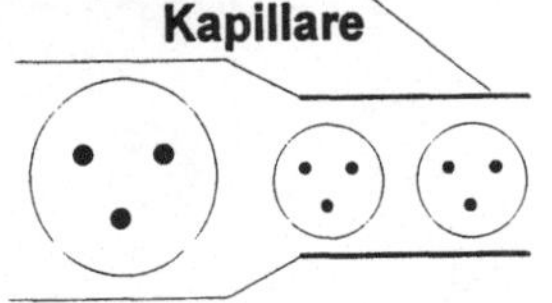

Überführung des Eluates
in eine geheizte Kapillare

**2. Spannung**

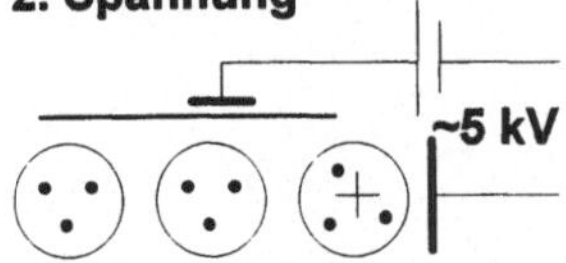


Bildung von geladenen
Droplets in der Gasphase
Potential: ca. 5 KV

**3. Desolvatisierung**

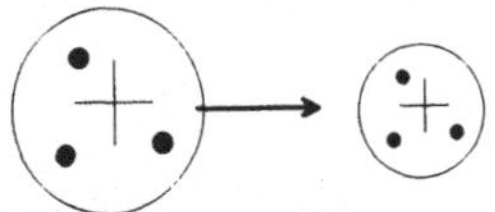

Reduzierung der mobi-
len Phase innerhalb
geladener Droplets

**4. "Eruption"**

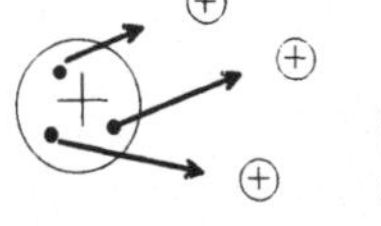


Austreten (Eruption) der
Probeionen aus den
Droplets in der Gasphase

**Bild 7-10**
Vorgänge beim
Electrospray

Der Electrospray-Prozeß wird durch das Anlegen eines elektrischen Potentials von einigen kV an eine mit Eluat gefüllte Kapillare eingeleitet (Situation 2). Unter diesen Bedingungen erfolgt eine Reduzierung der Flüssigkeitsmenge in den gebildeten Droplets und das Formieren von ionischen Species, die aus den volumigen Droplets eruptieren und ins Massenspektrometer überführt werden.

Die Vorgänge des Electrospray sind jedoch weitaus detaillierte erforscht. Auch die verschiedensten apparativen Modifizierungen des LC-TSP-MS sind in der weiterführenden Fachliteratur ausführlicher dargestellt [12].

### 7.2.5  LC-Particle-Beam-MS

Innerhalb der LC-MS-Kopplung über ein Particle-Beam(PB)-Interface [34-36], welches auch unter der Bezeichnung MAGIC *(monodisperse aerosol generator based interface for liquid chromatography)* bekannt ist, können sowohl Methoden der Elektronenstoßionisation (EI) als auch der chemischen Ionisation (CI) angewandt werden.

Die Vernebelung des Eluates aus der HPLC-Säule erfolgt mittels Thermospray oder pneumatisch in einem Nebulizer. Dieser wird mit Helium beschickt, welches die der Säule nachgeschaltete Kapillare umströmt. Dadurch entsteht ein Aerosol, das in eine Desolvatationskammer gesprüht wird. Darin erfolgt mit Hilfe erhöhter Temperatur und durch Unterdruck die Trennung von Partikeln und überschüssigem Lösungsmitteldampf, der über eine Momentum-Separator abgepumpt wird. Der „Partikelstrahl" (Analytmoleküle) gelangt über eine Transfer-Kapillare zur Ionenquelle und danach in das Massenspektrometer (s. Bild 7-11). Die zusammenfassende Darstellung der Abläufe beim Particle-Beam-Interface zeigt das Bild 7-12.

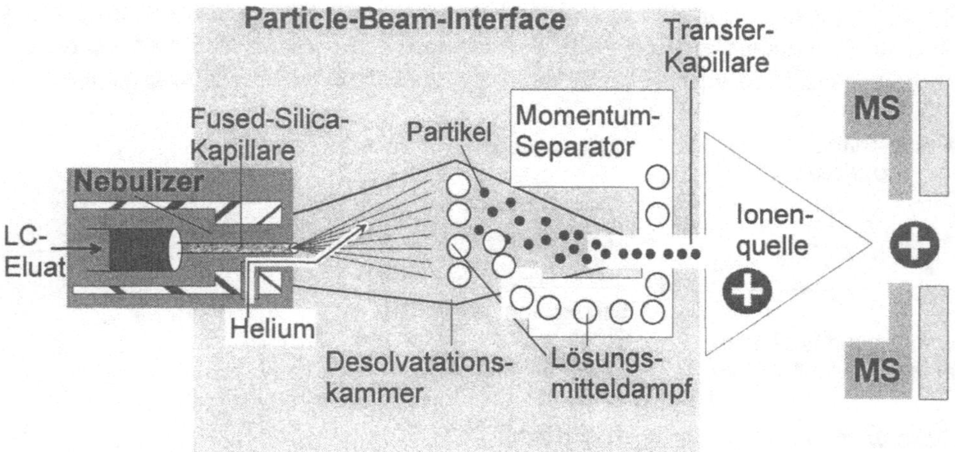


**Bild 7-11**  Particle-Beam-Interface

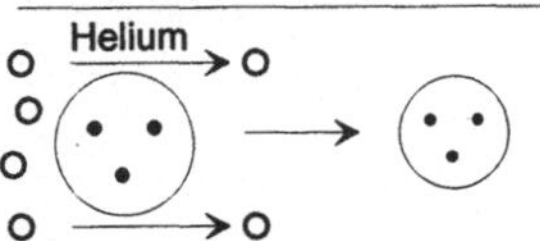



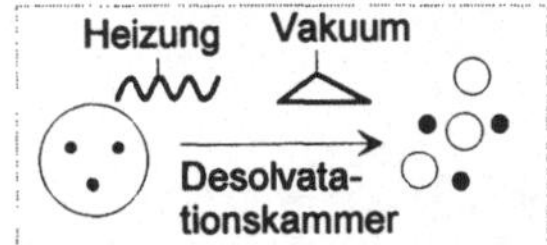



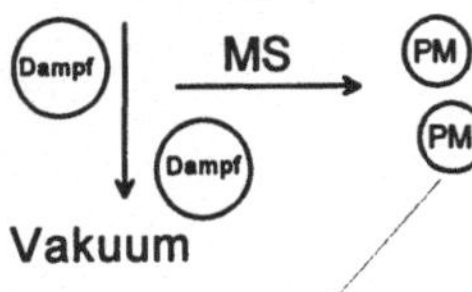



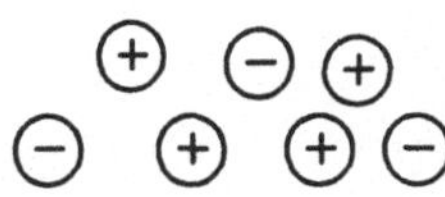



**Bild  7-12**
Vorgänge im Particle-Beam-
Interface

## 7.2.6  μ-LC-Direkteinlaß-MS

Der Direkteinlaß des Säuleneluates (DLI: *Direct Liquid Introduction,* [37, 38]) ist ohne ein entsprechendes Interface in der herkömmlichen HPLC-Technik nicht möglich. Durch die Anwendung von Microbore-HPLC-Säulen, der Kapillar-LC oder durch ein nachgeschaltetes Splitsystem bei konventionellen HPLC-Säulen können derart kleine Elutionsmittelmengen resultieren, daß eine direkte Überführung des Eluates in das Massenspektrometer ohne „Belt- oder Spraytechniken" möglich ist.

Eine Art Interface, in dem die mobile Phase mit den Analytmolekülen für die Überführung in die Ionenquelle präpariert wird, ist in der Regel trotzdem erforderlich. Die Vernebelung des Säuleneluates bzw. ein noch notwendiger Teil davon wird durch das Erzeugen eines Flüssigkeitsstromes durch eine kleine Membran hindurch und dem damit verbundenen „Aufreißen" der Flüssigkeit in einzelne Tröpfchen (Droplets) erzeugt.

Die Vernebelung findet in einer druckreduzierten Desolvatationskammer, die mit einer chemischen Ionisationsquelle verbunden ist, statt. Durch die Desolvatation der Droplets erfolgt eine schonende Überführung von nichtflüchtigen und thermolabilen Probemolekülen in die Gasphase.

Eine Eluat-vermittelte chemische Ionisation der Analytmoleküle kann durch die in der mobilen Phase bei RP-Chromatographie bereits vorhandenen Moleküle initiiert werden.

Für diese miniaturisierten Chromatographie-Techniken sind sehr präzise fördernde Hochdruckpumpen für kleine Flußraten und reproduzierbare Gradientenverläufe erforderlich. Hinzu kommt, daß die externen Totvolumina im Chromatographiesystem noch wesentlich kleiner (z.T. im nl-Bereich) als in der konventionellen HPLC sein müssen. Die Techniken sind z.Z. noch wenig verbreitet und werden insbesondere für Spezialanwendungen bei der Analyse von polaren Komponenten eingesetzt.

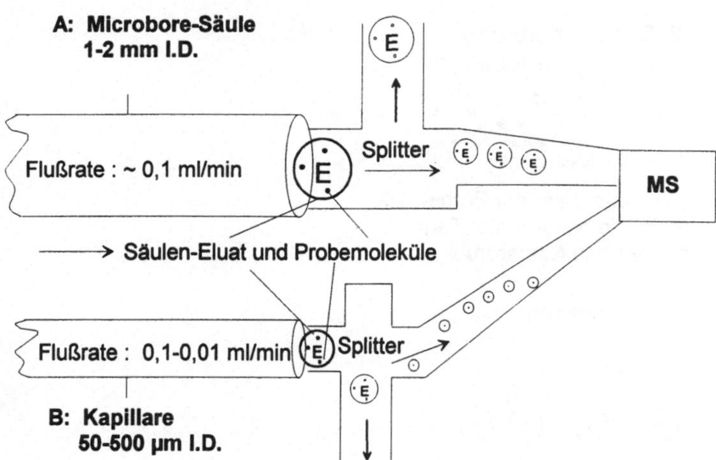


**Bild 7-13**  Direct Liquid Introduction

Wir behalten von unseren Studien am
Ende doch nur das, was wir praktisch
anwenden.

**Wolfgang von Goethe**

# 8 Applikationen kleiner Biosubstanzen

Nach den Ausführungen über Grundlagen und Funktionsweisen besonders wichtiger instrumenteller Methoden in der Bioanalytik (LC, CE, MS, NMR, LC-MS u.a.) im 4. bis 7. Kapitel, werden im folgenden entsprechende Applikationsbeispiele dazu demonstriert.

Das einführende 2. Kapitel war bereits auf ausgewählte Grundkenntnisse über die in der Natur am häufigsten vorkommenden Biomoleküle - *Proteine, Nucleinsäuren, Glycoproteine und Lipide* - einschließlich ihrer niedermolekularen Grundbausteine *(Aminosäuren, Nucleobasen, Kohlenhydrate, Fettsäuren)* gerichtet. Dieses Kapitel sollte vor allem dazu anregen, die darin ausgewiesene Spezialliteratur der Biowissenschaften für weiterführende Informationen und Kenntnisse zu nutzen.

Für jede dieser vier Biomolekül-Klassen werden im 8. Kapitel vier entsprechende Applikationsbeispiele aus dem Bereich der niedermolekularen Biosubstanzen (Abschnitte 8.1-8.4) dargestellt, und das 9. Kapitel beinhaltet spezielle Aufgabenstellungen zur Analytik von Biopolymeren. In der folgenden Übersicht ist dieses Konzept kurz zusammengefaßt.

Der Begriff „Bioanalytik" bedeutet in diesem Buch demzufolge nicht nur die Analyse von hochmolekularen Proteinen, Enzymen oder Glycoproteinen, sondern wird auch auf niedermolekulare Moleküle wie Peptide und Phytochelatine, Nucleobasen und Nucleoside oder Zucker und Säuren erweitert.

**Tabelle 8-1**    Überblick zu Applikationsgebieten von kleinen Biosubstanzen und Biopolymeren

| Biomoleküle (Abschnitt 2.1-2.4) | Applikationen kleiner Biosubstanzen (Abschnitt 8.1-8.4) | Applikationen von Biopolymeren (Abschnitt 9.1-9.4) |
| --- | --- | --- |
| Proteine (2.1) *Aminosäuren/Peptide* *Metallothioneine* *Enzyme* | *„Glutathion und Metallothioneine in toxischen und antitoxischen Prozessen" (8.1)* | *„Enzyme von thermophilen Mikroorganismen" (9.1)* |
| Nucleinsäuren (2.2) *Nucleobasen* *Nucleoside* *Nucleotide* | *„Nucleobasen und Nucleoside in Zellen und Geweben" (8.2)* | *„Nucleotide in Geweben und von DNA-Spaltprodukten" (9.2)* |
| Glycoproteine (2.3) *Mono-/Di-/Oligo-saccharide* | *„Kohlenhydrate in Hydrolysaten und Lebensmitteln" (8.3)* | *„Glycan-Strukturen von Glycoproteinen" (9.3)* |
| Lipide (2.4) *Fettsäuren* *Phospholipide* *Neutrallipide* Organische Säuren | *„Säuren in biotechnologischen Prozessen und Produkten" (8.4)* | *„Phospholipide in biologischen Extrakten" (9.4)* |

# 8.1 Glutathion und Metallothioneine in toxischen und antitoxischen Prozessen

Die Strukturen von Glutathion, Phytochelatinen und Metallothioneinen wurden bereits im Abschnitt 2.1.4 dargestellt und einführend diskutiert. Phytochelatine kommen meist in Pflanzen sowie in einigen Pilzen vor, während Metallothioneine der Klassen I und II Bestandteile fast aller menschlichen und tierischen Zellen sowie von einigen Pilzen sind.

Das Auftreten und die Reaktionen des Glutathions, der Phytochelatine bzw. Metallothioneine sowie ihre quantitativen und strukturellen Veränderungen sind eng mit toxischen und antitoxischen Prozessen verbunden. Dabei spielen die SH-Gruppen in diesen Polypeptiden und die Präsens von Metallen eine entscheidende Rolle.

Während z.B. Zink oder Kupfer als Mikronährstoffe für Entwicklungs- und Wachstumsprozesse („antitoxische Prozesse") essentiell sind, wirken Schwermetalle wie Cadmium, Quecksilber oder Blei schon in geringen Dosen auf Zellen und Organismen *toxisch*, was zu schweren Erkrankungen und bis zum Tod führen kann.

Sowohl Pflanzen als auch Tiere und der Mensch haben gegen diese Intoxikationen Toleranzmechanismen entwickelt, durch die vor allem die giftigen Schwermetalle komplexiert (Detoxifikation) und unschädlich gemacht werden können („antitoxische Prozesse").

Auf Pflanzen wirken Schwermetallionen wie $Cd^{2+}$, $Hg^{2+}$ oder $Pb^{2+}$ in höheren Konzentrationen toxisch. Die Pflanzen schützen sich vor diesen Intoxikationen, in dem sie verstärkt aus Glutathionmolekülen Phytochelatine bilden. Die Thiolgruppen dieser Peptide komplexieren die Metalle und tragen somit zur Entgiftung und zum Überleben der Planzen bei.

Demgegenüber werden bei Menschen und Tieren, wenn sie Schwermetalldämpfe (Cd, Cu) einatmen, akute Lungenentzündungen und -schädigungen hervorgerufen. Die Lungenzellen verfügen auch hier über Schutzmechanismen, in dem sie schwermetallbindende Metallothioneine synthetisieren. Diese bilden Metall-Peptid-Komplexe, die nachfolgend über andere Organe (Leber, Niere) ausgeschieden werden, so daß auch hier eine Entgiftung, verbunden mit der Verminderung der Lungentoxizität, resultiert.

## 8.1.1 Metallothioneine

Metallothionein (MT) wurde bereits vor über 40 Jahren von Margoshes und Vallee [1] entdeckt, als sie in der Pferdeniere nach Substanzen suchten, die mit dem hohen Cadmiumgehalt in Verbindung stehen. Bis heute sind die zahlreich gefundenen Metallothioneine [1-10] die einzigen bekannten biologischen Substanzen, die dieses Metall enthalten.

Metallothioneine der Klasse I sind in ihrer Primärstruktur den aus Pferdeniere isolierten Polypeptiden sehr ähnlich, während in der Klasse II die Polypeptide davon abweichende Strukturen aufweisen. Die MT der Klasse I sind charakteristisch z.B. für Mensch, Taube oder Forelle, während in der Hefe oder im Seeigel MT der Klasse II zu finden sind.

Metallothioneine aus tierischen Geweben enthalten meist zwei Isoproteinformen (MT-1 und MT-2), die im neutralen pH-Bereich nur geringfügig in ihren negativen Ladungszuständen differieren. Sie unterscheiden sich im isoelektrischen Punkt und in ihrer Aminosäuresequenz. Die MT-2-Form besitzt eine sehr homogene Zusammensetzung, während in der „Subklasse" MT-1 mehrere Isometallothioneine vorhanden sind. Mit Hilfe effizienter chromatographischer Methoden (Reversed-Phase-HPLC) können diese Isoproteine, die man in der Reihenfolge MT-1a, MT-1b, MT-1c, MT-2a etc. bezeichnet, aufgetrennt und nachgewiesen werden [11-14].

Bisher wurden zwei weitere Metallthioneine entdeckt. MT-III ist ein für das Gehirn spezifisches Protein [15, 16]. Es ist nicht induzierbar, inhibiert das neuronale Wachstum und steht demzufolge mit der Alzheimer-Krankheit im Zusammenhang. MT-IV soll eine wichtige Rolle innerhalb der Zinkhomoöstase spielen [17].

Als charakteristische Merkmale für Metallothioneine gelten vor allem ein niedriges Molekulargewicht von weniger als 10 000 Dalton (in der Regel zwischen 6 000 und 7 000), ein hoher Metallgehalt und das Fehlen der biologischen Aktivität. Ungewöhnlich ist auch die Zusammensetzung der ca. 60-62 Aminosäuren. Davon sind etwa 33 % schwefelhaltige Aminosäuren (Cystein), die jedoch in der reduzierten Form vorkommen und keine Disulfidbrücken im Molekül ausbilden. Aromatische Aminosäuren sind überhaupt nicht vorhanden. Es existieren auch Metallothioneine mit längeren Ketten von 72 bzw. 74 Aminosäureresten, die in Schnecken oder Würmern gefunden wurden [18]. Kürzere Ketten mit ca. 25 Aminosäuren sind charakteristisch für die Metallothioneine aus Insekten und bestimmten Pilzen [19, 20].

Metallothioneine tierischer Zellen enthalten im normalen physiologischen Zustand einen hohen Zinkgehalt, wenig Kupfer und gelegentlich Cadmium. Diese Metalle können in vitro-Experimenten durch Nickel, Kobalt oder Silber verdrängt werden. Bei In-vivo-Versuchen werden vor allem Cadmium und Quecksilber an Metallothioneine gebunden. Metalle können einerseits als Mikronährstoffe für die meisten lebenden Organismen essentiell sein, andererseits sind diese Schwermetalle nicht essentiell und können in höheren Konzentrationen toxisch wirken. Die Metallothioneine selbst besitzen für Metalle eine Speicherfunktion, tragen zur Detoxifikation von Schwermetallen bei und sind an metallregulierenden Prozessen wie der Homoöstase beteiligt. Die metallfreie Form der Metallothioneine wird als Apoprotein bzw. als Apometallothionein oder Thionein bezeichnet. Durch Cadmium induziertes Metallothionein bildet in den Zellen Komplexe (Cd-MT), die auch nierentoxisch wirken.

Auf Grund der Anwesenheit von Schwermetallen erfolgt in tierischen und menschlichen Organen, Geweben bzw. Zellen eine starke Induktion von metallbindenden Polypeptiden [21-27], die in der Regel als Schutz vor diesen Intoxikationen dienen. Außerdem wirken auch andere chemische Verbindungen und Faktoren wie Hormone, Endotoxin, Interleukin I, α-Interferon oder Tetrachlorkohlenstoff sowie verschiedene Streßbedingungen für die Synthese weiterer Metallothioneine induzierend.

Insbesondere in der Leber und Niere, aber auch in anderen Organen wie Lunge, Magen, Bauchspeicheldrüse, Gehirn, Hoden oder Milz sind Metallothioneine in höheren Konzentrationen enthalten. Die einzelnen Metalle wirken als Induktoren organspezifisch. Beispielsweise wird durch Cadmium der Metallothioneingehalt in der Niere und in der Leber erhöht. Zink bewirkt andererseits eine MT-Zunahme in der Bauchspeicheldrüse, während Cadmium sowohl in der Niere als auch in der Leber diese Polypeptidsynthese befördert.

In Laborversuchen mit Ratten oder auch Kaninchen können mit Hilfe der intensiven Induktoren Cadmium oder Zink Ausbeuten an Metallothioneinen bis zu 10 mg pro 1 g Gewebemasse erzielt werden. Präparative bzw. mikropräparative Isolierungstechniken bieten sich deshalb für die Gewinnung von Metallothioneinen aus derartigen biologischen Matrices für weitere strukturelle Charakterisierungen an.

Zur Aufarbeitung und Vorreinigung des biologischen Materials dient meist ein umfangreiches Arsenal an prechromatographischen Methoden wie Homogenisation, Lösungsmittelfällung, Ultrazentrifugation oder Lyophilisation. Die chromatographische Hauptreinigung erfolgt in der Regel durch Gelfiltration und Ionenaustauschchromatographie sowie durch die kovalente Chromatographie. Zur Bestimmung von Individuen dient die Reversed-Phase-Chromatographie, wie am Beispiel der Auftrennung von Isometallothioneinen bereits erwähnt wurde.

### 8.1.2 Phytochelatine

Während die Isolierung und Charakterisierung der Metallothioneine aus den verschiedensten tierischen Organismen bereits in den 60-er und 70-er Jahren im großen Umfang erfolgte, wurden die Metallothioneine der Klasse III [28-56] bzw. die Phytochelatine (vgl. die unterschiedlichen Bezeichnungen in Abschnitt 2.1.4 und [57-59]) in verschiedenen Pflanzen, auch nicht schwermetall-toleranten, später entdeckt und erst Mitte der 80-er Jahre identifiziert. Zuvor gab es nur Hinweise darauf, daß zwischen den für Tiere beschriebenen Metallothioneinen und den noch nicht eindeutig charakterisierten Metallothioneinen (Phytochelatinen) aus Pflanzen erhebliche Unterschiede bestehen müssen. Es wurde darüber berichtet, daß in Zellkulturen höherer Pflanzen, die mit Cadmiumionen versetzt wurden, metallothionein-ähnliche Proteine mit Molekulargewichten um 10 kDa entstehen. Vermutlich waren die chromatographischen Trennmethoden noch nicht weit genug optimiert, um bereits zu dieser Zeit, die homologen Phytochelatine zu identifizieren [30, 32-36, 39].

Erste partielle Identifizierungen von cadmiumbindenden Peptiden (Cd-BP's) gelangen Murasugi et al. 1981 [28] und Kondo et al. 1983 [31], die die Verbindungen als Cadystine bezeichneten. Sie verwendeten einen Hefestamm (*Schizosaccharomyces pombe*), in dessen Zellen nach Zugabe von höheren $CdCl_2$-Konzentrationen (1 mM) die cadmiumbindenden Peptide synthetisiert wurden.

Den eigentliche Durchbruch bei der Charakterisierung dieser Peptide schafften Grill et al. 1985 [36; 38, 40], die mit Cadmium behandelte pflanzliche Zellsuspensionskulturen (*Rauvolfia serpentina*) verwendeten. Derartige Fermentationsmedien (s. a. Abschnitt 8.4) bieten gegenüber den intakten Pflanzen verschiedene Vorteile wie höhere Stoffwechselaktivität, gleichmäßige Kontamination der Zellen mit Cadmiumionen, jahreszeitlich unabhängige Versuchsbedingungen, keine interferrierenden Mikroorganismen oder Kultivierungsmöglichkeiten in fast beliebigen Mengen. Sie isolierten zuerst eine Peptidfraktion ($M_r$: ca. 3500) mit hohem Cadmium- und Thiolgehalt. Während der HPLC-Analyse an RP-Säulen unter sauren Elutionsbedingungen (s. Abschnitt 8.1.5.2) wurden mehrere Peptidpeaks registriert. Nach der Reinigung dieser Substanzen erfolgte mittels Aminosäureanalyse der Nachweis von lediglich drei Aminosäuren (L-Cystein, L-Glutaminsäure und Glycin). Daraus wurde die Grundstruktur [γ-Glu-Cys]$_n$-Gly für diese Peptidklasse „Phytochelatine" abgeleitet, die später von Steffens et al. [37] auch mit Hilfe der Massenspektrometrie bestätigt wurde.

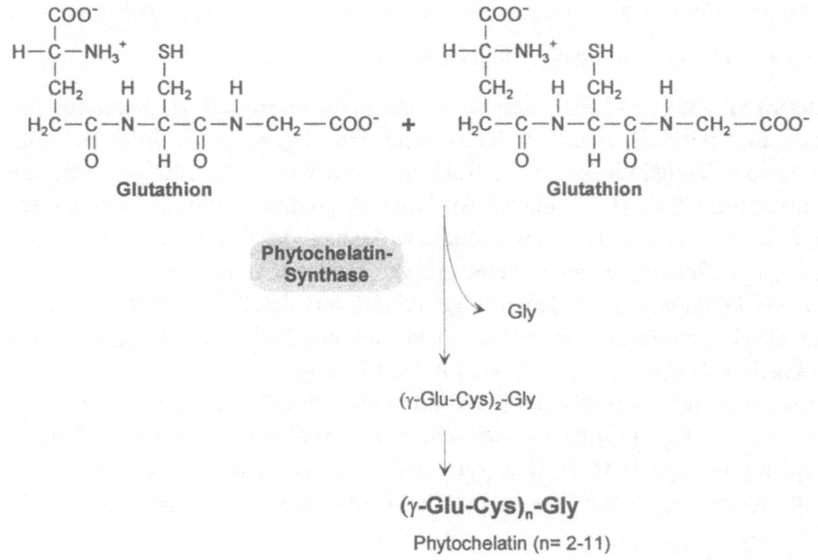

Bild der Biosynthese von Phytochelatinen mit den Strukturformeln:

$$COO^-$$
$$H-C-NH_3^+ \quad SH$$
$$CH_2 \quad H \quad CH_2 \quad H$$
$$H_2C-C-N-C-C-N-CH_2-COO^-$$
$$\quad\, O \quad\;\; H \quad O$$

**Glutathion**   +   **Glutathion**

Phytochelatin-Synthase

$\rightarrow$ Gly

$(\gamma\text{-Glu-Cys})_2\text{-Gly}$

$(\gamma\text{-Glu-Cys})_n\text{-Gly}$

Phytochelatin (n= 2-11)

**Bild 8-1**   Biosynthese von Phytochelatinen

Die Phytochelatine werden aus dem Tripeptid Glutathion synthetisiert (s. Bild 8-1). Schwermetallionen wie $Cd^{2+}$, $Cu^{2+}$, $Pb^{2+}$, $Hg^{2+}$, $Zn^{2+}$ oder $Ag^+$ aktivieren das Enzym Phytochelatin-Synthase, welches die Übertragung der Aminogruppe des Glutamats auf die Carboxygruppe des Cysteins eines zweiten Glutathionmoleküls bewirkt. Dabei wird das Glycin abgespalten. Durch ständige Wiederholungen dieser Biosynthese werden langkettige Phytochelatine gebildet, die bis zu 11 (Glu-Cys)-Reste enthalten können.

## 8.1.3  Glutathion und Thiolspecies

Das schwefelhaltige Tripeptid Glutathion [60-67] kommt in höheren Konzentrationen (millimolar) in nahezu allen Zellen und Organismen vor. Es steht im Zusammenhang mit zahlreichen biologischen Funktionen und biochemischen Prozessen. Dazu gehören Schutzfunktionen der Zellen vor Oxidation durch Sauerstoffradikale oder Peroxide, Schutz vor Xenobiotika oder radioaktiver Strahlung, Beeinflussung von Entwicklungs- und Alterungsprozessen sowie von Enzymmechanismen und Transportprozessen, immunologische Phänomene, Regulierung der Protein- und DNA-Biosynthese oder Reparaturvorgänge bei DNA-Schäden. Auch innerhalb bestimmten Krankheiten wie Krebs, Diabetes, Alzheimer, Zirrhose oder Leberschäden spielt Glutathion eine wichtige Rolle.

Durch die Anwesenheit der Thiolgruppe werden Chelatisierungen von Schwermetallen, Additionsreaktionen elektrophiler Verbindungen bei der Thioletherbildung (Glutathion-S-Konjugation), Reaktionen mit freien Radikalen und Red-Ox-Reaktionen ausgelöst.

Eine dieser besonders bedeutsamen Reaktionen des Glutathions ist die Reduktion von Hydroperoxiden (ROOH, $H_2O_2$), die als schädliche Nebenprodukte der aneroben Lebensweise bekannt sind, mit Hilfe der Glutathionperoxidase. Die breite Substratspezifität der GSH-Peroxidase ermöglicht die Reduktion fast aller organischen Hydroperoxide.

$$2\ GSH + R - O - OH \rightarrow GSSG + H_2O + ROH \tag{8-1}$$

Reduziertes Glutathion (GSH), das als Antioxidans wirkt, und die oxidierte Form, das Glutathiondisulfid (GSSG), stehen in der Zelle im Gleichgewicht. Im intakten Zustand der Zellen beträgt das Verhältnis zwischen GSH und GSSG ca. 500:1. Erfolgt eine Verschiebung zugunsten des GSSG (Prooxidans), wird dies als „oxidativer Streß" bezeichnet. Dieser Abfall des GSH-Levels und der damit induzierte Anstieg der GSSG-Konzentration signalisieren in der Regel Schädigungen und eine erhöhte Toxizität in Zellen, Geweben und Organen. Oxidiertes Glutathion muß demzufolge ständig aus der Zelle ausgeschieden werden. Erniedrigte GSH-Konzentrationen stehen meist mit der Pathogenese zahlreicher spezifischer Krankheiten (Diabetes, AIDS, Krebs) in Verbindung.

Eine weitere Reaktionsmöglichkeit des Glutathion besteht darin, mit freien Radikalen ( $X^\bullet$: $OH^\bullet$, $O_2^{-\bullet}$, $RO^\bullet$ ) direkt zu reagieren. Diese werden durch die gebildeten Thiylradikale ( $GS^\bullet$ ) entschärft [63], so daß Zell- und Gewebeschädigungen verringert werden. Die  $GS^\bullet$ -Radikale reagieren weiter zum Glutathiondisulfid und anderen Verbindungen.

$$GSH\ \ + X^\bullet \rightarrow GS^\bullet\ + XH \tag{8-2}$$

Die nucleophile SH-Gruppe des Glutathions kann leicht mit elektrophilen C-Atomen z.B. von Xenobiotika und anderer Umweltnoxen reagieren. Dabei werden Thioetherbindungen zwischen dem C-Atom dieser Substanzen und den Sulfhydrylgruppen des Glutathions geknüpft. Dies wird auch als Glutathion-S-Konjugation bezeichnet. Derartige Konjugate werden bis zur Mercaptursäure abgebaut und ausgeschieden. Die Konzentration dieser Säure kann im Urin bestimmt werden und stellt ein Maß für die Belastung des Menschen mit elektrophilen Substanzen dar, die von Chemikalien, Lösungsmitteln und anderen Umweltnoxen herrühren.

Wie im Falle der Metallothioneine, werden Schwermetalle durch die SH-Gruppen des Glutathions chelatisiert. Dies gilt für tierische Zellen und Organe, von denen entsprechend detaillierte Metall-GSH-Modelle bereits existieren, während in Pflanzen eine derartige Komplexierung noch nicht beobachtet wurde.

Auch andere Thiole wie Cystein und Homocystein werden in niedrigeren Konzentrationen im Vergleich zu GSH in den meisten Zellen und Geweben gefunden und sind an verschiedenen zellulären Funktionen wie Proteinsynthese, Detoxifikation oder Metabolisierung beteiligt. Veränderte Gehalte an Cystein werden z.B. mit verschiedenen phatologischen Veränderungen wie Alzheimer oder Parkinson in Verbindung gebracht. Änderungen der Homocystein-Konzentration stehen demgegenüber mit Folsäure- oder Vitamin-B12-Mangel im Zusammenhang.

Das Glutathion dient weiterhin als Ausgangsverbindung für die Biosynthese von Phytochelatinen in Pflanzen (s. Abschnitt 8.1.2). Die Synthese des Glutathions selbst erfolgt mit der schwefelhaltigen Aminosäure Cystein. Zuerst wird mit Hilfe einer γ-Glutamyl-Cystein-Synthetase unter ATP-Verbrauch eine Amidbindung zwischen der γ-Carboxygruppe des Glutamats und der Aminogruppe des Cysteins geknüpft (Bild 8-2). In einem zweiten Schritt entsteht mittels Glutathion-Synthetase zwischen der Carboxygruppe des Cysteins und der Aminogruppe des Glycins eine Peptidbindung.

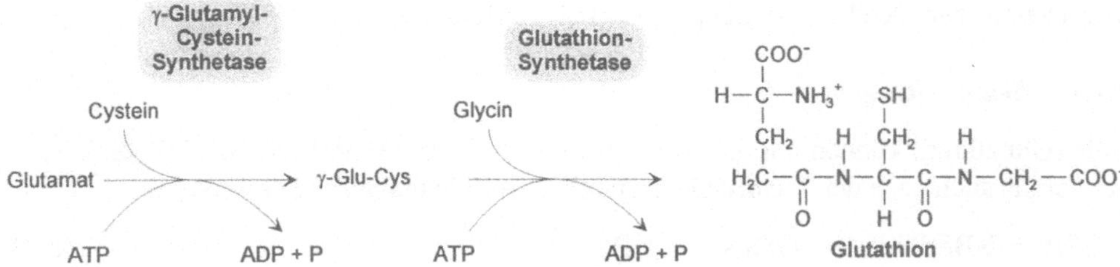

**Bild 8-2**  Biosynthese von Glutathion

Die qualitativen und quantitativen Bestimmungen von thiolhaltigen Peptiden wie Phytochelatine und Glutathion-Species (Thiole + Disulfide) in biologischen Matrices erfordern effiziente, sensitive, selektive und schnelle analytische Methoden. Als besonders geeignet dafür erweisen sich flüssigchromatographische und z.T. kapillarelektrophoretische Methoden sowie ihre Kombinationen mit strukturanalytischen Methoden wie der Massenspektrometrie (LC-MS, CE-MS).

## 8.1.4  Derivatisierung und Detektion von Thiolspecies

Für die Analyse von thiolhaltigen Aminosäuren, kleinen Peptiden wie Glutathion und seinen Metaboliten existieren zahlreiche HPLC-Methoden. Auch die Kapillarelektrophorese wird zunehmend in der Thiolanalytik eingesetzt.

Besonders intensiv wird die simultane chromatographische Trennung und Quantifizierung von sehr geringen Mengen (ng- bis pg-Bereich) an reduziertem (GSH) und oxidiertem Glutathion (GSSG) in biologischen Matrices bearbeitet [68-81], da ihre Veränderungen mit dem Phänomen „Oxidativer Streß" und mit anderen biochemischen Reaktionen im Zusammenhang stehen.

Um eine hohe Nachweisempfindlichkeit zu erreichen, werden von den Thiolspecies mit entsprechenden Derivatisierungsreagenzien entweder vor der Trennsäule *(pre-column derivatisation)* oder danach *(post-column derivatisation)* intensiv fluoreszierende bzw. im UV/VIS-Bereich stark absorbierenden Komplexe (Derivate) hergestellt.

Zur fluorimetrischen Detektion dienen u.a Monobrombiman (mBBr), *o*-Phthalaldehyd (OPA), 1-Dimethylaminonaphthalen-5-sulfonylchlorid (Dansyl-Cl) sowie *N*-Ethylmaleinimid (NEM) oder *N*-(1-Pyrenyl)maleinimid (NPM).

Bei der Registrierung im UV/VIS-Bereich werden zur Derivatisierung das Ellman-Reagenz (5,5'-Dithiobis-[2-nitrobenzoesäure], DTNB), Sanger's Reagenz (2,4-Dinitro-1-fluorbenzen, DNFB) oder auch 1,1'-[Ethenylidenbis(sulfonyl)]bis-benzen (ESB) eingesetzt.

Sowohl *pre-* als auch *post-column derivatisation* sind etablierte Techniken für die HPLC- und z.T. auch für die CE-Analyse von Thiolspecies.

Derivatisierungen von Thiolen erfolgen vor der Trennsäule mit NEM [83-85], NPM [80], Dansyl-Cl [74], OPA [86, 90], mBBr [90, 92-97] sowie mit ESB [98] und DNFB [69, 70, 75, 76, 99], während für die Nachsäulenreaktion auch OPA [87-89, 91] oder das DNTB [82, 100] Anwendung finden.

Besonders hohe Nachweisempfindlichkeiten für Thiole und Disulfide werden mit der elektrochemischen Detektion (ECD [72, 79, 101-109]) erzielt.

### 8.1.4.1  *Ellman's-Reagenz*

Thiole (Glutathion) können mit 5,5'-Dithiobis-[2-nitrobenzoesäure] (DTNB, NBSSNB) sowohl vor als auch nach der Trennsäule in stabile Disulfide umgewandelt werden.

$$GSH + NBSSNB \rightarrow GSSNB + NBS^- + H^+ \tag{8-3}$$

Das Thionitrobenzoat-Anion (NBS$^-$) absorbiert besonders intensiv im sichtbaren Bereich und hat bei 412 nm ein Absorptionsmaximum. Vor der Trennsäule hergestellte Thionitrobenzoat-Derivate von GSH, Cystein und γ-Glutamylcystein (γ-EC) können an Reversed-Phase-Materialien chromatographiert werden. Die Elution der Substanzen erfolgt mit einem Ameisensäure-Puffer (pH=5), der 10 % Methanol enthält [100], oder durch einen Phosphatpuffer (pH=3) mit einem 15%-igen MeOH-Anteil [110].

Die Derivatisierung der Thiole nach der Chromatographiesäule ist in der Thiolanalytik weit verbreitet und wird im Abschnitt 8.1.5.1 näher erläutert.

### 8.1.4.2  *Sanger's Reagenz*

Eine häufig verwendete Thiolderivatisierung vor der Säule ist das von Reed et al. entwickelte Verfahren [69]. Zuerst erfolgt die Bildung von S-Carboxymethyl-Derivaten aus den freien Thiolverbindungen und Iodessigsäure (IAA bzw. ICH$_2$COOH), und danach werden die Aminogruppen der Peptidmoleküle mit dem chromophoren Sanger's Reagenz (DNFB) zu den 2,4-Dinitrophenyl (DNP)-Derivaten umgesetzt.

$$GSH \xrightarrow{ICH_2COO^-} \xrightarrow{DNFB} DNP - NHC(R_1)HCH_2CH_2CONHC(R_2)HCR_3 \tag{8-4}$$

$$R_1:\ COO^- ,\ R_2:\ CH_2SCH_2COO^-,\ R_3:\ ONHCH_2COO^-$$

Für ihre chromatographische Trennung dienen ein schwach basischer Anionenaustauscher (meist Aminophasen: Silicagele mit chemisch modifizierten Aminopropylgruppen, s. Abschnitt 4.1.3.2) und die Gradientenelution mit MeOH/Wasser und einem acetathaltigen Puffer. Die Detektion der DNP-Derivate von reduziertem und oxidiertem Glutathion erfolgt bei 355 nm.

### 8.1.4.3  *Substituierte Maleinimide*

Die Umsetzung der Thiolgruppe mit *N*-Ethylmaleinimid (NEM) ist gegenüber der Reaktion mit JAA effektiver und durch weniger Störreaktionen gekennzeichnet [83-85]. Insgesamt gehen *N*-substituierte Maleinimide relativ leicht nucleophile Additionsreaktionen mit Thiolen ein. Vorteilhaft für ihren empfindlichen Nachweis ist, wenn die Maleinimide wie im Falle des *N*-(1-Pyrenyl)maleinimides (NPM) mit chromophoren Gruppen bzw. fluoreszierenden Molekülen (Pyrenylrest) substituiert sind [80].

NPM-Derivate werden an Reversed-Phase-Säulen getrennt und mittels Fluoreszenzdetektion registriert. Die Elution der einzelnen Species erfolgt mit Acetonitril/Wasser-Gemischen, die geringe Mengen (ca. 0,1–0,2 %) Essig- und Phosphorsäure enthalten.

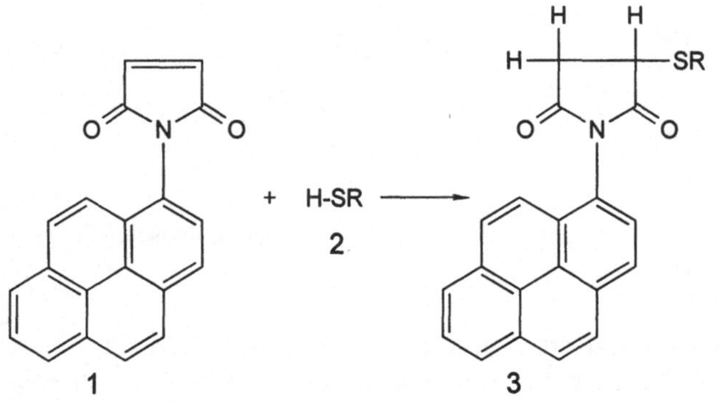

**Bild 8-3**   Derivatisierung von Thiolen (2) mit NPM (1) zu Thiol-NPM-Derivaten (3)

Als weitere Derivatisierungsreagenzien für die HPLC-Analytik von Thiolen kamen auch $N$-(7-Dimethylamino-4-methyl-3-coumarinyl)maleinimid [111] und $N$-(9-acridinyl)maleinimid (NAM) zum Einsatz [112].

### 8.1.4.4 Monobrombiman

Die heterocyclischen Bimane (1,5-Diazabicyclo[3.3.0]octadiendione) gehen auf Arbeiten von Kosower et al. [113, 114] zurück.

Die Fluoreszenzausbeuten von Monobrombimanen (mBBr) selbst sind gering. Erst nach der Reaktion mit Thiolen entstehen stark fluoreszierende Verbindungen. Weniger stabil sind die Derivate, die durch die Umsetzung der Thiole mit Monobromtrimethylammoniumbiman (qBBr) erhalten werden.

Meist erfolgt die Elution mit einem Gradienten. Als mobile Phasen dienen Methanol und Tetrabutylammoniumhydroxid (TBA), welches als Ionenpaarreagenz (s. a. Abschnitt 4.2.1 „Ionenpaarchromatographie") fungiert [93], saures Acetonitril mit Essig- und Perchlorsäure [94] oder Methanol mit Essigsäure [90, 92].

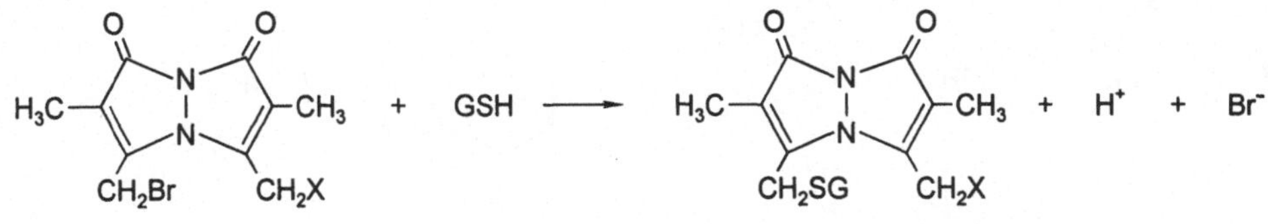

**Bild 8-4**   Derivatisierung von GSH mit mBBr

### 8.1.4.5 o-Phthalaldehyd

Das Reagenz $o$-Phthalaldehyd reagiert mit primären Aminogruppen in Anwesenheit von Thiolen (2-Mercaptoethanol, Dithiothreitol) zu intensiv fluoreszierenden Isoindolen. Diese Reaktion wird insbesondere in der Aminosäureanalytik als Vor- und Nachsäulendetektion angewandt. Sowohl die Thiol- als auch die Aminogruppe sind für diese Umsetzung erforderlich und daran beteiligt.

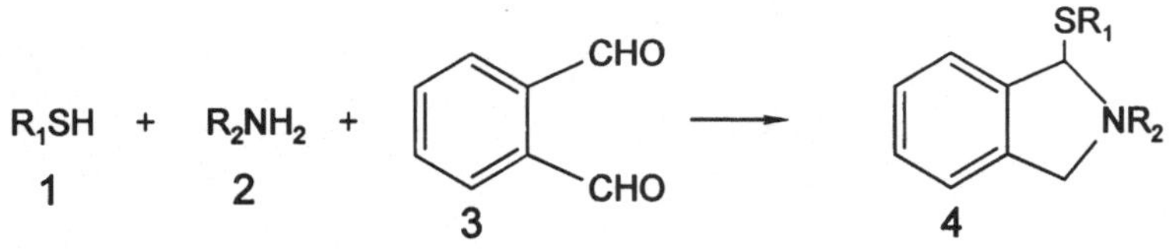

**Bild 8-5**   OPA (3)-Derivatisierung in Anwesenheit eines Thiols (1) und einer Aminosäure (2) zum fluoreszierenden Isoindol (4)

Die Reaktion von *o*-Phthalaldehyd mit einer primären Aminogruppe und mit einem Thiol ergibt die Isoindole, die um 450 nm sehr intensiv fluoreszieren [86-91]. Diese Verbindungen können an Reversed-Phase-Materialien mit Hilfe der Gradientenelution und Acetonitril/Wasser-Gemischen chromatographiert werden [86, 90]. Die OPA-Derivate sind nur kurze Zeit stabil und müssen unmittelbar nach ihrer Herstellung auf die Säule appliziert und chromatographiert werden.

Underivatisiert können Thiole bzw. Aminosäuren an stark basischen Anionenaustauschern getrennt werden. Zur Elutionen dienen Citratpuffer und die Gradiententechnik. Erst nach der Trennsäule erfolgt das Zumischen von *o*-Phthalaldehyd (meist mit Mercaptoethanol) zur Bildung der fluoreszierenden Isoindole [87-89, 91].

Für die Derivatisierung von reduziertem Gutathion mit OPA ist kein weiteres nucleophiles Zusatzreagenz (2-Mercaptoethanol) erforderlich, da die Thiol- und primäre Aminogruppe im GSH-Molekül bereits vorhanden sind. Das Glutathion wird isokratisch an einer RP-Phase innerhalb weniger Minuten getrennt und nach der Säule mit OPA zu einem intensiv fluoreszierenden GSH-OPA-Addukt [115] umgesetzt. Die Elution erfolgt mit einem sauren Phosphatpuffer bestehend aus Acetonitril und einem langkettigen Dodecylsulphatsalz, welches mit dem GSH auf der Säule Ionenpaare (s. Abschnitt 4.2.1) ausbildet.

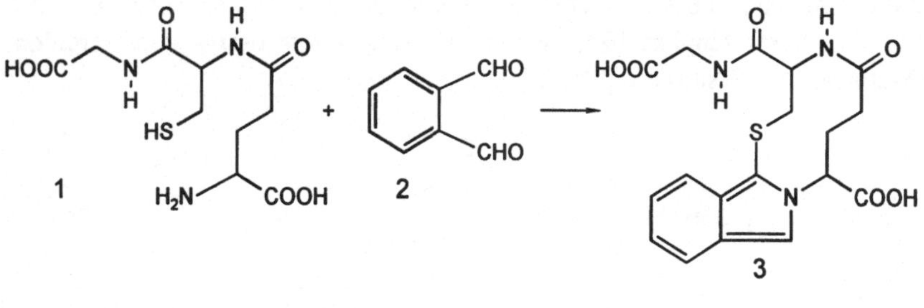

**Bild 8-6**   Bildung eines GSH-OPA-Adduktes (3) aus GSH (1) mit OPA (2)

### 8.1.4.6  Elektrochemische Detektion

Elektrochemische Detektoren enthalten Elektroden, an denen Reduktions- bzw. Oxidationsreaktionen leicht ablaufen können. Die elektrochemische Detektion (ECD) von Thiolen und Disulfiden in biologischen Matrices [72, 79, 101-109] ist eine sehr empfindliche, aber auch gegenüber Probekontaminationen relativ störanfällige Methode.

Im Falle des Glutathions liegt ein Thiolpeptid in reduzierte Form vor, während das korrespondierende Disulfid (GSSG) oxidiert ist. Thiole (GSH) können an Graphit- oder Glaskohlenelektroden (8-5) oder an Quecksilberelektroden (katalytisch) oxidiert werden (8-6), während die Reduktion der Disulfide mit Sulfit (Sulfitolyse) im alkalischen Medium (8-7) oder die Elektroreduktion (8-8) zu den entsprechenden Thiolanionen (RS⁻) führen.

$$2\,RSH \;\rightarrow\; RSSR \;+\; 2\,H^+ \;+\; 2\,e^- \tag{8-5}$$

$$2\,RSH \;+\; Hg \;\rightarrow\; Hg(SR)_2 \;+\; 2\,H^+ \;+\; 2\,e^- \tag{8-6}$$

$$RSSR \;+\; SO_3^{2-} \;\rightarrow\; RS^- \;+\; RSSO_3^- \tag{8-7}$$

$$RSSR \;+\; 2\,e^- \;\rightarrow\; 2\,RS^- \tag{8-8}$$

Die simultane Bestimmung beider Peptide (GSH, GSSG) erfolgt mit dem *dualen elektrochemischen Detektor* (DED) bestehend aus zwei in Serie geschalteten Au/Hg-Elektroden und den entsprechenden Referenzelektroden (Ag/AgCl). Nach der HPLC-Trennung passiert das Eluat zuerst die *upstream*-Elektrode, die gegenüber der Ag/AgCl-Elektrode ein Potential von $-1,0$ V besitzt und zur Reduktion der Disulfide in die entsprechenden Thiole dient. Beide Peptide werden als „Thiole" an der zweiten *downstream*-Elektrode, die gegenüber ihrer Ag/AgCl-Elektrode auf $+1,5$ V eingestellt ist, katalytisch oxidiert (s.o.).

Eine weitere elektrochemische Bestimmung [106] basiert darauf, daß die SH-Gruppen mit den in einem ammoniakalischen Medium gelösten Silberionen stabile und undissozierbare Mercaptide (RSAg) bilden.

$$Ag(NH_3)_2^+ \;+\; RS^- \;\rightarrow\; RSAg \;+\; 2NH_3 \tag{8-9}$$

Die Reduktion der Disulfide erfolgt auch hier entweder durch Sulfitolyse (8-7) bzw. mittels Elektrodenreduktion (8-8).

## 8.1.5  HPLC von Thiolen und Disulfiden

Unabhängig von der gewählten Detektionsvariante kommen für Thiole und Disulfide meist Reversed-Phase-Materialien für die chromatographische Trennung zum Einsatz.

Auch die Ionenpaarchromatographie sowie Kationen- und Anionenaustauscher sind für selektive Trennungen von Thiolspecies geeignet.

Mit der kovalenten Chromatographie ist eine besonders selektive Trennmethode verfügbar, da an dieser Trennphase nur Thiolpeptide und -proteine retardiert werden.

### *8.1.5.1  Kovalente Chromatographie*

Die Grundlagen der kovalenten Chromatographie [116-121] wurden bereits im Abschnitt 4.3.6 detailliert aufgezeigt. Die Bromcyanaktivierung (Bild 4-49) des Trägermaterials (Sepharose), die Kopplung von Glutathion (Bild 4-50) und die Reaktion mit 2,2′-Dipyridyldisulfid (Bild 4-51) zur Herstellung der aktivierten Thiol-Sepharose, an die thiolhaltige Peptide und Proteine selektiv gebunden werden können (Bild 4-52), sind die entscheidenden Reaktionsschritte dieser Trenntechnik.

Für die experimentelle Durchführung kovalenter chromatographischer Trennungen von Thiolspecies dient die Anordnung in Bild 8-7. Der Puffer A (0,1M Tris-HCl, pH-Wert = 7,7 + 0,1 M NaCl) wird von der Elutionsmittelpumpe (F= 1,0 ml/min) zum T-Stück gefördert.

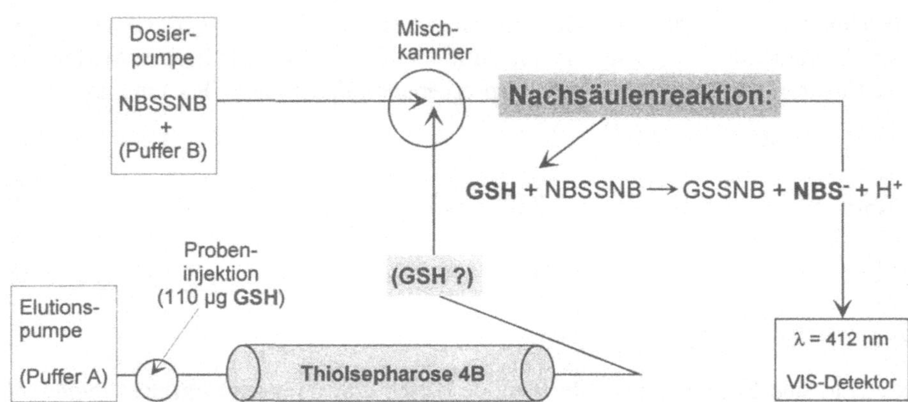


**Bild 8-7**   Schematischer Aufbau einer HPLC-Apparatur mit Nachsäulendetektion

Innerhalb der Trennsäule (125 × 4 mm i.D., PEEK-Material), die ca. 500 mg aktivierte Thiolsepharose 4B (dp = 45–165 µm) enthält, „entscheidet" sich, ob die Kapazität der stationären Phase für die kovalente Bindung von Glutathion ausreichend ist.

Der Puffer B (12 mg Ellman's-Reagenz (5,5'-Dithio-bis[2-Nitrobenzoesäure] in 50 mM $KH_2PO_4$, pH = 8,0) wird mit einer geringeren Flußrate (0,2 ml/min) mit Hilfe einer Dosierpumpe zum T-Stück gefördert.

Ist die Kapazität des Thiolsepharose erschöpft, findet eine Vermischung und Reaktion von SH-gruppenhaltigen Thiolen wie Glutathion mit dem Ellman's-Reagenz statt. Die gebildeten Komplexe ($NBS^-$: Thionitrobenzoat-Anion) können danach im sichtbaren Bereich bei 412 nm sehr empfindlich (ppm-Bereich) registriert werden (s. a. Bilder 8-10 und 8-11). Solange jedoch die applizierten thiolhaltigen Verbindungen kovalent auf dieser Säule gebunden bleiben, werden keine Absorptionen im sichtbaren Bereich detektiert.

Diese besondere Eigenschaft der Thiole, einerseits eine SH-gruppenspezifische Bindung mit der aktivierten Thiol-Sepharose einzugehen und andererseits sensitiv registrierbare Komplexe über ihre SH-Gruppen mit Ellman's-Reagenz auszubilden, wurde innerhalb der folgenden Experimente genutzt.

Auf die Trennsäule erfolgte das Applizieren von 110 µg Glutathion (je 20 µl 5,5 mg GSH/ml) pro Chromatographie-Lauf (s. Bild 8-7).

Die resultierende „Durchbruchskurve" (Bild 8-8) zeigt das Ergebnis dieser kovalenten Chromatographie. Nachdem ca. 700–800 µg GSH appliziert worden sind, erfolgt ein Anstieg der Extinktion. Dies ist ein Anzeichen dafür, daß nicht mehr die Gesamtmenge des Glutathions kovalent gebunden werden kann. Ab 1200 µg GSH werden keine signikanten Vergrößerungen des Detektorsignals registriert, und es tritt eine gewisse „Sättigung" der Thiolsepharose-Säule mit dem Thiolmolekül Glutathion ein.

Auch höher molekulare Metallothioneine zeigen ein vergleichbares Bindungsverhalten, weshalb die kovalente Chromatographie für präparative Reinigungen von SH-Gruppen haltigen Substanzen aus biologischen Materialien besonders geeignet ist.

Durch anschließende Elution der Chromatographiesäule mit einem niedermolekularen Thiol wie Dithiotreitol (RSH) erfolgt die Ablösung der kovalent gebundenen thiolhaltigen Proteine von der stationären Phase, die in den Ausgangszustand der Glutathion-Sepharose-Matrix zurück überführt wird (vgl. Bild 4-53 in Abschnitt 4.3.6).

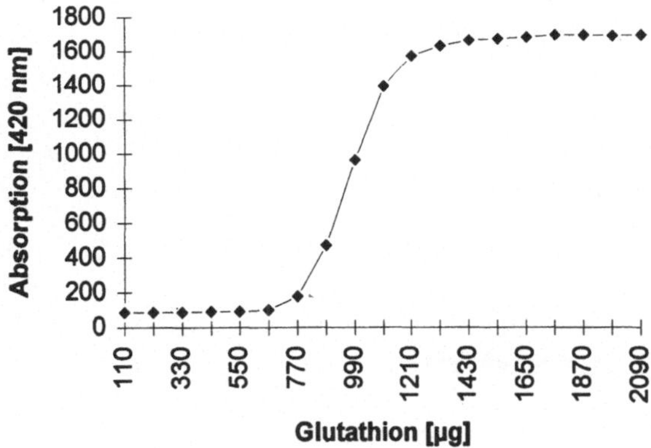


**Bild 8-8**   Bindung von Glutathion an die aktivierte Thiol-Sepharose 4B

Das Ablösen unterschiedlich stark gebundener thiolhaltiger Proteine kann dabei durch Änderung der Konzentration oder der Art des Thiols erfolgen.

Nach erneutem Aktivieren mit 2,2′-Dipyridyldisulfid ist das chromatographische Trägermaterial für eine weitere kovalente Trennung einsetzbar (s. Schema der *Sequentiellen Elution* in Bild 4-54).

Zur Registrierung des Desorptionsprozesses bzw. zur qualitativen und quantitativen Analyse der Metallothioneine muß eine andere Detektionsvariante verwendet werden, da die niedermolekularen Thiole im Eluenten mit Ellman's Reagenz selbst reagieren und alle anderen Chromatogramm-Peaks überdecken. Dies kann durch Nachsäulendetektion mit Reagentien wie Orthophthalaldehyd (OPA) und einem sehr empfindlichen Fluoreszenzdetektor realisiert werden.

Für eine schnelle und effiziente analytische Bestimmung von Glutathion, seiner Metabolite und anderer Thiolspecies ist jedoch die Reversed-Phase-Chromatographie auf Grund ihrer hohen Trennleistung meist die Methode der Wahl.

### 8.1.5.2   „Saure" Reversed-Phase-HPLC

Zur chromatographischen Trennung der Thiolspecies Cystein, Cys-Gly, GSH und γ-EC (γ-Glutamyl-Cystein) dienen Reversed-Phase-Säulen, die mit sauren Eluenten wie Trifluoressigsäure (TFA) chromatographiert werden, weshalb hier die Bezeichnung „Saure" RP-HPLC gewählt wird (vgl. auch Bild 4-15 in Abschnitt 4.1.2).

Je höher der TFA-Anteil, d.h., je niedriger der pH-Wert, desto größer ist die chromatographische Auflösung zwischen dem relativ schwer zu trennenden Peakpaar GSH und γ-EC (Bild 8-9). Dabei muß beachtet werden, daß bei pH-Werten < 2 die Hydrolyse des Silicagelgerüstes innerhalb der RP-Trennsäule beginnt, wodurch in der Regel die stationäre Phase für weiterführende Trennungen unbrauchbar gemacht wird.

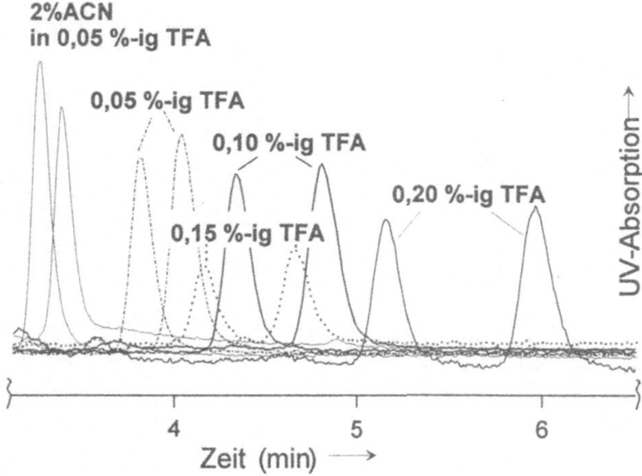


**Bild 8-9**   Abhängigkeit der chromatographischen Auflösung vom TFA- und ACN-Gehalt des Eluenten (1.Peak: GSH, 2. Peak: γ-EC)

Ein TFA-Gehalt von 0,2 % stellt einen optimalen Kompromiß zwischen ausreichender Auflösung (R > 2,5) dieses Peakpaares und der Langzeitstabilität (> 9 Monate) der Säule dar. Die Chromatogramme zeigen sehr deutlich, daß kleinere TFA-Gehalte (0,1 ... 0,05 %) und bereits geringe Anteile an organischen Lösungsmitteln (z.B. 2% ACN) zur deutlichen Verminderung der Peakauflösungen führen. Für die Erstellung dieser Chromatogramme mit reinen Modellsubstanzen war eine „einfache" Detektion im nahen UV-Bereich bei 210 nm ausreichend, da die chromatographische Auflösung einer Säule in der Regel von ihrer Trennqualität und nicht von der gewählten Detektionsart abhängen.

Für die Analyse von SH-Gruppen-haltigen Substanzen, vor allem in biologischen Matrices, ist dagegen die Variante der Nachsäulendetektion mit DTNB vorzuziehen. Die RP-Säule erwies sich für die HPLC-Analyse der vier Thiolspecies als besonders selektiv, wie aus Bild 8-10 ersichtlich ist.

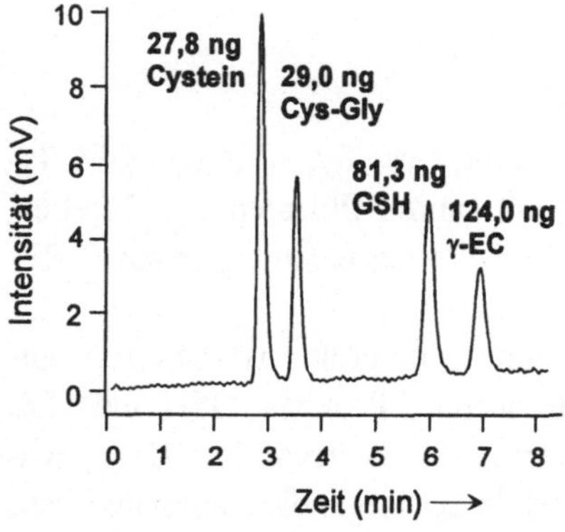


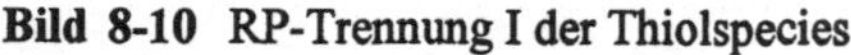

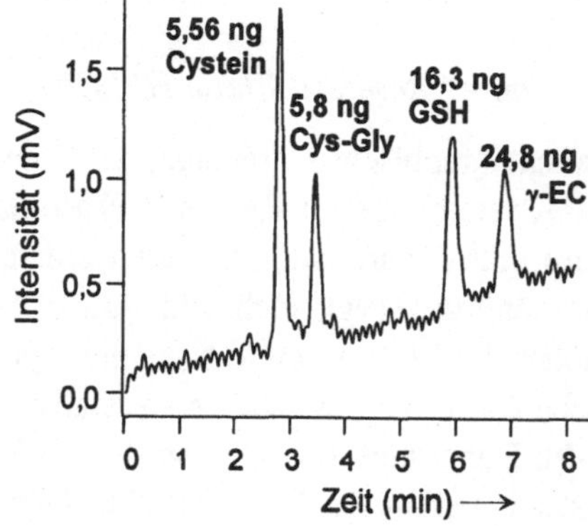


**Bild 8-10**  RP-Trennung I der Thiolspecies                **Bild 8-11**  RP-Trennung II der Thiolspecies

Absolutmengen im Bereich von 50–100 ng werden mit Basislinientrennung chromatographiert. Bei einer 5-fach geringeren Konzentration ist eine Verstärkung des Grundlinienrauschens zu verzeichnen (Bild 8-11), ohne daß eine signifikante Verminderung der chromatographischen Auflösung eintritt.

Wenn die Probeschleife von 20 auf 100 µl vergrößert wird, sind Absolutmengen der Thiolspecies von ca. 0,2 bis 1,0 ng noch nachweisbar.

Durch weitere Variationen der Versuchsbedingungen (z.B. Optimierung der Konzentration vom Ellman's Reagenz, Einsatz kurzer HPLC-Säulen von 3 cm Länge mit Partikelgrößen um 2 oder 3 µm) können noch geringere Mengen an Glutathion und anderen Thiolspecies bestimmt werden.

### 8.1.5.3  *Electrospray-MS von Glutathion und Metaboliten*

Innerhalb weiterer Experimente mittels saurer RP-Chromatographie konnte gezeigt werden, daß aus Glutathion (Bild 8-12) bereits nach einigen Tagen Cys-Gly in dieser Lösung gebildet wird (Bild 8-13). Als noch fehlende Komponente wurde die Glutaminsäure erwartet, die jedoch auf Grund der SH-spezifischen Detektion mit dem Ellman's Reagenz im HPLC-Chromatogramm nicht angezeigt wird.

Daraufhin wurde die Gluathionlösung zur Identifzierung bzw. Strukturaufklärung der noch fehlenden Substanz(en) mittels Electrospray-Massenspektrometrie analysiert. Die Bestimmung der Molekulargewichte erfolgt mit einem VG-BIO-Q-Massenspektrometer *(Fisons Instruments)* bestehend aus einer Elektrospray-Ionenquelle und einem Triple-Quadrupolmassen-Analysator mit einem Massenbereich von 4000.

Ein Volumen von 5 µl Glutathionlösung wird direkt über eine Probeschleife (Rheodyne-Ventil 5717) mit einem Lösungsmittelgemisch (ACN/Wasser 1:1 V/V + 1% Ameisensäure) bei einer Flußrate von 4 µl/min (Pumpe : HP 1050) in das Electrospray appliziert. Die Aufnahme des Massenspektrums erfolgt in einem Bereich von 500 bis 1300 *m/z* innerhalb von 10 s, wobei Myoglobin (Pferdeherz) zur Kalibrierung dient.

Die Quasimolekülionen $[M+H]^+$ bei 179,1 und 308,2 sind die charakteristischen Signale für die bereits bekannten Verbindungen Cys-Gly bzw. Glutathion.

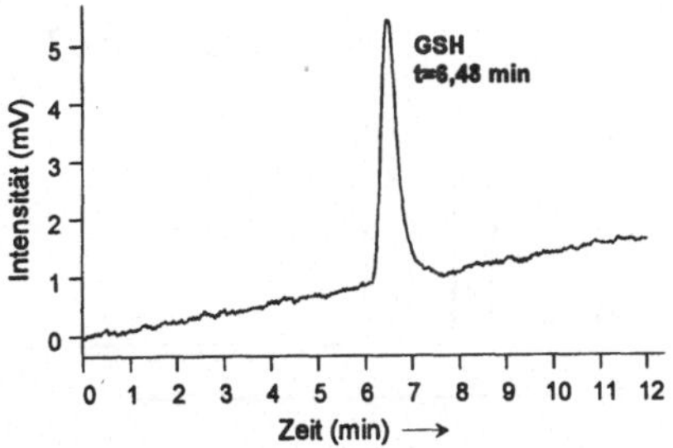

**Bild 8-12**  Gluathion-Stammlösung

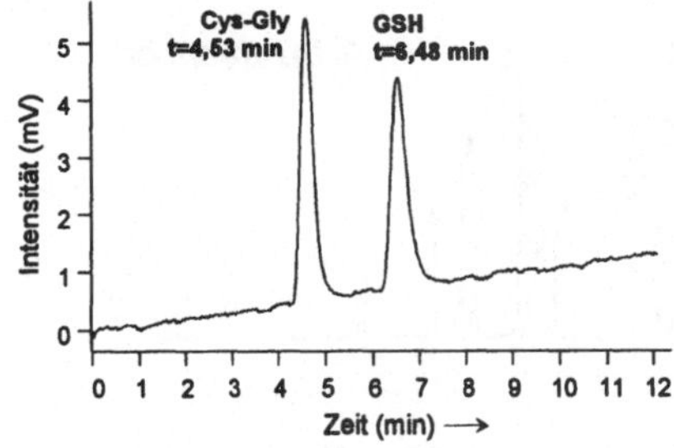

**Bild 8-13**  Glutathion-Stammlösung nach ca. 10 Tagen

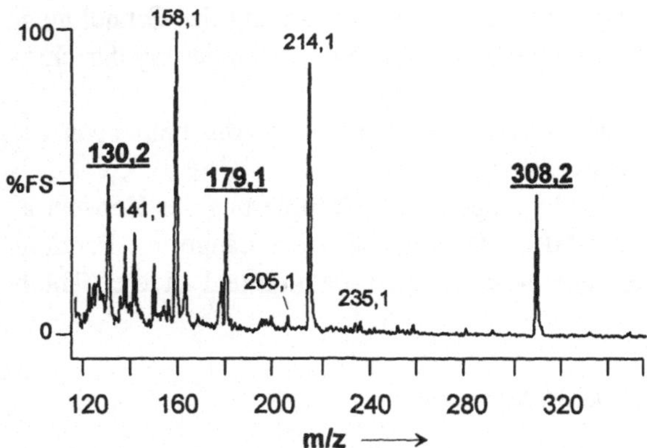

**Bild 8-14** Massenspektrum von eine Glutathionlösung

Das Signal bei 130,2 ist nicht der Glutaminsäure zuzuordnen, die ursprünglich in der zersetzten GSH-Lösung erwartet wurde, sondern identifiziert die relativ seltene Aminosäure *Pyroglutaminsäure*, die durch Cyclisierung entsteht.

### 8.1.5.4 Analyse biologischer Matrices

Die Bedeutung und die entwickelten Methoden zur simultanen Bestimmung von Thiolen und Disulfiden wurden bereits ausführlich herausgestellt. Neben den verschiedenen Derivatisierungsmöglichkeiten bietet die HPLC-DED-Technik (s. Abschnitt 8.1.4.6) ein geeignetes Verfahren zur qualitativen und quantitativen Bestimmung von GSH und GSSG in natürlichen Matrices.

Die HPLC-Chromatogramme in Bild 8-15 [122] belegen die Leistungsfähigkeit der Thiolanalytik. Als Standardsubstanzen wurden u.a. Cystein, GSH und GSSG mit sehr guter Auflösung chromatographiert. Die minimal detektierbare Menge für die Thiolspecies liegt im Durchschnitt bei ca. 0, 5 pmol.

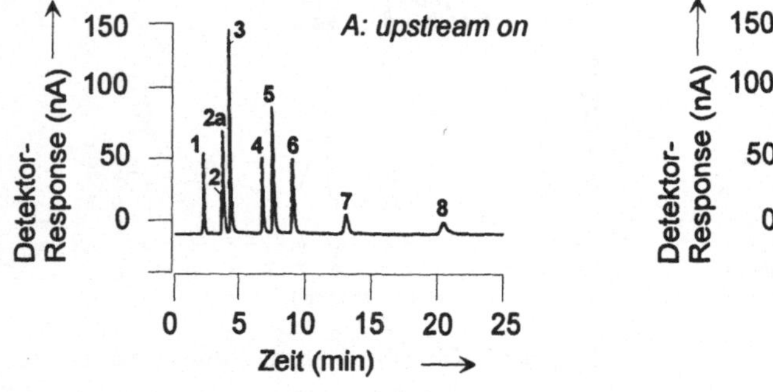
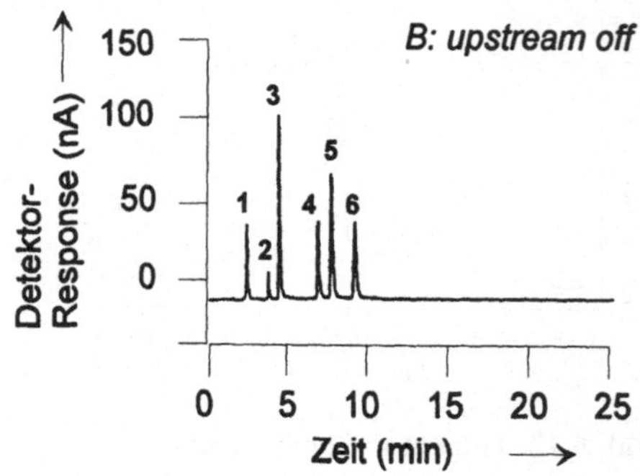

**Bild 8-15** Chromatogramme der Standardsubstanzen von Thiolen und Disulfiden mittels HPLC-DED, 1: Metaphosphorsäure, 2: Ergothionein, 2a : Cystin, 3: Cystein, 4: GSH, 5: Homocystein, 6: Cys-Gly, 7: GSSG, 8: Homocystin, HPLC-Bedingungen: siehe Text. Mit freundlicher Genehmigung von J. P. Richie Jr. [122].

Die Trennung erfolgt isokratisch an einer RP-Säule (Intersil ODS 2, 250 × 4,6 mm i.D.). Die mobile Phase besteht aus 93,25% (V/V) 0,1 M Monochloressigsäure, 5% Methanol, 1,75% DMF und 2,25 mM Heptansulfonsäure und hat einen pH-Wert von 2,8.

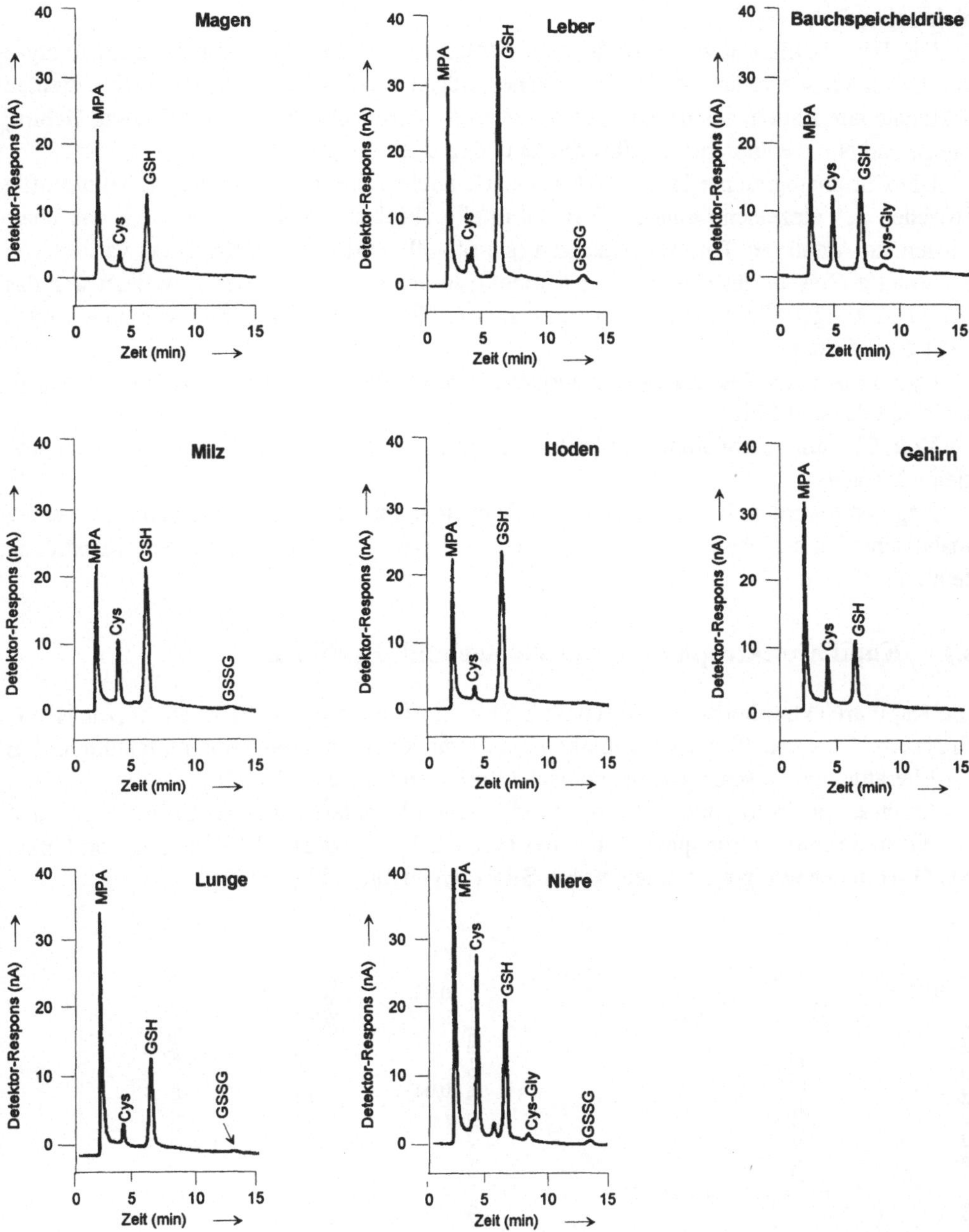

**Bild 8-16**  Chromatogramme von Thiolspecies aus Rattenorganen, Analysenbedingungen wie in Bild 15. Mit freundlicher Genehmigung von J. P. Richie Jr. [122].

Aus dem Vergleich der beiden Chromatogramme in Bild 15 A und B geht hervor, daß während der Dualdetektion (DED) mit beiden Elektroden auch die Disulfide, die zuvor an der *upstream*-Elektrode in die korrespondierenden Thiole konvertiert wurden, angezeigt werden. Erst wenn diese Elektrode nicht in Betrieb ist (B: *upstream off* ), wird das GSSG nicht registriert.

Die HPLC-DED-Methode wurde auch erfolgreich für die Thiol- und Disulfid-Analyse von Extrakten aus verschiedenen Tierorganen eingesetzt. Als Untersuchungobjekte dienten 8 Monate alte Ratten, aus denen Magen, Leber, Bauchspeicheldrüse, Milz, Hoden, Gehirn, Lunge und Niere entnommen, aufgearbeitet und analysiert wurden.

Die Chromatogramme im Bild 16 veranschaulichen die unterschiedlichen Thiolprofile zwischen den einzelnen Organen. GSH ist in allen Proben vorhanden und stellt den überwiegenden Anteil der Thiolverbindungen (ca. 60–90 %) dar. Der GSH-Level variiert von 1,8 µmol/g Gewebe im Gehirn bis 6,6 µmol/g in der Leber. Im Gegensatz dazu war das GSSG in einigen Organen (insbesondere Leber, Niere) nur sehr gering vorhanden bzw. nicht detektierbar.

Cystein ist auch Bestandteil aller Organen, vor allem in der Niere sowie in der Bauchspeicheldrüse und Milz.

Vom Glutathion-Abkömmling Cys-Gly enthalten Bauchspeicheldrüse und Niere nur sehr kleine Mengen.

Insgesamt werden die potentiellen Möglichkeiten der DED-HPLC-Methode für weitere analytische Untersuchungen von biologischen Objekten und biochemischen Reaktionen deutlich.

## 8.1.6  Kapillarelektrophorese von Thiolen und Disulfiden

Die Kapillarelektrophorese (s. Abschnitt 5.2) wird oft als ergänzende Methode zur HPLC eingesetzt. Dies betrifft auch die Analytik von reduziertem und oxidiertem Glutathion. Aus der Literatur sind verschiedene methodische Varianten bekannt [123-128].

An einer mit hydrophilen Gruppen modifizierten Kapillare (Supelco CElect-P150) und mit einem 35 mM Natriumphosphat-Puffer (pH = 2,1) erfolgt die CE-Trennung von GSSG und GSH in nur wenigen Minuten, wie in Bild 17(A) dargestellt ist [123].

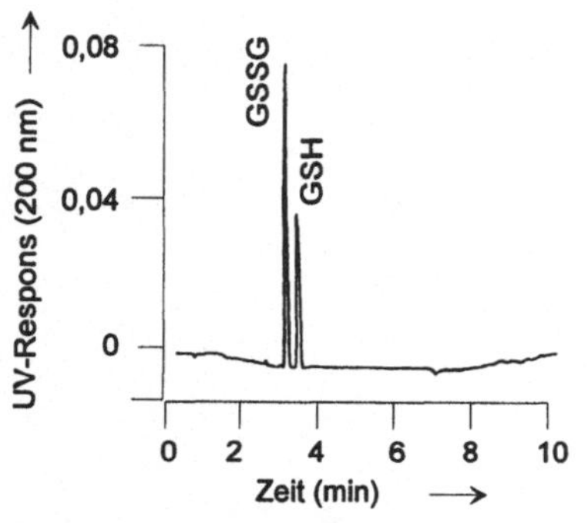
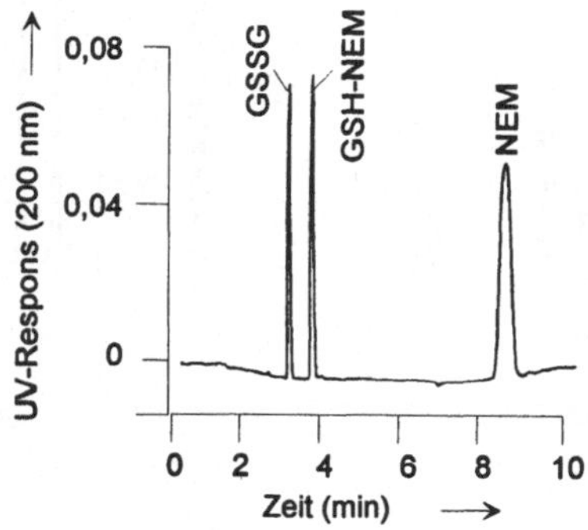

**Bild 8-17**  CE-Trennung von underivatisierten GSH und GSSG (A). CE von GSSG und mit NEM (Überschuß) modifizierten GSH-NEM-Addukt (B), CE-Bedingungen siehe Text. Mit freundlicher Genehmigung von V. Stocchi [123].

Die Detektion wird im nahen UV-Bereich bei 200 nm durchgeführt. Durch Derivatisierung der Sulfhydrylgruppe von Glutathion mit *N*-Ethylmaleinimid (Abschnitt 8.4.3) entsteht ein GSH-NEM-Addukt, das gegenüber möglicher Oxidationsreaktionen „blockiert" ist. Dieses Addukt zeigt eine stärkere Absorption und besitzt gegenüber dem GSSG eine größere Auflösung (Bild 17 B). Das überschüssige NEM erscheint weit nach den Thiolspecies im Elektropherogramm und trägt nur wenig zur Vergrößerung der Analysenzeit bei.

Einige Applikationsbeispiele dieser CE-Methode sind in Bild 8-18 zusammengefaßt. Als biologische Proben werden rote Blutzellen vom Menschen analysiert [123], die unterschiedlich lange einer Lösung bestehend aus 0,1 mM $Fe^{2+}$-Ionen und 10 mM Ascorbinsäure ausgesetzt waren.

Während in den unbehandelten Kontrollzellen nur das GSH-NEM (Bild 8-18 A) registriert wird, sind in den Versuchszellen in Abhängigkeit von der Zeit (s. Bild 8-18 B und C: nach 30 bzw. 60 Minuten) signifikante Anstiege des GSSG-Levels und abfallende Peakgrößen von GSH-NEM zu verzeichnen.

Ursache der Verschiebungen des Verhältnisses zwischen der reduzierten Form (GSH) und dem oxidierten GSSG ist das $Fe^{2+}$-/Ascorbinsäure-System, das durch die Produktion von freien Radikalen den Oxidationprozeß auslöst (s. Abschnitt 8.1.3).

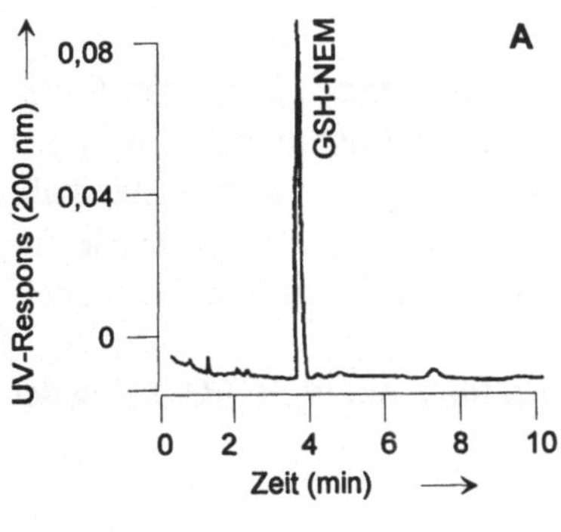

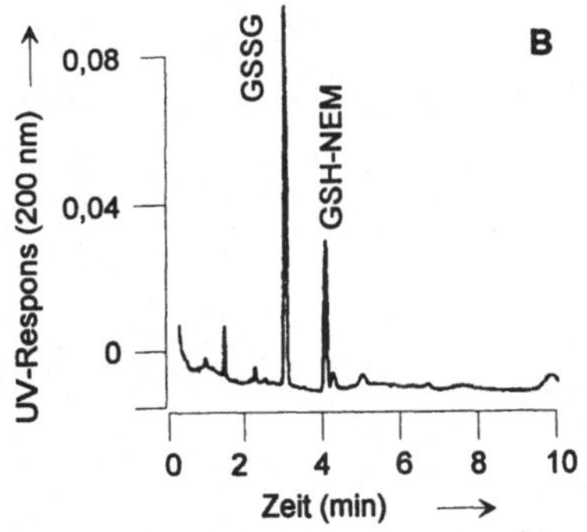

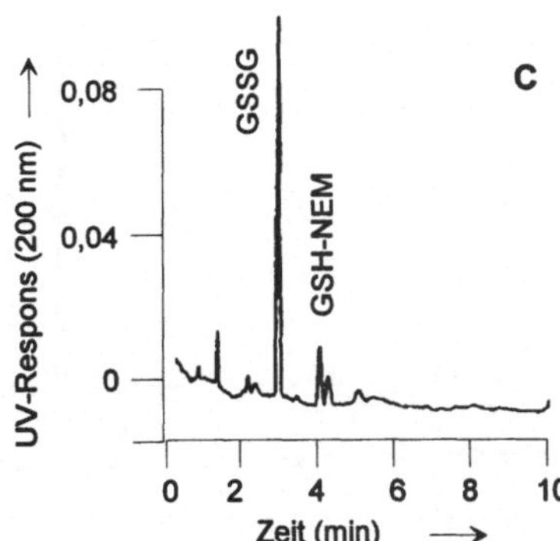

**Bild 8-18**   CE-Analytik von GSH-NEM und GSSG in unbehandelten roten Blutzellen (A), in Blutzellen nach 30- (B) und 60-minütigem (C ) Einwirken des $Fe^{2+}$-/Ascorbinsäure-Systems zur Generierung von Radikalen, kapillarelektrophoretische Bedingungen siehe Text. Mit freundlicher Genehmigung von V. Stocchi [123].

### 8.1.7  Kapillarelektrophorese von Phytochelatinen

Die Analyse von Metallothioneinen in biologischen Matrices erfordert meist eine Reihe pre-chromatographischer Methoden wie Lyophilisation, Dialyse, Ammoniumsulfatfällung, Ultrafiltration (s. a. Kapitel 3) sowie Derivatierungs- und Trennoperationen (Abschnitt 8.1.1).

Die Kapillarelektrophorese wird neben der Analyse von Thiolen zunehmend für die Trennung der Isoformen von Metallothioneinen [129-137] und der Thiolpeptide von Phytochelatinen eingesetzt, da aufwendige Vorreinigungs- und Konzentrierungsschritte oft nicht erforderlich sind.

Die Leistungsfähigkeit der CE-Analyse von Phytochelatinen soll an Hand des folgenden Beispiels detaillierter vorgestellt werden [138]. Zuerst erfolgt die Herstellung entsprechender Standardsubstanzen von Phytochelatinen (Bezeichnungen s. a. Abschnitt 8.1.2) als Basis für die Optimierung der elektrophoretischen Trennung. Die PC's stammen aus einem Rohextrakt der Zellen von Mikroalgen *(Phaeodactylum tricornutum)*, die zur Anregung der Produktion von Phytochelatinen 15 Tage lang einer Cadmiumkonzentration von 30 mg/l ausgesetzt waren. Die Reinigung des Extraktes erfolgte durch Größenausschlußchromatographie und prechromatographische Methoden. Zur mikropräparativen Isolierung der einzelnen Standard-Polypeptide diente die RP-Chromatographie. Die Identifizierung der homologen Peptide wurde an Hand der ermittelten Aminosäurezusammensetzung für die einzelnen Individuen gesichert.

Ein typisches Elektropherogramm einer Kapillarzonenelektrophorese (CZE) von 6 verschiedenen Phytochelatinen zeigt das Bild 8-19. Unter stark sauren Migrationsbedingungen (100 mM Phosphorsäure) tragen die Peptide positive Ladungen und wandern innerhalb einer Fused-Silica-Kapillare bei positivem Spannungspotential (+10 kV) von der Anode zur Kathode. Unter diesen CE-Bedingungen migrieren kleine positiv geladene Moleküle schneller als entsprechend größere Moleküle.

Die Elutionsreihenfolge der Phytochelatine beginnt demzufolge mit $(\gamma\text{-EC})_4\text{G}$ und endet mit $(\gamma\text{-EC})_9\text{G}$.

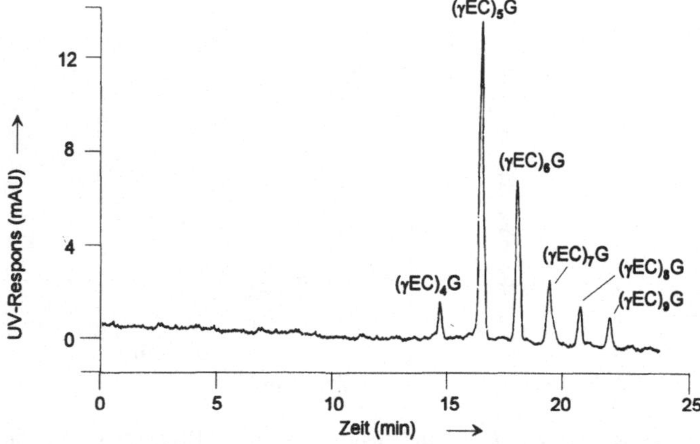


**Bild 8-19**  CZE von 6 PC's aus Zellen von *Phaeodactylum tricornutum*, die 15 Tage lang 30 mg/l Cd ausgesetzt waren. CE-Bedingungen: Fused-Silica-Kapillare 37 (30) cm × 50 μm i.D., 100 mM Phosphorsäure, $\lambda = 214$ nm, $V = +10$ kV. Mit freundlicher Genehmigung von J. Abalde [138].

Während der Analyse von Rohextrakten der Mikroalgenzellen zeigt sich jedoch, daß bei derart niedrigem pH-Wert die meisten als „Verunreinigungen" vorhandenen Proteine und Peptide mit neutraler oder positiver Ladung im Gegensatz zu den Phytochelatinen innerhalb der Kapillare ausfallen. Diese Bedingungen sind deshalb für weiterführende Untersuchungen von nicht vorgereinigten Proben ungeeignet.

Durch Einsatz einer Fused-Silica-Kapillare, die mit einem 150 mM Natriumphosphatpuffer bei pH=3,5 eluiert wird, ist das Trennproblem besser zu lösen. Unter diesen sauren Bedingungen besitzen die Phytochelatine ausreichend negative Ladungen, um entgegen des elektroosmotischen Flußes (EOF) in Richtung Anode zu migrieren.

Die hohe Ionenstärke des Puffers dient dazu, den EOF zu reduzieren. Nach dem jetzt eine negative Spannung ($U = -12$ KV) angelegt ist, erfolgt der Wechsel beider Polseiten. Dadurch ist es möglich, daß negativ geladene Probespecies auf ihrem Weg zum neu „eingerichteten" Anodenpol die Detektorzelle passieren und registriert werden können. Die Migrationsreihenfolge der Analyte kehrt sich dadurch um. Die am negativsten geladenen Phytochelatine erscheinen zuerst im Elektropherogramm (Bild 8-20).

Erfolgt eine Erhöhung des pH-Wertes im Migrationspuffer von 3,5 auf 5,0, so werden die negativen Ladungen der Phytochelatine vergrößert. Dadurch resultieren Verkürzungen der Analysenzeiten, aber auch deutliche Verschlechterungen der Peakauflösungen.

Stärker saure pH-Werte um 3 führen dagegen zu langsameren Migrationen, längeren Analysenzeiten und verbreiterten Peakprofilen der Peptide.

Das Elektropherogramm eines ungereinigten Mikroalgenextraktes von *P. tricornutum* zeigt das Bild 8-21. Die vorhandenen Peaks sind Proteine und Peptide aus dem Rohextrakt. Unter den vorhandenen CE-Bedingungen interferrieren diese (im Gegensatz zu den Bedingungen in Bild 8-19) nicht mit den Phytochelatinen, die entstehen, wenn die Zellen dem Schwermetall Cadmium ausgesetzt werden, wie aus Bild 8-22 hervorgeht.

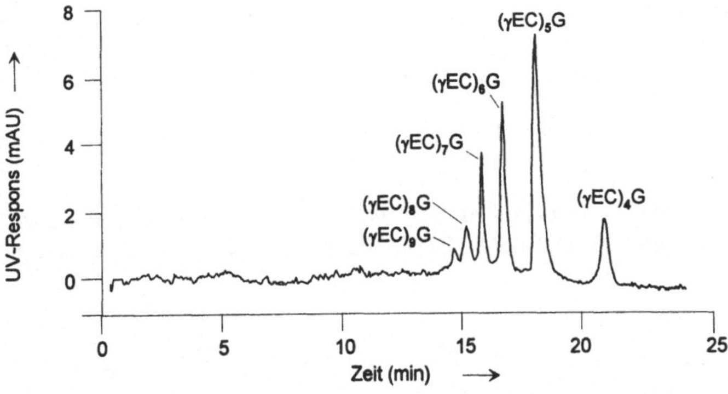


**Bild 8-20**   CZE von 6 PC's aus Zellen von *Phaeodactylum tricornutum*, die 15 Tage lang 30 mg/l Cd ausgesetzt waren. CE-Bedingungen: Fused-Silica-Kapillare 37 (30) cm × 50 μm i.D., 150 mM Natriumphosphat-Puffer (pH = 3,5), λ = 214 nm, V = −12 kV. Mit freundlicher Genehmigung von J. Abalde [138].

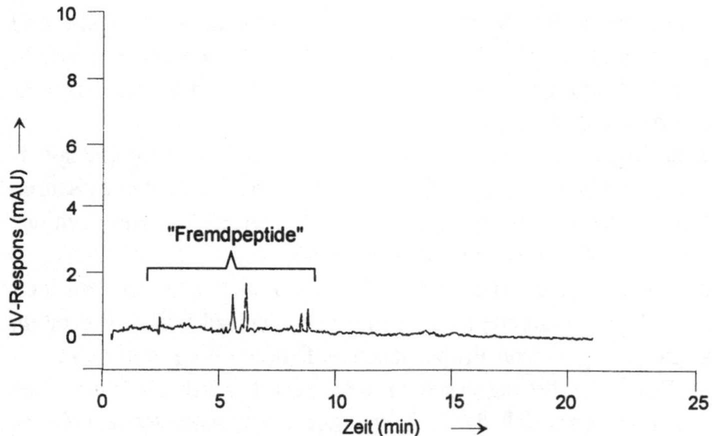


**Bild 8-21**  CZE eines Rohextraktes von *Phaeodactylum tricornutum*, der nicht der Cd-Lösung ausgesetzt war. CE-Bedingungen: wie in Bild 8-20. Mit freundlicher Genehmigung von J. Abalde [138].

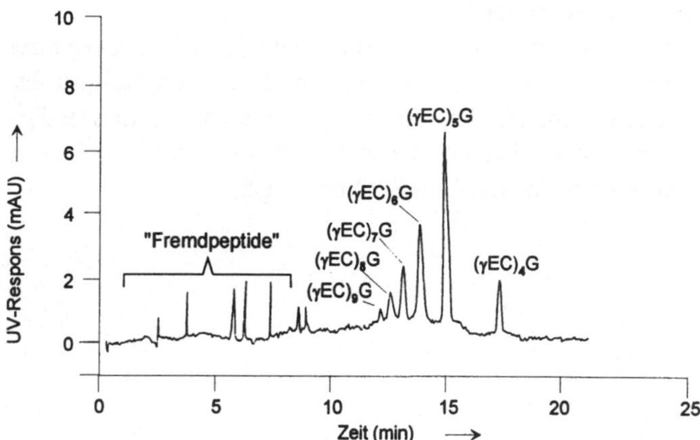


**Bild 8-22**  CZE eines Rohextraktes von *Phaeodactylum tricornutum*, der einer Cd-Lösung ausgesetzt war. CE-Bedingungen: wie in Bild 8-20. Mit freundlicher Genehmigung von J. Abalde [138].

In diesen Beispielen konnte gezeigt werden, daß die z.T. aufwendige Vorreinigung der Mikroalgenzellen und Derivatisierungen der Polypeptide (Phytochelatine) nicht notwendig sind. Die Substanzen werden mit ausreichener Auflösung während der kapillarelektrophoretischen Analyse getrennt.

Für die Bestimmung von Metallothioneinen (Phytochelatinen) aus anderen biologischen Matrices sollten jedoch mögliche interferrierende Substanzen wie unbekannte Peptide bzw. Proteine beachtet werden.

## 8.2  Nucleobasen und Nucleoside in Zellen und Geweben

Wichtige Funktionen und Eigenschaften sowie strukturelle Merkmale der biologischen Substanzklassen Nucleinsäuren (DNA, RNA, s. a. Bild 2-34), Nucleotide (ATP, ADP, AMP, GTP, GDP, IMP), Nucleoside (z. B. Adenosin, Guanosin, s. a. Bild 2-32) und Nucleobasen (Purine, Pyrimidine, s. a. Bild 2-31) wurden bereits im Abschnitt 2.2 behandelt.

Die Analytik von Nucleotiden wird im Abschnitt 9.2 dargestellt, obwohl zu den hier aufgeführten HPLC-Methoden für Nucleobasen und Nucleoside [1-14] enge Bezüge bestehen.

Biomedizinische Forschungsprojekte und Aktivitäten sind auf Untersuchungen von Stoffwechselprozessen (Purin-Nucleotide), Zellreifungsprozessen und physiologischen Veränderungen während der Entstehung verschiedener Krankheiten und Syndrome beim Menschen gerichtet. Insbesondere Krankheiten wie Gicht [15], Sauerstoffmangel [16], Xanthinurie [15] oder Muskeldistrophie stehen mit den quantitativen Veränderungen von Nucleinsäure-Bausteinen in menschlichen Zellen und Organen im engen Zusammenhang. Gicht z.B. gehört zu den sogenannten Zivilisationskrankheiten, die durch eine Störung des Purinstoffwechsels gekennzeichnet ist. Bei dieser Erkrankung kommt es zur Ablagerung von Salzen der Harnsäure in den einzelnen Organen bzw. Körperteilen (Gelenke). Die Muskeldistrophie ist durch einem Mangel an AMP-Desaminase gekennzeichnet und ist mit Veränderungen von Purin metabolisierenden Enzymen verbunden.

Für die analytische Bestimmung von niedermolekularen Nucleosiden und Nucleobasen in biologischen Matrices (Körperflüssigkeiten, rote Blutzellen, innere Organe wie z.B. die Leber) sowie von Nucleotidpolymeren werden vorrangig HPLC-Methoden eingesetzt [10].

Diese Biomoleküle verfügen über polare funktionelle Gruppen, so daß Ionenaustausch-Interaktionen für ihre flüssigchromatographische Trennung ausgenutzt werden können. Auch andere (hydrophobe) Strukturbereiche kennzeichnen diese Moleküle, weshalb insbesondere für die Reversed-Phase-Chromatographie umfangreiche Applikationsmöglichkeiten innerhalb der Nucleinsäureanalytik resultieren.

Hinzu kommen die Ionenpaarchromatographie (s. Abschnitt 4.2.1) sowie Chromatographiearten mit speziellen, selektiven Wechselwirkungsmechanismen. Dazu gehört die Ligandenaustausch-HPLC [17-20]. Als stationäre Phasen dienen neben Polymeren meist Silicagele, die mit chelatbildenden funktionellen Gruppen wie Iminodiessigsäure immobilisiert sind. Diese Phasen werden mit komplexbildenden Metallionen derivatisiert. Der Trennmechanismus in der Ligandenaustausch-Chromatographie beruht auf Wechselwirkungen der Probemoleküle (Nucleinsäure-Bausteine) mit der stationären Phase, die durch koordinative Bindungen innerhalb der Bindungssphäre des komplexbildenden Metallions entstehen. Als Metallion wird insbesondere $Cu^{2+}$ eingesetzt, da es die größte Bindungskonstante zur immobilisierten Iminodiessigsäure besitzt.

Eine weitere an Silicagel gekoppelte, chelatisierende funktionelle Gruppe ist das 8-Hydroxyquinolin, das auch mit Kupferionen beladen ist, und die chromatographische Trennung von Nucleinsäure-Komponenten durch Ligandenaustausch-HPLC ermöglicht [21].

Hinzukommen affinitätschromatographische Wechselwirkungen über die an Silicagel gebundenen Dihydroxyboryl-Gruppen und die Bildung von Einschlußkomplexen an Cyclodextrinphasen (s. a. Abschnitt 4.1.3.3).

Aus den umfangreichen chromatographischen Untersuchungen, die bereits in den 70-er und vor allem in den 80-er Jahren durchgeführt wurden, resultiert, daß für die Nucleobasen und Nucleoside die RP-Chromatographie besonders gut geeignet ist, während zur Trennung von phosphorylierten Nucleotiden die Ionenaustauschchromatographie die Methode der Wahl ist. Auch die Kapillarelektrophorese bietet auf Grund ihrer hohen Trenneffizienz und speziell präparierter Kapillaren, die z.B. mit Polyacrylamid gefüllt sind, sehr gute Einsatzmöglichkeiten für die Nucleotid-Analytik (s. a. Abschnitt 9.2).

Vor der chromatographischen oder kapillarelektrophoretischen Trennung von biologischen Proben ist meist eine Deproteinierung erforderlich. Diese erfolgt bei Zellsuspensionen, Geweben oder Organen, die Nucleinsäure-Bausteine enthalten, mit Hilfe von Perchlorsäure oder Kaliumhydroxid. Durch Zentrifugation und Neutralisationsreaktionen wird das biologische Material weiter aufgearbeitet, so daß die Nucleinsäure-Komponenten in einer „störungsfreien Trennoperation" (mit HPLC oder CE) quantifiziert werden können.

## 8.2.1  Reversed-Phase- und Ionenpaarchromatographie

Gegenüber der HPLC-Analytik von Nucleotiden ist die Ionenaustauschchromatographie (IEC) für die niedermolekularen Strukturbausteine Nucleoside und Nucleobasen nur wenig erfolgreich anwendbar. Insbesondere der hohe Salzgehalt der Puffer-Eluenten ist eine Ursache für unzureichende IEC-Trennungen von Nucleosiden und Nucleobasen.

In den vergangenen Jahren haben sich insbesondere die effizientere Reversed-Phase-Chromatographie bzw. auch die Ionenpaarchromatographie für die Analyse dieser Substanzklassen etabliert. Die Vorteile der RP-Chromatographie liegen vor allem in der Langzeitstabilität und hohen Reproduzierbarkeit der Säulen, so daß auch gute Vergleichbarkeiten der Ergebnisse von RP-Säule zu RP-Säule bzw. von Labor zu Labor gewährleistet sind. Für die Elution der Nuleoside und Nucleobasen ist meist der isokratische Modus ausreichend. Nach dem Wechsel bzw. Austausch des Lösungsmittels (mobile Phase) tritt eine schnelle Gleichgewichtseinstellung in der Trennsäule wieder ein.

Für die RP-HPLC dienen als stationäre Phasen mit ODS modifizierte Silicagele („C18-Trennphasen") mit Partikelgrößen um 3 oder 5 µm. Für die Elution kommen mobile Phasen bestehend aus Phosphatpuffer (ca. 10 mM) mit kleineren Methanolanteilen (ca. 5–10 %) und einem pH-Wert, der meist im schwach sauren Bereich liegt, zum Einsatz. Bei einer Flußrate um 1,5 ml/min betragen die Analysenzeiten zwischen 10 und etwa 30 Minuten.

Ausgewählte HPLC-Chromatogramme für ein Modelgemisch (A) aus Nucleosiden und Nucleobasen sowie für eine Plasmaprobe (B) werden in Bild 8-23 demonstriert.

Weitere Elutionsprofile von bioanalytische Applikationen (Skelettmuskulatur, Erythrozyten), die unter ähnlichen chromatographischen Bedingungen erhalten wurden, gehen aus dem Bild 8-24 hervor.

Zur HPLC-Trennung von Purin-Species mit Hilfe der Ionenpaarchromatographie (s. Abschnitt 4.2) dienen RP-Phasen Die Elution erfolgt hier mit mobilen Phasen bestehend aus Ammoniumphosphat-Puffer (ca. 10 mM) in annähernd neuralen pH-Bereichen, 20% Methanol und Tetrabutylammoniumsalzen (0,5–10 mM).

Zur Ausbildung von Ionenpaaren werden neben dem am häufigsten verwendeten Tetrabutylammoniumphosphat auch andere Verbindungen wie Trifluoressigsäure eingesetzt.

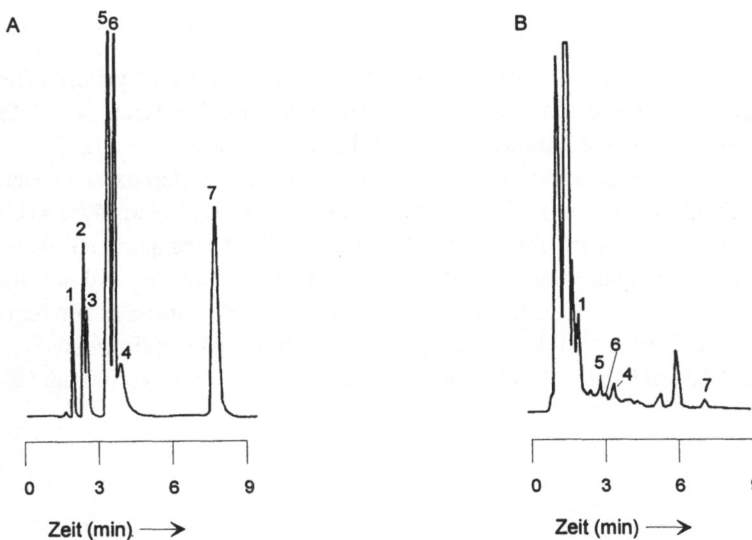

Bild 8-23  Chromatogramme von Nucleosiden und Nucleobasen, A: Modellsubstanzen, B: Plasma
1: Harnsäure, 2: Hypoxanthin, 3: Xanthin, 4: Adenin, 5: Inosin, 6: Guanosin, 7: Adenosin,
Säule: 100 × 8 mm i.D., stationäre Phase: RP, 5 µm (Nova Pak $C_{18}$-Kartusche), mobile
Phase: 50 mM $KH_2PO_4$, + 7% MeOH (pH = 4,1); Flußgradient: 0-6 min (1,5 ml/min), 6-7
min (1,5 auf 3,0 ml/min), 7-13 min (3,0 ml/min) ab 14. min (1,5 ml/min), Detektion: UV,
280 nm. Mit freundlicher Genehmigung von T. Grune [9].

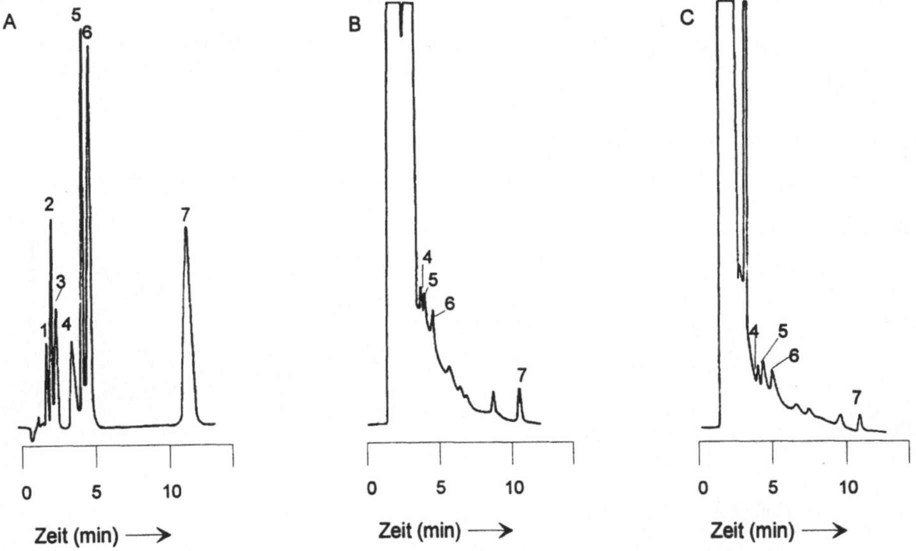

Bild 8-24  Chromatogramme von Nucleosiden und Nucleobasen, A: Modellsubstanzen, B: Skelettmuskulatur, C: Erythrozyten, Peakbezeichnung wie in Bild 8-23,
mobile Phase: 10 mM $KH_2PO_4$, + 8% MeOH (pH = 5,9), weitere HPLC-Bedingungen
wie in Bild 8-23. Mit freundlicher Genehmigung von T. Grune [9].

## 8.2.2  Kapillarelektrophorese

Zu den besonderen Vorteilen der Kapillarelektrophorese (s. a. Abschnitt 5.2) gehören die hohe Trenneffizienz und die Analyse von sehr kleinen Probevolumina (nl-Bereich), weshalb sie für die Nucleinsäure-Analytik biologischer Proben erfolgreich angewandt wird [22].

Das Bild 8-25 zeigt die kapillarelektrophoretische Trennung der Referenzsubstanzen Adenin, Adenosin, Guanin, Hypoxanthin, Guanosin, Xanthin, Inosin und Harnsäure nach Optimierung der Elutionsbedingungen (Pufferkonzentration, pH-Wert, Temperatur) innerhalb von ca. 8 Minuten. Die Registrierung des Elektropherogramms erfolgt bei 260 nm. Im nahen UV-Bereich um 200-210 nm können die Purinsubstanzen noch empfindlicher registriert werden. Die CE-Analysen in Bild 8-26 zeigen (vgl. auch die Absorptionseinheiten der Ordinaten), daß bei 210 nm (A) die Absorption der Purine intensiver als bei 260 nm (B) ist.

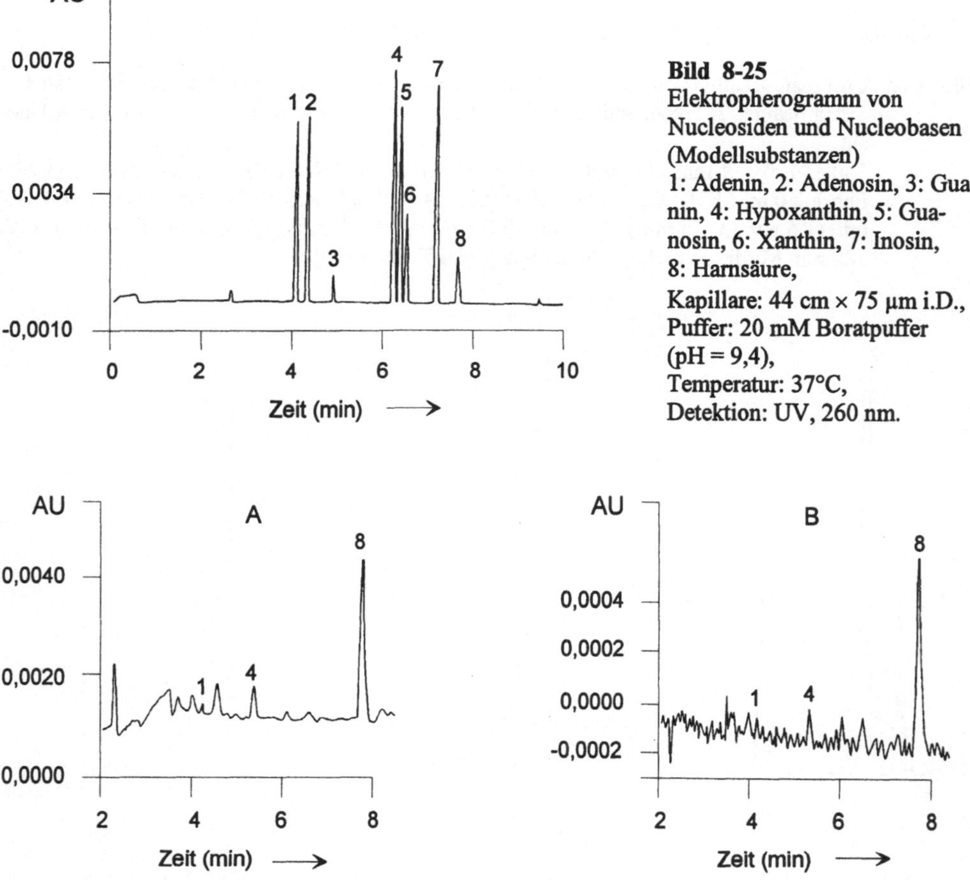

**Bild 8-25**
Elektropherogramm von Nucleosiden und Nucleobasen (Modellsubstanzen)
1: Adenin, 2: Adenosin, 3: Guanin, 4: Hypoxanthin, 5: Guanosin, 6: Xanthin, 7: Inosin, 8: Harnsäure,
Kapillare: 44 cm × 75 µm i.D.,
Puffer: 20 mM Boratpuffer (pH = 9,4),
Temperatur: 37°C,
Detektion: UV, 260 nm.

**Bild 8-26**  Elektropherogramme von Nucleosiden und Nucleobasen, A und B: Plasmaextrakt vom Menschen, A bei 210 nm, B bei 260 nm; Peakbezeichnung und weitere CE-Bedingungen wie in Bild 8-25. Mit freundlicher Genehmigung von T. Grune [22].

# 8.3  Kohlenhydrate in Hydrolysaten und Lebensmitteln

Der Name „Kohlenhydrate" wurde ursprünglich von K. Schmidt im Jahre 1844 eingeführt und galt als Bezeichnung für die Hydrate des Kohlenstoffs. Der Name ist erhalten geblieben, obwohl die Kohlenhydrate (Zucker) heute als primäre Dehydrierungsprodukte mehrwertiger Alkohole definiert werden. Erfolgt die Dehydrierung einer primären Alkoholgruppe, so wird die entstandene Substanz als Aldehyd bezeichnet. Im Falle der Dehydrierung einer sekundären Alkoholgruppe entsteht ein Keton.

Als analytische Untersuchungsobjekte dienen in diesem Abschnitt kohlenhydrathaltige Abbauprodukte wie z.B. Stärkehydrolysate oder Fermentationsmedien mikrobieller Produktsynthesen. In Nahrungsmitteln sind diese Inhaltsstoffe relativ einfach analysierbar und können sehr anschaulich in Form von HPLC-Chromatogrammen präsentiert werden.

Sowohl Kohlenhydrate als auch organische Säuren gehören zu den Hauptbestandteilen dieser biologischen Matrices und werden auch mit vergleichbaren analytischen (insbesondere chromatographischen) Methoden analysiert, weshalb eine gesonderte Darstellung der Analytik dieser Substanzklasse in einem anderen Teilabschnitt (s. 8.4.1) erfolgt.

Zur Analytik von Kohlenhydraten kommen meist HPLC-Methoden [1-44] zum Einsatz. Die Trennungen erfolgen an Silicagelen, die mit Aminogruppen funktionalisiert sind [1-10], mittels Ligandenaustausch- [11-14], Cyclodextrin- [15], Ionen- [16] oder RP-Chromatographie [17-19] und vor allem an polymeren Anionenaustauschern mittels HPAEC-PAD-Technik [20-26] sowie mit Hilfe weiterer Chromatographie- und Detektionssysteme [27-44]. Auch die Kapillarelektrophorese [45-54] hat an Bedeutung gewonnen. Zur detaillierteren Strukturaufklärung von kompliziert aufgebauten Kohlenhydraten werden neben der NMR-Technik gegenwärtig verschiedene methodische Variationen der Massenspektrometrie (MALDI-MS, MALDI-PSD, LC-MS) mit großem Erfolg eingesetzt (s. Abschnitt 9.3).

## 8.3.1  Chromatographie an Aminophasen

Mit Alkylaminen chemisch modifizierte Silicagel-Trennphasen wurden zuerst von Linden und Lawhead [1] und Palmer [2] für die hochleistungsflüssigchromatographische Analyse von Kohlenhydraten angewandt. Die Modifizierung des Silicagels durch Reaktion seiner Silanolgruppen mit 3-Aminopropyltriethoxysilan geht auf Schwarzenbach [3] zurück.

Zur Elution der Kohlenhydrate dienen in der Regel ACN/Wasser-Gemische, die für die Trennung von mono- und dimeren Kohlenhydraten Wasseranteile zwischen 10 und 20 % und im Falle der Oligosaccharide bis zu 50 % Wasser enthalten. Die Detektion erfolgt mit einem Refraktometer (RI-Detektor) oder/und im nahen UV-Bereich (ca. 190–210 nm).

Mobile Phasen wie Aceton/Ethylacetat/Wasser, die auf Grund ihrer geringen Toxizität als Alternative zu Acetonitril eingesetzt werden, sind für die Chromatographie an Aminophasen nur wenig geeignet, da Ketone und Aldehyde mit den funktionellen Aminogruppen Schiff'sche Basen bilden, die die Lebensdauer der Trennsäule stark herabsetzen können. Dies wird durch eine zunehmende Gelb- und anschließende Braunfärbung des Silicagels angezeigt. Sogar die Zucker selbst werden an neu eingesetzten Aminophasen gebunden und können in Verbindung mit kontaminiertem Probematerial zum schnellen Säulenverschleiß beitragen.

Brons und Oliemann [31] haben diese Schiff'sche Basenbildung an verschiedenen Aminophasen (z.B. LiChrosorb NH$_2$, µ-Bondapak carbohydrate) untersucht und fanden, daß die Verluste der Kohlenhydrate Galactose und Lactose nach ihrer chromatographischen Trennung mit dem Anstieg der Temperatur von 30 auf 40 °C zunehmen und daß erst nach mehrfacher Probeinjektion Recovery-Werte > 95 % erreicht werden.

Bevorzugte Einsatzgebiete der chemisch modifizierten Aminophasen für quantitative Bestimmungen von Kohlenhydraten sind Nahrungs- und Genußmittel. Die darin enthaltenen Hauptkomponenten Fructose, Glucose und Saccharose können in kurzer Zeit bestimmt werden, wie aus dem folgenden Chromatogramm einer analysierten *Sauerkirschkonfitüre* hervorgeht (s. Bild 8-27). Weitere Ergebnisse für andere Lebens- und Genußmittel sind in der Tabelle 8-1 aufgeführt.

Problematisch ist die chromatographische Trennung der in den meisten biologischen Matrices enthaltenen Hexosen Mannose, Glucose und Galactose an chemisch modifizierten Aminophasen.

Als Alternativen zu chemisch modifizierten Aminophasen wurden in dieser Zeit (70- und 80-er Jahre) auch Silicagelsäulen mit *in situ* imprägnierten Aminmodifiern präpariert. Aitzetmüller [5] sowie Weahls and White [8] wiesen zuerst die Eignung von polyfunktionellen Aminen (z.B. Tetraethylenpentamin, 1,4-Diaminobutan) zur Analyse von Kohlenhydraten an Silicagelsäulen nach.

Andere Autoren [9, 10] verwendeten Piperazin für die Silicagel-Imprägnierung innerhalb der HPLC-Kohlenhydrat-Analyse (s. Bild 8-28).

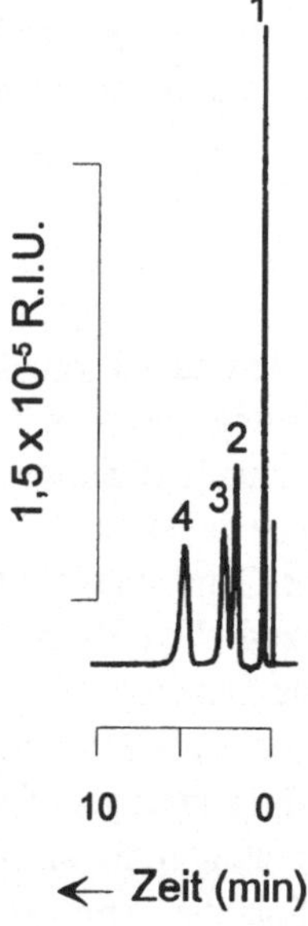


**Bild 8-27**
Chromatogramm einer Sauerkirschkonfitüre
1: Lösungsmittelpeak, 2: Fructose, 3: Glucose, 4: Saccharose,
Glassäule: 100 × 3,8 mm i.D.,
stationäre Phase: Silasorb NH$_2$, 7,5 µm,
mobile Phase: ACN/Wasser 80 : 20 V/V,
Flußrate: 2,0 ml/min,
Vordruck: 5,6 MPa,
Detektion: RI,
Injektionsvolumen: 20 µl.

**Tabelle 8-2**      Gehalt an Kohlenhydraten in Lebens- und Genußmitteln

| Produkt [%] | Fructose [%] | Glucose [%] | Saccharose [%] | Kohlenhydrat-Summe [%] |
|---|---|---|---|---|
| Sauerkirschkonfitüre | 19,2 | 20,7 | 21,7 | 61,6 |
| Kirschessig, süß | 17,8 | 18,4 | 27,0 | 63,2 |
| Kindertee | - | 4,1 | - | 4,1 |
| Früchteteegetränk | 1,7 | 21,2 | 60,6 | 83,5 |
| Fenchelsirup | 2,8 | 2,2 | 47,1 | 51,1 |
| Likör „Holunder" | 1,6 | 1,7 | 25,2 | 28,5 |
| Wermutgetränk | - | - | 12,2 | 12,2 |

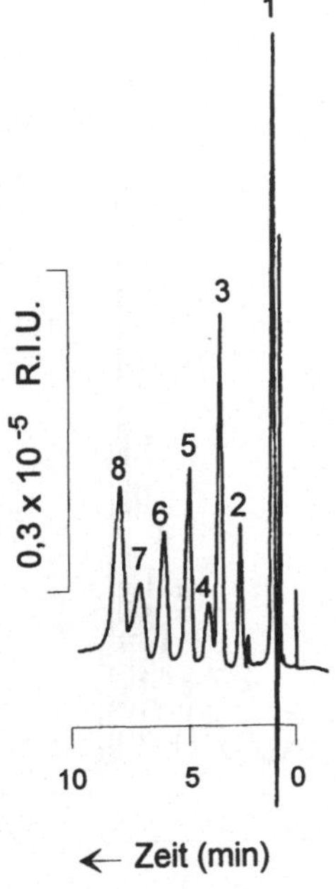



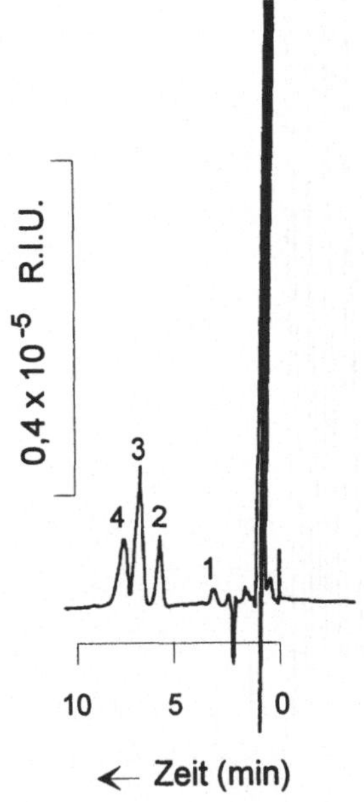



**Bild 8-28**
Chromatogramm von Modellsubstanzen
1: Lösungsmittelpeak, 2: Rhamnose,
3: Xylose, 4: Arabinose, 5: Fructose,
6: Mannose, 7: Glucose, 8: Galactose,
Glassäule: 150 × 3,8 mm i.D.,
stationäre Phase: Silasorb 600, 5 µm,
mobile Phase: ACN/Wasser 90 : 10 V/V +
0,01 % Piperazin,
Flußrate: 0,5 ml/min,
Vordruck: 6 MPa,
Detektion: RI,
Injektionsvolumen: 20 µl.

**Bild 8-29**
Chromatogramm einer Neutralzuckerfraktion
aus Schleim nach saurer Hydrolyse
1: Fucose, 2: Mannose, 3: Glucose,
4: Galactose,
HPLC-Bedingungen wie im Bild 8-28.

Die Selektivität der Trennung von monomeren Kohlenhydraten basiert darauf, daß die Wechselwirkungen der Silanolgruppen des Silicagel-Gerüstes mit einer Iminogruppe des Piperazins stärker als die Affinität der OH-Gruppe der Kohlenhydrate zur Iminogruppe ist.

Diese Trennsysteme sind analytisch relativ schwer handhabbar. Sie ermöglichen jedoch eine weitgehende chromatographische Auflösung der wichtigen Hexosen (s. Bild 8-28) und können für die Analyse biologischer Matrices (s. Bild 8-29) mit Erfolg eingesetzt werden [10].

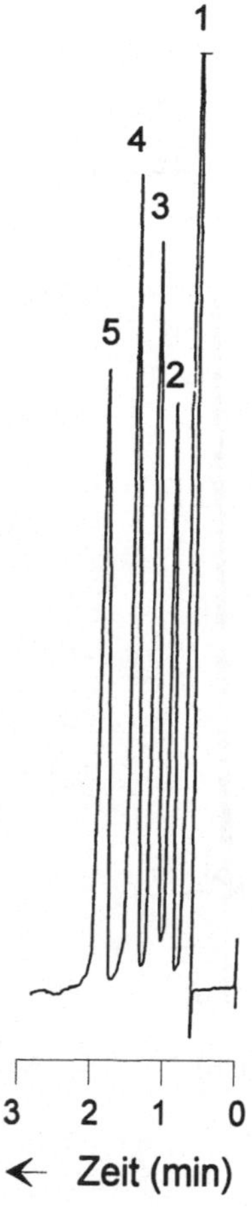

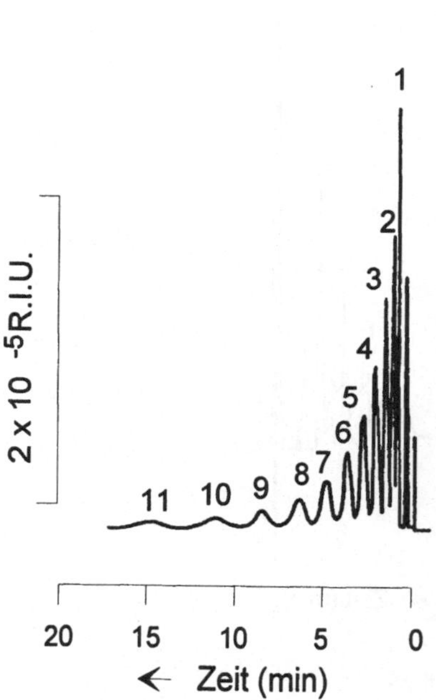

**Bild 8-30**
Chromatogramm von Modellsubstanzen
1: Lösungsmittelpeak, 2: Rhamnose,
3: Glucose, 4: Cellobiose, 5: Raffinose,
Glassäule : 100 × 3,8 mm i.D.,
stationäre Phase: Silasorb $NH_2$, 5 µm,
mobile Phase: ACN/Wasser 75 : 25 V/V,
Flußrate: 1,7 ml/min,
Vordruck: 9 MPa,
Detektion: RI,
Injektionsvolumen: 20 µl.

**Bild 8-31**
Chromatogramm von Maltooligosacchariden
eines Stärkehydrolysates
1: Glucose, 2: Maltose, Peak 3-11: Malto-
oligosaccharide mit DP 3-11,
Glassäule: 150 × 3,8 mm i.D.,
stationäre Phase: Silasorb 600, 5 µm,
mobile Phase: ACN/Wasser 70 : 20 V/V +
0,01 % Piperazin,
Flußrate: 1,0 ml/min,
Vordruck: 10 MPa,
Detektion: RI,
Injektionsvolumen: 20 µl.

Auch die Trennung von oligomeren Kohlenhydraten gelingt an Silicagelsäulen mit physikalischer oder chemischer Aminmodifizierung. Das Bild 8-30 zeigt die Schnellanalyse einer Pentose, Hexose sowie eines di- und trimeren Kohlenhydrates in weniger als drei Minuten an Silasorb $NH_2$, während die Trennung einer natürlichen Probe (Stärkehydrolysat) an einer Silicalsäule (Silasorb 600) mit Piperazin-Imprägnierung in Bild 8-32 demonstriert wird.

Untersuchungen von White and Corran [8] zeigen, daß Oligosaccharide an semipräparativen Silicagelsäulen (200 × 8 mm I.D.) durch Elution mit ACN/Wasser (50:50 V/V) und mit 0,01 % Aminmodifier-Zusatz (1,4-Diaminobutan) bis zu einem Polymerisationsgrad (DP, *degree of polymerisation*) von 20 getrennt werden können.

## 8.3.2 HPAEC-PAD-Technik

Die methodischen Grundlagen dieser sensitiven und effizienten chromatographischen Methode sind im Abschnitt 4.2.3 ausführlicher erläutert.

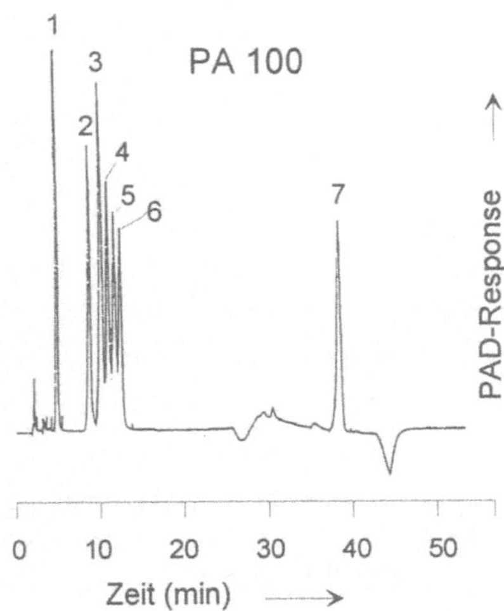


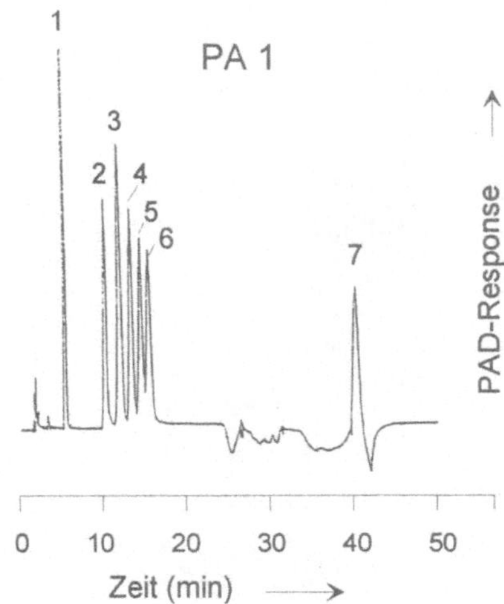


**Bild 8-32**
Chromatogramm von Modellsubstanzen
1: Fucose, 2: *N*-Acetylgalactosamin, 3: *N*-Acetylglucosamin, 4: Galactose, 5: Glucose, 6: Mannose, 7: *N*-Acetylneuraminsäure,
Säule: 250 × 4 mm i.D.,
stationäre Phase: CarboPak PA 100,
mobile Phase: 21 mmol/l NaOH,
Flußrate: 1,0 ml/min,
Detektion: PAD ($E_1$= 50 mV, $E_2$= 650 mV, $E_3$= -950 mV, $t_1$= 300 ms, $t_2$= 60 ms, $t_3$= 60 ms),
Injektionsvolumen: 20 µl.

**Bild 8-33**
Chromatogramm von Modellsubstanzen
stationäre Phase: CarboPak PA 1,
Peaks und weitere HPLC-Bedingungen wie im Bild 8-32.

Die HPAEC-PAD-Technik [20-26] basiert auf der Anionenaustauschchromatographie *(AEC)* unter stark alkalischen Elutionsbedingungen *(high pH)*. Zur Registrierung der als Oxianionen vorliegenden Zucker dient die gepulst-amperometrische Detektion *(PAD)*.

Das Bild 8-32 zeigt die Trennung von sieben Monosaccharid-Species, die vorwiegend in Glycoproteinen vorkommen (s. a. Abschnitt 9.3), an einer CarboPac PA 100-Säule mit isokratischer Elution [26]. Demgegenüber werden mit der CarboPac PA 1-Säule (Bild 8-33) unter identischen Chromatographie-Bedingungen die etwas größeren Peakauflösungen erzielt. Diese können durch Optimierungen der Versuchsbedingungen (Gradient, NaOH-Konzentration) weiter verbessert werden. Im isokratischen Elutionsmodus ist ein NaOH-Anteil um 20 mmol/l günstig, während bei niedrigeren Konzentrationen (11 mmol/l) die Auflösung zwischen *N*-Acetylglucosamin und Galactose unzureichend ist und bei höheren NaOH-Gehalten die Mannose nur als „Schulter" von der Glucose abgetrennt wird [26].

Auch für die chromatographische Trennung von Oligo- und Polysacchariden ist die Anionenaustauschchromatographie bei hohen pH-Werten sehr gut geeignet. Das Bild 8-34 enthält die Elutionskurve einer kurzkettigen Amylosefraktion (EX-1).

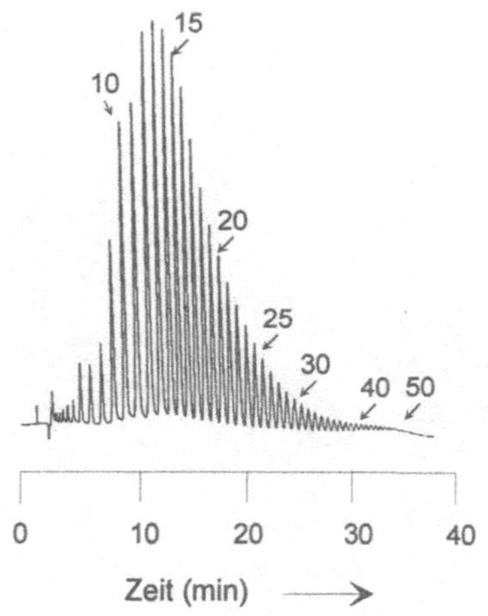
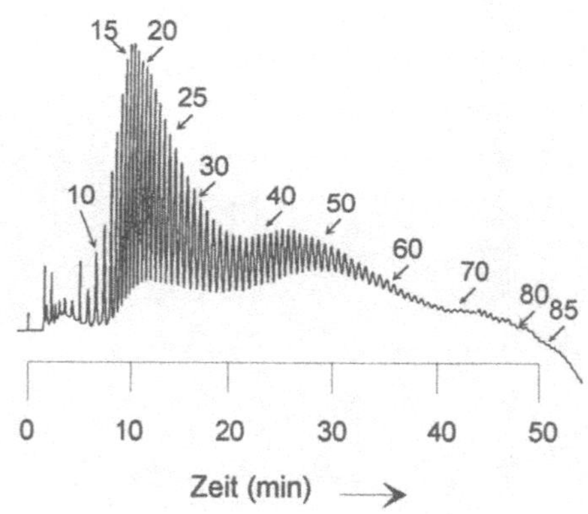

**Bild 8-34**
Chromatogramm von (1→4)-α-D-Glycanen
(kurzkettige Amylose EX-1)
Peak 1-50: DP 1 ... DP 50,
Säule: 250 × 4 mm i.D.,
stationäre Phase: HPIC-AS6,
mobile Phase: A: 150 mM NaOH und
B: A + 500 mM NaAc (Gradienten-
programm I),
Flußrate: 1,0 ml/min,
Detektion: PAD ($E_1$= 100 mV,
$E_2$= 600 mV, $E_3$= -800 mV, $t_1$= 300 ms, $t_2$=
120 ms, $t_3$= 300 ms,
Empfindlichkeit: 10 K nA
Injektionsvolumen: 50 µl.
Mit freundlicher Genehmigung von K.
Koizumi [22].

**Bild 8-35**
Chromatogramm von Maltodextrinen (aus
Maisstärke „Amylo-Waxy")
Peak 1-85: DP 1 ... DP 85,
(Gradientenprogramm II),
(Empfindlichkeit: 10 K nA, von 10 auf 3 K nA
in den letzten 10 min),
weitere HPLC-Bedingungen wie im Bild 8-35.
Mit freundlicher Genehmigung von K. Koizumi
[22].

Der durchschnittliche Polymerisationsgrad (DP) beträgt 17 [22]. Es wird ein Gemisch bestehend aus $(1\rightarrow4)$-$\alpha$-D-Glycanen mittels HPAEC-PAD-Technik im Gradientenmodus analysiert, worin bis zu 50 einzelne Peaks nachweisbar sind. Die Identifizierung jeder einzelnen Komponente erfolgt durch Zugabe von entsprechenden Maltooligosacchariden mit bekannten DP-Graden.

Je höher molekulare Kohlenhydrat-Bausteine in einer Probe vorliegen, desto wahrscheinlicher ist ihr Ausfallen aus der mobilen Phase während der chromatographischen Trennung. Dieser Effekt kann vermieden werden, wenn die Kohlenhydrat-Polymere in stark basischen Medien mit hoher Salzkonzentration (150 mM NaOH) zuvor gelöst werden.

Auch Fraktionen von Poly- bzw. Oligosacchariden mit noch höheren Polymerisationsgraden können mit Hilfe der Anionenaustauschchromatographie unter stark alkalischen Bedingungen getrennt werden, wie aus Bild 8-35 hervorgeht. Der Gradientverlauf ist im Vergleich zur Elution in Bild 8-34 dadurch gekennzeichnet, daß er zeitlich verlängert ist und einen höheren Prozentsatz an mobiler Phase B erreicht. Auf Grund dessen ist die Peakauflösung zu Beginn der Chromatogramms etwas verringert, während am Ende Glycane bis DP 80 (85) detektiert werden können.

### 8.3.3  Kapillarelektrophorese

Innerhalb der Anwendung von CE-Methoden in der Zuckeranalytik [45-54] spielt vor allem die Kapillarzonenelektrophorese (s. a. Abschnitt 5.2.3.1) eine wichtige Rolle. Mit Hilfe dieser CZE-Technik werden insbesondere mono- und dimere aber auch oligomere Kohlenhydrate getrennt.

Problematisch ist auch hier die Detektion der Zucker, da sie über keine chromophoren Gruppen im Molekül verfügen. Für relativ unempfindliche Kohlenhydratanalysen in nicht zu komplexen Matrices (insbesondere Peakinterferenzen müssen beachtet werden) ist oft die Kapillarzonenelektrophorese von underivatisierten Species mit der Registrierung im nahen UV-Bereich (200–220 nm) ausreichend.

Die Methode der indirekten UV-Detektion (vgl. auch Bild 5-16 in Abschnitt 5.2.1.4) ermöglicht einen empfindlicheren Nachweis der Zucker. Dem Migrationspuffer wird ein stark absorbierender Elektrolyt wie z.B. Sorbinsäure zugesetzt, der eine den Zuckermolekülen vergleichbare Mobilität besitzt. Die Substanzzonen von getrennten und nicht oder nur gering absorbierenden Species bewirken eine Abschwächung der Gesamtabsorption im Migrationspuffer und werden in Form von negativen Peaks detektiert (s. Bild 5-16).

Eine Alternative zur UV-Registrierung von underivatisierten Zuckern bietet die elektrochemische Detektion. Durch die Entwicklung von Mikroelektroden konnte diese hoch empfindliche Nachweistechnik auch für CE-Systeme erfolgreich angewandt werden. Als Arbeitselektroden dienen z.B. Cu- oder Au-Drähte und als Referenzelektroden fungieren die Kalomel- oder die Ag/AgCl-Elektrode.

Weiterhin werden durch Derivatisierung von mono- bzw. auch oligomeren Kohlenhydraten sehr empfindlich detektierbare Species synthetisiert. Dafür kommen Reagenzien wie 2-Aminopyridin, 4-Aminobenzoesäure oder 8-Aminonaphthalen-1,3,6-trisulfonsäure (8-ANTS) zum Einsatz.

# 8.4  Säuren in biotechnologischen Prozessen und Produkten

Zu den organischen Säuren gehören u.a. die Carbonsäuren und Oxocarbonsäuren. Eine weitere Gruppe sind die Fettsäuren, die nach ungesättigten, verzweigtkettigen, ungeradzahligen, cyclischen oder Hydroxy-Fettsäuren unterschieden werden (vgl. a. Abschnitt 2.4.1). Die Analytik von Aminosäuren war bereits Gegenstand des Abschnittes 8.1 (*Thiolspecies*). Die Bestimmung von Fettsäuren mittels GC bzw. GC-MS ist in Abschnitt 8.4.2 enthalten.

## 8.4.1  Organische Säuren in Fermentationsmedien

Organischen Säuren sind Bestandteile vieler Nahrungs- und Genußmittel und kommen oft in der Natur zusammen mit Kohlenhydraten vor. Für die Analyse organischer Säuren in komplexen Proben dienen meist HPLC-Methoden [1-24].

Organische Säuren können auch innerhalb biotechnologischer Verfahren mit Hilfe von Mikroorganismen produziert werden (Bild 8-36).

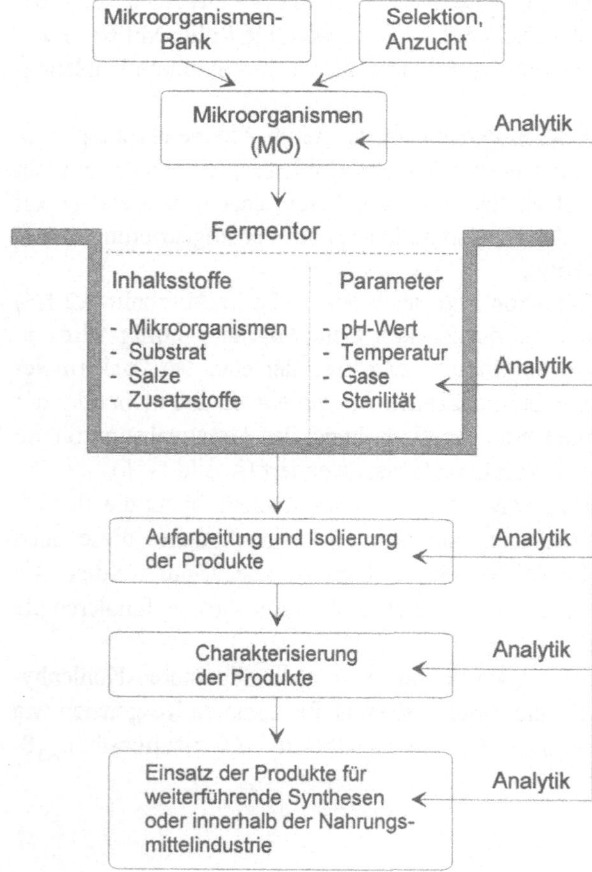


**Bild  8-36**
Schematische Darstellung zur Prozeßanalytik innerhalb der mikrobiellen Produktsynthese

Die mikrobielle Synthese organischer Säuren erfolgt in Fermentoren und erfordert eine vorherige Auswahl von geeigneten Mikroorganismen aus einer Stammsammlung oder ihre Isolierung aus einer natürlichen (biologischen) Matrix sowie die Optimierung der Prozeßparameter (z.B. pH-Wert, Temperatur, Nährsalze oder Gaszufuhr) für die Fermentation. Während der Produktsynthese ist eine begleitende Analytik erforderlich, die meist on-line mit dem Fermentor gekoppelt ist. Für die Charakterisierung der Endprodukte sowie zur Kontrolle von weiterführenden mikrobiellen oder auch chemischen Synthesen sind ebenfalls analytische Verfahren erforderlich.

Von verfahrenstechnischer, aber auch wirtschaftlicher Bedeutung ist das gewählte Substrat, auf dem die Mikroorganismen utilisiert werden. Kommerziell verfügbares Methanol oder Paraffinöl können direkt zur Fermentation eingesetzt werden, während andere (zuckerhaltige) Substrate auch in einer Vorstufe durch saure oder enzymatische Hydrolyse von Polysacchariden (Stärke) hergestellt werden können (s. Bild 8-37). Dieses Schema beinhaltet auch spezielle Zielprodukte von organischen Säuren sowie die für ihre Synthese eingesetzen Mikroorganismen.

Zur Prozeß- und Qualitätskontrolle haben sich leistungsfähige und gegenüber Fermentationsmedien robustere flüssigchromatographische Verfahren wie die Ionenaustauschchromatographie besonders bewährt.

Am Beispiel der 2-Oxoglutarsäure-Synthese werden einige entwickelte und optimierte HPLC-Methoden [17-21] vorgestellt und die damit erzielten Ergebnisse (z.B. Kinetiken von Fermentationsprozessen) präsentiert.

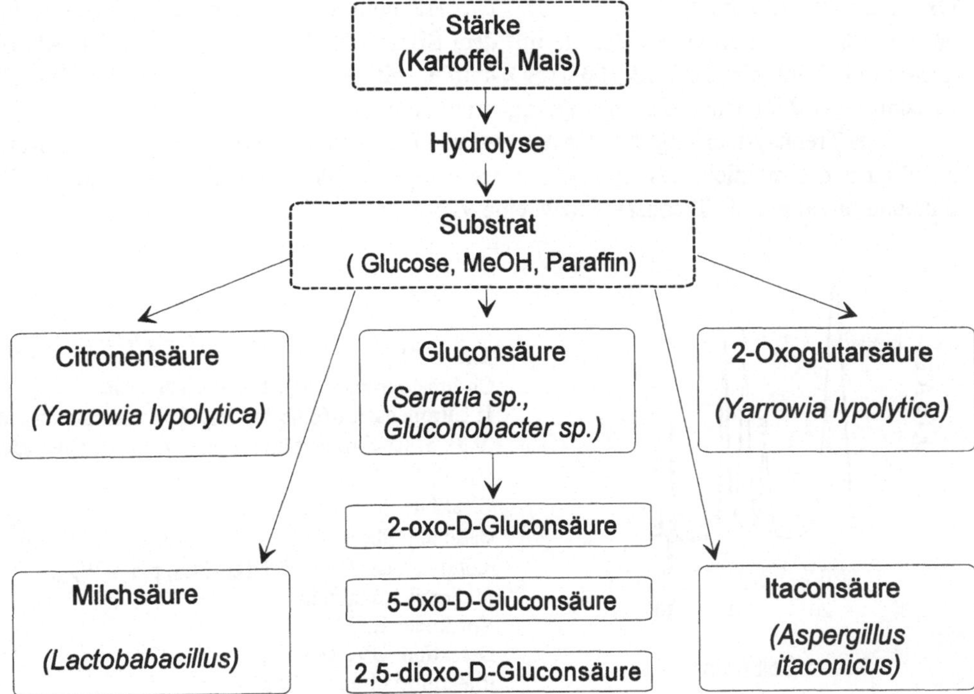


**Bild 8-37**  Schematische Darstellung zu mikrobiellen Produktsynthesen von organischen Säuren

### 8.4.1.1 *Ionenaustauschchromatographie von organischen Säuren*

Oxocarbonsäuren können u.a. an Anionenaustauschern auf Styren-Divinylbenzen- oder Silicagelbasis und mittels Ionenausschlußchromatographie (Ligandenaustauschchromatographie, sulfonierte Kationenaustauscher) getrennt werden (s. a. Abschnitt 4.2).

Entscheidende Fortschritte in der Ionenaustauschchromatographie organischer Säuren gehen auf Arbeiten von Turkelson und Richards [3] zurück, die Säuren des Tricarbonsäurecyclus an einem 4% quervernetzten Styren-Divinylbenzen (S-DVB)-Copolymer chromatographierten. Weiterhin konnten durch höhere Vernetzungen ($\geq$ 8 %) der Ionenaustauscher die Druckstabilität erhöht, das Quellvermögen reduziert sowie Permeabilität und Kapazität verbessert werden.

Die Realisierung kleiner Polymerpartikel um 10 µm mit enger Korngrößenverteilung garantiert gegenüber Silicagelmaterialien vergleichbare Trennleistungen der Säulen (bis ca. 30000 N/m). Die damit verbundene Konzentrierung der Probespecies innerhalb der „spitzen Peakprofile" führt zu Empfindlichkeitssteigerungen bei der Detektion der Säuren.

Seither werden Standardsäulen für die Ionenausschlußchromatographie (z.B. Aminex HPX-87-Serie) oder stark basische Anionenaustauscher (Aminex A 25 ... A 29) zur Bestimmung organischer Säuren auf den verschiedensten Gebieten angewandt [2, 4, 10, 14].

Eine speziell präparierte Trennsäule, die mit einem stark basischen Anionenaustauscher auf Styren-Divinylbenzen-Basis (SBA=S-DVB) gefüllt ist, zeichnet sich durch einfache Herstellung, schnelle Regenerierung und hohe Robustheit bei der Analytik der Säuren (Citronen-, Brenztrauben- und Isocitronensäure) in komplexen Fermentationsmedien der 2-Oxoglutarsäure-Synthese aus (Bild 8-38). Die Trennung dieser organischen Säuren erfolgt an einer druckstabilen Glassäule, die mit dem SBA=S-DVB-Material gefüllt ist. Als Elutionsmittel dient ein 0,28 M $(NH_4)_2SO_4$-Puffer mit einem pH-Wert von 10. Die Elutionskurve wird im nahen UV-Bereich registriert [17].

Dieses Trennsystem zeigt bei der Analyse von Fermentationsmedien eine hohe Langzeitstabilität und ermöglicht das Applizieren der komplexen Proben nach entsprechender Verdünnung direkt auf die Trennsäule bzw. eine Vorsäule.

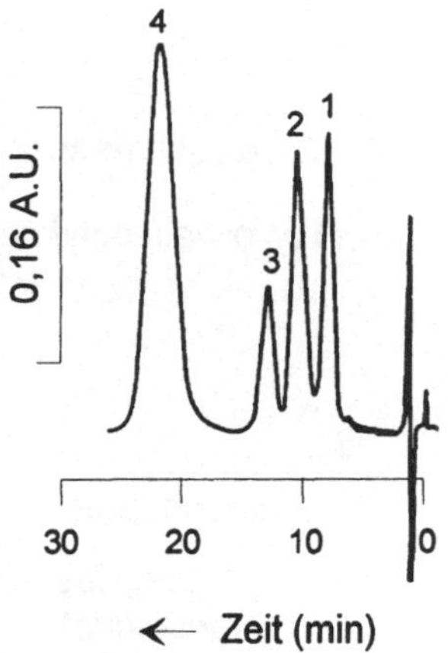


**Bild 8-38**
Chromatogramm von Modellsubstanzen
1: Citronensäure (6,65 mg/ml), 2: Brenztraubensäure (0,8), 3: Isocitronensäure (6,65), 4: 2-Oxoglutarsäure (2,66),
Glassäule: 50 × 8 mm i.D.,
stationäre Phase: Anionenaustauscher, 10–20 µm,
mobile Phase: 0,28 M $(NH_4)_2SO_4$, pH = 10,0;
Flußrate: 1,0 ml/min,
Vordruck: 1,5 MPa,
Detektion: UV, 210 nm,
Injektionsvolumen: 20 µl.

Allerdings sind Peaküberlappungen vorprogrammiert, wenn größere Mengen Brenztraubensäure mit hohem Extinktionskoeffizienten (s. Abschnitt 6.1.2) neben geringen Mengen Citronen- und Isocitronensäure mit kleinen $\varepsilon_\lambda$-Werten im Probematerial vorliegen.

Für besonders schnelle und effiziente Analysen (s. Bild 8-39) eignen sich kurze Trennsäulen [18] mit kleinkörnigen Partikeln um 3 oder 5 µm (DEAE-Si 100 Polyol).

Die Elutionsreihenfolge an diesem schwach basischen Ionenaustauscher ist gegenüber der SBA=S-DVB-Säule verändert. Brenztraubensäure wird im Vergleich zu dem Peakpaar von Citronen- und Isocitronensäure separat eluiert und kann deshalb auch in sehr großen Mengen im Fermentationsmedium bestimmt werden. Die Weinsäure fungiert hier als innerer Standard für eine exaktere Quantifizierung der organischen Säuren in Fermentationsmedien und damit zur Erstellung von Fermentationskinetiken.

Beide Trennsysteme ergänzen sich und werden innerhalb der Charakterisierung und Optimierung der 2-Oxoglutarsäure-Synthese als zuverlässige analytische HPLC-Methoden eingesetzt.

Von 60 verschiedenen Wildstämmen und Mutanten, die in Vorversuchen (Schüttelkolben) getestet und analysiert wurden, konnte lediglich der Hefestamm *Yarrowia lipolytica* mit einer herausragenden 2-Oxoglutarsäure-Produktion selektiert werden [17].

Seine Kultivierung auf einem glucosehaltigen Substrat (s. Bild 8-40a) wird von einer verstärkten Ausschüttung von Brenztraubensäure begleitet, während der gleiche Hefestamm auf Kohlenwasserstoffen (Paraffin) deutlich höhere 2-Oxoglutarsäuremengen produziert, wie aus Bild 8-40b hervorgeht.

Als Nebenprodukte dieser Fermentation treten Citronen- und Isocitronensäure in größeren Mengen auf.

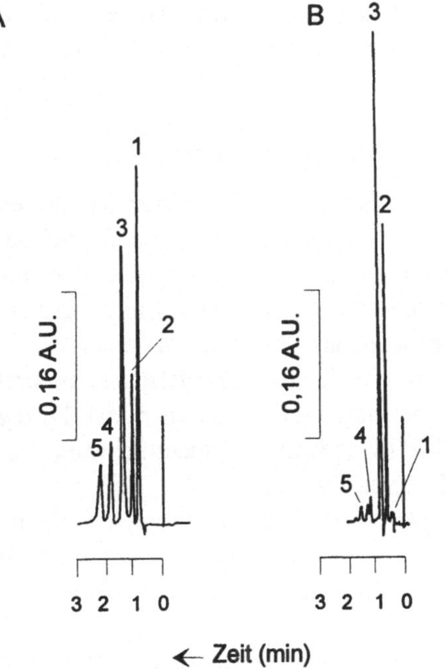


**Bild 8-39**
**A:**
Chromatogramm von Modellsubstanzen
1: Brenztraubensäure (0,31 mg/ml), 2: Weinsäure (1,1), 3: 2-Oxoglutarsäure (0,62), 4: Citronensäure (1,85), 5: Isocitronensäure (1,85),
Glassäule: 50 × 3,8 mm i.D.,
stationäre Phase: DEAE Si 100 Polyol, 3 µm,
mobile Phase: 0,1 M $KH_2PO_4$, pH = 8,0;
Flußrate: 1,0 ml/min,
Vordruck: 1,5 MPa,
Detektion: UV, 210 nm,
Injektionsvolumen: 2 µl.

**B:**
Chromatogramm einer Fermentationslösung (Peaks und HPLC-Bedingungen wie in A).

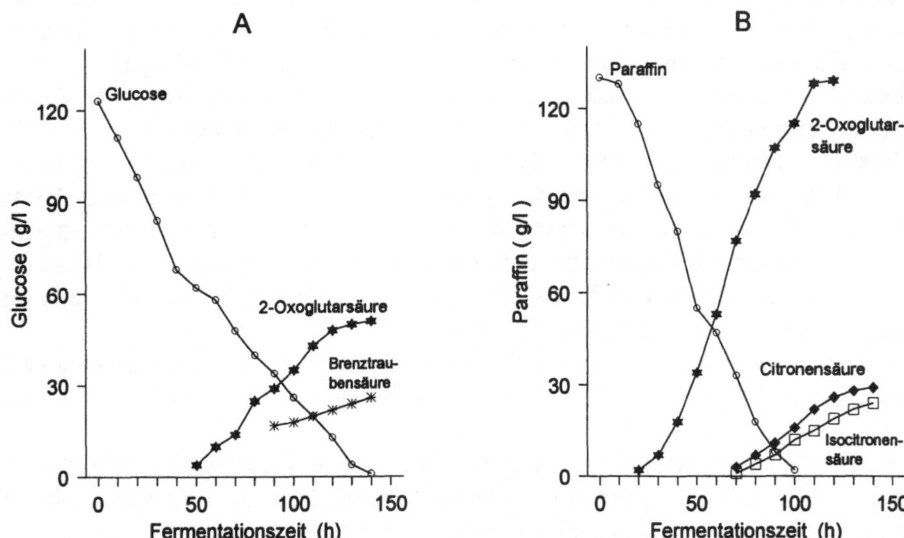



**Bild 8-40**  Kinetik der 2-Oxoglutarsäuresynthese auf Glucose (A) und Paraffin (B)

Innerhalb der Optimierung der Fermentationsbedingungen wie pH-Wert, Temperatur oder Gelöstsauerstoffkonzentration ist auch die Untersuchung des Einflusses der Thiaminkonzentration auf die verstärkte Produktbildung von 2-Oxoglutarsäure von besonderem Interesse. Während die kritischen Thiaminkonzentrationen für vergleichbare Hefestämme in der Regel zwischen 0,3 und 4,0 µg/l Thiaminchlorid liegen, erwiesen sich für den eingesetzten Stamm der Hefe *Yarrowia lipolytica* bereits Konzentrationen von 0,05 - 0,15 µg/l als optimal für diese Säureproduktion [17, 18].

### 8.4.1.2  Ionenausschlußchromatographie von niederen organischen Säuren

Zur Analyse von niederen organischen Säuren dienen Säulen mit Polymeren auf Styren-Divinylbenzen-Basis (HPX-87-Serie, s. Abschnitt 4.2), wobei die Trennung durch ein komplexes Zusammenwirken von Ionenausschluß-, Ionenaustausch-, Verteilungs-, Größenausschluß-, Ligandenaustausch- und Reversed-Phase-Chromatographie („IMP-Mechanismus") entsteht. Auch Oxosäuren und Kohlenhydrate werden an derartigen Säulen getrennt.

Die Elution erfolgt bei sehr niedrigem pH-Wert mit verdünnter Schwefelsäure, wodurch die Dissoziation der Säuren unterdrückt wird und die organischen Säuren durch die o.g. Trenneffekte auf der Säule retardiert werden. Gleichzeitig bewirkt der Eluent Schwefelsäure eine ständige Reinigung und Regenerierung der polymeren Trennphase.

In die $H^+$-Form überführte HPX-Säulen zeigen optimale Auflösungen für niedere Säuren bei Temperaturen zwischen 30 und 60 °C, während eine Modifizierung der Trennphase mit Bleiionen und die Elution mit Wasser bei einer Säulentemperatur von 85 °C selektive Kohlenhydrat-Trennungen ermöglichen [21].

HPLC-Trennungen von kurzkettigen $C_1$- bis $C_6$-Alkansäuren (Ameisen-, Essig-, Propion-, Isobutter-, Butter-, Valerian- und Isovaleriansäure) sowie von Milchsäure an einer kommerziellen HPX-87-H-Trennsäule sind in Bild 8-41 dargestellt.

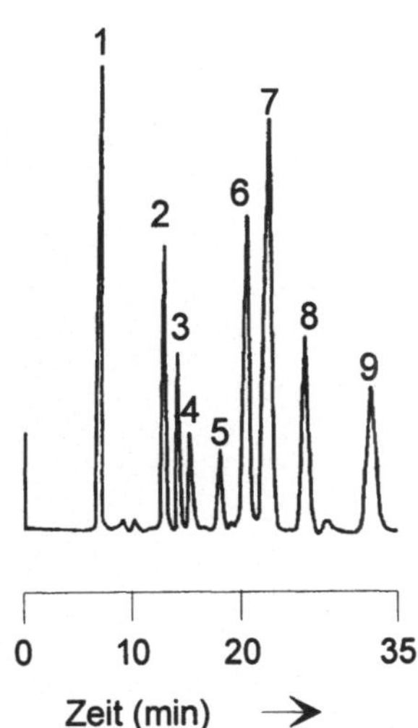


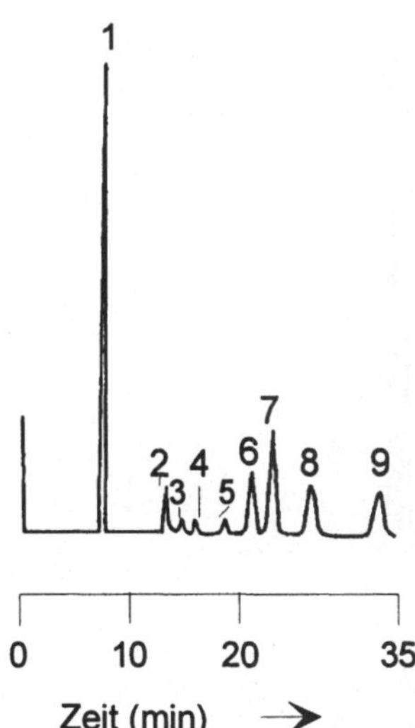


**Bild 8-41a**
Registrierung des Chromatogramms mit UV-
Detektion, $\lambda = 205$ nm, Empfindlichkeit: 5

1: Elutionsmittelfront
2: Milchsäure (150 µg/ml)
3: Ameisensäure (62,4)
4: Essigsäure (62,4)
5: Propionsäure (72,0)
6: Isobuttersäure (240)
7: Buttersäure (480)
8: Isovaleriansäure (236)
9: Valeriansäure (236)

**Bild 8-41b**
Registrierung des Chromatogramms mit RI-
Detektion, Empfindlichkeit: 5

Säule: $300 \times 7,8$ mm i. D.,
stationäre Phase: Aminex HPX-87H,
Vorsäule: $50 \times 4,6$ mm i. D.,
stationäre Phase: Aminex A9,
Temperatur: 40 °C,
mob. Phase: 0,02 N $H_2SO_4$,
Flußrate: 0,6 ml/min,
Vordruck: 7,3 MPa,
Injektionsvolumen: 40 µl.

Die Trennung erfolgt an einer Aminex HPX-87H-Säule ($300 \times 7,8$ mm i.D.) mit ver-
dünnter Schwefelsäure als mobiler Phase bei einer Temperatur von 40 °C und mit einer
Flußrate von 0,6 ml/min innerhalb von ca. 30 Minuten. Eine deutliche Vergrößerung der
Elutionsgeschwindigkeit, um die Analysenzeit zu reduzieren, wird nicht empfohlen, da der
Säulenvordruck stark ansteigen kann. Zur Registrierung der niederen organischen Säuren
dient ein duales Detektionssystem (UV- und RI-Detektion).

Aus den Chromatogrammen geht hervor, daß die Registrierung der Elutionskurve im nahen UV-Bereich bei 205 nm (Bild 8-41a) im Vergleich zur RI-Detektion (Bild 8-41b) empfindlicher ist.

Die Anwendung dieses Detektionssystems auf ein Fermentationsmedium (s. Bild 8-42)
zeigt, daß unbekannte Fermentationssubstanzen mit hohem Extinktionskoeffizienten unverhältnismäßig intensiv angezeigt werden (Bild 8-42a: UV-Detektion). Daraus resultieren
auch Peakinterferenzen im Chromatogramm. Demgegenüber wird aus der mittels RI-Detektion registrierten Elutionskurve deutlich, daß Glucose als überwiegende Hauptkomponente
in dieser Fermentationslösung vorhanden ist. Dies ist im nebenstehenden Chromatogramm
(Bild 8-42b) dargestellt.

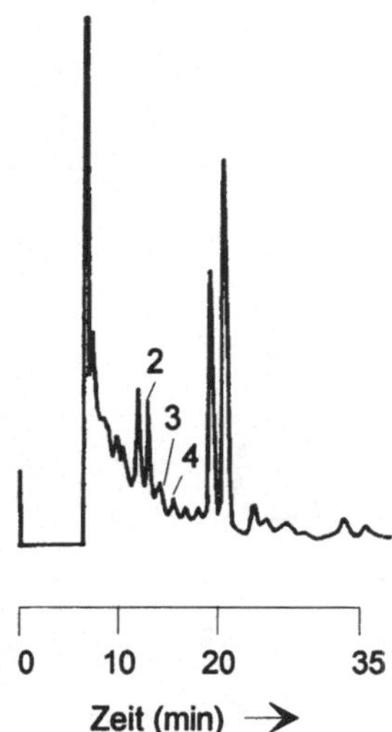


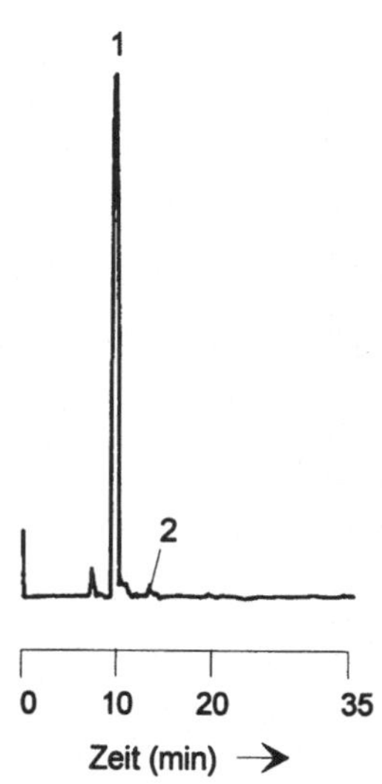


**Bild 8-42a**
Chromatogramm einer Startkultur, UV-Detektion

1: Glucose, 2: Milchsäure, 3: Ameisensäure
4: Essigsäure

**Bild 8-42b**
Chromatogramm einer Startkultur, RI-Detektion

(HPLC-Parameter: s.Bild 8-41)

## 8.4.2  Fettsäuren in Hefen und Bakterien

Die Strukturen von häufig in der Natur vorkommenden und bedeutsamen Fettsäuren sind bereits im Abschnitt 2.4.1 vorgestellt worden.

Als Fettsäuren werden im engeren Sinne die gesättigten und ungesättigten Carbonsäuren, die Alkylketten mit ca. 10 bis 24 C-Atomen enthalten, bezeichnet [25]. Hinzu kommen atypische bzw. seltene Fettsäuren, die z.B. durch Kettenverzweigungen, Cyclopropan- oder Cyclopropenstrukturen sowie Hydroxygruppen gekennzeichnet sind.

Von besonderer Bedeutung innerhalb der biotechnologischen Forschung ist die Analyse der Fettsäuren in Mikroorganismen der Hefen und Bakterien [26-32]. Über den Stoffwechsel von Mikroorganismen (insbesondere Bakterien) können (atypische) Fettsäuren synthetisiert werden, die in herkömmlichen Nahrungsmitteln nicht oder kaum vorkommen. Sie besitzen deshalb ernährungsphysiologische und toxikologische Bedeutung.

Zur taxonomischen Einordnung dieser Mikroorganismen kann neben chemischen, morphologischen und serologischen Methoden auch die Zusammensetzung der Fettsäuren herangezogen werden [33, 34]. Die Bestimmung der Fettsäuren erfolgt mittels Kapillargaschromatographie und stellt eine Art „Fingerprint-Profil" für jeden einzelnen Mikroorganismus dar. Es existieren bereits umfangreiche Datenbanken [35], die durch Vergleich der Fettsäuremuster zur Identifizierung von unterschiedlichen Bakterienstämmen erfolgreich eingesetzt werden.

Auch die Fettsäureverteilung in Bakterienlipiden ist im Vergleich zu Hefelipiden unterschiedlich. Die Fettsäuren der Hefen sind den in Nahrungsfetten enthaltenen sehr ähnlich.

Es dominieren unter den geradzahligen, gesättigten Fettsäuren die Palmitin- und Stearinsäure. Von den ungesättigten Fettsäuren treten vor allem Palmitolein- und Ölsäure auf.

In Bakterienlipiden sind in der Gruppe der geradzahligen gesättigten Fettsäuren insbesondere die Palmitin-, Stearin- und Myristinsäure enthalten, während Octadecen- und Palmitoleinsäure zu den Hauptvertretern der ungesättigten Species gehören. Mehrfach ungesättigte Fettsäuren fehlen bzw. sind nur in sehr geringen Mengen anzutreffen. Demgegenüber sind atypische Fettsäuren (Cyclopropan-, Cyclopropen-, Hydroxyfettsäuren) Bestandteile insbesondere von Bakterien; z.T. auch von Hefen. Cyclopropenfettsäuren werden mit einer kanzerogenen Wirkung und Hydroxyfettsäuren mit Wachstumshemmung in Zusammenhang gebracht [36, 37].

Ernährungsphysiologisch sind die ungesättigten Fettsäuren besonders wertvoll (essentiell). Zu den wichtigsten Vertretern dieser essentiellen Fettsäuren (Polyenfettsäuren) gehören die Linol- und Linolensäure. Polyenfettsäuren besitzen auch schützende Funktionen, z.B. gegen Krebs, Allergien oder Arthritis [38].

Für eine vertieftere Betrachtung der Funktionen und Eigenschaften von Fettsäuren wird auf die weiterführende Literatur [39-41] verwiesen.

Die zur Isolierung der Fettsäuren aus dem biologischen Material erforderlichen Aufarbeitungsschritte sind in Bild 8-43 enthalten.

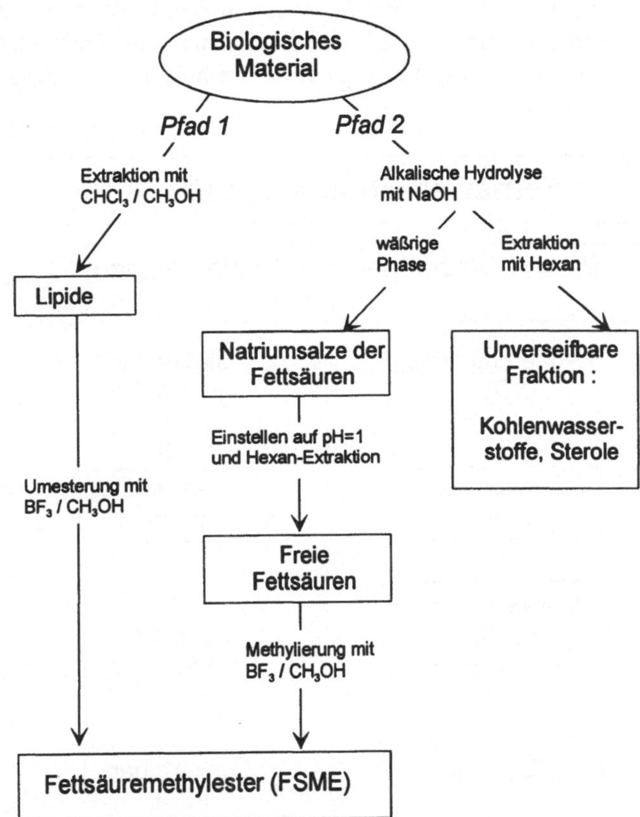


**Bild 8-43**  Aufarbeitung der Lipidfraktion [27]

Sie umfassen die Extraktion, Verseifung sowie die Freisetzung und Veresterung der Fettsäuren. Weit verbreitet ist die Extraktion der Lipidfraktion nach Folch [42] mit Chloroform/Methanol-Gemischen (Pfad 1). Die sich anschließende Präparation der Fettsäuremethylester erfolgt durch eine Umesterung der Lipide oder im Falle von „frei" vorliegenden Fettsäuren durch direkte Veresterung mit Bortrifluorid.

Biologische Materialien mit stabilen Zellwänden müssen zur Freisetzung der Fettsäuren mit intensiveren Methoden (mechanisch, enzymatisch, mit Säuren) aufgeschlossen werden. Zu diesen gehört auch die alkalische Hydrolyse (Pfad 2) mit anschließender Extraktion des Lipidextraktes, der Freisetzung der Fettsäuren und der Überführung in die Methylester.

Die Trennung der Fettsäuremethylester mittels Gaschromatographie erfolgt vorrangig an unpolaren, thermostabilen Silicontrennphasen (OV-1, SE 30, [26, 27]).

### 8.4.2.1 Modifizierungen und Kapillargaschromatographie

In Bild 8-44 sind zwei Wege zum Nachweis einzelner Fettsäurespecies mit Hilfe der Kapillargaschromatographie (CGC) aufgezeigt. Gepackte GC-Säulen sind im Vergleich zu Kapillaren auf Grund ihrer geringen Trennleistung für komplex zusammengesetzte Gemische kaum einsetzbar.

Die Kopplung der CGC mit der Massenspektrometrie (Pfad 1) gilt als weitverbreitete strukturanalytische Methode (Abschnitt 8.4.2.2) zur Bestimmung von Fettsäuren in biologischen Matrices. Die CGC-MS-Kopplung verbindet in idealer Weise die hohe Trenneffizienz und Reproduzierbarkeit der Kapillargaschromatographie mit der hohen Spezifität und Empfindlichkeit der Massenspektrometrie.

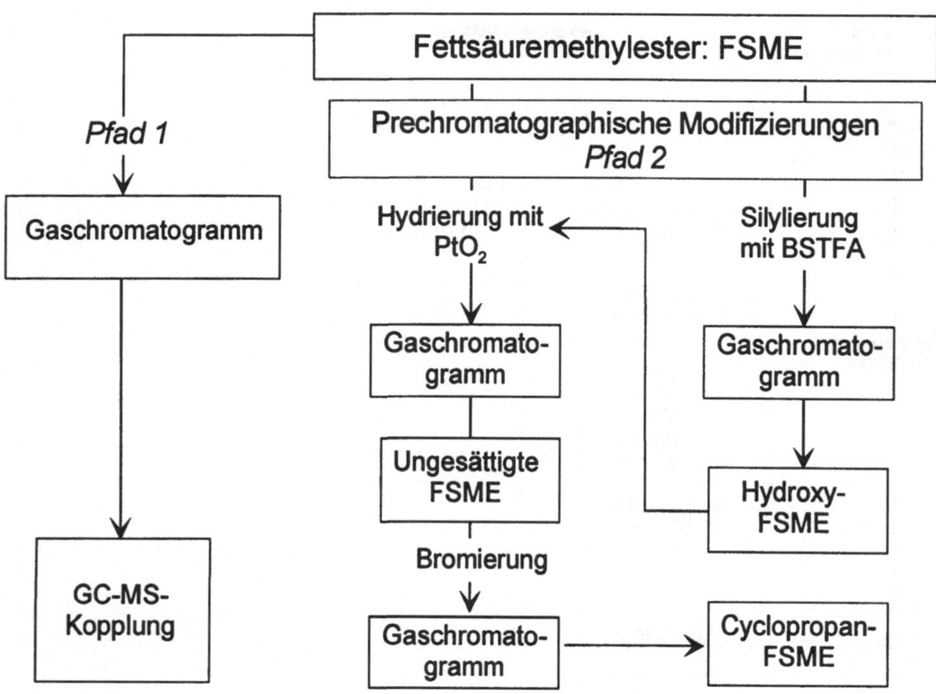


**Bild 8-44** Prechromatographische Modifizierungen und CGC-Analysen von FSME [27].

Das Einbeziehen von chemischen Reaktionen und Derivatisierungen (prechromatographische Modifizierungen der Fettsäuren, Pfad 2) bietet die Möglichkeit zur Klassifizierung von funktionellen Gruppen innerhalb der Fettsäuremoleküle. Beispielsweise werden durch Hydrierung die Doppelbindungen ungesättigter Fettsäuren eliminiert. Durch Silylierung wird eine selektive Reaktion mit vorhandenen Hydroxygruppen ausgelöst. Die Bromierung erfolgt am Cyclopropanring [26, 27].

Durch diese Modifizierungen der Fettsäuren kommt es zu Veränderungen der Peakzusammensetzung und -verteilung im Kapillargaschromatogramm. Es treten Retentionszeitverschiebungen, Eliminierung und Neubildung von Peaks auf, wie der Vergleich zwischen den Chromatogrammen in Bild 8-45 und 8-46 zeigt.

Die kapillargaschromatographische Trennung der Fettsäuremethylester einer nativen Probe aus Bakterienlipiden an einer OV-1-Kapillare (Bild 8-45) spiegelt die hohe Trenneffizienz der CGC-Methode wieder. An Hand der Retentionszeiten entsprechender Referenzsubstanzen können einige Fettsäuremethylester-Peaks (z.B. Palmitinsäure, Stearinsäure, Linolsäure, Ölsäure) zugeordnet werden.

Am Beispiel der Hydroxyfettsäuren wird die Aussagefähigkeit der angewandten prechromatographischen Modifizierungen näher vorgestellt.

Nach der Silylierung der Probe und kapillargaschromatographischen Trennung unter identischen Bedingungen resultiert das Chromatogramm in Bild 8-46. Die Peaks der 3-Hydroxydekansäure (**10**: dunkel unterlegt), 2-Hydroxy-tetradekansäure (**19**), 3-Hydroxy-tetradekansäure (**20**), 2-Hydroxy-hexadekansäure (**29**), 2-Hydroxy-cis-vaccensäure (**35**) und 2-Hydroxy-11,12-methylen-oktadekansäure (**36**) treten nicht mehr auf. Dafür werden die entsprechenden Silylierungsprodukte (Peakbezeichnung 10*, 19*, 20*, 29*, 35*, 36* ) bei größeren Retentionszeiten registriert.

Wird die native und silylierte Proben nachfolgend hydriert, so treten weitere Peakverschiebungen auf. Die 2-Hydroxy-cis-vaccensäure (Peak 35 in Bild 8-45) und das korrespondierende Silylierungsprodukt (Peak 35* in Bild 8-46) ändern ihre Positionen, wodurch eine ungesättigte Hydroxy-Fettsäure nachgewiesen wird. Erfolgt auch noch die Bromierung der silylierten/hydrierten Lipidprobe, wird der Peak 36* (Bild 8-46) eliminiert. Hier handelt es sich um eine Hydroxy-Cyclopropan-Verbindung. Die anderen Hydroxysäuren bleiben durch diese Reaktionen unverändert und werden als gesättigte Hydroxysäuren ausgewiesen.

Zur weiteren Identifizierung von Fettsäurestrukturen (Alkylkettenverzweigung, Anzahl der Doppelbindungen) der komplexen Lipidprobe dienen Struktur-Retentions-Beziehungen auf der Grundlage des Retentionsindexkonzeptes in Form von äquivalenten Kettenlängen (ECL, [43-45]). Für den Palmitinsäuremethylester ($C_{16}$) z.B. beträgt der ECL-Wert definitionsgemäß 16,00 und für Stearinsäuremethylester ($C_{18}$) 18,00. Durch Auftragen der gemessenen ECL-Werte (logarithmisch) von mehreren Testsubstanzen gegen die Kohlenstoffzahl (C-Zahl) resultiert eine Gerade, aus der an Hand der ermittelten ECL-Werte auf noch unbekannte Fettsäuremethylester geschlossen (extrapoliert) werden kann. Beispielsweise werden die gemessenen ECL-Werte von 15,76 und 17,76 den ungesättigten Verbindungen Palmitoleinsäure bzw. Vaccensäure zugeordnet.

Diese Ergebnisse zeigen, daß einzelne Fettsäuren bzw. Fettsäure-Gruppen in natürlichen Proben ohne hohen apparativen Aufwand nachgewiesen werden können. Diese prechromatographischen Modifizierungen stellen eine gute Ergänzung zur Strukturaufklärung von Fettsäuren mit Hilfe der Kopplung von Kapillargaschromatographie und Massenspektrometrie (CGC-MS) dar.

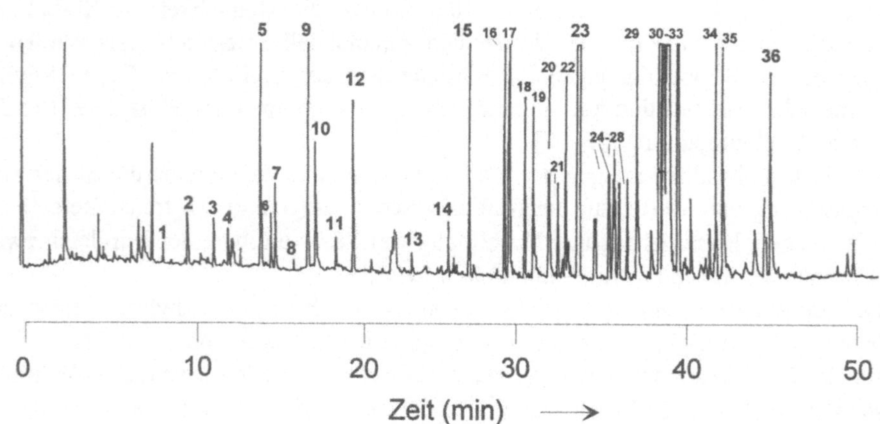

**Bild 8-45** Chromatogramm der Kapillargaschromatographie der nativen Probe
Kapillarsäule: 21m × 0,22mm i.D., imprägniert mit OV 1, Detektion: FID,
1: Nonansäure (12,71 min), 2, 3, 5, 9, 14: nicht identifiziert, 4: Dekansäure, 6: iso-
Undekansäure, 7: anteiso-Undekansäure, 8: Undekansäure, 10: 3-Hydroxy-dekansäure,
11: anteiso-Dodekansäure, 12: Dodekansäure, 13: Tridekansäure, 15: Tetradekansäure,
16: iso-Pentadekansäure, 17: anteiso-Pentadekansäure, 18: Pentadekansäure, 19: 2-Hy-
droxy-tetradekansäure, 20: 3-Hydroxy-Tetradekansäure, 21: iso-Hexadekansäure, 22:
Palmitoleinsäure, 23: Palmitinsäure, 24: iso-Heptadekansäure, 25: anteiso-Heptandekan-
säure, 26: monoungesättigte Heptansäure, 27: 9,10-Methylen-palmitinsäure, 28: Hepta-
dekansäure, 29: 2-Hydroxy-hexadekansäure, 30: Linolsäure, 31: Ölsäure, 32: cis-
Vaccensäure, 33: Stearinsäure, 34: 11,12-Methylen-oktadekansäure, 35: 2-Hydroxy-cis-
vaccensäure, 36: 2-Hydroxy-11,12-methylen-oktadekansäure.
Mit freundlicher Genehmigung von J. Pörschmann [27].

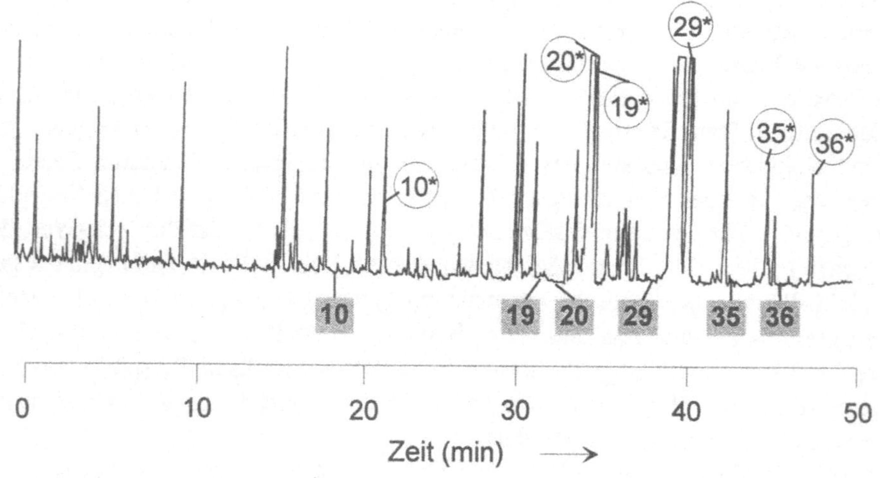

**Bild 8-46** Chromatogramm der Kapillargaschromatographie silylierten Probe
Kapillarsäule: 21m × 0,22mm i.D., imprägniert mit OV 1, Detektion: FID.
Mit freundlicher Genehmigung von J. Pörschmann [27].

### 8.4.2.2   Kapillargaschromatographie - Massenspektrometrie

Als Beispiel für eine massenspektrometrische Identifizierung eines Fettsäuremethylesters nach der gaschromatographischen Analyse an der OV1-Kapillare dient Peak 36 (s. Kapillargaschromatogramm in Bild 8-45). Nach erfolgter Kopplung der Kapillarsäule mit einem Massenspektrometer [46] konnte die Komponente an Hand ihrer charakteristischen Fragmente, die im Bild 8-47 eingezeichnet sind, als 2-Hydroxy-11,12-methylenstearinsäuremethylester identifiziert werden [27]. Derartige Cyclopropanfettsäuren fragmentieren in vergleichbarer Weise wie monoungesättigte Fettsäuremethylester.

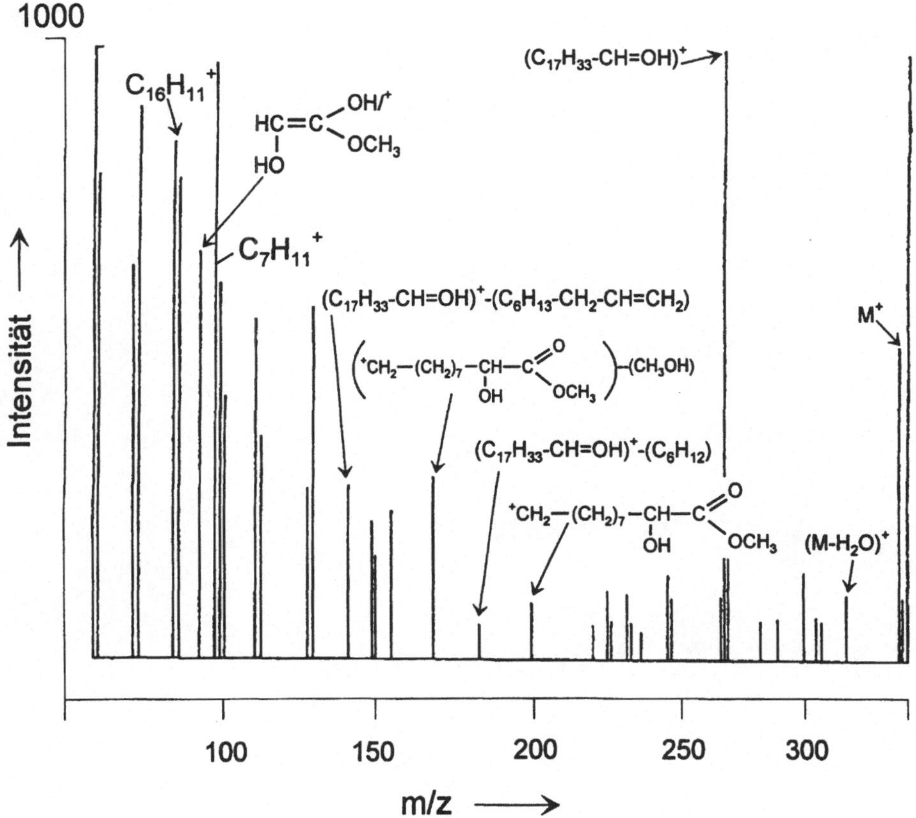


**Bild 8-47**   Massenspektrum von 2-Hydroxy-11,12-methylenstearinsäuremethylester. Mit freundlicher Genehmigung von J. Pörschmann [27].

Die meisten Mißhelligkeiten im Leben

rühren daher, daß wir nachdenken, wo

wir empfinden sollten, und empfinden,

wo wir nachdenken sollten.

**Verfasser unbekannt**

# 9 Applikationen großer Biomoleküle

## 9.1 Enzyme von thermophilen Mikroorganismen

Extremophile Mikroorganismen sind befähigt, unter außergewöhnlichen Umweltbedingungen zu existieren. Beispielsweise können verschiedene Bacillusstämme sowohl in stark sauren (pH=1–2) als auch stark basischen (pH=9–11) Milieus leben.

Besonders interessant sind thermophile Mikroorganismen [1-12], die in heißen terrestrischen oder aquatischen Systemen vorkommen. Jene werden nach gemäßigt thermophilen Mikroorganismen, deren Wachstumstemperatur zwischen 40 und 75°C liegt, extrem thermophilen (60–80°C) und hyperthermophilen Mikroorganismen (80–110°C) unterschieden.

Während die extrem thermophilen Mikroorganismen meist in heißen Quellen wie **Geysiren**, Überlaufwässern von Kraftwerken, schwelenden Kohlenhalden oder in normalen Wasserheizungsanlagen angesiedelt sind, werden hyperthermophile Mikroorganismen in Gebieten und Quellen vulkanischen Ursprungs gefunden. Dazu gehören festländische Solfatarenfelder (Austrittsstellen von schwefelwasserstoffhaltigen Wasserdämpfen mit Temperaturen um 100–200°C) sowie untermeerische hydrothermale Quellen und Heißwasserkamine (mineralhaltiges, bis zu 400 °C heißes Wasser) in der Tiefsee.

Im allgemeinen beginnen Proteine bereits ab 40 oder 50 °C zu denaturieren. Zellbestandteile von thermophilen Mikroorganismen wie Enzyme (Proteine), Nucleinsäuren oder Lipidmembranen bleiben selbst bei Temperaturen um 100°C noch unverändert. Die Phänomene dieser Thermostabilität sind in ihrer Gesamtheit noch nicht restlos aufgeklärt. Eine Ursache ist die Stabilisierung der doppelhelicalen Struktur in der DNA durch vermehrte Wasserstoffbrücken-Bindungen. Diese werden auf einen höheren Anteil von Desoxyguanin und -cytosin der DNA im Vergleich zu anderen bzw. gemäßigt thermophilen Mikroorganismen zurückgeführt. Auch hohe intrazellulare Salzgehalte werden mit einer Stabilisierung der DNA-Doppelstränge in Verbindung gebracht. Hinzu kommt die Präsens von *Histonen* und *Gyrasen*, die eine stabilisierende superhelicale Verdrillung der DNA bewirken und ihr frühes Schmelzen verhindern.

### 9.1.1 Isolierung der Enzymfraktionen

Zuerst erfolgt die Selektion von zwei thermophilen Bacillusstämmen (*Bacillus stearothermophilus TP 26 und 32*), die zur mikrobiellen Synthese einer thermostabilen Protease und β-Galactosidase eingesetzt werden.

Die Protease wird in einem kontinuierlichen Fermentationsprozeß als extrazelluläres Enzym hergestellt. Die zur Aufarbeitung der Enzyme notwendigen und hier praktizierten Schritte (s.a. prechromatographische Methoden in Kapitel 3 und [13]) sind im Bild 9-1 zusammengefaßt aufgeführt [9].

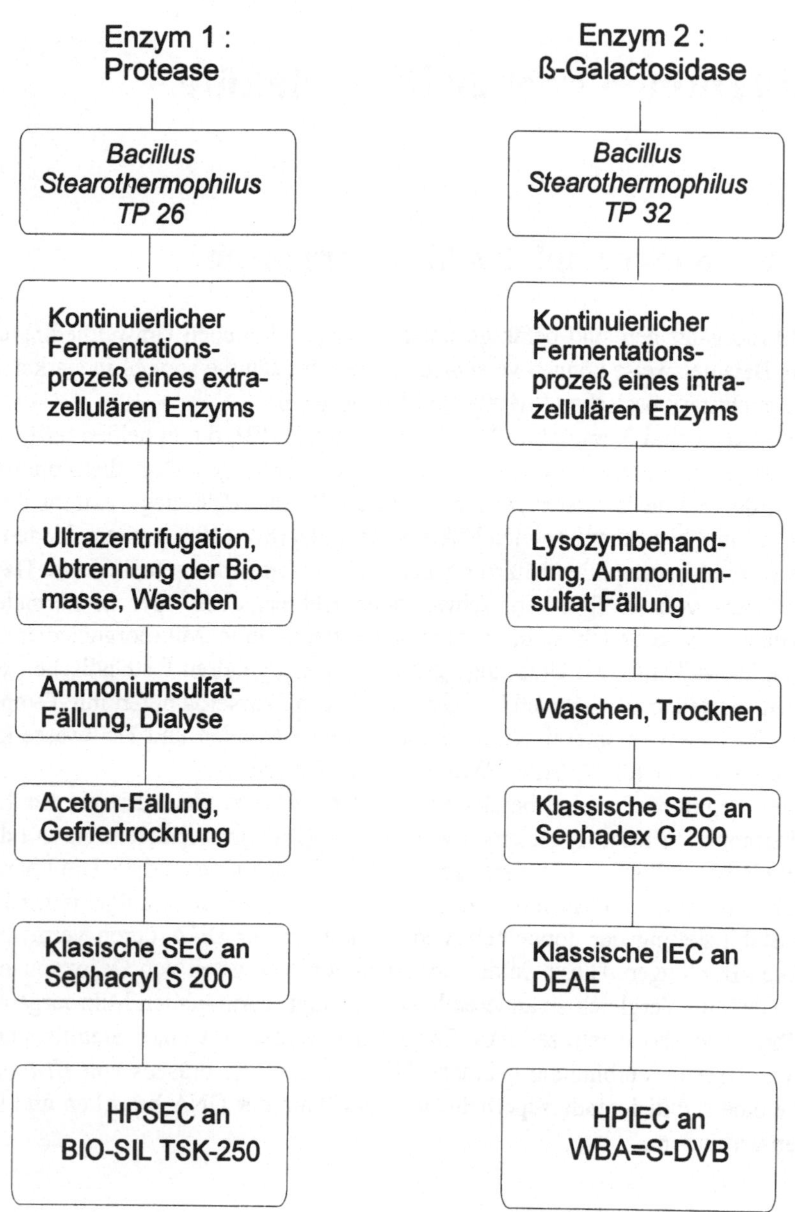


**Bild 9-1**   Aufarbeitungsschritte für die thermostabile Protease und ß-Galactosidase

Zur Isolierung der ß-Galactosidase, die als intrazelluläres Enzym synthetisiert wird, ist ein zusätzliches Aufbrechen der Bakterienzellwände mit Hilfe von Lysozym erforderlich.

Beide Enzyme können nach der Aufarbeitung mittel HPLC-Ionenaustauschchromatographie [14-24] und/oder der Größenausschlußchromatographie [25-58] gereinigt werden.

Die Bestimmung der enzymatischen Aktivität in den mikropräparativ isolierten Protease-Fraktionen erfolgt nach dem Azocasein-Abbau [52]. Grundlage ist die Absorptionsmessung der in Trichloressigsäure gelösten Abbauprodukte bei 440 nm mittels UV/VIS-Spektroskopie (s. Abschnitt 6.1).

Die Aktivitätsbestimmung des Enzyms ß-Galactosidase basiert auf der hydrolytischen Spaltung von o-Nitrophenol-ß-D-galactosid (ONPG) in Galactose und o-Nitrophenol (s.a. Bild 9.2). Dabei wird die Absorption des Spaltproduktes o-Nitrophenol bei 420 nm gemessen, die als Maß für die Enzymaktivität dient.

Aus der Proteinkonzentration (mg/ml) und der Enzymaktivität können spezifische Aktivitäten (U/mg) und Reinigungsfaktoren für jeden Aufarbeitungsschritt ermittelt werden [9].

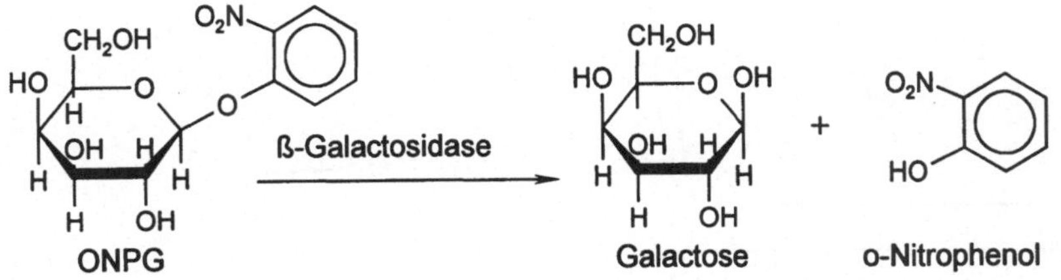

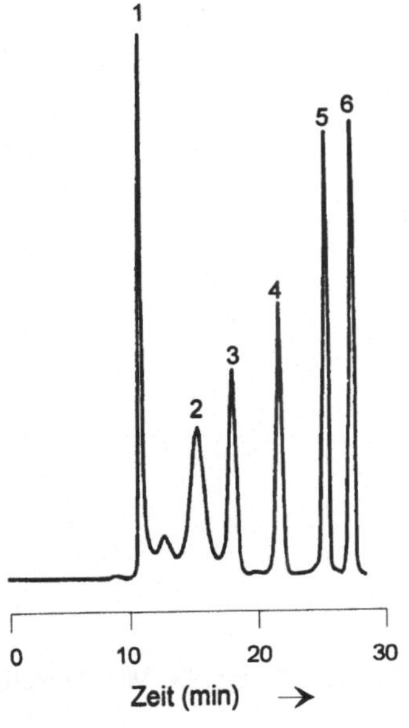

**Bild 9-2**  Enzym-Assay für ß-Galactosidase

## 9.1.2  Biochromatographie

In der Biochromatographie (s. Abschnitt 4.3) werden hydrophile stationäre Phasen eingesetzt, die die Reinigung von Enzymen unter Erhalt ihrer biologischen Aktivität weitestgehend garantieren.

**Bild 9-3**
Chromatogramm einer Proteinstandardmischung
1: Thyroglobulin ( $M_r$ = 660 000)
2: IgG (150 000)
3: Ovalbumin (43 000)
4: Myoglobin (17 000)
5: Cyanocobalmin (1 355)
6: DNA-Alanin (255)

Säule: BIO-SIL TSK-250, 600 × 7,5 mm i.D.,
mobile Phase: 0,05 M $Na_2SO_4$ + 0,02 M $NaH_2PO_4$,
pH = 6,8;
Flußrate: 0,9 ml/min,
Vordruck: 3,2 MPa,
Detektion: UV, 280 nm, Empfindlichkeit: 5,
Injektionsvolumen: 20 µl.

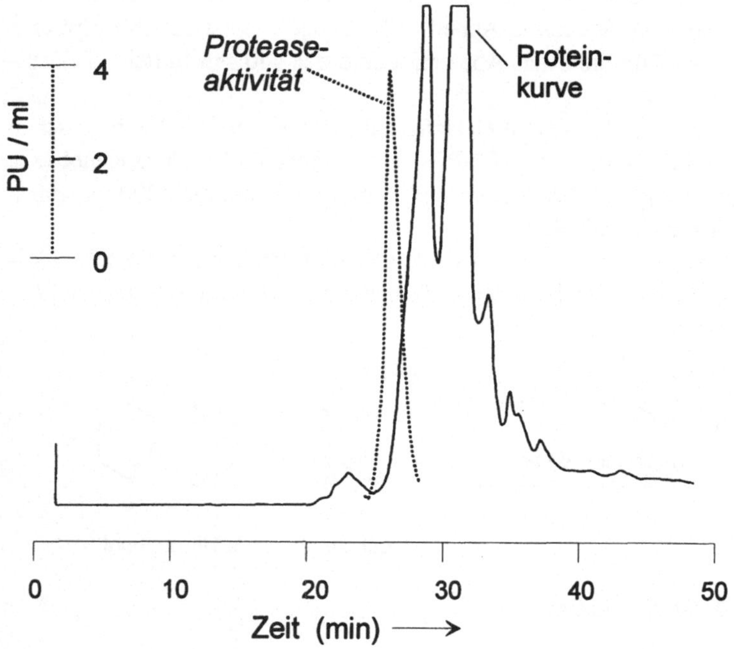



**Bild 9-4**   Chromatogramm mit Aktivitätskurve des Rohextraktes einer thermostabilen Protease Säule: BIO-SIL TSK-250, 600 × 7,5 mm i.D., mobile Phase: 0,05 M $Na_2SO_4$ + 0,02 M $NaH_2PO_4$, pH = 6,8, Flußrate: 0,7 ml/min, Vordruck: 2,5 MPa, Detektion: UV, 280 nm, Empfindlichkeit: 5, Injektionsvolumen: 200 µl.

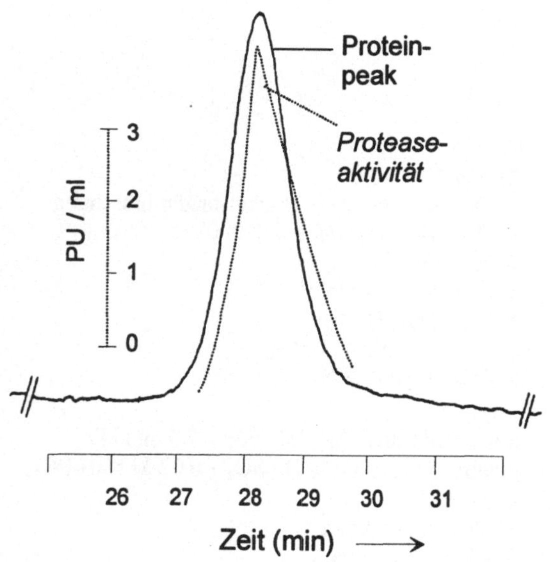



**Bild 9-5**   Chromatogramm der „Rechromatographie" der zwischen der 28. und 29. Minute isolierten Protease-Fraktion (vgl. Bild 9-4)

Die Endreinigung der Enzymextrakte einer thermostabilen ß-Galactosidase und Protease erfolgt mittels HPIEC bzw. HPSEC („High-performance" *ion-exchange chromatography* bzw. *size-exclusion chromatography*)

Die Größenausschlußchromatographie kann auch zur groben Abschätzung des Molekulargewichtes ($M_r$) mit Hilfe einer Eichkurve (Auftragen des Rententionsvolumens gegen $M_r$) herangezogen werden. Diese SEC-Methode (s. Abschnitt 4.3.2) basiert auf dem Vergleich der Retentionsdaten von Standardproteinen (Bild 9-3) mit den von mikropräparativ isolierten Proteinfraktionen, die die enzymatische Aktivität enthalten.

Das Chromatogramm in Bild 9-4 zeigt die SEC-Trennung des Rohpräparates der thermostabilen Protease mit Protein- und Aktivitätskurve. Die Zusammensetzung der Proteinfraktion ist noch sehr komplex.

Als „Verunreinigungen" werden vor allem Proteine des niedermolekularen Bereichs registriert. Die Hauptenzymaktivität liegt in der Fraktion zwischen der 28. und 29. Minute.

Nach erneuter SEC-Trennung dieser Fraktion (Rechromatographie) unter identischen Elutionsbedingungen resultiert das in Bild 9-5 dargestellte Chromatogramm. Durch Vergleich mit den Elutionsvolumina der Proteinstandards konnte ein Molekulargewichtsbereich um 17 000 abgeschätzt werden [9].

Eine exaktere Bestimmung von $M_r$ sowie die Reinheitsprüfung der Enzymfraktion erfolgt jedoch in der Regel mittels SDS-PAGE (s. Abschnitt 5.1.4). Die genaueste Methode zur Ermittlung des Molekulargewichtes ist heutzutage die MALDI-MS (Abschnitt 6.4).

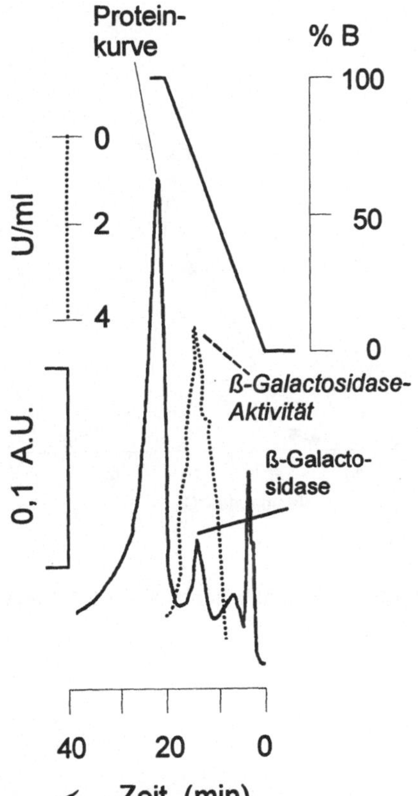


**Bild 9-6**
Chromatogramm mit Aktivitätskurve eines gereinigten Extraktes der ß-Galactosidase
Glassäule: 150 × 8 mm i.D.,
stationäre Phase: WBA=S-DVB, 10 - 29 µm,
mobile Phase: A: 0,05 M $Na_2SO_4$ + 0,02 M $NaH_2PO_4$ + 2 mM EDTA, pH = 6,8;
B: A + 1 M NaCl,
Flußrate: 3 ml/min,
Vordruck: 3 MPa,
Detektion: UV, 254 nm,
Injektionsvolumen: 250 µl.

Ziel der folgenden Untersuchungen ist jedoch, eine ausreichend gute Reinigung und mikropräparative Isolierung der thermostabilen Enzyme zu erreichen, um Nachweise für ihre Stabilität zu erhalten.

Zur Feinreinigung der thermostabilen ß-Galactosidase dient die Ionaustauschchromatographie. Das resultierende HPLC-Chromatogramm an einem schwach basischen Anionenaustauscher auf Styren-Divinylbenzen-Basis (WBA=S-DVB) zeigt eine gute Abtrennung der ß-Galactosidase von vielen anderen Proteinen (s. Bild 9-6). Die ß-Galactosidase ist auch enzymatisch aktiv, obwohl sie mit einer relativ hydrophoben stationären Phase, die eine Denaturierung dieses Enzyms bewirken kann, chromatographiert wird.

Mit diesem Trennsystem konnten ausreichende Enzymmengen mikropräparativ isoliert und für weiterführende Untersuchungen zur Stabilität des Enzyms unter extremen Bedingungen eingesetzt werden.

In Bild 9-7a ist die Abhängigkeit der ß-Galactosidase-Aktivität von der Natriumchloridkonzentration dargestellt. Eine Menge von 1 mg Enzympräparat wird in 1 ml NaCl ansteigender Molarität (1–5 M) gelöst. Bis zu einer Konzentration von 3M NaCl bleibt der Recovery-Wert für die ß-Galactosidase-Aktivität annähernd 100 %. Erst danach wird ein signifikanter Abfall registriert.

Zur Bestimmung des Temperaturoptimums für die gereinigte thermostabile ß-Galactosidase werden 1-mg-Mengen des Enzympräparates mit 1 ml Tri-HCl-Puffer (pH=7) gemischt und ihre Enzymaktivität im Bereich von 20 und 100 °C bestimmt. Bei einer Temperatur von 75°C beträgt die ß-Galactosidase-Aktivität nahezu 100 %, während bei 80 °C bereits ein deutlicher Aktivitätsabfall zu verzeichnen ist (Bild 9-7b).

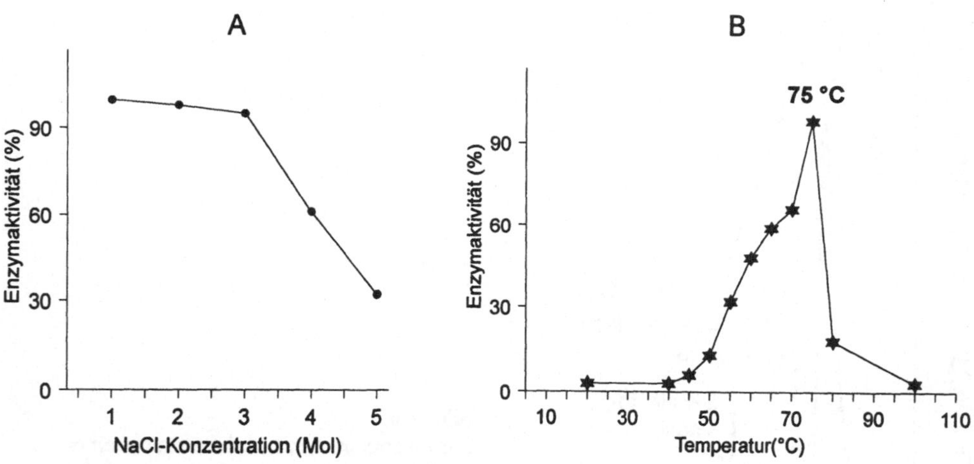


**Bild 9-7**   Abhängigkeit der ß-Galactosidase-Aktivität von der NaCl-Konzentration (A:1–5 M) und der Temperatur (B: 20–100 °C).

## 9.2 Nucleotide in Geweben und von DNA-Spaltprodukten

Eine kurze Einführung zum strukturellen Aufbau von Nucleinsäuren (DNA, RNA) und Nucleotiden erfolgte im Abschnitt 2.2. HPLC- und CE-Trennungen von Nucleobasen und Nucleosiden waren Gegenstand einiger Applikationen in Abschnitt 8.2.

Innerhalb der Bezeichnung DNA-Spaltprodukte werden Polynucleotide wie DNA-Restriktionsfragmente, PCR-Produkte und weitere DNA-Moleküle eingeordnet.

Man unterscheidet auch zwischen Nucleosidtriphosphaten (ATP, GTP), Nucleosiddiphosphaten (ADP, GDP) und Nucleosidmonophosphaten (AMP, GMP), die als Nucleotide bezeichnet werden.

Die Analytik von einzelnen Nucleotidbausteinen und von (größeren) DNA-Molekülen spielt in der modernen Biotechnologie (Molekularbiologie, Gentechnik) eine zentrale Rolle. Zu den neuen Techniken gehören u.a. die Restriktionsanalyse [1] und Genklonierung [2], die Polymerasekettenreaktion (vgl. Abschnitt 2.2.4, [3-7]) und die DNA-Sequenzierung [8-11], das Arbeiten mit transgenen Pflanzen [12-14] und transgenen Tieren [15] sowie die Gendiagnose [16-18] und Gentherapie [19-21].

Weitreichende Erkenntnisse für die Charakterisierung und erfolgreiche Behandlung von Krankheiten, insbesondere von Erbkrankheiten, werden im nächsten Jahrtausend durch das *human genom project (HGP)* erwartet [22-24]. Inhalt dieses gigantischen Projektes der Molekularbiologie, das im Jahr 2003 abgeschlossen sein soll, ist die vollständige Charakterisierung des menschlichen Genoms. Dazu gehören die Kartierung der 23 verschiedenen Chromosomen des Menschen und die Sequenzierung von 3 Milliarden Basenpaaren (bp), aus denen die Chromosomen aufgebaut sind.

Für das vertiefte Verständnis der wissenschaftlichen Prinzipien der Gentechnik und der Funktionsweisen der modernen molekularbiologischen Methoden wird auf die zahlreich vorhandene Spezialliteratur verwiesen [25, 26 und s.o.].

Die am häufigsten und erfolgreichsten angewandte Trennmethode in der Nucleinsäureanalytik ist die Gelelektrophorese [27-30]. Für dieses Flachbettverfahren *(slab gel)* werden als Trennmedien Agarose und Polyacrylamid (s. Abschnitt 5.1) eingesetzt. Zur elektrophoretischen Trennung von DNA-Molekülen dienen Tris-Acetat- oder Tris-Borat-Puffer. Diesen wird meist Ethidiumbromid zugesetzt, um die Trennung der DNA-Produkte auf dem Gel zu verfolgen und am Ende zu detektieren. Dabei treten die planar angeordneten aromatischen Ringe des Ethidiumbromids mit den heteroaromatischen Ringen der Nucleobasen in Wechselwirkung. Die Detektion basiert auf der Anregung der entstandenen Komplexe durch eingestrahltes UV-Licht ($\lambda$: ca. 250–350 nm) und dem Emittieren und Registrieren von farbigem Licht im sichtbaren Bereich um 590 nm.

Für weitere Untersuchungen der DNA-Fragmente erfolgt ihre Überführung von der Gelmatrix auf eine Membran, die aus Nylon oder Nitrocellulose (E. Southern, 1975) besteht. Dies wird als Nucleinsäure-Blotting (Southern-Blot) bezeichnet [31]. Der sich anschließende empfindliche Nachweis der DNA-Moleküle erfolgt durch die Technik der Hybridisierung, bei der zuerst die Nucleinsäure-Ketten bei einer Temperatur von 60-70 °C getrennt (inkubiert) werden. Danach hybridisieren die komplementären Sequenzen der DNA-Abschnitte mit den markierten DNA-Sonden auf der geblotteten Membran [25, 26].

In letzter Zeit gewinnen strukturanalytische Methoden wie die Massenspektrometrie [32-42] und speziell die MALDI-MS (vgl. Abschnitt 6.4, [43-49]) zunehmende Bedeutung.

Zu Beginn dieser Entwicklung um 1990 standen der Detektion von Nucleinsäure-Komponenten noch ihre starke Tendenz zur Ausbildung von Fragmentionen entgegen. Die Einführung neuer organischer Matrices in der MALDI-MS sowie die Kombination mit geeigneteren Laserwellenlängen im IR- und UV-Bereich ermöglichen heute die Analyse von intakten DNA-Molekülen. Als „Kombinationen" der Matrices und Laserwellenlängen dienen beispielsweise Bernsteinsäure ($\lambda = 2{,}94$ µm) oder 3-Hydroxypikolinsäure ($\lambda = 337$ nm).

Auch die Kapillarelektrophorese [50-58] gehört zu den bioanalytischen Methoden, die auf Grund ihrer hohen Trenneffizienz und der enormen Peakkapazität viele potentielle Möglichkeiten innerhalb der DNA-Analytik besitzt.

Im Mittelpunkt der Trennmethoden steht weiterhin die Hochleistungsflüssigchromatographie, die durch die Verfügbarkeit unterschiedlicher selektiver Trennmechanismen (SEC, IEC IPC, RPC) ein breite Anwendung in der Aufarbeitung und analytischen Charakterisierung von DNA-Molekülen [59-79] findet.

Gegenstand dieses Applikationsabschnittes ist die Darstellung einiger ausgewählter Trennungen von DNA-Molekülen bzw. DNA-Restriktionsfragmenten mittels Kapillargelelektrophorese (CGE, 9.2.2) und mittels Ionenpaarchromatographie (IPC, 9.2.1).

## 9.2.1 Ionenpaarchromatographie

Die signifikanten Unterschiede im flüssigchromatograpischen Verhalten der Nucleotide [59-79] im Vergleich zu den kleineren Biomolekül-Species Nucleobasen und Nucleoside wurden bereits im Abschnitt 8.2 herausgestellt und diskutiert.

Chromatographische Trennungen von Nucleotiden erfolgen mit Hilfe der Anionenaustauschchromatographie [72], für die sowohl schwach als auch stark basische Anionenaustauscher eingesetzt werden (vgl. auch Abschnitt 4.2.1).

Die RP-Chromatographie ist weniger für die Trennung der Nucleotidmoleküle geeignet, da die negativ geladenen Phosphatgruppen stärkere hydrophile als hydrophobe Wechselwirkungen gestatten.

Fügt man jedoch in der RP-Chromatographie der mobilen Phase Ionenpaar-Reagenzien [73-79] wie Tetrabutylammoniumphosphat hinzu, werden DNA-Moleküle wie Adenosinmono-, Adenosindi- und Adenosintriphosphate auf diesen Säulen retardiert und gut voneinander getrennt, wie an Hand von verschiedenen Modellsubstanzen im Chromatogramm A in Bild 9-8 dar-gestellt ist.

Die qualitativen und quantitativen Bestimmungen derartiger Nucleinsäurekomponenten in Extrakten aus Organen bzw. Geweben, die vom Befall mit Tumoren und deren weiterer Ausbreitung betroffen sind, stellen ein wichtiges Applikationsgebiet innerhalb der biomedizinischen Forschung [75-78] dar.

Besonders hohe Gehalte an ATP und GTP werden in wachsenden Tumorgeweben gefunden, während die Verringerung von ATP auf Grund von Alterungsprozessen eintritt.

Die weiteren Chromatogrammme in Bild 9-8 zeigen die Nucleotidtrennung von ausgewählten biologischen Extrakten aus der Leber (B), den Erythrozyten (D) und der Skelettmuskulatur (C) während der Phase des Tumorwachstums.

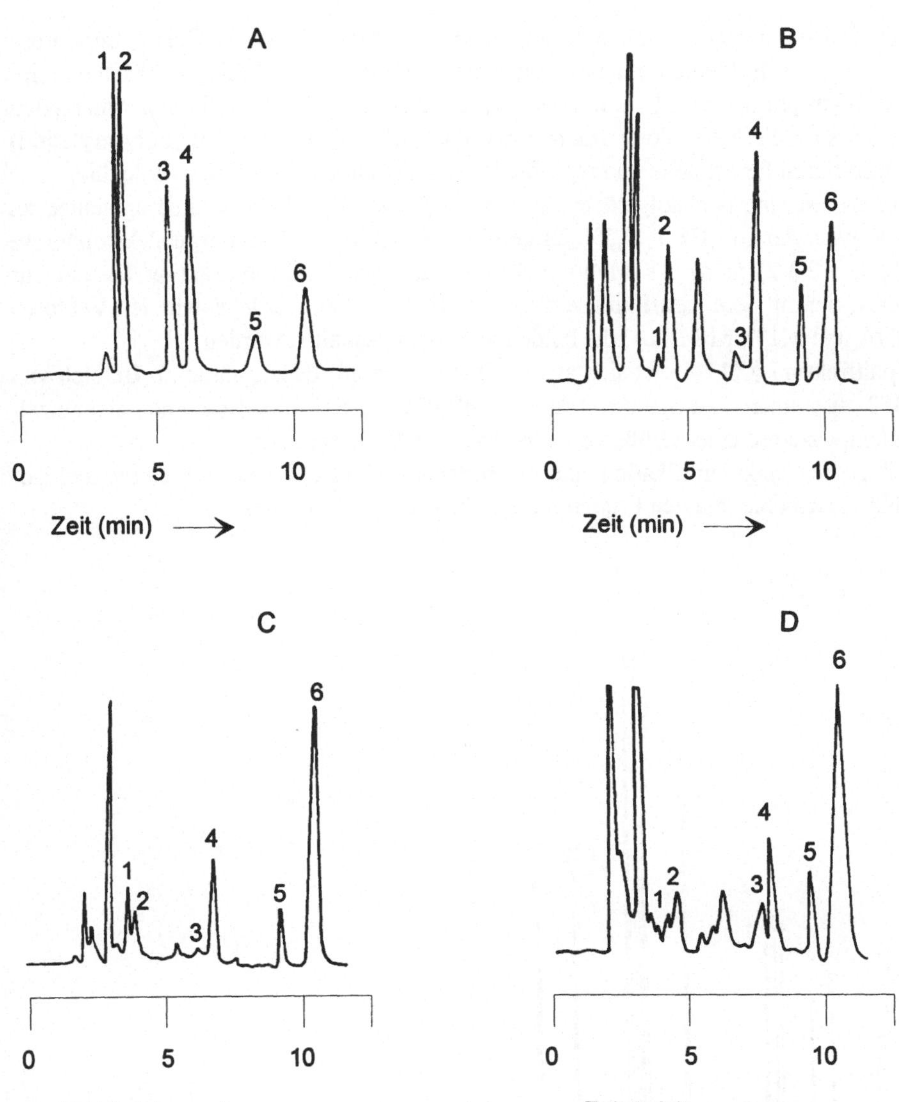



**Bild 9-8**  Elektropherogramme von Nucleotiden aus verschiedenen von Tumoren befallenen Gewe-
ben aus Mäusen, A: Modellsubstanzen, B: Leber, C: Erythrozyten, D: Skelettmuskulatur,
1: GMP + IMP, 2: AMP, 3: GDP, 4: ADP, 5: GTP, 6: ATP,
Säule : 100 × 8 mm i.D., stationäre Phase: RP, 5 µm (Nova Pak $C_{18}$-Kartusche), mobile
Phase: 10 mM $NH_4H_2PO_4$, + 2 mM PIC-Reagenz A (Tetrabutylammoniumphosphat) + 20
% ACN, Detektion: UV, 254 nm. Mit freundlicher Genehmigung von T. Grune [78].

## 9.2.2  Kapillargelelektrophorese von DNA-Fragmenten

Die Adaptation der experimentellen Bedingungen der herkömmlichen Gelelektrophorese auf Kapillaren mit sehr kleinen Innendurchmessern (ca. 50–100 µm) führt zur Methode der Kapillargelelektrophorese (CGE, s. a. Abschnitt 5.2.3.2). Das Ziel und die experimentellen Bestrebungen sind die Herstellung von stabilen und effizienten mit Gelen (Polyacrylamid) gefüllten Kapillaren für schnelle und reproduzierbare Trennungen der DNA-Moleküle.

In Bild 9-9 ist eine hochaufgelöste CE-Trennung von DNA-Restriktionsfragmenten an einer mit Polyacrylamid (3% T, 0,5% C) gefüllten Kapillare (s. Kapillargelelektrophorese im Abschnitt 5.2.3.2) in ca. 18 Minuten dargestellt. Diese Fragmentfraktion besteht aus $\phi$X174 DNA, die mit dem Restriktionsenzym *Hae* III gespalten wurde, sowie den Vektoren pB322 DNA und M13mp18 DNA, die beide mit *Eco*R I gespalten wurden.

Die Spaltfraktion $\phi$X174 setzt sich aus 11 Fragmenten mit Basenpaaren im Bereich von 72 bis 1353 zusammen. Die Spaltprodukte von pB322 und M13mp18 bestehen aus einzelnen Fragmentpeaks mit einer Größe von 4363 bzw. 7250 Basenpaaren.

Grundlage der Peakidentifikation sind die mittels Gelelektrophorese getrennten und isolierten DNA-Fragmente, die den Proben für die CE zugemischt werden.

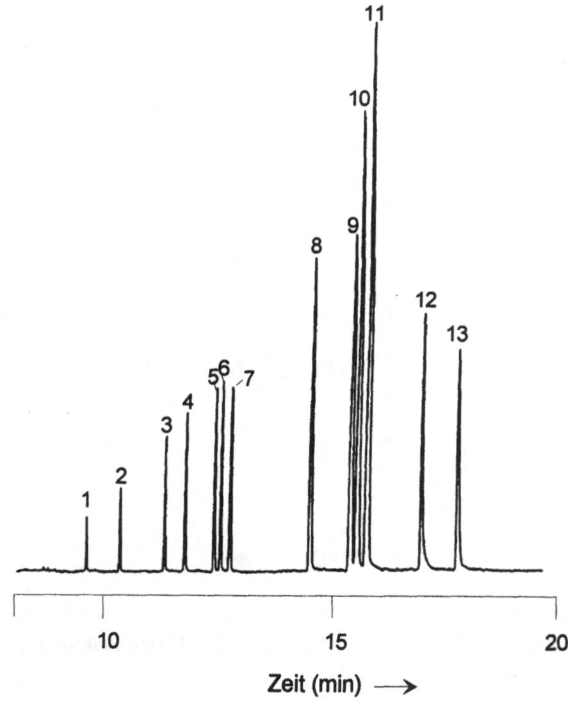


**Bild 9-9**  Elektropherogramm von DNA Restriktionsfragmenten bestehend aus $\phi$X174 DNA (gespalten mit *Hae* III) sowie pB322 und M13mp18 (beide gespalten mit *Eco*R I).
CE-Bedingungen: Fused-Silica-Kapillare: 40 (30) cm × 75 µm i.D, gefüllt mit Polyacrylamid (3% T, 0,5% C); Puffer: 100 mM Tris-Borat-Puffer, pH = 8,3 + 2mM EDTA, $\lambda$: 260 nm, E: 250V/cm, I: 12,5 µA, Injektion: elektrophoretisch bei 10 kV für 0,5 s.
1: 72, 2: 118, 3: 194, 4: 234, 5: 271, 6: 281, 7: 310, 8: 603, 9: 872, 10: 1978, 12: 4363, 13: 7253.
Mit freundlicher Genehmigung von B. Karger [51].

Im folgenden Elektropherogramm (Bild 9-10) sind Trennungen von DNA-Restriktions-fragmenten mit bis zu 12000 Basenpaaren dargestellt. Die kapillargelelektrophoretische Analyse zeigt die schnelle Trennung von Basenpaaren einer DNA-Reihe, die durch einen Abstand von ca. 1000 Basenpaaren zwischen den einzelnen Peaks gekennzeichnet ist. Es werden Basenpaare um ca. 1000, ca. 2000 ... bis ca. 12000 registriert.

Die weiteren Fragmentpeaks im Bereich von 75 bis 1636 Basenpaaren resultieren von der enzymatischen Spaltung des Klonierungsvektors, der für die Präparation dieser Probe verwendet wird.

Auch hier erfolgt die Zuordnung der Peaks im Elektropherogramm mit Hilfe der aus der herkömmlichen Gelelektrophorese isolierten DNA-Fragmente.

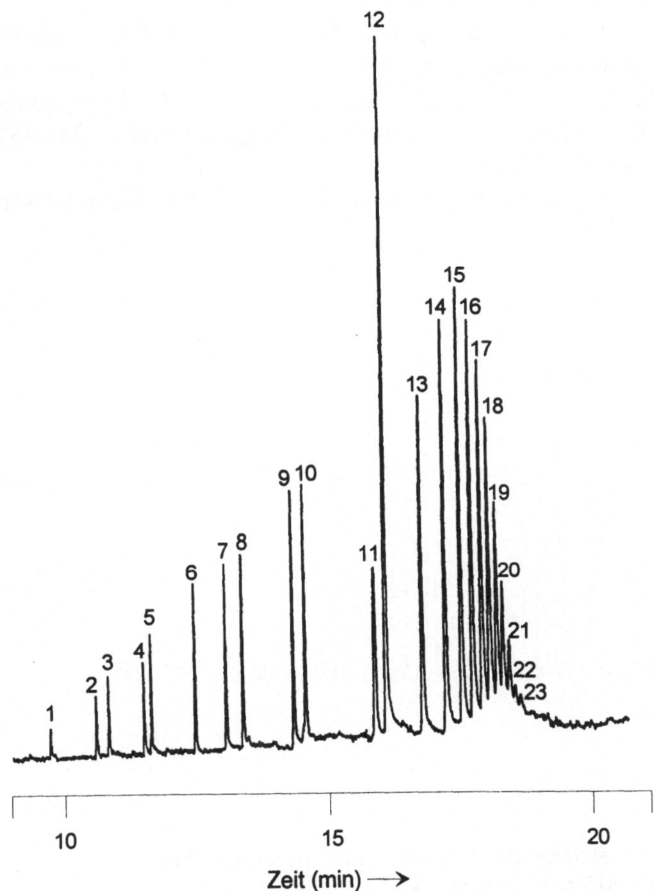


**Bild 9-10**  Elektropherogramm einer 1000-Basenpaar DNA-Reihe
CE-Bedingungen: wie in Bild 9-9.
1: 75, 2: 142, 3: 154, 4: 200, 5: 220, 6: 298, 7: 344, 8: 194, 9: 506, 10: 516, 11: 1018, 12: 1635, 13: 2036, 14: 3054, 15: 4072, 16: 5090, 17: 6108, 18: 7126, 19: 8144, 20: 9162, 21: 10180, 22: 11198, 23: 12216.
Mit freundlicher Genehmigung von B. Karger [51].

Um die hohe Trenneffizienz und Peakkapazität gelgefüllter Kapillaren für die Trennung noch größerer Reaktionsprodukte aus der DNA-Sequenzierung zu verdeutlichen, wird die einsträngige M13mp18 DNA als Templat utilisiert. Als Primer dient JOE-Prm18.1, und die Reaktionsführung erfolgt unter Standardbedingungen [52].

Das Elektropherogramm der Reaktionsprodukte, die in Anwesenheit von ddCTP erhalten werden, ist in Bild 9-11 dargestellt. Innerhalb von ca. 60 Minuten wird eine beachtlich große Anzahl von Fragmentpeaks registriert, die auf der Basis der bekannten Sequenz des Vektors M13mp18 identifiziert werden.

Die Analyse zeigt, daß für die Fragmente 256-257 und 265-266 Basislinientrennungen erzielt werden. Es wird deutlich, daß die Fragmente, die sich immer nur durch eine einzige Base unterscheiden, bis zu einer Größe von 300 getrennt werden können.

Das Elektropherogramm der Reaktionsprodukte, die in Anwesenheit von ddTTP entstehen, zeigt das Bild 9-12. Es werden Fragmente bis zu 340 Basen in ca. 60 Minuten mit hohem Auflösevermögen getrennt. Dieses wird insbesondere aus dem Elektropherogramm-Ausschnitt, der oberhalb von Bild 9-12 plaziert ist, deutlich. Die Fragmentbereiche 331-355 und 337-340 differieren lediglich um eine Base.

Die Identifizierung der Peaks erfolgt auch hier an Hand der bekannten Frequenz von M13mp18.

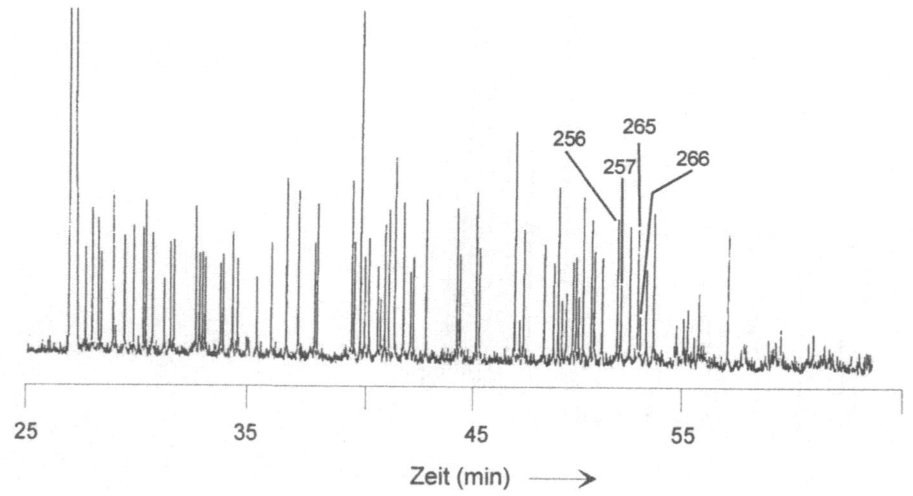


**Bild 9-11**  Elektropherogramm der Reaktionsprodukte einer Sequenzierungsreaktion
Templat: einzelsträngige M13mp18 Phagen DNA,
Primer: JOE-PRM18.1 = 5′-JOE-TCCCAGTCACGAC-GTTGT-3′,
dC Reaktion: Verlängerung des Primers durch Sequenase 2.0 in Anwesenheit von ddCTP.
CE-Bedingungen: Fused-Silica-Kapillare: 65 (50) cm × 75 µm i.D., gefüllt mit Polyacrylamid (3% T, 5% C); Puffer: 100 mM Tris-Borat-Puffer, pH = 8,0 + 2,5 mM EDTA + 7 M Harnstoff, λ: 260 nm, E: 350V/cm, Injektion: elektrophoretisch bei 10 kV für 15 s.
Mit freundlicher Genehmigung von B. Karger [52].

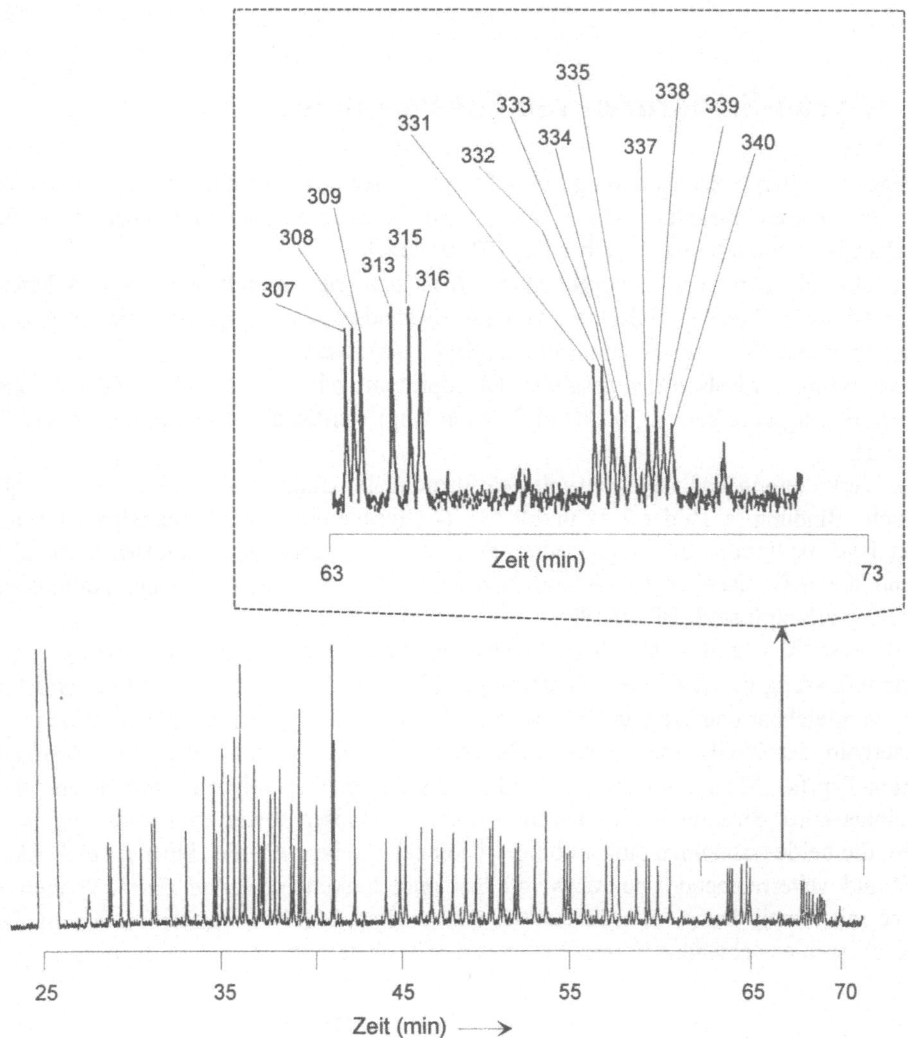



**Bild 9-12**   Elektropherogramm der Reaktionsprodukte einer Sequenzierungsreaktion
Templat: einzelsträngige M13mp18 Phagen DNA,
Primer: JOE-PRM18.1 = 5'-JOE-TCCCAGTCACGAC-GTTGT-3',
dT Reaktion: Verlängerung des Primers durch Sequenase 2.0 in Anwesenheit von
ddTTP.
CE-Bedingungen: Fused-Silica-Kapillare: 92 (75) cm × 75 µm i.D., E: 310V/cm, weitere
Bedingungen wie in Bild 9-11.
Mit freundlicher Genehmigung von B. Karger [52].

Trotz dieser Fortschritte innerhalb der Kapillargelelektrophorese von DNA-Spaltpro-
dukten ist die Gelelektrophorese im Flachbettverfahren nach wie vor die Methode der Wahl
für die DNA-Analytik innerhalb der Sequenzierungen der Basen des menschlichen Genoms
(*human genom project*) oder der Charakterisierung von PCR-Produkten der Polymerase-
Kettenreaktion.

## 9.3  Glycan-Strukturen von Glycoproteinen

Wichtige Grundlagen zur Isolierung von Glycoproteinen aus biologischen Membranen sowie zur Freisetzung, Struktur und Verknüpfung von Kohlenhydratketten (Glycane bzw. Oligosaccharide) wurden bereits im Abschnitt 2.3 behandelt.

Die Glycanketten von Glycoproteinen setzen sich im wesentlichen aus den Monosaccharid-Species Fucose, Galactose, Glucose, Mannose, *N*-Acetylglucosamin, *N*-Acetylgalactosamin und *N*-Acetylneuraminsäure (s. Bild 2-44) zusammen.

Durch saure Hydrolyse des gesamten Glycoproteins oder von einzelnen Glycanketten mit Trifluoressigsäure bei ca. 100 °C (4 Stunden lang) werden alle Monosaccharid-Species freigesetzt.

Die Verknüpfung von Glycanen mit dem Proteinteil erfolgt durch eine *N*- oder *O*-glycosidische Bindung (s. Bilder 2-42 und 2-43). *O*-Glycane sind über *N*-Acetylgalactosamin mit der Hydroxylgruppe der Aminosäuren Serin oder Threonin *O*-glycosidisch verbunden, während die *N*-Glycane über *N*-Acetylglucosamin mit der Amidgruppe der Aminosäure Asparagin verknüpft sind (Bild 9-13).

Ziel diese Abschnittes ist, Möglichkeiten der Charakterisierung (Profilanalysen) und Strukturaufklärung von *N*-Glycanen aufzuzeigen [1-7]. Die Analytik von *O*-Glycanen ist im Prinzip vergleichbar und kann an Hand weiterer Literatur [8-13] nachvollzogen werden.

Innerhalb der *N*-Glycane unterscheidet man zwischen Hybrid-, High-Mannose- und Complex-Typ (s. Bilder 2-49 bis 2-51). Identisch sind diese *N*-Glycan-Typen hinsichtlich ihrer „inner-core"-Struktur. Diese besteht aus drei Mannosen sowie zwei *N*-Acetylglucosaminen, die beide zusammen ein Chitobiose-Molekül ergeben. An die „inner-core"-Zuckereinheit sind weiterreichende und verzweigte Kohlenhydratketten geknüpft. Diese können für Proteine mit identischer Aminosäurezusammensetzung z.T. sehr unterschiedlich sein. Daraus resultieren verschiedene Eigenschaften und Mikroheterogenitäten der Glycoproteine.

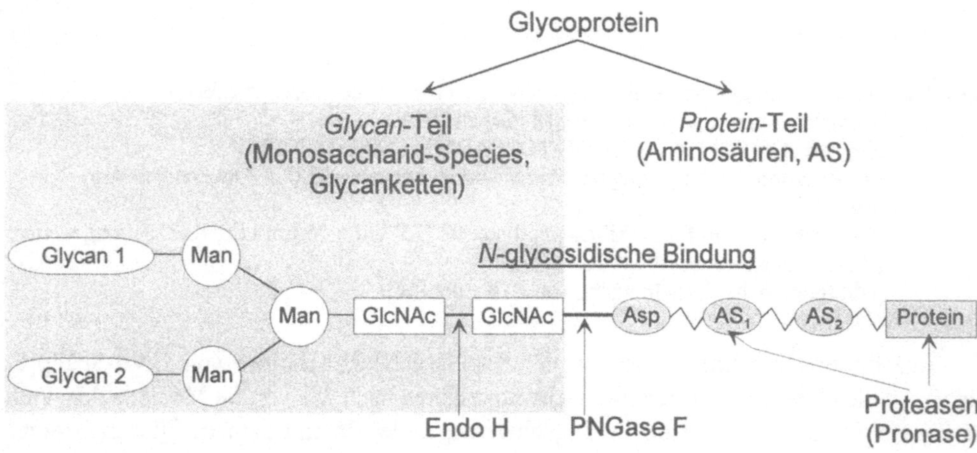


**Bild 9-13**  Schematische Darstellung der Glycoproteinstruktur

Das hat besondere Bedeutung für die Herstellung und Anwendung rekombinanter Glycoproteine innerhalb der medizinischen Forschung und für therapeutische Zwecke.

Beispielsweise findet Interleukin-2 Anwendung bei der Behandlung von Tumoren und Interferon-ß wird zur Therapie von multipler Sklerose eingesetzt. Die Wirksamkeit dieser Glycoproteine, die heutzutage gentechnisch erzeugt werden, setzt eine möglichst identische Glycosylierung im Vergleich zu den ursprünglichen humanen Proteinen voraus.

Die Zusammensetzung der Glycanketten kann durch enzymatische Sequenzierung mit Hilfe spezifischer Glycosidasen (s. Abschnitt 2.3.3 und Tabelle 2-2) erfolgen [14]. Diese Sequenzierung kann auch direkt von entsprechend gereinigten Glycoproteinen durchgeführt werden, ohne daß eine Abtrennung der Glycane vom Proteinanteil erforderlich ist.

Für die Strukturaufklärung der Kohlenhydratketten mittels instrumenteller Analysenmethoden werden die Glycanketten unter Erhalt ihres intakten Zustandes meist in automatisierten Verfahren freigesetzt. Dies erfolgt durch Hydrazinolyse (s. Abschnitt 2.3.4) auf chemischen Wege [15] oder enzymatisch mit PNGase F (Bild 9-13). Um den spezifischen Angriff diese Enzyms an der $N$-glycosidischen Bindung zu erleichtern, wird die Proteinstruktur des Glycoproteins mit Hilfe von Proteasen (partiell) hydrolysiert oder mit Detergenzien zuvor entfaltet. Die Freisetzung von $N$-glycosidisch gebundenen Oligosacchariden kann auch mit dem Enzym Endo H (Endoglycosidase, s. Tabelle 2.2) erfolgen. Die Spaltung erfolgt zwischen den GlcNAc-Molekülen innerhalb der „inner-core"-Einheiten des High-Mannose- und Hybrid-Typs, während entsprechende Strukturen des komplexen Typs nicht angegriffen werden. Somit ist eine selektive „Vorfraktionierung" dieser $N$-Glycan-Typen mittels Endo H möglich.

Die Menge an isolierten intakten Glycanen, die für eine weitere chromatographische oder elektrophoretische Auftrennung in einzelne Species und deren strukturelle Aufklärung zur Verfügung steht, ist oft äußerst gering. Außerdem enthalten die Monosaccharid-Species keine chromophoren Gruppen, so daß eine Derivatisierung mit intensiv absorbierenden bzw. fluoreszierenden Substanzen wie z.B. 2-Aminobenzamid, 2-Amino(6-amidobiotinyl)-pyridin (s. Abschnitt 2.3.5) erforderlich wird. Radioaktive Markierungen von Glycan-Molekülen (s. a. Bild 2-64) werden auf Grund der Entsorgung des Probematerials zunehmend problematisch.

Die exakte Strukturaufklärung erfordert eine umfangreiche Expertise der Kohlenhydratchemie und ein großes spezialisiertes Arsenal instrumenteller Methoden. Auf Grund dessen kann hier nicht auf alle Methoden und Varianten insbesondere innerhalb der umfassenden Strukturanalytik eingegangen werden. Für die bereits länger innerhalb der Glycoanalytik etablierten Methoden wie GC-MS- oder NMR-Analysen erfolgt lediglich die Beschreibung der wichtigsten Prinzipien, verbunden mit repräsentativen Hinweisen auf die einschlägige Spezialliteratur.

Demgegenüber werden neue und für die Zukunft vielversprechende Möglichkeiten der MALDI-PSD-TOF-MS-Technik *(Matrix-assisted Laser Desorption/Ionisation-Post Source Decay-Time of Flight-Mass Spectrometry)* im Hinblick auf die Fragmentierungsanalyse definierte Kohlenhydrat-Spaltprodukte von $N$-Glycanketten stärker in den Mittelpunkt gestellt (Abschnitt 9.3.2.4).

## 9.3.1  Profilanalysen der Glycane

Nach erfolgter Hydrazinolyse oder enzymatischen Spaltung erfolgt die Aufreinigung der Glycane einschließlich ihrer Abtrennung von den in der Fraktion verbliebenen Peptiden und Proteinen. Dies kann im einfachsten Fall durch Präzipitation und Extraktion (s. Kapitel 3) realisiert werden. Meist wird jedoch die klassische (präparative) Größenausschlußchromatographie (SEC), auch als Gelfiltration (GF) oder Gelpermeationschromatographie (GPC) bezeichnet, eingesetzt (s. Abschnitt 4.3.2).

Die weitere Auftrennung bzw. die Erstellung von Glycanprofilen (Verteilung von Mono- und/oder Oligosacchariden) erfolgt meist mit speziellen flüssigchromatographischen Methoden (HPAEC-PAD: *high pH anion-exchange chromatography with pulsed amperometric detection*, HPLC mit Diol- oder NH$_2$-Säulen, FPLC - *fast protein liquid chromatography* - mit MonoQ-Säulen, HPSEC: *Größenausschlußchromatographie*.

### 9.3.1.1  Monosaccharid-Mapping mittels HPAEC-PAD

Durch saure Hydrolyse mit TFA werden die komplexen Glycanketten in ihre einzelnen Monosaccharid-Bausteine zerlegt.

Diese können mit Hilfe der sehr empfindlichen und effizienten HPAEC-PAD-Technik (s. Abschnitte 4.2.3 und 8.3.2) qualitativ und quantitativ bestimmt werden.

Das Bild 9-14 zeigt das Chromatogramm einer derartigen Analyse der Monosaccharid-Species, die aus überwiegend *N*-glycosidisch gebundenen Oligosacchariden des Glycoproteins Fetuin stammen [16].

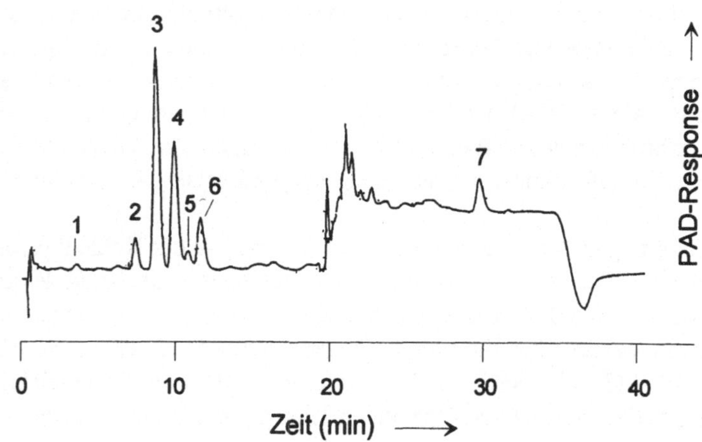

**Bild 9-14**  Chromatogramm von Monosaccharid-Species aus Fetuin
1: Fucose, 2: *N*-Acetylgalactosamin, 3: *N*-Acetylglucosamin, 4: Galactose, 5: Glucose,
6: Mannose, 7: *N*-Acetylneuraminsäure,
Säule: 250 × 4 mm i.D.,
stationäre Phase: CarboPak PA 1,
mobile Phase: 19 mmol/l NaOH,
Flußrate: 1,0 ml/min,
Detektion: PAD ($E_1$= 50 mV, $E_2$= 650 mV, $E_3$= -950 mV, $t_1$= 300 ms, $t_2$= 60 ms,
$t_3$= 60 ms),
Injektionsvolumen: 20 µl.

Die saure TFA-Hydrolyse kann zur Zersetzung der *N*-Actylneuraminsäure (NANA) führen. Außerdem werden unter diesen Bedingungen *N*-Acetylglucosamin und *N*-Acetylgalactosamin zu den korrespondierenden Glucosamin (GlcNH$_2$) bzw. Galactosamin (GalNH$_2$) deacetyliert und demzufolge erscheinen diese Verbindungen im Chromatogramm.

Die Monosaccharid-Bausteine werden dabei lediglich summarisch erfaßt. Daraus können nur begrenzte Aussagen über die Sequenz der Glycanketten und die Verknüpfung ihrer Monosaccharid-Species abgeleitet werden.

### 9.3.1.2   *N-Glycan-Trennungen mit speziellen HPLC-Methoden*

Die Auswahl einer geeigneten HPLC-Methode (-Säule) richtet sich nach der erforderlichen Selektivität und Empfindlichkeit, die für die entsprechenden *N*-Glycananalysen notwendig sind.

Mittels FPLC-Technik und Anionenaustauschchromatographie (AEC) an MonoQ-HR-Säulen wird die *N*-Glycan-Fraktion in neutrale und polare (geladene) *N*-Glycan-Strukturen getrennt (Bild 9-15). Letztere können in einzelne Gruppen aufspalten, die als Mono-, Di-, Tri- und Tetrasialostrukturen bezeichnet werden.

Ob eine nachfolgende Derivatisierung (Markierung) der *N*-Glycane erforderlich ist, hängt u.a. von der verfügbaren Glycanmenge ab.

Unabhängig davon stehen für die weitere Auftrennung der Glycan-Fraktionen spezielle HPLC-Varianten zur Verfügung, die entsprechend optimiert sowohl für derivatisierte als auch unveränderte Glycan-Fraktionen geeignet sind.

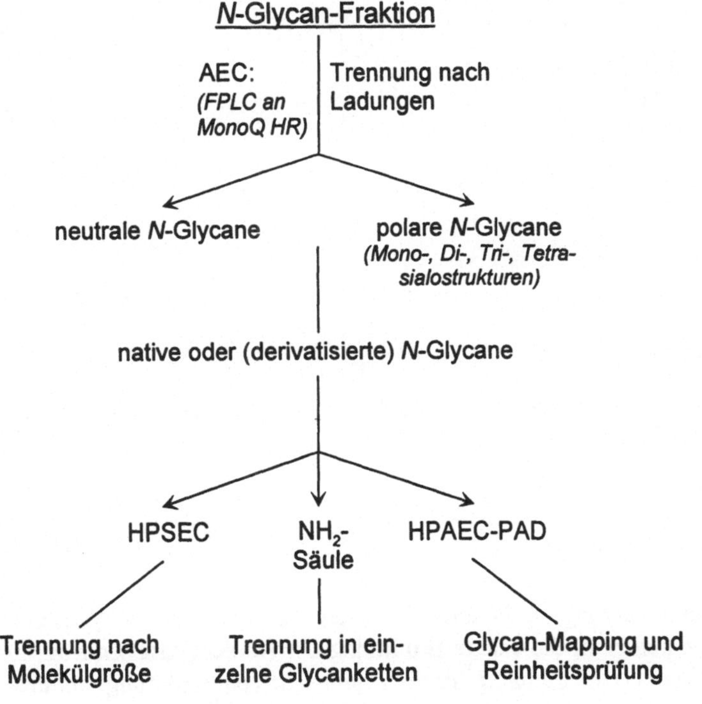


**Bild 9-15** Spezielle HPLC-Methoden zur Trennung und Charakterisierung von *N*-Glycanen

Mittels HPSEC [17] werden die Moleküle nach ihrem hydrodynamischen Volumen getrennt. Dieses Volumen nimmt ein Molekül innerhalb einer Lösung entsprechend seines Molekulargewichtes ein. Das Bild 9-3 in Abschnitt 9.1 zeigt eine derartige Trennung von Proteinen mit Hilfe der Größenausschlußchromatographie (s. a. Abschnitt 4.3.2).

An chemisch gebundenen Aminopropylphasen ($NH_2$-Säulen, s.a. Abschnitt 8.3.1), an Diol-HPLC-Säulen oder mittels Reversed-Phase-Chromatographie (Abschnitt 4.1.3.2) können weitere Auftrennung in einzelne Individuen oder spezielle Glycan-Gruppen erfolgen.

Insbesondere die HPAEC-PAD-Methode [18-21] ist auf Grund ihrer hohen Trenneffizienz und Empfindlichkeit für die Analyse von *N*-Glycanen (Oligosacchariden) prädestiniert. Ihr Vorteil liegt vor allem darin, daß keine Derivatisierung der Monosaccharid-Species einer Probe erforderlich ist.

Das Bild 9-16 zeigt das Chromatogramm nativer Oligomannosen (Man 5 bis Man 9), die *N*-glycosidisch an das rhBMP-2-Glycoprotein gebunden sind [22]. Die Freisetzung dieser Oligosaccharide basiert auf der enzymatischen Hydrolyse mit PNGase F. Die Oligomannose 7 spaltet innerhalb dieser Trennung in zwei Peaks auf, deren nähere strukturelle Charakterisierung und Identifizierung in Abschnitt 9.3.2.5 mit Hilfe der MALDI-PSD-TOF-MS dargestellt und diskutiert wird.

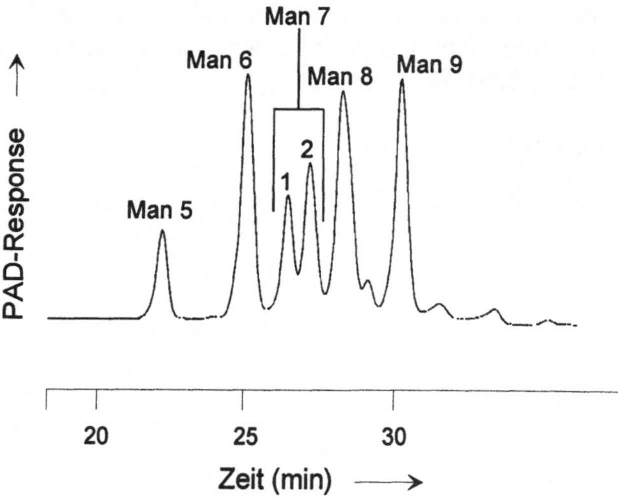


**Bild 9-16**   Chromatogramm von Oligomannosen mittels HPAEC-PAD. Mit freundlicher Genehmigung von J. C. Rouse [22].

## 9.3.2  Strukturanalysen der Glycane

Ziel der strukturellen Charakterisierung, in die auch die Ergebnisse der Profilanalysen einbezogen werden, von Glycanketten ist die exakte Ermittlung der Kohlenhydratsequenz für ein Glycoprotein, wie das bereits standardmäßig für die Aminosäuresequenzierung von Proteinen erfolgt.

Die folgende Darstellung gibt einen Überblick zu den wichtigsten strukturanalytischen Methoden, die zur Sequenzierung bzw. Strukturaufklärung von Glycanketten herangezogen werden. Welchen Beitrag sie im einzelnen dafür erbringen, ist im rechten Teil dieser Bildes kurz aufgeführt und soll in den folgenden Abschnitten detaillierter erläutert werden.

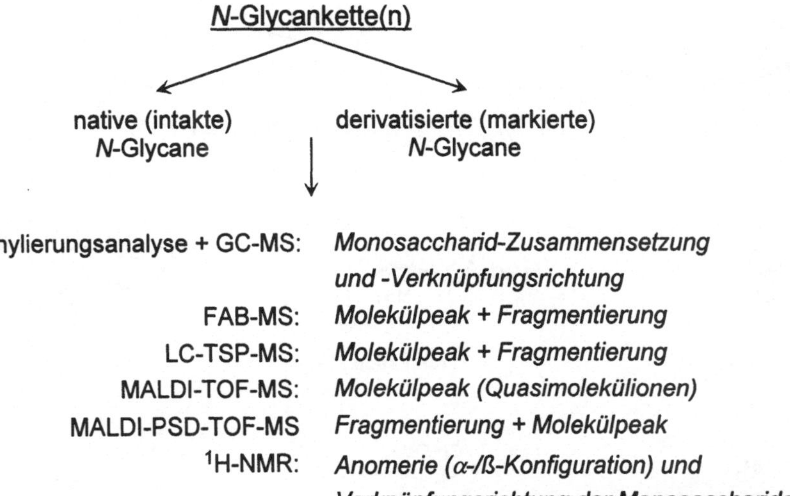


**Bild 9-17**  Methoden zur Strukturaufklärung von $N$-Glycanen

### 9.3.2.1  GC-MS und Methylierungsanalyse

Gaschromatographische Trennungen mit Kapillaren hoher Trenneffizienz (*Kapillar*gaschromatographie, *C*GC) ermöglichen nach entsprechender Derivatisierung die gesamte Verteilung an Monosaccharid-Species in einer hydrolysierten Glycan-Fraktion zu ermitteln.

Durch Einbeziehung der Methylierungsanalyse und der Kopplungstechnik GC-MS (s. Abschnitt 7.1) können strukturelle Verknüpfungen zwischen den einzelnen Monosaccharid-Species festgestellt werden [23-30].

Innerhalb der Methylierungsanalyse (Bild 9-18) werden zuerst die freien Hydroxygruppen der Oligosaccharide ($N$-Glycane) methyliert. Danach folgt die Hydrolyse der entstandenen Oligosaccharid-Derivate. Diese resultierenden Monosaccharid-Species werden reduziert. Durch beide Reaktionen entstehen wiederum Hydroxylgruppen. Diese werden, um sie von den ursprünglichen Hydroxylgruppen der $N$-Glycane zu unterscheiden, nicht methyliert, sondern acetyliert. Dadurch entstehen sogenannte partiell methylierte Alditolacetate, die im Gegensatz zu den Monosacchariden leicht flüchtige Verbindungen darstellen. In diesem Zustand sind sie der Gaschromatographie bzw. GC-MS-Kopplung gut zugänglich.

Die Identifizierung der einzelnen Species erfolgt durch Vergleich der Retentionzeiten von entsprechenden Referenzsubstanzen, die einzeln synthetisiert wurden. In Kombination mit der Massenspektrometrie können auch an Hand der Fragmentierungsmuster die Identifizierung der Monosaccharid-Bausteine sowie weitere Strukturinformationen über die analysierten $N$-Glycane abgeleitet werden [27-27, 31, 32].

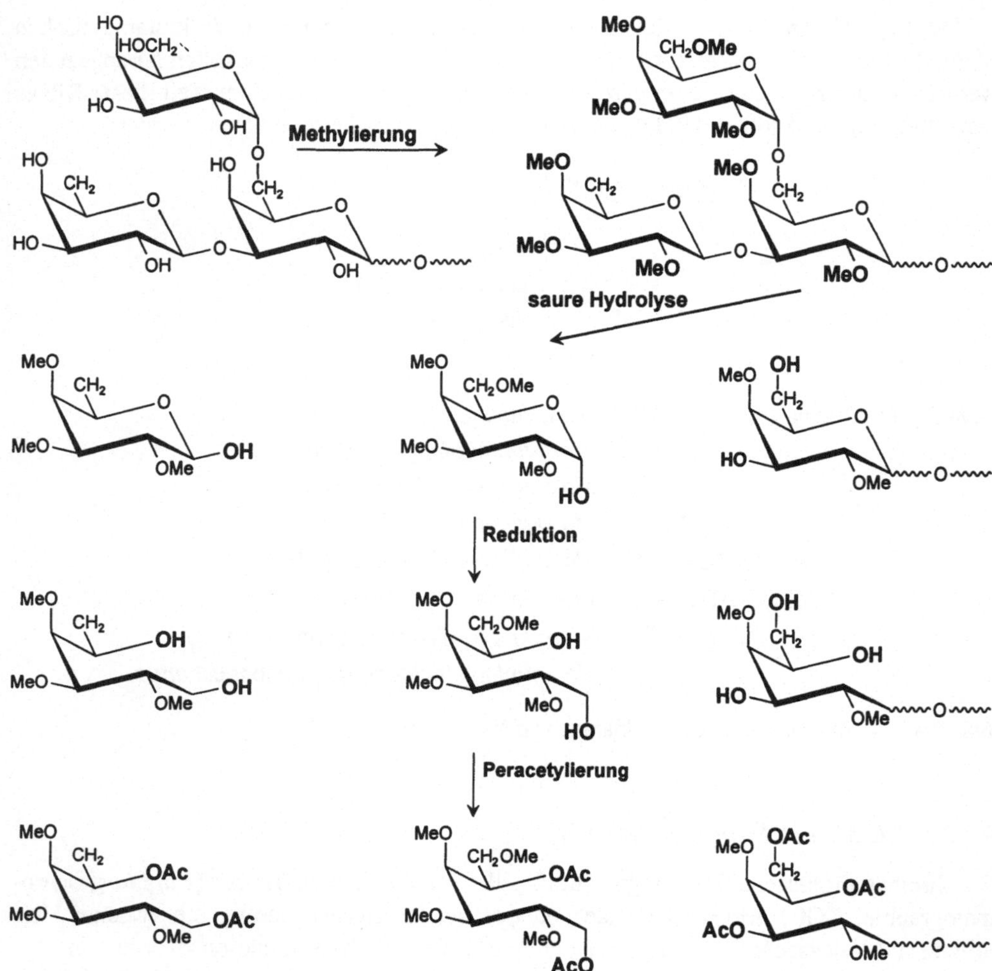



**Bild 9-18** Schema der Methylierungsanalyse

### 9.3.2.2 Fast-Atom-Bombardement

Die allgemeinen Prinzipien dieser massenspektrometrischen Technik (FAB) wurden einführend im Abschnitt 6.3.3.3 dargestellt. Die On-line-Kopplung mit der Flüssigchromatographie (LC-FAB-MS) geht aus Abschnitt 7.1.3 hervor.

Die FAB-MS gehört zu den schonenden bzw. weichen oder „sanften" Ionisierungsmethoden. Damit können die Molekulargewichte von N-Glycanketten ermittelt werden.

Aus dem Fragmentierungsmuster von permethylierten N-Glycanen sind einzelne Kohlenhydrat-Bausteine identifizierbar [33, 34].

Als Beispiel dafür dient ein disialisiertes biantennäres Oligosaccharid (Struktur im Bild 9-18 oben). Die N-Glycan-Struktur wurde mit der Endoglycosidase Endo H zwischen den Chitobiose-Molekülen gespalten und danach permethyliert.

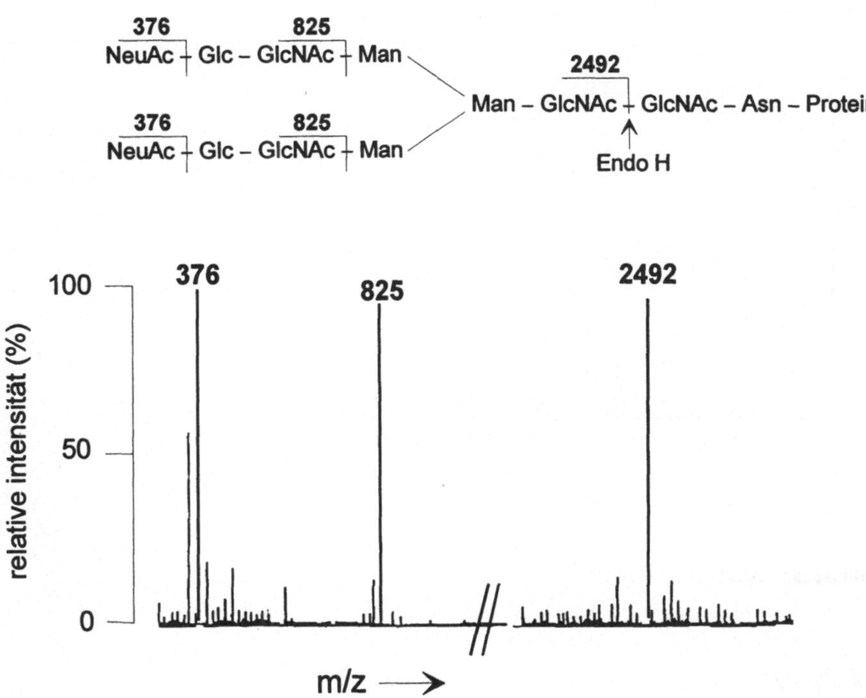



**Bild 9-19**  FAB-MS eines disialisierten biantennären Oligosaccharides (schematisch)

Im FAB-MS-Spektrum werden von diesem Kohlenhydrat-Molekül charakteristische Fragmentpeaks registriert. Für die abgespaltene methylierte Neuraminsäure [NeuNAc] resultiert ein Massenpeak bei 376 und für die Strukturgruppe [NeuAc-Gal-GlcNAc] eine Masse von 825. Eine Differenzierung dieser Massenpeaks zwischen den beiden Antennen innerhalb der Glycoproteinstruktur ist jedoch nicht möglich. Dafür muß die $^1$H-NMR-Spektroskopie (Abschnitt 9.3.2.5) hinzugezogen werden.

### 9.3.3.3  LC-Electrospray-MS

Die ablaufenden Vorgänge beim Electrospray (ESP) waren bereits Gegenstand der Abschnitte 6.3.3.4 sowie der LC-MS-Kopplungstechnik in 7.1.4. (LC-ESP-MS).

Mit dieser weichen Ionisierungsmethode [35-39] werden neben dem Molekülpeak ($M^+$) charakteristische sogenannte Quasimolekülionen bei den Massenzahlen 198,1 $[M+NH_4]^+$ und 378,1 $[2M+NH_4]^+$ registriert, wie aus dem Massenspektrum von Glucose im Bild 9-20 hervorgeht. Eine Differenzierung gegenüber den hinsichtlich des Molekulargewichtes identischen Hexosen Mannose und Galactose ist hier nicht möglich.

Erst die Kopplung von Electrospray-MS mit einer geeigneten Chromatographiesäule (LC-ESP-MS), die eine Separation aller drei Hexosen ermöglicht [16], läßt ihre Identifizierung in zeitlicher Reihenfolge mittels Electrospray zu. Die Basislinien-Trennung dieser drei Hexosen erfolgt beispielsweise mit Hilfe der Ligandenaustausch-Chromatographie an Aminex HPX 87H [16]. Die HPLC-Säule wird bei erhöhter Temperatur (50 °C) mit verdünnter Schwefelsäure (0,015 mol/l) eluiert [16].

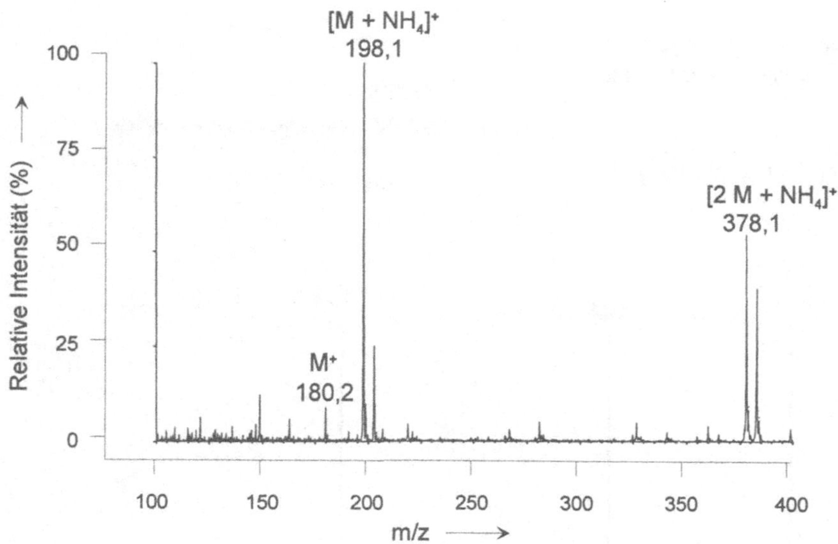


**Bild 9-20**  Massenspektrum von Glucose

### 9.3.3.4  MALDI-TOF-MS

Die „Matrix-assisted Laser Desorption/Ionisation-Time of Flight-Mass Spectrometry"
(MALDI-TOF-MS) bezeichnet die schonende Desorption und Ionisierung mittels gepulster
Laserstrahlung *(LDI)* von intakten Biomolekülen wie Proteinen, Nucleotiden, Glycopro-
teinen, Oligosacchariden unter Verwendung einer organischen Matrix *(matrix-assisted)* in
Kombination mit einem Flugzeitmassenspektrometer *(TOF)*, wie bereits in Abschnitt 6.4
dargestellt wurde.

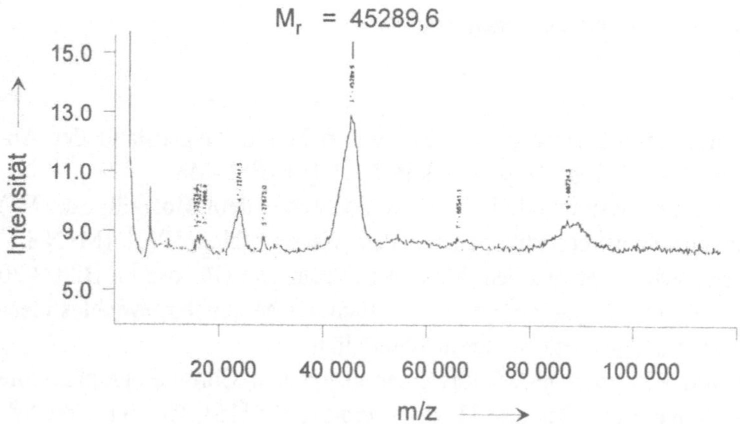


**Bild 9-21**  MALDI-MS-Spektrum von Fetuin

Für das ursprüngliche Glycoprotein, das hinsichtlich seiner Glycanstrukturen analysiert werden soll, sind mit dieser Methode Molekulargewichtsbestimmungen möglich, wie an dem Beispiel Fetuin ($M_r$ = 45289,6) im Bild 9-21 gezeigt wird. Die breiten Signalpeaks resultieren aus den Mikroheterogenitäten der Glycoproteine im Vergleich zu nicht oder nur gering glycosylierten Proteinen.

Für Oligosacharid-Gemische einer homologen Reihe von Glucosebausteinen (Polymerisationsgrad DP 4-18) können mit MALDI-MS [40-50] die Verteilung der Moleküle und die entsprechenden einzelnen Molekulargewichte ermittelt werden, wie im Bild 9-22 demonstriert wird. Derartige „Profilanalysen" komplexer Kohlenhydrat-Proben sind auch mit der HPAEC-PAD-Trenntechnik möglich, wie die Chromatogramme der Bilder 8-34 und 8-35 im Abschnitt 8.3 zeigten.

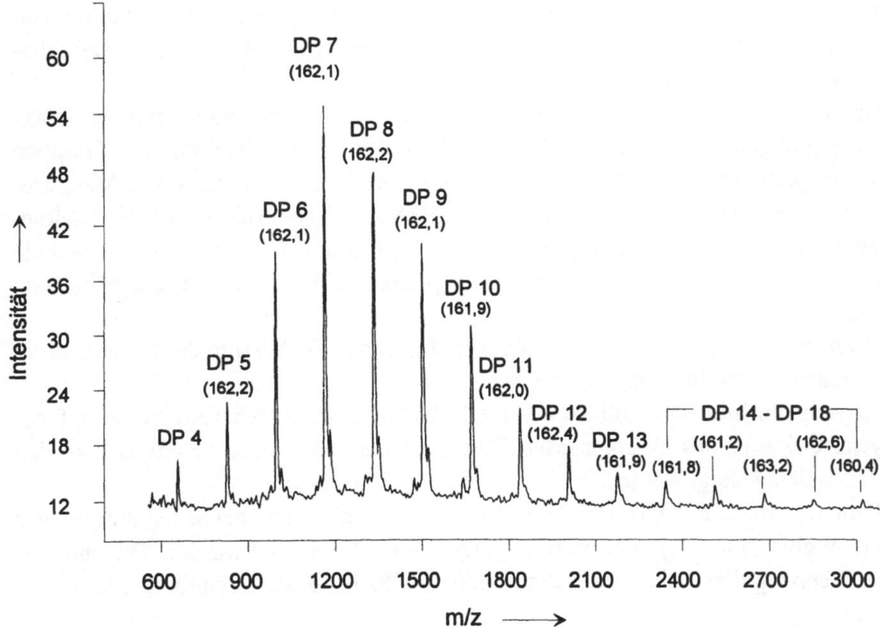


**Bild 9-22**  MALDI-MS-Spektrum von Oligosacchariden

## 9.3.2.5  MALDI-PSD-TOF-MS

Das Prinzip dieser Variante (PSD: *post source decay*) der MALDI-MS-Methode wurde bereits im Abschnitt 6.4 anschaulich dargestellt (s. Bilder 6-42 und 6-43).

Neben intakten Molekülionen bzw. Quasimolekülionen, die mit der herkömmlichen MALDI-Technik in einem linearen Flugzeitmassenspektrometer (Linear-TOF) registriert werden, entstehen innerhalb der Beschleunigungsstrecke außerdem metastabile Fragmentierungen der Molekülionen (PSD-Ionen). Bei diesem Zerfall der Molekülionen werden geladene und neutrale Fragmentionen gebildet, die nur mit Hilfe eines Reflektor-TOF-Gerätes registriert werden können (s. Bild 6.43).

Diese MALDI-PSD-Technik wird insbesondere zur Sequenzierung von Peptiden und Proteinen eingesetzt, aber auch andere Substanzklassen wie z.B. Carotinoide [51] können mit dieser Methode analysiert und durch ihrer Fragmentionen identifiziert werden.

Zunehmend erfolgen auch Sequenzierungen von natürlichen Oligosacchariden [22, 52, 53] und von Glycanketten, die aus Glycoproteinen stammen. Dies soll hier an Hand einiger Beispiele näher vorgestellt werden.

Bild 9-23 A zeigt das PSD-Spektrum der Oligomannose Man 7 D1. Diese „reine" Standardsubstanz besteht aus 7 Mannose- und 2 GlcNAc-Molekülen, wie aus der am linken oberen Rand des Bildes dargestellten Struktur hervorgeht. Dafür sind die folgenden Symbole charakteristisch: (■) $N$-Acetylglucosamin, (○) Mannose und (⊗) „inner-core"-Mannose.

Das PSD-Spektrum eines Gemisches, das aus unterschiedlichen Anteilen isomerer Oligomannosen (Man 7 D1: 56%, Man 7 D2: 18,5 %, Man 7 D3: 25,5 %) besteht, geht aus Bild 9-23 B hervor. Alle in den PSD-Spektren aufgeführten Fragmentionen beinhalten Natriumionen als Ladungen. Die Massenzahl des Molekülionenpeaks $[M+Na]^+$ ist für alle drei isomeren Oligomannosen identisch und beträgt 1582,4.

Aus einer ersten Spektrenanalyse resultiert, daß die registrierten Fragmentionen-Peaks exakt den Abspaltungen von einzelnen Mannose- bzw. GlcNAc-Molekülen und -Gruppen entsprechen. Beispielsweise beträgt das $m/z$-Verhältnis bei der Abspaltung von 3 Mannose-Molekülen 1096, von 2 GlcNAc-Molekülen 1158 oder von 3-Mannose- + 2 GlcNAc-Molekülen 672. Aus dem letzteren Fragmentpeak, der die übriggebliebenen 4 Mannose-Moleküle repräsentiert, lassen sich drei verschiedene Verknüpfungen ableiten, wie in der Mitte von Bild 9-23 A dargestellt ist.

Eine vertieftere Spektrenanalyse geht aus der umfassenden Diskussion der Ergebnisse in der entsprechenden Spezialliteratur [22] hervor.

Inwieweit sich die hier an Hand von Modellsubstanzen gezeigten Ergebnisse auf natürliche Glycanstrukturen aus hydrolysierten Glycoproteinen übertragen lassen, soll an den folgenden Beispielen gezeigt werden.

Dafür dient das rhBMP-2-Glycoprotein, aus dem durch enzymatische Hydrolyse mit PNGase F die $N$-glycosidisch gebundenen Oligosaccharide freigesetzt wurden. Die chromatographische Trennung dieser Glycan-Fraktion mittels HPAEC-PAD-Technik wurde bereits in Bild 9-16 gezeigt.

Auch mit Hilfe der MALDI-MS-Technik im linearen TOF-Modus können die Massenprofile dieser einzelnen Oligomannosen der isolierten Glycan-Fraktion an Hand ihres Molekulargewichtes registriert werden, wie aus dem Bild 9-24 A hervorgeht. Alle fünf Oligomannosen (Man 5 bis Man 9) können durch ihrer charakteristischen Molkülmassen, deren Größen in der Abbildung aufgeführt sind, identifiziert werden.

Von der Mannose-reichen Glycankette Man 7 erfolgte nach „Ausblenden" der anderen Oligomannosen die Aufnahme eines PSD-Spektrums *(precursor ion selection),* wie im Bild 9-24 B präsentiert ist [22].

Daraus geht an Hand der typischen Fragmentionen-Peaks (vgl. mit Bild 9-23 A und B) hervor, daß alle drei möglichen Isomeren von Man 7 D1 bis D3 Bestandteile der Glycanketten des hydrolysierten rhBMP-2-Glycoproteins sein können.

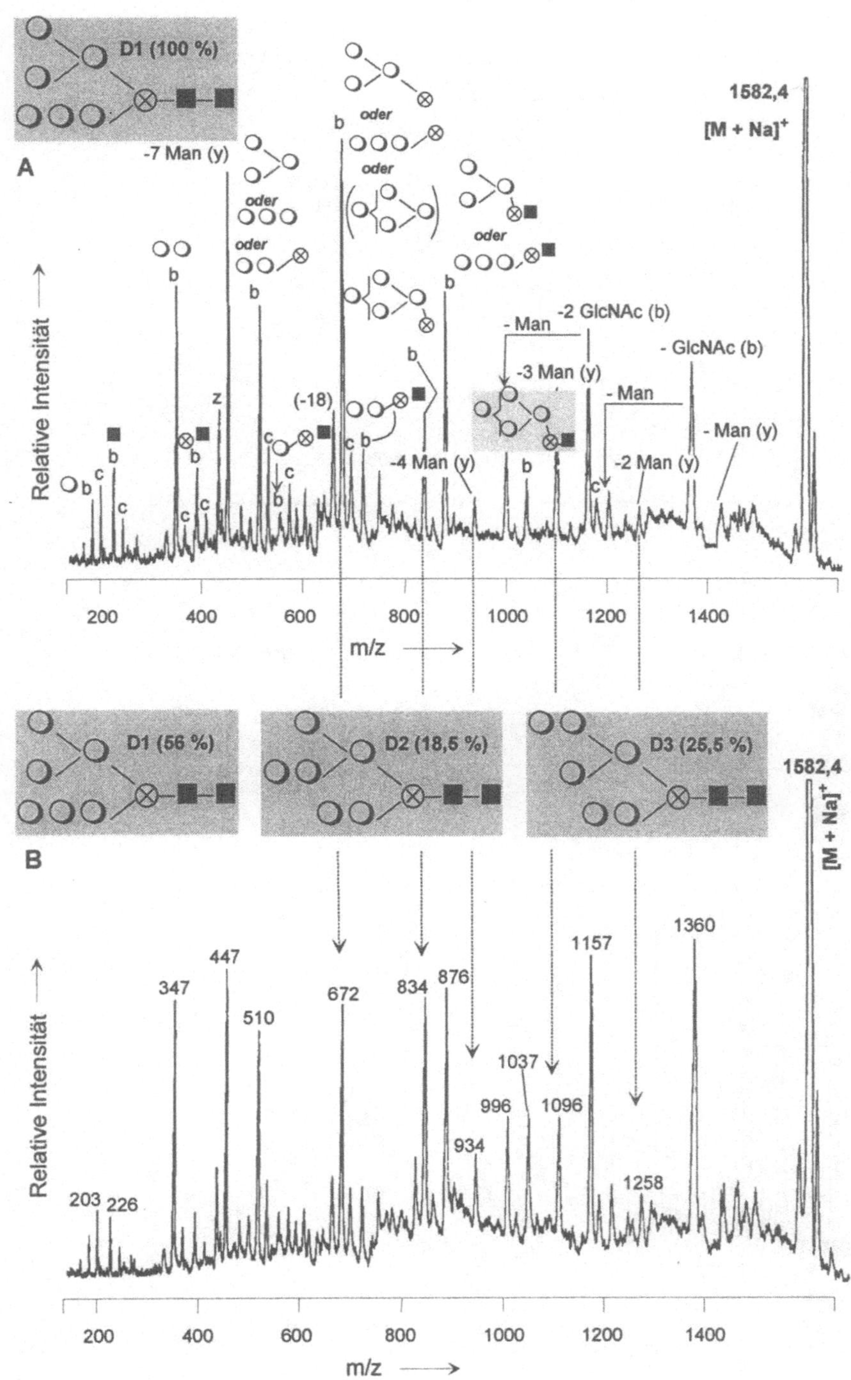


**Bild 9-23**  MALDI-PSD Spektrenbibliothek, A: Man 7 D1 Isomer, B: Gemisch aus D1, D2, D3. Mit freundlicher Genemigung von J. C. Rouse [22].

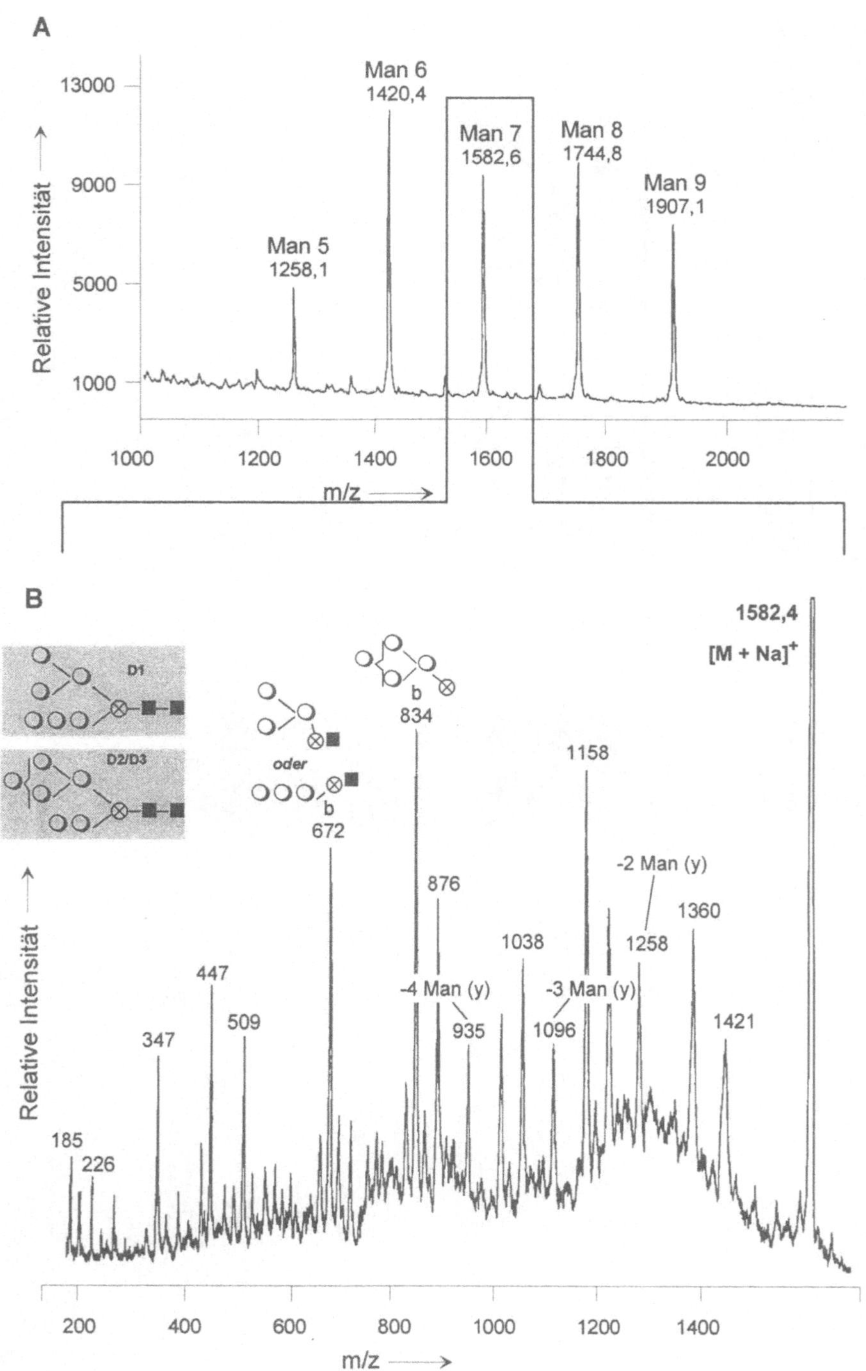


**Bild 9-24**  MALDI-Spektrum (A) von *N*-glycosidischen Oligosacchariden, die enzymatisch mit PNGase F aus dem Glycoprotein rhBMP-2 freigesetzt wurden und MALDI-PSD-Spektrum (B) der selektierten *(precursor ion selection)* Oligomannose Man 7. Mit freundlicher Genehmigung von J. C. Rouse [22].

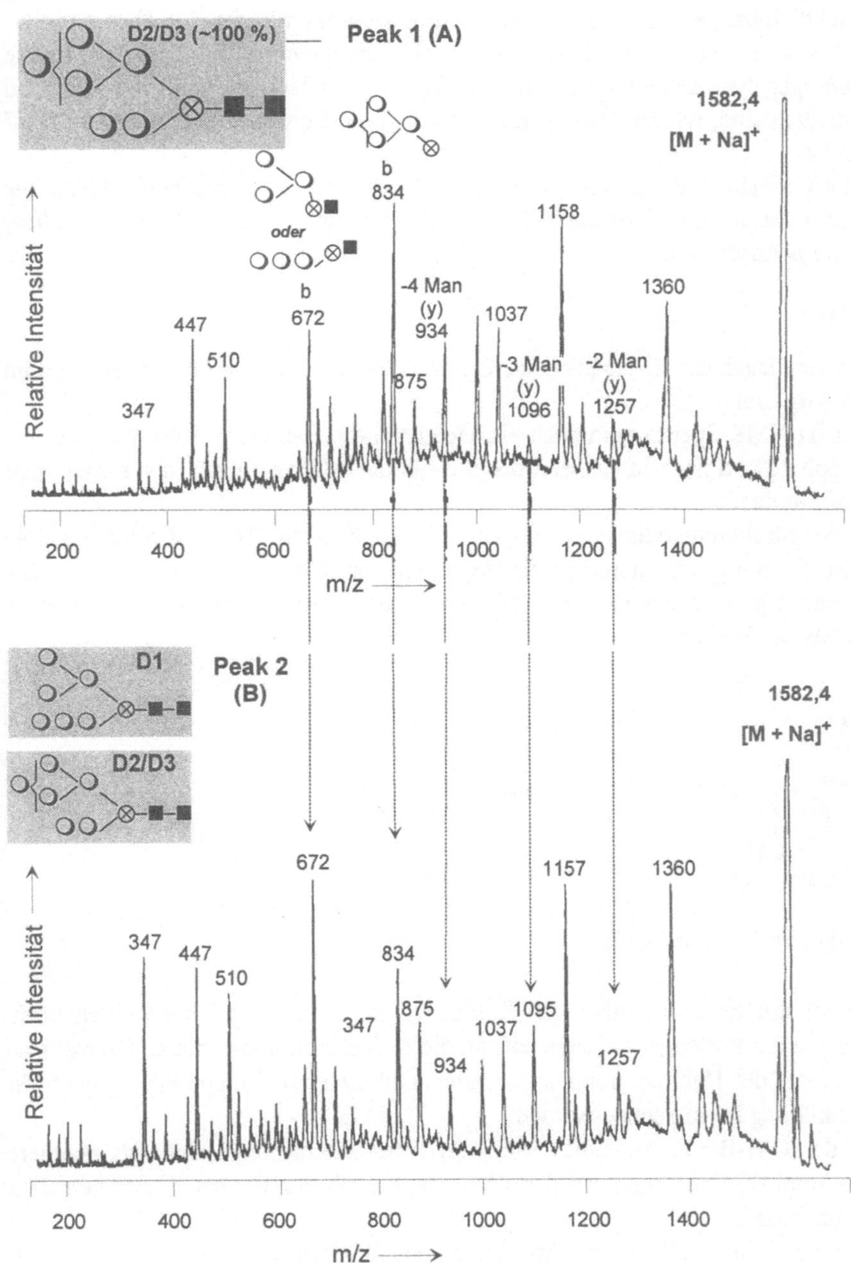


**Bild 9-25** PSD-Spektren von Peak 1 und 2 der Oligomannose Man 7 aus der HPAEC-Trennung von Bild 9-16. Mit freundlicher Genehmigung von J. C. Rouse [22].

Wie aus den bereits in Bild 9-16 dargestellten Ergebnissen der HPAEC-PAD-Trennung außerdem ersichtlich ist, werden für Man 7 zwei Chromatogramm-Peaks (1 + 2) registriert.

Die nach der Isolierung von Peak1 und 2 einzeln aufgenommenen PSD-Spektren sind im Bild 9-25 wiedergegeben. Daraus geht hervor, daß im Peak 1 Isomere von Man 7 D2 und Man 7 D3 enthalten sind, während im Peak 2 zusätzlich die isomere Oligomannose Man 7 D1 vorhanden ist.

Eine weiterführende und vertiefte Strukturaufkärung der Glycanmoleküle bietet die Kernmagnetische Resonanzspektroskopie (NMR). Sie ermöglicht u.a. die Unterscheidung zwischen $\alpha$- und $\beta$-Anomeren.

### 9.3.2.5  $^1$H-NMR

Methodische Grundlagen der $^1$H-NMR- und $^{13}$C-NMR-Spektroskopie wurden einführend im Abschnitt 6.2. dargestellt.

Aus einem $^1$H-NMR-Spektrum können als Meßdaten die chemische Verschiebung, die Spin-Spin-Kopplung und nach Integration der Signale die relative Anzahl der Kerne einer Substanz erfaßt werden.

Innerhalb der Strukturanalytik von *N*-Glycanen ermöglicht die $^1$H-NMR-Spektroskopie [54-58] die Bestimmung der anomeren Konfiguration der Monosaccharid-Bausteine ($\alpha$- oder $\beta$-glycosidisch gebundenes C-Atom, Bild 9-26) sowie ihre Verknüpfungsrichtung zu benachbarten Glycan-Species.

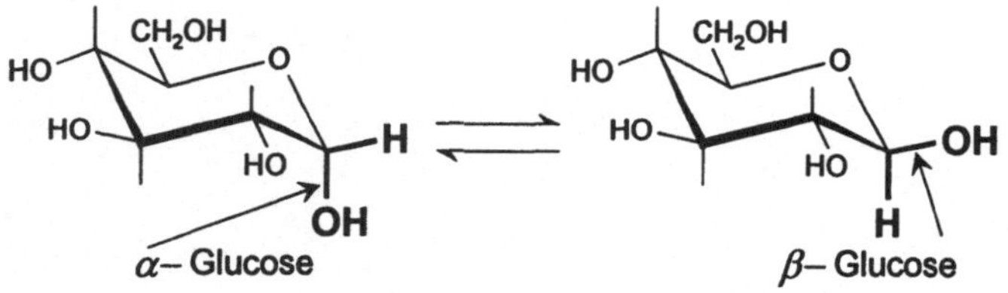

**Bild 9-26**  Strukturen von $\alpha$- und $\beta$-Glucose

Wie aus dem strukturellen Aufbau der Kohlenhydrate bereits abgeleitet werden kann, unterscheiden sich die Protonen, die einerseits an die Kohlenstoffatome und andererseits an die Sauerstoffatome der Hydroxygruppen gebunden sind. Letztere Gruppe kann jedoch für die Strukturaufklärung kaum genutzt werden.

Innerhalb der C-H-Bindungen eines Kohlenhydrates unterscheidet sich das anomere Proton am $C_1$-Atom (H-1) deutlich von den Protonen, die mit den $C_2$- bis $C_6$-Atomen (H-2 bis H-6) verknüpft sind.

H-1 befindet sich in unmittelbarer Umgebung zum Ring-Sauerstoff-Atom und zum *O*-Atom der Hydroxygruppe, die beide gegenüber dem anomeren Proton eine stark elektronenziehende Wirkung ausüben. Hinzu kommt, daß das anomere Proton nur mit *einem* weiteren Proton (H-2) koppelt. Durch diese Effekte wird das anomere Proton im Vergleich zu den anderen Protonen im Glucose-Molekül weniger stark abgeschirmt.

Im hochfrequenten Magnetfeld (300 ... 600 MHz $^1$H-NMR) resultiert demzufolge eine größere chemische Verschiebung für H-1 (Bild 9-27).

Äquatorial verknüpfte Protonen ($\alpha$- Bindung) treten im Vergleich zu strukturell entsprechenden axialen Protonen ($\beta$- Bindung) meist bei einem niederen Feld in Resonanz. Axiale Protonen wie H-2 und H-4 der Glucose besitzen demzufolge gegenüber von äquatorialen Protonen (z.B. H-2-Protonen der Mannose) eine geringere chemische Verschiebung.

Auch die Protonen der $\alpha$- und $\beta$- Anomere (H-1) unterscheiden sich deutlich, wobei das Proton des $\alpha$- Anomers die größere chemische Verschiebung im NMR-Spektrum ergibt (Bild 9-27).

Daraus resultiert die Differenzierungsmöglichkeit der z.B. in einem Gemisch vorliegenden $\alpha$- und $\beta$- Glucose mit Hilfe der $^1$H-NMR-Spektroskopie. Weiterhin können die Protonen des übrigen Glucose-Gerüstes differenziert werden, was im rechten Teil der Abbildung angedeutet ist und hier nicht näher diskutiert werden soll.

Die Methode läßt sich auch für die Strukturaufklärung aller anderen Monosaccharid-Species anwenden. Die weitaus größere Bedeutung hat die $^1$H-NMR-Spektroskopie innerhalb der Strukturbestimmung von langkettigen und sehr kompliziert verknüpften N-Glycanen von Glycoproteinen und -peptiden erlangt.

Die Strukturaufklärung von Oligosacchariden insgesamt ist eines der anspruchsvollsten Gebiete innerhalb der instrumentellen Bioanalytik, wofür nicht nur der erforderliche Gerätepark, sondern auch besonders gut qualifizierte Spezialisten, die konkrete Aufgabenstellung und das „glycobiologische Umfeld" erforderlich sind.

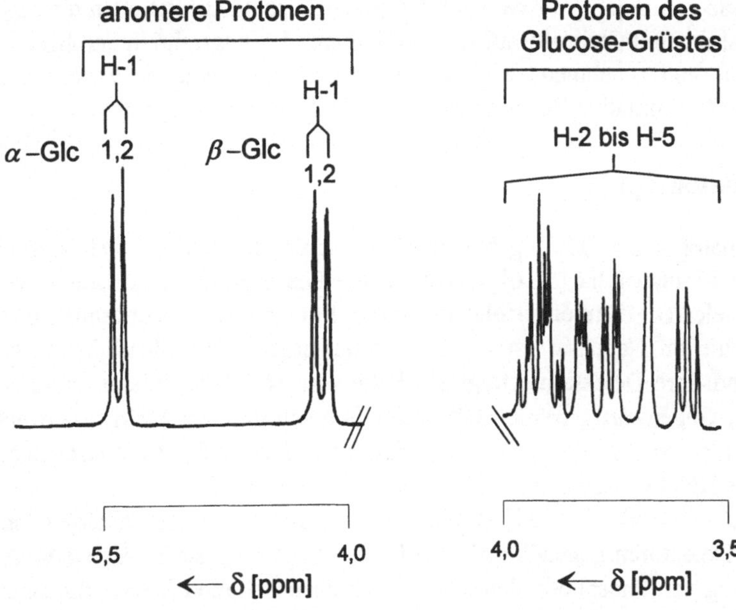


**Bild 9-27**  Schematische Darstellung des $^1$H-NMR-Spektrums eines Gemisches bestehend aus $\alpha$- und $\beta$- Glucose

## 9.4  Phospholipide in biologischen Extrakten

Phospholipide sind durch eine sehr komplexe Zusammensetzung (Strukturen s. Abschnitt 2.4.1) gekennzeichnet, besitzen strukturelle Funktionen innerhalb der Doppelschicht biologischer Membranen und spielen eine aktive Rolle bei der Regulation wichtiger biologischer Prozesse, zu denen selektive Kationeninteraktionen oder Adhäsionsphänome gehören.

Wichtige Vertreter dieser Lipidklasse sind Phosphatidylethanolamin, Phosphatidylcholin, Phosphatidylserin, Phosphatidylinisitol, Sphingomyelin und entsprechende *Lyso*verbindungen wie Lysophosphatidylethanolamin oder Lysophosphatidylcholin.

Phosphatidylserin wurde bereits 1941 von Folch et al. [1] aus dem Gehirn, wo es die Hauptkomponente (20–25%) der Phospholipidfraktion darstellt, isoliert. Wie auch Phosphatidylethanolamin steht das Phosphatidylserin bei erhöhten Konzentrationen mit verschiedenen Krankeitserscheinungen wie Leukopenie oder Fibrinolyse [2] im Zusammenhang.

Von Phosphatidylcholin ist bekannt, daß ein Mangel dieser Verbindung an der Oberfläche der Lunge für das Atemnotsyndrom (ARDS) von Frühgeborenen verantwortlich ist.

Phosphatidylethanolamin wird in Zellmembranen in Anwesenheit von Ethanol gebildet. Auf Grund des langsamen Abbaus von Phosphatidylethanolamin im Körper (Blut) dient es als Marker für Alkoholismus [3].

Die Isolierung der Lipide (Phospholipide) aus dem biologischen Material wird in der Regel nach der Methode von Folch [4] bzw. nach entsprechenden Modifikationen durchgeführt, die auf der Extraktion mit Chloroform/Methanol-haltigen Lösungsmitteln beruhen.

Chromatographische und zunehmend auch strukturanalytische Methoden werden vorrangig für qualitaive und quantitative Bestimmungen der Phospholipide eingesetzt.

### 9.4.1  Flüssigchromatographie

Die Dünnschichtchromatographie (TLC) gehört zu den ursprünglichsten und weit verbreiteten Methoden in der Lipidanalytik [5-10]. Als stationäre Phase für dieses „Flachbettverfahren" dienen Silicagele. Die Elution erfolgt mit chloroformhaltigen Lösungsmitteln, in denen die Phospholipide im Gegensatz zu vielen anderen organischen Flüssigkeiten besonders gut löslich sind. Ihre Detektion erfolgt mit Hilfe von Anfärbetechniken direkt auf der Dünnschichtplatte. Gegenwärtig werden Dünnschichtplatten mit sehr kleinen und einheitlichen Korngrößen eingesetzt, die sich durch eine hohe Trenneffizienz auszeichnen. Diese Technik wird als HPTLC bezeichnet (HP: *high-performance*).

Insbesondere HPLC-Methoden [11-54] werden auf Grund ihrer Automatisierung und der neu entwickelten Detektoren gegenüber der TLC bevorzugt eingesetzt. Als stationäre Phasen für die Trennung von Phospholipiden dienen auch chemisch modifizierte Silicagele wie Diol- [30, 38], Aminopropyl- oder Cyanopropylphasen [41].

Für HPLC-Trennungen sind chloroformhaltige Eluenten wenig geeignet, wenn nur UV- oder RI-Detektoren zur Verfügung stehen. Letztere sind relativ unempfindlich und für Gradientenelutionen ungeeignet. Die Detektion der Phospholipide im UV-Bereich ist auch problematisch.

Einerseits enthalten die Moleküle keine chromophoren Gruppen, die eine sensitive Detektion im mittleren UV-Bereich ermöglichen würden. Andererseits setzen Elutionsmittel wie Chloroform oder Essigsäure, in denen Phospholipide gut löslich sind, die Transparenz der Durchflußküvette im nahen UV-Bereich (200–220 nm) und damit die Empfindlichkeit für die Phospholipid-Registrierung stark herab. Hinzu kommt, daß die Anzahl der durch UV-Licht anregbaren Doppelbindungen innerhalb der Fettsäuremoleküle von Phospholipiden unterschiedlich ist. Daraus resultieren verschieden große Extinktionskoeffizienten (s. Abschnitt 6.1). Demzufolge sind quantitative Bestimmungen nur dann zuverlässig, wenn identische Referenzsubstanzen zur Verfügung stehen.

Wie am Beispiel der Fettsäuren beschrieben (s. Abschnitt 8.4.2), gehören auch Phospholipide zu den biochemisch wichtigen Inhaltsstoffen speziell von Hefen und Bakterien. Die Isolierung der Lipide erfolgt durch Extraktion der Biomasse mit Chloroform/Methanol (1:1 V/V). Die Fällung der Lipidbestandteile mit Aceton ergibt eine in dieser Flüssigkeit lösliche Fraktion (unpolare Lipide) und eine darin unlösliche Fraktion (Phospholipide).

Das Bild 9-28 zeigt ein Beispiel der HPLC-Trennung und -Detektion eines Phospholipidextraktes aus Hefebiomasse im nahen UV-Bereich bei $\lambda = 203$ nm [37]. Die chromatographische Trennung erfolgt an einer selbst präparierten, druckstabilen Glastrennsäule mit Silicagelfüllung (Silasorb 600, dp = 5μm) mit Hilfe eines Elutionsmittels, das aus Methanol/Acetonitril/Phosphorsäure (100:100:3 V/V/V) besteht. In diesem Gemisch sind die Phospolipide ausreichend gut löslich und können auch im nahen UV-Bereich relativ empfindlich registriert werden. An Hand von entsprechenden Referenzsubstanzen können fünf Phospholipide in diesem Chromatogramm zugeordnet werden.

Ein für die HPLC von Lipiden besonders geeigneter Detektor ist das Streulichtphotometer [28, 31, 32, 42-44, 47, 51, 52, 54] mit der Bezeichnung *evaporative light scattering detection* (ELSD). Im Prinzip können damit alle nicht flüchtigen Verbindungen unabhängig von ihrer Struktur und bei Abwesenheit chromophorer Gruppen detektiert werden.

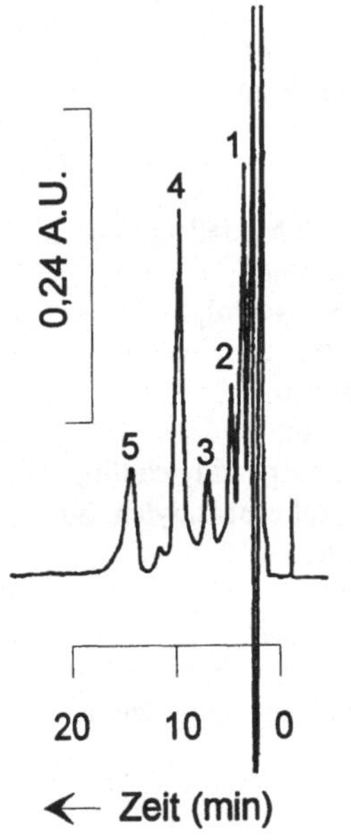


**Bild 9-28**
Chromatogramm eines Phospholipidextraktes aus Hefebiomasse
1: Phosphatidylethanolamin (PE)
2: Lysophosphatidylethanolamin (LPE)
3: Lysophosphatidylcholin (LPC oder LL)
4: Phosphatidylcholin (PC)
5: Sphingomyelin (SP oder SM)
Glassäule: 150 × 3,8 mm i. D.,
stationäre Phase: Silasorb 600, 5 μm;
mobile Phase: MeOH/ACN/H$_3$PO$_4$  (100:100:3 V/V/V)
Flußrate: 0,3 ml/min,
Vordruck: 4 MPa,
Detektion: UV, 203 nm.

Ein ELS-Detektor besteht aus einer Lichtquelle, von der mono- oder polychromatisches Licht ausgeht, einer Meßkammer, in der der Eluent verdampft wird, und einem Photomultiplier (SEV) zur Registrierung. Das aus der HPLC-Säule ausströmende Eluat wird in einer Vernebelungskammer *(Nebulizer)* mit Hilfe eines Gases in ein Aerosol überführt. Der Flüssigkeitsanteil der mobilen Phase wird in einem aufgeheizten Teil der Kammer verdampft. Zurück bleiben feste Probepartikel, die sich innerhalb des zugeführten Gases verteilen und die die Streuung des eingestrahlten Lichtes bewirken. Der gestreute Lichtstrahl, der vom Photomultiplier registriert wird, ist der Probenmenge in der Meßkammer proportional und unabhängig vom strukturellen Aufbau (funktionelle Gruppen oder Doppelbindungen) der Probemoleküle.

Im Vergleich zur Detektion mit einem Refraktometer (RI) ist der ELSD unabhängig von der Temperatur und auch für Gradientenelutionen geeignet. Mobile Phasen, die nicht vollständig verdampfbar sind, erhöhen jedoch das Hintergrundrauschen der Detektion und setzen die Empfindlichkeit herab.

Die folgenden Chromatogramme zeigen HPLC-Trennungen von Referenzsubstanzen der Phospholipide mittels ELS-Detektor [52].

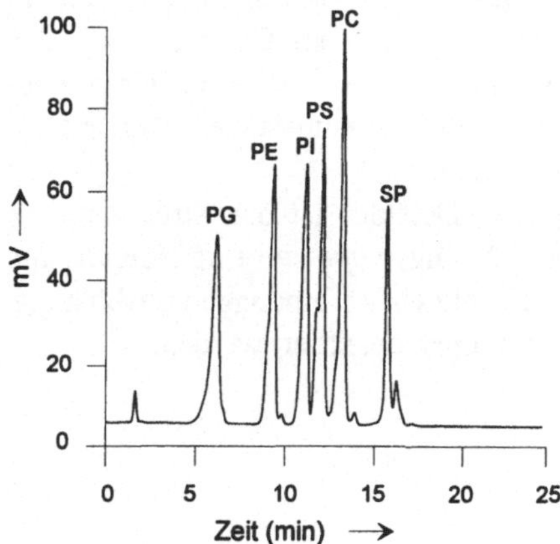


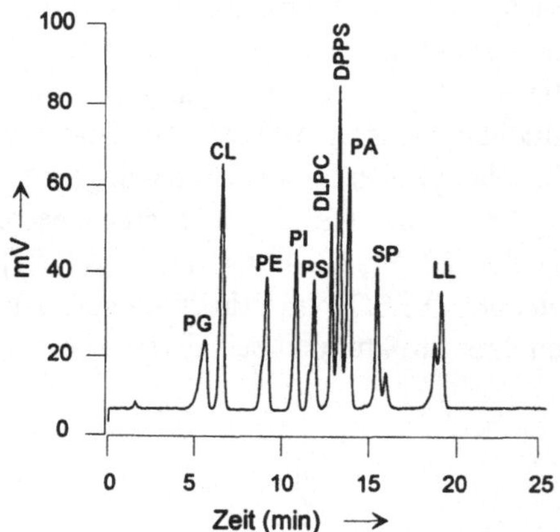


**Bild 9-29**
Chromatogramm von Modellsubstanzen
Abkürzungen s. Bild 9-30,
Vorsäule: 20 × 2,1 mm i.D.,
Hauptsäule: 120 × 4,6 mm i.D.,
stationäre Phase: Encapharm 100, dp = 5μm,
mobile Phase: A: $CHCl_3$/MeOH/$NH_4OH$
80:19,5:0,5 V/V/V,
B: $CHCl_3$/MeOH/$H_2O$ 60:34,5:5,5 V/V/V,
Gradient: 0 bis 100% B von 0. bis 14. min
und zurück auf 0% B von 23. bis 30. min,
Flußrate: 1,0 ml/min,
Vordruck: 5,5 bis 7,0 MPa,
Detektion: ELSD,
Injektionsvolumen: 20 μl.
Mit freundlicher Genehmigung von H.
Bünger [52].

**Bild 9-30**
Chromatogramm von Modellsubstanzen
PG: Phosphatidylglycerol,
CL: Diphosphatidylglycerol,
PE: Phosphatidylethanolamin,
PI: Phosphatidylinisitol,
PS: Phosphatidylserin,
DLPC: Dilinoleylphosphatidylcholin,
DPPC: Dipalmitoylphosphatidylcholin,
PA: Phosphatidsäure,
SP: Sphingomyelin,
LL: Lysophosphatidylcholin,
HPLC-Bedingungen wie im Bild 9-29.
Mit freundlicher Genehmigung von H.
Bünger [52].

In der ersten Testmischung (Bild 9-29) sind 6 natürliche Phospholipide mit einer Konzentration von 8 µg pro 20 µl Eluent enthalten.

In der Elutionskurve von Bild 9-30 werden Lysophosphatidylcholin (LL), Dilinoleylphosphatidylcholin (DLPC) und Dipalmitoylphosphatidylcholin (DPPC), die als weitere Komponenten der Standardprobelösung zugemischt wurden, registriert. LL dient als innerer Standard und DLPC bzw. DPPC sind synthetische Phospholipide, die mit dem Phosphatidylcholin coeluieren. Die Konzentration in dieser Testmischung beträgt 2µg Phospholipid pro 20 µl mobile Phase.

In Bild 9-31 ist das Chromatogramm einer natürlichen Phospholipidfraktion, die aus einem Lungenextrakt stammt, enthalten [52].

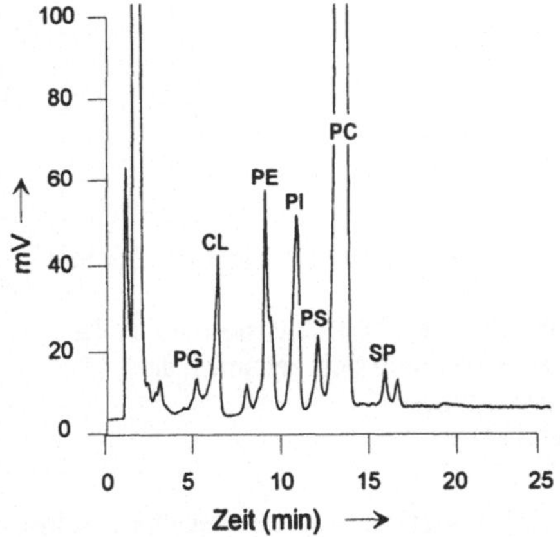


**Bild  9-31**
Chromatogramm eines Lungenextraktes
Abkürzungen s. Bild 9-30,
HPLC-Bedingungen wie im Bild 9-29.
Mit freundlicher Genehmigung von H. Bünger
[52].

## 9.4.2  NMR-Spektroskopie

Für die Aufklärung der komplexen strukturellen Zusammensetzung der Lipidfraktionen (Phospholipide) gewinnen neben massenspektrometrischen Techniken [55-60] die $^1$H-, $^{13}$C- und insbesondere die $^{31}$P-NMR-Spektroskopie [61, 62] zunehmende Bedeutung. Für die eindeutige Interpretation von NMR-Spektren (s. a. Abschnitt 6.2) sind effiziente chromatographische Vorreinigungsschritte der Lipide erforderlich. Auch für die in Lipidfraktionen enthaltenen isomeren Verbindungen stellt sich die Zuordnung von NMR-Signalen als kompliziert dar.

Einführend werden hier einige strukturelle Informationen, die mit Hilfe der NMR-Spektroskopie gewonnen werden, kurz beschrieben. Welche Informationen beispielweise aus einem $^{13}$C-NMR-Spektrum abgeleitet werden können, zeigen die folgenden Beispiele der aus humanen Lebergewebe isolierten Lipidextrakte.

Im $^{13}$C-NMR-Spektrum, das aus Bild 9-32 hervorgeht, sind fünf unterschiedliche Signalregionen ausgewiesen. Im Bereich von 172,5 bis 173,5 ppm (1) erscheinen die Resonanzlinien der Kohlenstoffatome von Carbonylgruppen. Olefinische Doppelbindungen, die in mono- als auch polyungesättigten Molekülketten enthalten sind, werden ziwschen 121 und 141 ppm (2) registriert.

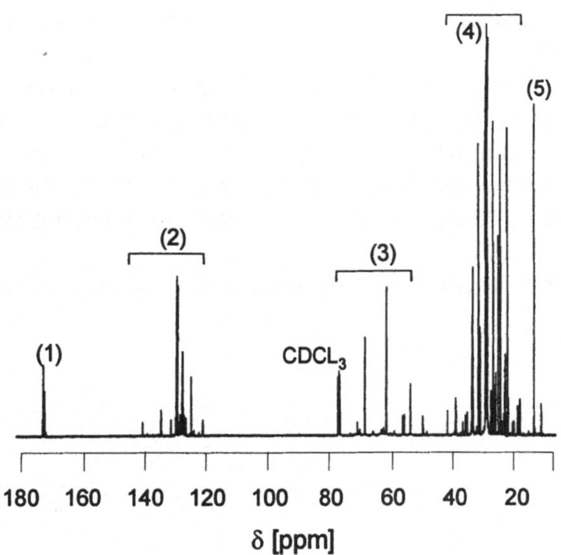


**Bild 9-32**  $^{13}$C-NMR Protonen-entkoppeltes Spektrum von Lipidextrakten aus Menschenleber und charkteristische Spektralregionen (1) bis (5).
(1): Carbonylgruppen, (2): olefinische Kohlenstoffatome, (3): Kohlenstoffatome, die direkt an eine Hydroxylgruppe oder einen quarternären Stickstoff gebunden sind, (4): Methylenkohlenstoffatome, (5): Methylkohlenstoffatome.
Mit freundlicher Genehmigung von P. Pollesello [61].

Kohlenstoffatome, die direkt an eine Hydroxylgruppe oder an eine quarternäre Aminogruppe gebunden sind, ergeben Resonanzsignale im Bereich von 50 bis 75 ppm (3), während die gesamten Methylenkohlenstoffatome (gebunden an 2 Protonen und 2 Kohlenstoffatome) in der Spektralregion von 20 bis 40 ppm auftauchen (4). Letzlich ergeben die Methylkohlenstoffatome Resonanzsignale zwischen 11 und 15 ppm (5).

Im Bild 9-33 ist die erweiterte Spektrenregion für den Bereich der Carbonylgruppen (1) dargestellt. Um 173,4 ppm sind die Signale der Carbonylkohlenstoffatome von freien Fettsäuren (FFA) enthalten, während die Peaks zwischen 173,0 bis 173,2 ppm für die Carboxylgruppe von Glycerophospholipiden charakteristisch sind. Daraus ist auch ersichtlich, daß die Carboxylgruppen in Position 1 und 3 bei 173,2 ppm registriert werden, während die in Position 2 das Resonanzsignal bei 173,1 ppm ergeben. Vergleichbares resultiert für die Carboxylgruppen der Triglyceride, für die bei 172,7 ppm (Position 1 und 3) und bei 172,8 ppm die Signalregistrierung erfolgt. Weitere Spektren enthält die Originalliteratur [61].

Insbesondere die $^{31}$P-NMR-Spektroskopie ist auf Grund ihrer Einfachheit, Schnelligkeit und guten Reproduzierbarkeit eine geeigneter Variante für die Analytik von Phospholipiden [62], die auch als alternative Methode zur etablierten HPLC auf diesen Gebiet gilt.

Die quantitative Bestimmung der Komponenten erfordert keine Standardisierung, da die $^{13}$P-Signale nicht von den unterschiedlichen Fettsäurestrukturen in den Phospholipiden beeinflußt werden. Von entscheidender Bedeutung sind andere Bedingungen wie z.B. die für die Spektrenaufnahme verwendeten Flüssigkeiten, in denen die Phospholipide gelöst sind.

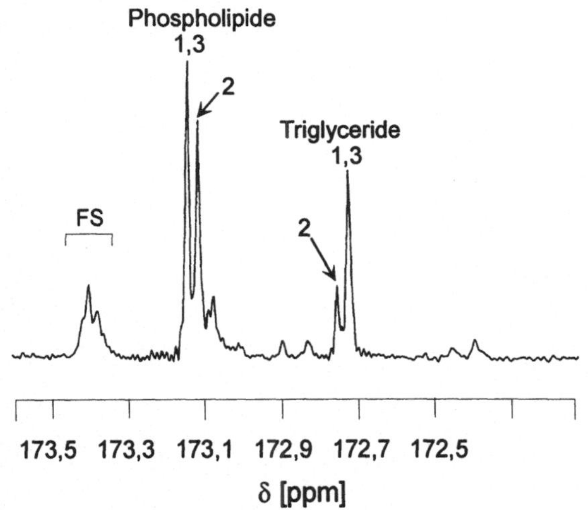


**Bild 9-33**  Erweitertes $^{13}$C-NMR Protonen-entkoppeltes Spektrum für die Spektralregion (1) der Carbonylgruppen von Lipidextrakten aus Menschenleber. Erläuterungen im Text. Mit freundlicher Genehmigung von P. Pollesello [61].

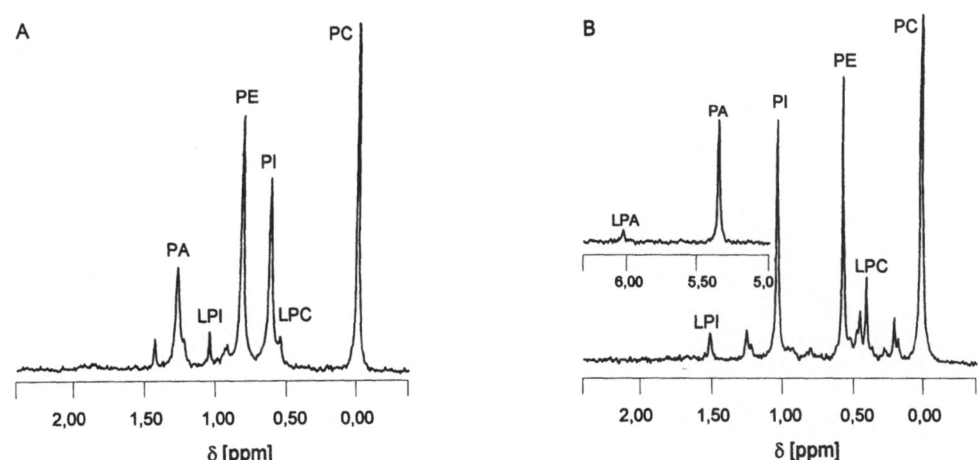


**Bild 9-34**  $^{31}$P-NMR Spektren von Lecithin in verschiedenen Lösungsmittel-Systemen
A: CHCl$_3$/CH$_3$OH/H$_2$O-EDTA 10:4:1 V/V/V, EDTA-Konzentration: 0,2 M bei pH = 6.
B: Et$_3$N/DMF-GH$^+$ 0,3:1 V/V, die Konzentration an Guanidiniumchlorid (GH$^+$) beträgt 77g/l in der Endlösung.
Mit freundlicher Genehmigung von P. Pollesello [62].

Ein Vergleich zwischen dem in der NMR-Spektroskopie üblichen Lösungsmittelgemisch CHCl$_3$/CH$_3$OH/H$_2$O-EDTA (A) mit dem System Et$_3$N/DMF-GH$^+$ (B) zeigen die Spektren in Bild 9-34. In diesem Lösungsmittelgemisch ist der Bereich der chemischen Verschiebung für die $^{13}$P-Signale für das untersuchte Lecithin und die analysierten Phospholipide etwa um den Faktor 4 größer. Ein Vorteil dieser NMR-Technik ist auch die separate Identifizierung einzelner Phospholipidklassen und der entsprechenden Lysoverbindungen.

Man müßte Gott selber sein, um Erfolge

und Mißerfolge unterscheiden zu können.

**Anton Tschechow**

# 10 Literaturverzeichnis

## zu Kapitel 2:


[1]   L. Stryer: *Biochemie*, Spektrum Akad. Verlag, Heidelberg (1990)
[2]   D. Voet, J. G. Voet: *Biochemie*, VCH-Verlag, Weinheim (1992)
[3]   K. Dose: *Biochemie*, Springer-Verlag, Heidelberg (1994)
[4]   P. Sitte: *Die Moleküle des Lebens*, Spektrum Akad. Verlag, Heidelberg (1988)
[5]   S. B. Primrose: *Biotechnologie*, Spektrum Akad. Verlag, Heidelberg (1990)
[6]   J. Berndt: *Umweltbiochemie*, Georg Fischer Verlag, Stuttgart (1995)
[7]   D. Dolphin, O. Avramovic, R. Poulson: *Glutathion*, John Wiley & Sons, New York (1988)
[8]   E. Merian: *Metals and their compounds in the environment*, VCH-Verlag, Weinheim (1991)
[9]   M. J. Stillmann, C. F. Shaw III, K. T. Suzuki: *Metallothioneins*, VCH-Verlag, Weinheim (1992)
[10]  J. H. R. Kägi, B. L. Vallee, *J. Biol. Chem.* **235** (1960) 3460
[11]  Y. Wang, D. Hess, P. E. Hunziker, J. H. R. Kägi, *Eur. J. Biochem.* **241** (1996) 835
[12]  B. Lewin: *Gene*, VCH-Verlag, Weinheim (1991)
[13]  M. Singer, P. Berg: *Gene und Genome*, Spektrum Akad. Verlag, Heidelberg (1992)
[14]  J. D. Watson, M. Gilman, J. Witkowski, M. Zoller: *Rekombinierte DNA*, Spektrum Akad. Verlag, Heidelberg (1993)
[15]  J. Lehmann: *Kohlenhydrate: Chemie und Biologie*, Georg Thieme Verlag, Stuttgart (1996)
[16]  N. Sharon, H. Lis: *Kohlenhydrate und Zellerkennung*, Spektrum der Wissenschaften, März (1993) 66
[17]  R. Schauer, *Nachr. Chem. Tech. Lab.* **40** (1992) Nr. 11, 1227
[18]  *Tools for Glycobiology*, Oxford GlycoSystem, U.K., (1994)


## zu Kapitel 3:


[1]   D. C. Phillips, *Sci. Am.* **215** (1966) 75
[2]   T. Imoto, L. N. Johanson, A. C. T. North, D. C. Phillips, J. A. Rupley; in P. D. Boyer (Hrsg.): *The Enzyme*, Band 7, S. 842, Academic Press (1972)
[3]   J. A. Kelly, A. R. Sielecki, B. D. Sykes, M. N. G. James, D. C. Philipps, *Nature* **282** (1979) 875
[4]   D. M. Chipman, N. Sharon, *Science* **165** (1969) 454
[5]   R. Czok, T. Bücher, *Adv. Prot. Chem.* **15** (1960) 315
[6]   W. Melander, C. Horvath, *Arch. Biochem. Biophys.* **183** (1977) 200
[7]   T. Arakawa, S. N. Timasheff, *Biochemistry* **21** (1982) 6542
[8]   T. Arakawa, S. N. Timasheff, *Biochemistry* **23** (1984) 5912
[9]   R. K. Scopes: *Protein Purification*, Springer-Verlag, Heidelberg (1994)
[10]  E. J. Cohn, J. T. Edsall: *Proteins, amino acids and peptides*, S. 602, Academic Press (1943)
[11]  S. Fox, j. S. Foste: *Introduction to protein chemistry*, S. 242, John Wiley & Sons, New York (1957)

[12]    T. Pohl, *Methods Enzymol.* **182** (1990) 68

[13]    G.-W. Oetjen: *Gefriertrocknen*, VCH-Verlag, Weinheim (1997)

[14]    M. Valcarcel, M. D. Luque de Castro: *Non-chromatographic continuous separation techniques*, The Royal Society of Chemistry, Cambridge (1991)

[15]    H. K. Schachmann: *Ultracentrifugation in biochemistry*, Academic Press (1959)

[16]    R. Hinton, M. Dobrata: *Density gradient ultracentrifugation*, in T. S. Work, E. Work (Eds.), *Laboratory techniques in biochemistry and molecular biology*, Vol. 6, Part I, North-Holland (1978)

[17]    M. H. Smith; in H. A. Sober (Ed.): *Handbook of biochemistry and molecular biology*, S. C-10, CRC Press (1970)

[18]    Y. Nakagawa, E. A. Noltman, *J. Biol. Chem.* **240** (1965) 1877

[19]    G. Johansson, M. Joelsson, H.-E. Akerlund, *J. Biotechnol.* **2** (1985) 225

[20]    G. Brinkenmeier, G. Kopperschläger, P.-A. Albertsson, G. Johansson, F. Tjerneld, H.-E. Akerlund, S. Berner, H. Wickstroem, *J. Biotechnol.* **5** (1987) 115

[21]    S. Ripperger: *Mikrofiltration mit Membranen*, VCH-Verlag, Weinheim (1992)

[22]    H. Rehm: *Der Experimentator: Proteinbiochemie*, Georg Fischer Verlag, Stuttgart (1996)

## zu Kapitel 4:

[1]     M. S. Tswett, *Ber. dtsch. bot. Ges.* **24** (1906) 385

[2]     L. R. Snyder, J. J. Kirkland: *Introduction to modern liquid chromatography*, John Wiley & Sons, New York (1979)

[3]     H. Engelhardt: *Practice of high performance liquid chromatography*, Springer-Verlag, Berlin (1986)

[4]     V. R. Meyer: *Praxis der Hochleistungs-Flüssigchromatographie*, Otto Salle Verlag, Frankfurt/M (1990)

[5]     S. Lindsay: *Einführung in die HPLC*, Friedr. Vieweg & Sohn Verlag, Braunschweig (1996)

[6]     G. Eppert: *Flüssigchromatographie*, Friedr. Vieweg & Sohn Verlag, Braunschweig (1997)

[7]     G. Schwedt: *Analytische Chemie: Grundlagen, Methoden und Praxis*, Georg Thieme Verlag, Stuttgart (1995)

[8]     K. K. Unger (Hrsg.): *Handbuch der HPLC*, GIT-Verlag, Darmstadt (1989)

[9]     U. Wintermeyer: *Die Wurzeln der Chromatographie*, GIT-Verlag, Darmstadt (1989)

[10]    J. J. van Deemter, F. J. Zuiderweg, A. Klinkenberg, *Chem. Eng. Sci.* **5** (1956) 271

[11]    A. S. Said, in *Chromatographic Methods*, Hüthig Verlag, Heidelberg (1981)

[12]    J. H. Purnell, *J. Chem. Soc. London* (1960) 1268

[13]    P. A. Bristow, J. H. Knox, *Chromatographia* **10** (1979) 279

[14]    J. H. Knox, M. Saleem, *J. Chromatog. Sci.* **7** (1969) 614

[15]    J. H. Knox, G. R. Laird, P. A. Raven, *J. Chromatogr.* **122** (1976) 129

[16]    M. Yamamoto, M. Nomura, Y. Sano, *J. Chromatogr.* **394** (1987) 363

[17]    M. H. Gey, *Acta Biotechnol.* **8** (1988) 197

[18]    V. R. Meyer: *Fallstricke und Fehlerquellen der HPLC in Bildern*, Hüthig Verlag, Heidelberg (1996)

[19]    N. Vonk, B. G. J. Baars, H. Schaller: *Troubleshooting in der HPLC*, Birkhäuser Verlag, Basel (1990)

[20]    J. J. Kirkland, *Chromatographia* **8** (1975) 661

[21]    V. Rehak, E. Smolkova, *Chromatographia* **9** (1976) 219

[22]    K. K. Unger: *Porous silica*, Elsevier, Amsterdam (1979)

[23]    H. Engelhardt, G. Ahr, *Chromatographia* **14** (1981) 227

[24]    J. N. Kinkel, K. K. Unger, *J. Chromatogr.* **316** (1984) 193

[25]    Th. Welsch: *Habilitationsschrift,* Universität Leipzig (1986)

[26]    K. K. Unger, N. Becker, P. Roumeliotis, *J. Chromatogr.* **125** (1976) 115

[27]    G. E. Berendsen, L. De Galan, *J. Liq. Chromatogr.* **1** (1978) 403

[28]    G. E. Berendsen, K. A. Pikaart, L. De Galan, *J. Liq. Chromatogr.* **3** (1980) 1437

[29]    W. Lindner: *Chromatographic chiral separations,* Marcel Dekker, New York (1988)

[30]    C. Pettersson, *J. Chromatogr.* **316** (1984) 553

[31]    G. Szepesi, M. Gazdag, *J. Pharm. Biomed. Anal.* **6** (1988) 623

[32]    C. Pettersson, *TrAC* **7** (1988) 209

[33]    W. H. Pirkle, Th. C. Pochapsky, *Chem. Rev.* **89** (1989) 347

[34]    S. Ahuja: *Chiral separations by liquid chromatography,* ACS-Symposium Serie 471, Amer. Chem. Soc., Washington (1991)

[35]    G. Gübitz, *J. Liq. Chromatogr.* **9** (1986) 519

[36]    R. Däppen, H. Arm, V. R. Meyer, *J. Chromatogr.* **373** (1986) 1

[37]    T. J. Ward, D. W. Armstrong, *J. Liq. Chromatogr.* **9** (1986) 407

[38]    D. P. Wittmer, N. O. Nuessle, W. G. Haney, *Anal. Chem.* **47** (1975) 1422

[39]    J. H. Knox, G. R. Laird, *J. Chromatogr.* **122** (1976) 17

[40]    B. A. Bidlingmeyer, *J. Chromatog. Sci.* **18** (1980) 525

[41]    M. Denkert, L. Hackzell, G. Schill, E. Sjögren, *J. Chromatogr.* **218** (1981) 31

[42]    L. Hackzell, G. Schill, *Chromatographia* **15** (1982) 437

[43]    C. Horvath, W. Melander, I. Molnar, *J. Chromatogr.* **125** (1976) 129

[44]    T. Hayashi, H. Tsuchiya, H. Naruse, *J. Chromatogr.* **273** (1983) 245

[45]    R. Gloor, E. L. Johnson, *J. Chromatog. Sci.* **15** (1977) 413

[46]    M. R. Ladisch, A. L. Huebner, G. T. Tsao, *J. Chromatogr.* **147** (1978) 185

[47]    J. O. Baker, M. Y. Tucker, M. S. Lastick, M. E. Himmel, *J. Chromatogr.* **437** (1988) 387

[48]    D. A. Angers, P. Nadean, G. R. Mehuys, *J. Chromatogr.* **454** (1988) 444

[49]    M. H. Gey, A. Rietzschel, W. Nattermüller, *Acta Biotechnol.* **11** (1991) 105

[50]    V. T. Turkelson, H. Richards, *Anal. Chem.* **50** (1978) 1420

[51]    R. Pecina, G. Bonn, E. Burtscher, D. Bobleter, *J. Chromatogr.* **287** (1984) 245

[52]    M. H. Gey, P. Klossek, U. Becker, *Acta Biotechnol.* **10** (1990) 459

[53]    S. Hughes, D. C. Johnson, *Anal. Chim. Acta* **132** (1981) 11

[54]    R. D. Rocklin, C. A. Pohl, *J. Liq. Chromatogr.* **6** (1983) 1577

[55]    M. R. Hardy, R. R. Townsend, *Proc. Natl. Acad. Sci. (USA)* **85** (1988) 3289

[56]    Y. C. Lee, *Anal. Biochem.* **189** (1990) 151

[57]    K. W. Swallow, N. H. Low, D. R. Petrus, *J. Assoc. Off Anal. Chem.* **74** (1991) 341

[58]    N. L. Low, G. G.Wudrich, *J. Agric. Food Chem.* **41** (1993) 902

[59]    M. H. Gey, K. K. Unger, G. Battermann, *Fresenius J. Anal. Chem.* **356** (1996) 339

[60]    M. H. Gey, K. K. Unger, *Fresenius J. Anal. Chem.* **356** (1996) 488

[61]    H. Small, T. S. Stevens, W. Baumann, *Anal. Chem.* **47** (1975) 1801

[62]    D. T. Gjerde, J. S. Fritz, G. Schmuckler, *J. Chromatogr.* **186** (1979) 509

[63]    F. C. Smith, R. C. Chang: *The practice of ion chromatography,* John Wiley & Sons, New York (1982)

[64]    J. Weiß: *Ionenchromatographie,* VCH-Verlag, Weinheim (1991)

[65]    M. Gorbunoff, *Anal. Biochem.* **136** (1984) 425

[66]    R. Hartshorne, W. Catterall, *J. Biol. Chem.* **259** (1984) 1667

[67]    M. John, J. Schmidt, *Anal. Biochem.* **141** (1984) 466

[68]    T. Hashimoto, H. Sasaki, M. Aiura, Y. Kato, *J. Chromatogr.* **160** (1978) 302

[69]    Y. Kato, K. Komiya, H. Sasaki, T. Hashimoto, *J. Chromatogr.* **193** (1980) 311

[70]    L. Hagel, T. Andersson, *J. Chromatogr.* **285** (1984) 295

[71]    H. Wada, K. Makino, T. Takeuchi, H. Hatano, K. Noguchi, *J. Chromatogr.* **320** (1985) 369

[72]    G. E. Welling, K. Slopsema, S. Welling-Wester, *J. Chromatogr.* **359** (1986) 307

[73]    Q. C. Meng, Y.-F. Chen, L. J. Delucas, S. Oparil, *J. Chromatogr.* **445** (1988) 29

[74]    B. Anspach, H. U. Gierlich, K. K. Unger, *J. Chromatogr.* **443** (1988) 45

[75]    B.-L. Johansson, J. Gustavsson, *J. Chromatogr.* **457** (1988) 205

[76]    L. Hagel, H. Lundström, T. Andersson, H. Lindblom, *J. Chromatogr.* **476** (1989) 329

[77]    P. A. Davies, *J. Chromatogr.* **483** (1989) 221

[78]    A. J. Alpert, F. E. Regnier, *J. Chromatogr.* **185** (1979) 375

[79]    M. Flaschner, H. Ramsden, L. J. Crane, *Anal. Biochem.* **135** (1983) 340

[80]    P. G. Stanton, R. J. Simpson, F. Lambrou, m. T. W. Hearn, *J. Chromatogr.* **266** (1983) 273

[81]    C. J. C. M. Laurent, H. A. H. Billiet, L. de Galan, F. A. Buytenhuys, F. P. B. van der
        Maeden, *J. Chromatogr.* **287** (1984) 45

[82]    M. A. Rounds, F. E. Regnier, *J. Chromatogr.* **283** (1984) 37

[83]    D. L. Gooding, M. N. Schmuck, K.M. Gooding, *J. Chromatogr.* **296** (1984) 107

[84]    Y. Kato, T. Kitamura, T. Hashimoto, *J. Chromatogr.* **292** (1984) 418

[85]    J. L. Fausnaugh, L. A. Kennedy, F. E. Regnier, *J. Chromatogr.* **317** (1984) 141

[86]    J. P. Chang, Z. El Rossi, Cs. Horvath, *J. Chromatogr.* **319** (1985) 396

[87]    A. J. Alpert, *J. Chromatogr.* **359** (1986) 85

[88]    Y. Kato, T. Kitamura, T. Hashimoto, *J. Chromatogr.* **360** (1986) 260

[89]    S. Ohlson, L. Hansson, P.-O. Larsson, K. Mosbach, *FEBS Lett.* **93** (1978) 5

[90]    J. R. Sportsman, G. S. Wilson, *Anal. Chem.* **52** (1980) 2013

[91]    D. A. P. Small, T. Atkinson, C. R. Lowe, *J. Chromatogr.* **216** (1981) 175

[92]    K. Buchholz, A. Borchert, V. Kasche: *Aspects of affinity chromatography in HPLC*, I.
        Molnar (Ed.), Walter de Gryter, Berlin (1982)

[93]    P. D. G. Dean, W. S. Johnson, F. A. Middle: *Affinity chromatography - A practical
        approach*, IRL Press, Oxford (1985)

[94]    P. Mohr, K. Pommerening: *Affinity chromatography: Practical and theoretical aspects*,
        Marcel Dekker, New York (1985)

[95]    S. Ostrove: *Affinity chromatography : General methods, Methods Enzymol.* **182** (1990) 357

[96]    A. K. M. Kabzinski; T. Takagi, *Biomed. Chromatogr.* **9** (1995) 123

[97]    M. Goetghebeur, S. Kermasha, K. J. Selim, M. Metche, *Biotechnol. Appl. Biochem.* **22**
        (1995) 315

[98]    S. Lin, J. Fain, *J. Biol. Chem.* **259** (1984) 3016

[99]    L. Rönnstrand, *J. Biol. Chem.* **262** (1987) 2929

[100]   D. Novick, *J. Biol. Chem.* **262** (1987) 8483

[101]   K. Brocklehurst, J. Carlsson, M. P. J. Kierstan, E. M. Crook, *Biochem. J.* **133** (1973) 573

[102]   J. P. G. Malthouse, K. Brocklehurst, *Biochem. J.* **159** (1976) 221

[103]   A. G. Clark, S. T. Wong, *Anal. Biochem.* **92** (1979) 290

[104]   A. K. M. Kabzinski, T. Paryjczak, *Chromatographia* **27** (1989) 247

[105]   A. K. M. Kabzinski, *Chromatographia* **35** (1993) 439

[106]   A. K. M. Kabzinski, *J. Chromatogr.* **766** (1997) 121

[107]   N. B. Afeyan, N. F. Gordon, I. Mazsaroff, L. Varady, S. P. Fulton, Y. B. Yang, F. E.
        Regnier, *J. Chromatogr.* **519** (1990) 1

[108]   F. E. Regnier, *Nature* **350** (1991) 634

## zu Kapitel 5:

[1]    A. Chrambach: *The practice of quantitative gel electrophoresis*, VCH-Verlag, Weinheim (1985)

[2]    A. T. Andrews: *Electrophoresis, theory techniques and biochemical and clinical applications*, Clarendon Press, Oxford (1986)

[3]    H. Wagner, R. Kuhn, S. Hofstetter, In: H. Wagner, E. Blasius (Hrsg.): *Praxis der elektrophoretischen Trennung*, Springer-Verlag, Heidelberg (1989)

[4]    R. Westermeier: *Elektrophorese-Praktikum*, VCH-Verlag, Weinheim (1990)

[5]    A. Tiselius, *Trans Faraday Soc.* **33** (1937) 534

[6]    K. Hannig, *Electrophoresis* **3** (1982) 235

[7]    C. B. Laurell, *Anal. Biochem.* **15** (1966) 45

[8]    L. Ornstein, Ann. *NY Acad. Sci.* **121** (1964) 321

[9]    B. J. Davis, Ann. *NY Acad. Sci.* **121** (1964) 404

[10]   R. H. Maurer. *Disk-Elektrophorese - Theorie und Praxis der diskontinuierlichen Polyacrylamid-Elektrophorese*, Walter de Gruyter, Berlin (1968)

[11]   F. Sanger, A. R. Coulson, *J. Mol. Biol.* **94** (1975) 441

[12]   S. Raymond, L. Weintraub, *Science* **130** (1959) 711

[13]   A. L. Shapiro, E. Viñuela, J. V. Maizel, *Biochem. Biophys. Res. Commun.* **28** (1967) 815

[14]   H. Schägger, G. von Jagow, *Anal. Biochem.* **166** (1987) 368

[15]   F. M. Everaerts, J. M. Becker, Th. P. E. M. Verheggen: *Isotachophoresis, theory, instrumentation and applications*, J. Chromatogr. Library Vol. 6, Elsevier, Amsterdam (1976)

[16]   B. J. Raola, *Biochim. Biophys. Acta* **295** (1973) 412

[17]   A. Görg, W. Postel, R. Westermeier, *Anal. Biochem.* **89** (1978) 60

[18]   P. G. Righetti, In: T. S. Works, R.H. Burdon (Eds.): *Isoelectric focusing: theory, methodology and applications*, Elsevier Biomedical Press, Amsterdam (1983)

[19]   J. W. Jorgenson, K. D. Lukacs, *Anal. Chem.* **53** (1981) 1298

[20]   J. W. Jorgenson, K. D. Lukacs, *J. Chromatogr.* **218** (1981) 209

[21]   S. Hjertén, *J. Chromatogr.* 270 (1983) 1

[22]   S. F. Y. Li: *Capillary electrophoresis: principles, practice, and applications, Journal of chromatography library*, Vol 52, Elsevier, Amsterdam (1992)

[23]   R. Kuhn, S. Hoffstetter-Kuhn: *Capillary electrophoresis: principle and practice*, Springer-Verlag, Berlin (1993)

[24]   F. Foret, L. Krivánková, P. Bocek: *Capillary Zone Electrophoresis*, VCH-Verlag Weinheim (1993)

[25]   H. Engelhardt, W. Beck, T. Schmitt: *Kapillarelektrophorese*, Friedr. Vieweg & Sohn Verlag, Braunschweig (1994)

[26]   T. Tsuda, K. Nomura, G. Nakagawa, *J. Chromatogr.* **264** (1983) 385

[27]   S. Terabe, K. Otsuka, K. Ichikawa, A. Tsuchiya, T. Ando, *Anal. Chem.* **56** (1984) 113

[28]   D. J. Rose, J. W. Jorgenson, *Anal. Chem.* **60** (1988) 642

[29]   S. Honda, S. Iwase, S. Fujiwara, *J. Chromatogr.* **404** (1987) 313

[30]   J. W. Jorgenson, K. D. Lukacs, *Clin. Chem.* **27** (1981) 209

[31]   G. Schomburg, *Trends Anal. Chem.* **10** (1991) 163

[32]   K. Turner, *LC-GC* **9** (1991) 350

[33]   Y. Walbroehl, J. W. Jorgenson, *J. Chromatogr.* **315** (1984) 135

[34]   J. S. Green, J. W. Jorgenson, *J. Liq. Chromatogr.* **12** (1989) 2527

[35]   C. P. Ong, C. L. Ng, H. K. Lee, S. F. Y. Li, *J. Chromatogr.* **547** (1991) 419

[36]     M. Goto, K. Irino, D. Ishii, *J. Chromatogr.* **346** (1985) 167

[37]     J. S. Green, J. W. Jorgenson, *J. Chromatogr.* **352** (1986) 337

[38]     L. A. Knecht, E. J. Guthrie, J. W. Jorgenson, *Anal. Chem.* **56** (1984) 479

[39]     I. H. Grant, W. Steuer, *J. Microcol. Sep.* **2** (1990) 74

[40]     R. D. Smith, H. R. Udseth, *Nature* **331** (1988) 639

[41]     J. Romano, P. Jandik, W. R. Jones, P. E. Jackson, *J. Chromatogr.* **546** (1991) 411

[42]     S. Hjertén, *Chromatogr. Rev.* **9** (1967) 122

[43]     K. Altria, C. Simpson, *Anal. Proc.* **23** (1986) 453

[44]     S. Hjerten, M. D. Zhu, *J. Chromatogr.* **327** (1985) 157

[45]     A. S. Cohn, B. L. Karger, *J. Chromatogr.* **397** (1987) 409

[46]     A. S. Cohn, A. Paulus, B. L. Karger, *Chromatographia* **24** (1987) 14

[47]     S. Hjerten, M. D. Zhu, *J. Chromatogr.* **346** (1985) 265

[48]     S. Hjerten, J. L. Liao, K. Yao, *J. Chromatogr.* **387** (1987) 127

[49]     A. Görg, J. S. Fawcett, A. Chrambach, *Adv. Electrophoresis* **2** (1988) 1

[50]     P. G. Righetti: *Immobilized pH gradients: Theory and methodology*, Elsevier, Amsterdam (1990)

[51]     J. R. Mazzeo, I. S. Krull, *Bio Techniques* **10** (1991) 638

[52]     P. Bocek, M. Deml, P. Gebauer, V. Dolnik: *Analytical isotachophoresis*, VCH-Verlag, Weinheim (1988)

[53]     F. M. Everaerts, P. E. M. Verheggen, In: *New directions in electrophoretic methods*, J. W. Jorgenson, M. Phillips, *Amer. Chem. Soc. Symp.* Vol. 335, Washington DC (1987) Chap. 4

[54]     S. Terabe, K. Otsuka, K. Ichikawa, A. Tsuchiya, T. Ando, *Anal. Chem.* **56** (1984) 111

[55]     S. Terabe, K. Otsuka, T. Ando, *Anal. Chem.* **57** (1985) 834

[56]     H. Nishi, S. Terabe, *Electrophoresis* **11** (1990) 691

[57]     S. Terabe, K. Otsuka, T. Ando, *Anal. Chem.* **61** (1989) 251

[58]     K. Otsuka, S. Terabe, *J. Microcol. Sep.* **1** (1989) 150

[59]     V. Pretorius, B. J. Hopkins, J. D. Schieke, *J. Chromatogr.* **99** (1974) 23

[60]     T. Eimer, K. K. Unger, T. Tsuda, *Fresenius J. Anal. Chem.* **352** (1995) 649

[61]     M. M. Dittmann, G. P. Rozing, *J. Chromatogr.* **744** (1996) 63

[62]     U. Pyell, H. Rebscher, A. Banholczer, *J. Chromatogr.* **779** (1997) 155

[63]     A. Maruska, U. Pyell, *J. Chromatogr.* **782** (1997) 167

[64]     J. H. Knox, I. H. Grant, *Chromatographia* **24** (1987) 135

[65]     T. Tsuda, *Anal. Chem.* **60** (1988) 1677

[66]     B.Behnke, E. Bayer, *J. Chromatogr.* **680** (1994) 93

[67]     N. W: Smith, M. B. Evans, *Chromatographia* **38** (1994) 649

[68]     C. Yan, D. Schaufelberger, F. Erni, *J. Chromatogr.* **670** (1994) 15

## zu Kapitel 6:

[1]      R. Borsdorf, M. Scholz: *Spektroskopische Methoden in der organischen Chemie*, Akademie-Verlag, Berlin (1968)

[2]      M. Zander: *Fluorimetrie*, Springer-Verlag, Heidelberg (1981)

[3]      W. Huber: *Analytiker Taschenbuch*, Band 2, Springer-Verlag, Heidelberg (1982)

[4]      H.-H. Perkampus: *UV-VIS-Spektroskopie und ihre Anwendungen*, Springer-Verlag, Heidelberg (1986)

[5]      H.-J. Galla: *Spektroskopische Methoden in der Biochemie*, Georg Thieme Verlag, Stuttgart (1988)

[6]    L. Sommer: *Analytical absorption spectrophotometry in the visible and ultraviolett: the principles*, Elsevier, Amsterdam (1989)

[7]    L. Munck: *Fluorescence analysis in food*, John Wiley & Sons, New York (1990)

[8]    M. Otto: *Analytische Chemie*, VCH-Verlag, Weinheim (1995)

[9]    G. Schwedt: *Analytische Chemie : Grundlagen, Methoden und Praxis*, Georg Thieme Verlag, Stuttgart (1995)

[10]   M. Hesse, H. Meier, B. Zeeh: *Spektroskopische Methoden in der organischen Chemie*, Georg Thieme Verlag, Stuttgart (1995)

[11]   D. C. Harris: *Quantitative Analytische Chemie*, Friedr. Vieweg & Sohn Verlag, Braunschweig, Wiesbaden (1997)

[12]   A. Zschunke: *Kernmagnetische Resonanzspektroskopie in der organischen Chemie*, Akademie-Verlag, Berlin (1971)

[13]   R. K. Harris: *Nuclear magnetic resonance spectroscopy. A physico-chemical view*, Pitman, London (1983)

[14]   H. Friebolin: *Ein- und zweidimensionale NMR-Spektroskopie*, VCH-Verlag, Weinheim (1988)

[15]   H. Günther: *NMR-Spektroskopie*, Georg Thieme Verlag, Stuttgart (1992)

[16]   E. Breitmaier: *Vom NMR-Spektrum zur Strukturformel organischer Verbindungen*, Teubner, Stuttgart (1992)

[17]   W. E. Steger: *Strukturanalytik*, Deutscher Verlag für Grundstoffindustrie, Leipzig (1992)

[18]   I. Rombeck: *NMR-spektroskopische und moleküldynamische Untersuchungen zur Wechselwirkung von Peptid-Palladium(II)komplexen mit DNA-Modellverbindungen*, Logos, Berlin (1997)

[19]   T. Derr: *Medizinisch-diagnostische Anwendung neuronaler Netzwerke zur Analyse NMR-spektroskopischer Daten von Körperflüssigkeiten*

[20]   J. Lehmann: *Kohlenhydrate: Chemie und Biologie*, Georg Thieme Verlag, Stuttgart (1996)

[21]   H. Ewald, H. Hintenberger: *Methoden und Anwendungen der Massenspektrometrie*, Verlag Chemie, Weinheim (1953)

[22]   G. R. Waller, O. C. Dermer: *Biochemical applications of mass spectrometry*, John Wiley & Sons, New York (1980)

[23]   E. Schröder: *Massenspektrometrie: Begriffe und Definitionen*, Springer-Verlag, Berlin (1991)

[24]   H. Budzikiewicz: *Massenspektrometrie. Eine Einführung*, VCH-Verlag, Weinheim (1992)

[25]   F. W. MacLafferty, F. Turecek: *Interpretation von Massenspektren*, Spektrum Akad. Verlag, Heidelberg (1995)

[26]   W. D. Lehmann: *Massenspektrometrie in der Biochemie*, Spektrum Akad. Verlag, Heidelberg (1996)

[27]   P. H. Dawson: *Quadrupole mass spectrometry and its applications*, Elsevier, New York (1976)

[28]   R. J. Cotter, *Biomed. Environ. Mass. Spectrom.* **18** (1989) 513

[29]   R. G. Cooks, R. E. Kaiser, *Acc. Chem. Res.* **23** (1990) 213

[30]   B. E. Winger, S. A: Hofstadler, J. E. Bruce, H. R. Udseth, R. D. Smith, *J. Am. Soc. Mass Spectrom.* **4** (1993) 566

[31]   M. Karas, F. Hillenkamp, *Anal. Chem.* **60** (1988) 2299

[32]   M. Karas, U. Bahr, F. Hillenkamp, *Int. J. Mass Spectrom. Ion Proc.* **92** (1989) 231

[33]   M. Karas, U. Bahr, A. Ingendoh, F. Hillenkamp, *Angew. Chemie* **101** (1989) 805

[34]   F. Hillenkamp, M. Karas, *Methods Enzymol.* **193** (1990) 280

**zu Kapitel 7:**

[1]      A. J. P. Martin, R. L. M. Synge, *Biochem. J.* **35** (1941) 1358

[2]      M. J. E. Golay: *Gas chromatography* (Ed.) D. H. Desty Butterworth, London (1958)

[3]      H. Purnell: *Gas chromatography*, John Wiley & Sons, New York (1962)

[4]      F. A. White: *Mass spectrometry in science and technology*, John Wiley & Sons, New York (1968)

[5]      B. L. Karger, L. R. Snyder, C. Horvath: *An introduction to separation science*, John Wiley & Sons, New York (1973)

[6]      E. Leibnitz, H. G. Struppe: *Handbuch der Gaschromatographie*, Akademische Verlagsgesellschaft & Portig K.-G., Leipzig (1984)

[7]      G. Schomburg: *Gaschromatographie: Grundlagen, Praxis, Kapillartechnik*, VCH-Verlag, Weinheim (1987)

[8]      M. Oehme: *Praktische Einführung in die GC/MS-Analytik mit Quadrupolen: Grundlagen und Anwendungen*, Hüthig Verlag, Heidelberg (1996)

[9]      H.-J. Hübschmann: *Handbuch der GC/MS : Grundlagen und Anwendung*, VCH-Verlag, Weinheim (1996)

[10]     P. J. Baugh: *Gaschromatographie*, Friedr. Vieweg & Sohn Verlag, Braunschweig, Wiesbaden (1997)

[11]     E. Schröder: *Massenspektrometrie: Begriffe und Definitionen*, Springer-Verlag, Berlin (1991)

[12]     W. D. Lehmann: *Massenspektrometrie in der Biochemie*, Spektrum Akad. Verlag, Heidelberg (1996)

[13]     J. Slobodník, B. L. M. van Baar, U. A. Th. Brinkman, *J. Chromatogr.* **703** (1995) 81

[14]     W. M. A. Niessen, A. P. Tinke, *J. Chromatogr.* **703** (1995) 35

[15]     C. R. Blakley, M. J. McAdams, M. L. Vestal, *J. Chromatogr.* **158** (1978) 261

[16]     P. J. Arpino, G. Guichon, P. Krien, G. Devant, *J. Chromatogr.* **185** (1979) 529

[17]     C. M. Whitehouse, R. N. Dreyer, M. Yamashita, J. B. Fenn, *Anal. Chem.* **57** (1985) 675

[18]     A. P. Bruins, T. R. Covey, J. D. Henion, *Anal. Chem.* **50** (1987) 2642

[19]     P. J. Arpino, *Mass Spectrom. Rev.* **8** (1989) 35

[20]     C. R. Blakley, M. L. Vestal, *Anal. Chem.* **55** (1983) 750

[21]     M. L. Vestal, *Anal. Chem.* **56** (1984) 2590

[22]     I. Hammond, K. Moore, H. Lames, C. Watts, *J. Chromatogr.* **474** (1987) 175

[23]     P. J. Arpino, *Mass Spectrom. Rev.* **9** (1990) 631

[24]     E. C. Huang, T. Wachs, J. C. Conboy, J. D. Henion, *Anal. Chem.* **62** (1990) 713A

[25]     T. Wachs, J. C. Conboy, F. Garcia, J. D. Henion, *J. Chromatog. Sci.* **29** (1991) 357

[26]     A. P. Bruins, *Mass Spectrom. Rev.* **10** (1991) 53

[27]     A. P. Bruins, *Trends. Anal. Chem.* **13** (1994) 37

[28]     A. P. Bruins, *Trends. Anal. Chem.* **13** (1994) 81

[29]     R. M. Caprioli: *Continuous-flow fast atom bombardment mass spectrometry*, John Wiley & Sons, New York (1990)

[30]     M. Dole, L. L. Mack, R. L. Hines, R. C. Mobley, L. D. Ferguson, M. B. Alice, *J. Chem. Phys.* **49** (1968) 2240

[31]     G. A. Clegg, M. Dole, *Biopolymers* **10** (1971) 821

[32]     M. Yamashita, J. B. Fenn, *J. Phys. Chem.* **88** (1984) 4451

[33]     J. B. Fenn, M. Mann, C. K. Meng, S. F. Wong, C. M. Whitehouse, *Mass Spectrom. Rev.* **9** (1990) 37

[34]     R. C: Willoughby, R. F. Browner, *Anal. Chem.* **56** (1984) 2626

[35] T. D: Behymer, T. A. Bellar, W. L. Budde, *Anal. Chem.* **62** (1990) 1686
[36] R. D. Voyksner, C. S. Smith, P. C: Knox, *Biomed. Environ. Mass Spectrom.* **19** (1990) 523
[37] W. M. A. Niessen, *Chromatographia* **21** (1986) 277
[38] W. M. A. Niessen, *Chromatographia* **21** (1986) 342

## zu Abschnitt 8.1


[1] M. Margoshes, B. L. Valley, *J. Am. Soc.* **79** (1957) 4813
[2] J. H. R. Kägi, B. L. Vallee, *J. Biol. Chem.* **235** (1960) 3460
[3] J. H. R. Kägi, B. L. Vallee, *J. Biol. Chem.* **236** (1961) 2435
[4] J. H. R. Kägi, S. R. Himmelhoch, P. D. Whanger, J. L. Bethune, B. L. Vallee, *J. Biol. Chem.* **249** (1974) 3537
[5] D. H. Hamer, *Ann. Rev. Biochem.* **55** (1986) 913
[6] J. H. R. Kägi, Y.Kojima, *Experientia* **52** (1987) 25
[7] E. Merian: *Metals and their compounds in the environment: occurrence, analysis and biological relevance,* VCH-Verlag, Weinheim, 1991
[8] B. L. Vallee, *Methods Enzymol.* **205** (1991) 3
[9] J. H. R. Kägi, *Methods Enzymol.* **205** (1991) 613
[10] M. J. Stillmann, C. F. Shaw III, K. T. Suzuki: *Metallothioneins,* VCH-Verlag, Weinheim (1992)
[11] S. Klauser, J. H. R. Kägi, K. J. Wilson, *Biochem. J.* **209** (1983) 71
[12] Y. Kojima, *Methods Enzymol.* **205** (1991) 8
[13] P. E. Hunziker, *Methods Enzymol.* **205** (1991) 244
[14] G. Bordin, F. C. Raposo, A. R. Rodriguez, *J. Liq. Chrom. & Rel. Technol.* **19** (1996) 3085
[15] Y. Uchida, K. Takio, K. Titani, Y. Ihara, M. Tomonaga, *Neuron* **7** (1991) 337
[17] R. D. Palmiter, S. D. Findley, T. E. Whitemore, D. M. Durman, *Proc. Natl. Acad. Sci. USA* **89** (1992) 6333
[17] C.-W. Yu, Je-H. Chen, L.-Y. Lin, *FEBS Lett.* **420** (1997) 69
[18] M. Imagawa, T. Onozawa, K. Okumura, S. Osada, T. Nishihara, M. Kondo, *Biochem. J.* **268** (1990) 237
[19] P. Silar, L. Theodore, R. Mokdad, N. E. Erraiss, A. Cadic, M. Wegnez, *J. Mol. Biol.* **215** (1990) 217
[20] R. K. Mehra, J. R. Garey, D. R. Winge, *J. Biol. Chem.* **265** (1990) 6369
[21] S. Hirano, N. Tsukamoto, K. T. Suzuki, *Toxicol. Lett.* **50** (1990) 97
[22] B. A. Hart, G. W. Voss, M. A. Shatos, J. Doherty, *Toxicol. Appl. Pharmacol.* **103** (1990) 255
[23] S. Hirano, S. Sakai, H. Ebihara, N. Kodama, K. T. Suzuki, *Toxicology* **64** (1990) 223
[24] B. A. Hart, G. W. Voss, J. S. Garvey, *Biol. Neonate* **59** (1991) 236
[25] B. A. Hart, G. W. Voss, P. M. Vacek, *Cancer. Lett.* **75** (1993) 121
[26] B. A. Hart, Q. Gong, J. D. Eneman, *Toxicology* **112** (1996) 205
[27] C. Kenaga; M. G. Cherian, C. Cox, G. Oberdorster, *Fundam. Appl. Toxicol.* **30** (1996) 204
[28] A. Murasugi, C. Wada, Y. Hayashi, *J. Biochem.* **90** (1981) 1561
[29] A. Murasugi, C. Wada, Y. Hayashi, *Biochem. Biophys. Res. Comm.* **103** (1981) 1021
[30] J. L. Casterline, N. M. Barnett, *Plant Physiol.* **69** (1982) 1004
[31] N. Kondo, M. Isobe, K. Imai, T. Goto, A. Marasugi, Y. Hayashi, *Tetrah. Lett.* **24** (1983) 925
[32] W. E. Rauser, *Plant Physiol.* **74** (1984) 1025

[33]    W. E. Rauser, *J. Plant. Physiol.* **115** (1984) 143

[34]    W. E. Rauser, *J. Plant. Physiol.* **116** (1984) 253

[35]    P. C. Lokema, M. H. Donker, A. J. Schouten, W. H. O. Ernst, *Planta* **162** (1984) 174

[36]    E. Grill, E.-L. Winnacker, M. H. Zenk, *Science* **230** (1985) 674

[37]    J. C. Steffens, D. F. Hunt, B. G. Williams, *J. Biol. Chem.* **261** (1986) 13879

[38]    E. Grill, E.-L. Winnacker, M. H. Zenk, *FEBS Lett.* **197** (1986) 115

[39]    W. E. Rauser, *Plant Science* **43** (1986) 85

[40]    E. Grill, J. Thumann, E.-L. Winnacker, M. H. Zenk, *Plant Cell Reports* **7** (1988) 375

[41]    E. Grill, E.-L. Winnacker, M. H. Zenk, *Experientia* **44** (1988) 539

[42]    R. N. Reese, D. R. Winge, *J. Biol. Chem.* **263** (1988) 12832

[43]    R K. Mehra, D. R. Winge, *Arch. Biochem. Biophys.* **265** (1988) 381

[44]    R. N. Reese, R. K. Mehra, E. B. Tarbet,  D. R. Winge, *J. Biol. Chem.* **263** (1988) 4186

[45]    W. Gekeler, E. Grill, E.-L. Winnacker, M. H. Zenk, *Arch. Microbiol.* **150** (1988) 197

[46]    W. Gekeler, E. Grill, E.-L. Winnacker, M. H. Zenk, *Z. Naturforsch.* **44c** (1989) 361

[47]    J. C. Steffens, Annu. Plant Physiol. *Plant Mol. Biol.* **41** (1990) 553

[48]    W. E. Rauser, *Annu. Rev. Biochem.* **59** (1990) 61

[49]    R. Kneer, M. H. Zenk, *Phytochemistry* **31** (1992) 2663

[50]    D. M. Speiser, S. L. Abrahamson, G. Banuelos, D. W. Ow, *Plant Physiol.* **99** (1992) 817

[51]    N. J. Robinson, A. M. Tommey, C. Kuske, P. J. Jackson, *Biochem. J.* **295** (1993) 1

[52]    H. Kubota, K. Sato, T. Yamada, T. Maitani, *Plant Sience* **106** (1995) 157

[53]    S. Klaphek, S. Schlunz, L. Bergmann, *Plant Physiol.* **107** (1995) 515

[54]    I. Bruns, A. Siebert, R. Baumbach, J. Miersch, D. Günther, B. Markert, G.-J. Krauss, *Fresenius J. Anal. Chem.* **353** (1995) 101

[55]    J. A. de Knecht, N. van Baren, W. M. T. Bookum, H. W. Wong Fong Sang, P. L. M. Koevoets, H. Schat, J. A. C. Verkleij, *Plant Science* **106** (1995) 9

[56]    M. H. Zenk, *Gene* **179** (1996) 21

[57]    E. Grill, W. Gekeler, E.-L. Winnacker, M. H. Zenk, *FEBS Lett.* **205** (1986) 47

[58]    Y. Hayashi, C. W. Nakagawa, N. Mutoh, M. Isobe, T. Goto, *Biochem. Cell Biol.* **69** (1991) 115

[59]    S. Klapheck, W. Fliegner, I. Zimmer, *Plant Physiol.* **104** (1994) 1325

[60]    A. Meister, M. E. Anderson, *Ann. Rev. Biochem.* **52** (1983) 711

[61]    D. Dolphin, R. Poulson, O. Avramovic: *Glutathion: Chemical, biochemical, and medical aspects,* John Wiley & Sons, New York, 1989

[62]    R. G. Alscher, *Pysiol. Plant.* **77** (1989) 457

[63]    H. Sies, *Naturwissenschaften* **76** (1989) 57

[64]    G. L. Lamoureux, D. G. Rusness: *Glutathione in the metabolim and detoxification of xenobiotics in plants,* in D. J. De Kok et al. (Ed.), *Sulfur nutrution and assimilation in higher plants,* S. 221-237, SPB Academic Publishing bv, The Hague, The Netherlands (1993)

[65]    H. Rennenberg, C. Brunold, *Prog. in Botany* **55** (1994) 142

[66]    A. Meister, *Methods Enzymol.* **251** (1995) 3

[67]    Y. Tachi, Y. Okuda, C. Bannai, N. Okamura, S. Bannai, K. Yamashita, *FEBS Lett.* **421** (1998) 19

[68]    P. J. Hissin, R. Hilf, *Anal. Biochem.* **74** (1976) 214

[69]    D. J. Reed, J. R. Babson, P. W. Beatty, A. E. Brodie, W. W. Ellis, D. W. Potter, *Anal. Biochem.* **106** (1980) 55

[70]    D. A. Keller, D. B. Menzel, *Anal. Biochem.* **151** (1985) 418

[71]    A. F. Stein, R. L. Dills, C. D. Klaassen, *J. Chromatogr.* **381** (1986) 259-270

[72]    J. P. Richie, Jr., C. A. Lang, *Anal. Biochem.* **163** (1987) 9

[73]    A. M. Svardal, M. A. Mansoor, P. M. Ueland, *Anal. Biochem.* **184** (1990) 338

[74]    J. Martin, I. N. H. White, *J. Chromatogr.* **568** (1991) 219

[75]    K. Mertens, V. Rogiers, W. Sonck, A. Vercruysse, *J. Chromatogr.* **565** (1991) 149

[76]    J. H. Siller-Cepeda, T. H. H. Chen, L. H. Fuchigami, *Plant Cell Physiol.* **32** (1991) 1779

[77]    E. Jayatilleke, S. Shaw, *Anal. Biochem.* **214** (1993) 452

[78]    A. Rodriguez-Ariza, F. Toribio, J. Lopez-Barea, *J. Chromatogr. B* **565** (1994) 311

[79]    N. C. Smith, M. Dunnett, P. C. Mills, *J. Chromatogr. B* **673** (1995) 35

[80]    R. A. Winters, J. Zukowski, N. Ercal, R. H. Matthews, D. R. Spitz, *Anal. Biochem.* **227** (1995) 14

[81]    T. Yoshida, *J. Chromatogr.* **678** (1996) 157

[82]    G. L. Ellman, *Arch. Biochem. Biophys.* **82** (1959) 70

[83]    M. Asensi, J. Sastre, F. V. Pallardó, J. G. de la Asunción, J. M. Estrela, J. Vina, *Anal. Biochem.* **217** (1994) 323

[84]    B. J. Mills, J. P. Richie, Jr., C. A. Lang, *Anal. Biochem.* **222** (1994) 95

[85]    G. Santori, C. Domenicotti, A. Bellocchio, M. A. Pronzato, U. M. Marinari, D. Cottalasso, *J. Chromatogr.* **695** (1997) 427

[86]    K. Mopper, D. Delmas, *Anal. Chem.* **56** (1984) 2557

[87]    J. Martensson, *J. Chromatogr.* **420** (1987) 152

[88]    D. Tsikas, G. Brunner, *Fresenius J. Anal. Chem.* **343** (1992) 330

[89]    P. Leroy, A. Nicolas, M. Wellmann, F. Michelet, T. Oster, G. Siest, *Chromatographia* **36** (1993) 130

[90]    C. C. Yan, R. J. Huxtable, *J. Chromatogr.* **672** (1995) 217

[91]    T. Endo, M. Miyagi, A. Ujiie, *J. Chromatogr. B* **692** (1997) 37

[92]    G. L. Newton, R. Dorian, R. C. Fahey, *Anal. Biochem.* **114** (1981) 383

[93]    C.-S. Yang, Su-T. Chou, N.-Nu Lin, L. Liu, Pi-Ju Tsai, J.-S. Kuo, J.-S. Lai, *J. Chromatogr. B* **661** (1994) 231

[94]    J.-L. Luo, F. Hammarqvist, I. A. Cotgreave, C. Lind, K. Andersson, J. Wernerman, *J. Chromatogr.* **670** (1995) 29

[95]    C.-S. Yang, Su-T. chou, L. Liu, Pi-Ju Tsai, J.-S. Kuo, *J. Chromatogr. B* **674** (1995) 23

[96]    E. M. Kosower, N. S. Kosower, *Methods Enzymol.* **251** (1995) 133

[97]    G. L. Newton, R. C. Fahey, *Methods Enzymol.* **251** (1995) 148

[98]    V. Cavrini, R. Gotti, V. Andrisano, R. Gatti, *Chromatographia* **42** (1996) 515

[99]    M. W. Fariss, D. J. Reed, *Methods Enzymol.* **143** (1987) 101

[100]   J. Reeve, J. Kuhlenkamp, N. Kaplowitz, *J. Chromatogr.* **194** (1980) 424

[101]   D. L. Rabenstein, R. Saetre, *Anal. Chem.* **49** (1977) 1036

[102]   L. A. Allison, R. E. Shoup, *Anal. Chem.* **55** (1983) 8

[103]   E. G. Demaster, F. N. Shirota, B. Redfern, D. J. W. Goo, H. Nagasawa, *J. Chromatogr.* **308** (1984) 83

[105]   E. G. DeMaster, B. Redfern, *Methods Enzymol.* **143** (1987) 110

[106]   T. Kuninori, J. Nishiyama, *Anal. Biochem.* **197** (1991) 19

[107]   A. Rodriguez-Ariza, F. Toribio, J. López-Barea, *J. Chromatogr.* **656** (1994) 311

[108]   C.-S. Yang, P.-J. Tsai, W.-Y. Chen, L. Liu, J.-S. Kuo, *J. Chromatogr. B* **667** (1995) 41

[109]   W. A. Kleinman, J. P. Richie, Jr., *J. Chromatogr.* **672** (1995) 73

[110]   C. Komuro, K. Ono, Y. Shibamoto, T. Nishidai, M. Takahashi, M. Abe, *J. Chromatogr.* **338** (1985) 209

[111]   K. Yamamoto, T. Sekine, Y. Kanaoka, *Anal. Biochem.* **79** (1977) 83

[112]   H. Takahashi, Y. Nara, H. Meguro, K. Tizimura, *Agric. Biol. Chem.* **43** (1979) 1439

[113]   N. S. Kosower, E. M. Kosower, G. L. Newton, H. M. Ranney, *Proc. Natl. Acad. Sci. (USA)* **76** (1979) 3382

[114]   E. M. Kosower, B. Pazhenchevsky, *J. Am. Chem. Soc.* **102** (1980) 4983

[115]   P. Leroy, A. Nicolas, C. Thioudellet, T. Oster, M. Wellman, G. Siest, *Biomed.Chromatogr.* **7** (1993) 86

[116]   K. Brocklehurst, J. Carlsson, M. P. J. Kierstan; E. M. Crook, *Biochem. J.* **133** (1973) 573

[117]   A. K. M. Kabzinski, T. Paryjczak, *Chromatographia* **27** (1989) 247

[118]   A. K. M. Kabzinski, *Chromatographia* **35** (1993) 439

[119]   A. K. M. Kabzinski, T.Paryjczak, *Chem. Anal. (Warsaw)* **40** (1995) 831

[120]   A. K. M. Kabzinski, *Chem. Anal. (Warsaw)* **40** (1995) 847

[121]   A. K. M. Kabzinski, *J. Chromatogr.* **766** (1997) 121

[122]   W. A. Kleinman, J. P. Richie, Jr., *J. Chromatogr.* **672** (1995) 73

[123]   G. Piccoli, M. Fiorani, B. Biagiarelli, F. Palma, L. Potenza, A. Amicucci, V. Stocchi, *J. Chromatogr.* **676** (1994) 239

[124]   B. L. Ling, W.R. G. Baeyens, c. Dewaele, *Anal. Chim. Acta* **225** (1991) 283

[125]   T. J. O'Shea, S. M. Lunte, *Anal. Chem.* **65** (1993) 247

[126]   J. Zhou, T. J. O'Shea,. S. M. Lunte, *J. Chromatogr.* **680** (1994) 271

[127]   N. Ercal, K. Le, P. Treeratphan, R. Matthews, *Biomed. Chromatogr.* **10** (1996) 15

[128]   J. Russell,D. L. Rabenstein, *Anal. Biochem.* **242** (1996) 136

[129]   M. P. Richards, J. H. Beattie, *J. Chromatogr.* **648** (1993) 459

[130]   M. P. Richards, J. H. Beattie, R. Self, *J. Liq. Chromatogr.* **16** (1993) 2113

[131]   J. H. Beattie, M. P. Richards, Mark, R Self, *J. Chromatogr.* **632** (1993) 127

[132]   J. H. Beattie, M. P. Richards, *J. Chromatogr.* **664** (1994) 129

[133]   G. Liu, W. Wang, X. Shan, *J. Chromatogr. B* **653** (1994) 41

[134]   M. P. Richards, *J. Chromatogr. B* **657** (1994) 345

[135]   J. H. Beattie, R. Self, M. P. Richards, *Electrophoresis* **16** (1995) 322

[136]   M. P. Richards, J. H. Beattie, *J. Chromatogr. B* **669** (1995) 27

[137]   V. Virtanen, G. Bordin, A.-R. Rodriguez, *J. Chromatogr.* **734** (1996) 391

[138]   E. Torres, A. Cid, P. Fidalgo, J. Abalde, *J. Chromatogr.* **775** (1997) 339

## zu Abschnitt 8.2:

[1]   A. Floridi, C. A. Palmerini, C. Fini, *J. Chromatogr.* **138** (1977) 203

[2]   P. R. Brown: *HPLC in nucleic acid research*, Marcel Dekker, Ibc., New York (1984)

[3]   G.-J. Krauss, *Fresenius Z. Anal. Chem.* **317** (1984) 674

[4]   A. P. Halfpenny, P. R. Brown: *Application of HPLC to the separation of metabolites of nucleic acids in physiological fluids,* in H. Engelhardt (Ed.), *Practice of high performance liquid chromatography,* Springer-Verlag, Heidelberg (1986)

[5]   R. T. Toguzov, Y. V. Tikhonov, A. M. Pimenov, V. Y. Prokudin, W. Dubiel, M. Ziegler, G. Gerber, *J. Chromatogr.* **434** (1988) 447

[6]   P. Slegel, H. Kitagawa, M. H. Maguire, *Anal. Biochem.* **171** (1988) 124

[7]   A. Werner, W. Schneider, W. Siems, T. Grune, C. Schreiter, *Chromatographia* **27** (1989) 639

[8]   T. Grune, W. G. Siems, G. Gerber, R. Uhlig, *J. Chromatogr.* **553** (1991) 193

[9]   T. Grune, W. Siems, G. Gerber, Y. V. Tikhonov, A. M. Pimenov, R. T. Toguzov, *J. Chromatogr.* **563** (1991) 53

[10]   T. Grune, W. G. Siems, *J. Chromatogr.* **618** (1993) 15

[11]   D. Di Pierro, B. Tarazzi, C. F. Perno, M. Bartolini, E. Bakstra, R. Calio, B. Giardina, G. Lazzarino, *Anal. Biochem.* **231** (1995) 407

[12]   P. Bravo, F. Viani, D. Favretto, P. Traldi, *Rapid Commun. Mass Spectrom.* **10** (1996) 1103

[13]   G.-J. Krauss, M. Pissarek, I. Blasig, *J. High Resol. Chromatogr.* **20** (1997) 693

[14]   S. Catinella, L. Rovatti, M. Hamdan, B. Porcelli, B. Frosi, E. Marinello, *Rapid Commun. Mass Spectrom.* **11** (1997) 869

[15]   D. P. Metz, *Gicht,* Georg Thieme Verlag, Stuttgart (1987)

[16]   G. Gerber, W. Siems, A. Werner, in C. Vigo-Pelfrey (Ed.), *Membrane liquid oxidation,* CRC Press, Boca Raton, CA, (1991), S. 116

[17]   G. Helfrich, *Nature* **189** (1961) 1001

[18]   G. Goldstein, *Anal. Biochem.* **20** (1967) 471

[19]   G. Krauss, H. Reinbothe, *Anal. Biochem.* **78** (1977) 1

[20]   G.-J. Krauss, G. Krauss, H. Reinbothe, *Biochem. Physiol. Pflanzen* **177** (1982) 769

[21]   G.-J. Krauss, *HRC & CC* **9** (1986) 419

[22]   T. Grune, G. A. Ross, H. Schmidt, W. Siems, D. Perrett, *J. Chromatogr.* **636** (1993) 105

## zu Abschnitt 8.3

[1]    J. C. Linden, C. L. Lawhead, *J. Chromatogr.* **105** (1975) 125

[2]    K. Palmer, *Anal. Letter* **8** (1975) 215

[3]    R. Schwarzenbach, *J. Chromatogr.* **117** (1976) 206

[4]    A. D. Jones, I. W. Bruns, S. G. Sellings, J. A. Cox, *J. Chromatogr.* **144** (1977) 169

[5]    K. Aitzetmüller, *J. Chromatogr.* **156** (1978) 354

[6]    L. A. Th. Verhaar, B. F. M. Kuster, *J. Chromatogr.* **234** (1982) 57

[7]    K. Aitzetmüller, *Chromatographia* **13** (1980) 432

[8]    C. A. White, P. H. Corran, J. F. Kennedy, *Carbohydr. Res.* **87** (1980) 165

[9]    M. Boumahraz, V. Ya. Davydov, A. V. Kieselev, *Chromatographia* **15** (1982) 751

[10]   M. H. Gey, W. Müller, *Die Nahrung - Food* **32** (1988) 653

[11]   H. D. Scobell, K. M. Probst, *J. Chromatogr.* **212** (1981) 51

[12]   R. Pecina, G. Bonn, E. Burtscher, O. Bobleter, *J. Chromatogr.* **287** (1984) 245

[13]   J. O. Baker, M. J. Tucker, S. M. Lastick, M. E. Himmel, *J. Chromatogr.* **437** (1988) 387

[14]   M. Stefansson, *J. Chromatogr.* **630** (1993) 123

[15]   D. W. Armstrong, H. L. Jin, *J. Chromatogr.* **462** (1989) 219

[16]   P. Pastore, I. Lavagnini, G. Versini, *J. Chromatogr.* **634** (1993) 47

[17]   R. B. Meagher, A. Furst, *J. Chromatogr.* **117** (1976) 211

[18]   G. B. Wells, R. L. Lester, *Anal. Biochem.* **97** (1979) 184

[19]   D. L. Gisch, J. D. Pearson, *J. Chromatogr.* **443** (1988) 299

[20]   M. R. Hardy, R. R. Townsend, Y. C. Lee, *Anal. Biochem.* **170** (1988) 54

[21]   K. Koizumi, Y. Kubota, T. Tanimoto, Y. Okoda, *J. Chromatogr.* **454** (1988) 303

[22]   K. Koizumi, Y. Kubota, T. Tanimoto, Y. Okoda, *J. Chromatogr.* **464** (1989) 365

[23]   R. R. Townsend, M. R. Hardy, D. A. Cumming, J. P. Carver, B. Bendiak, *Anal. Biochem.* **182** (1989) 1

[24]   S. V. Prabhu, R. P. Baldwin, *J. Chromatogr.* **503** (1990) 227

[25]   Y. C. Lee, *Anal. Biochem.* **189** (1990) 151

[26]   M. H. Gey, K. K. Unger, *Fresenius J. Anal. Chem.* **356** (1996) 488

[27]   H. Bauer, W. Voelter, *Chromatographia* **9** (1976) 433

[28]   M. Sinner, J. Puls, *J. Chromatogr.* **156** (1978) 197
[29]   H. Binder, *J. Chromatogr.* **189** (1980) 414
[30]   L. A. Th. Verhaar, B. F. M. Kuster, *J. Chromatogr.* **220** (1981) 313
[31]   C. Brons, C. Olieman, *J. Chromatogr.* **259** (1983) 79
[32]   G. Bonn, O. Bobleter, *Chromatographia* **18** (1984) 445
[33]   G. Bonn, *J. Chromatogr.* **322** (1985) 411
[34]   M. Verzele, G. Simoens, F. Van Damme, *Chromatographia* **23** (1987) 292
[35]   G. Bonn, *J. Chromatogr.* **387** (1987) 393
[36]   D. A. Angers, P. Nadeau, G. R. Mehuys, *J. Chromatogr.* **454** (1988) 444
[37]   A. Plaga, J. Stümpfel, H.-P. Fiedler, *Appl. Microbial. Biotechnol.* **32** (1989) 45
[38]   P. L. van Biljon, S. P. Olivier, *J. Chromatogr.* **473** (1989) 305
[39]   G. Marko-Varga, E. Dominguez, B. Hahn-Hägerdal, L. Gorton, *J. Chromatogr.* **506** (1990) 423
[40]   M. H. Gey, A. Rietzschel, W. Nattermüller, *Acta Biotechnol.* **11** (1991) 105
[41]   J. Thomas, A. J. Mort, *Anal. Chem.* **223** (1994) 99
[42]   K. B. Hicks, *J. Chromatog. Libr.* **58** (1995) 361
[43]   C. G. Huber, G. K. Bonn, *J. Chromatogr. Libr.* **58** (1995) 147
[44]   M. H. Gey, K. K. Unger, G. Battermann, *Fresenius J. Anal. Chem.* **356** (1996) 339
[45]   H. Scherz, G. Bonn, *Analytical chemistry of carbohydrates,* Georg Thieme Verlag, Stuttgart (1998)
[46]   P. F. Oefner, A. E. Vorndran, E. Grill, C. Huber, G. K. Bonn, *Chromatographia* **34** (1992) 308
[47]   A. E. Vorndran, P. F. Oefner, H. Scherz, G. K. Bonn, *Chromatographia* **33** (1992) 163
[48]   T. J. O'Shea, S. M. Lunte, *Anal. Chem.* **65** (1993) 948
[49]   L. A. Colón, R. Dadoo, R. N. Zare, *Anal. Chem.* **65** (1993) 476
[50]   C. Chiesa and C. Horwath, *J. Chromatogr.* **645** (1993) 337
[51]   P. Oefner, C. Chiesa, G. Bonn, C. Horvath, *J. Capillary Electrophor.* **1** (1994) 5
[52]   P. Oefner, H. Scherz, *Adv. Electrophor.* **7** (1994) 155
[53]   P. J. Oefner, C. Chiesa, *Glycobiology* **4** (1994) 397
[54]   W. Zhou, R. P. Baldwin, *Electrophoresis* **17** (1996) 319

## zu Abschnitt 8.4

[1]    J. Palmer, D. M. List, *J. Agric. Food Chem.* **21** (1973) 903
[2]    F. Eisenbeiß, M. Weber, S. Ehlerding, *Chromatographia* **10** (1977) 262
[3]    V. T. Turkelson, M. Richards, *Anal. Chem.* **50** (1978) 1420
[4]    D. K. Stumpf, R. H. Burris, *Anal. Biochem.* **95** (1979) 311
[5]    P. Jandera, H. Engelhardt, *Chromatographia* **13** (1980) 18
[6]    E. Rajakylä, *J. Chromatogr.* **218** (1981) 695
[7]    R. Schwarzenbach, *J. Chromatogr.* **251** (1982) 339
[8]    R. Andersson, B. Hedlund, *Z. Lebensm.-Unters. Forsch.* **176** (1983) 440
[9]    P. Vratny, O. Mikes, P. Storp, J. Coupek, L. Rexova-Benkova, D. Chadimova, *J. Chromatogr.* **257** (1983) 23
[10]   G. Bonn, O. Bobleter, *Chromatographia* **18** (1984) 445
[11]   R. Pecina, G. Bonn, E. Burtscher, O. Bobleter, *J. Chromatogr.* **287** (1984) 245
[12]   J. D. Blake, M. L. Clarke, G. N. Richards, *J. Chromatogr.* **312** (1984) 211
[13]   A. Wada, M. Bonoshita, Y. Tanaka, K. Hibi, *J. Chromatogr.* **291** (1984) 111

[14] P. Vratny, Z. Mudrik, *J. Chromatogr.* **322** (1985) 352

[15] X. Monseur, J. C. Motte, *Anal. Chim. Acta* **204** (1988) 127

[16] M. H. Gey, W. Müller, *Die Nahrung-Food* **32** (1988) 653

[17] M. H. Gey, E. Weissbrodt, U. Stottmeister, *Acta Biotechnol.* **8** (1988) 445

[18] M. H. Gey, B. Nagel, E. Weissbrodt, U. Stottmeister, *Anal. Chim. Acta* **213** (1988) 227

[19] M. H. Gey, A. Thiersch, A. Rietzschel, W. Nattermüller, U. Stottmeister, B. Nagel, *Acta Biotechnol.* **9** (1989) 491

[20] M. H. Gey, P. Klossek, U. Becker, *Acta Biotechnol.* **10** (1990) 459

[21] M. H. Gey, A. Rietzschel, W. Nattermüller, *Acta Biotechnol.* **11** (1991) 105

[22] M. Stefansson, *J. Chromatogr.* **630** (1993) 123

[23] M. Kunitani, L. Kresin, *J. Chromatogr.* **632** (1993) 19

[24] J. J. Mangas, J. Moreno, B. Suárez, A. Picinelli, D. Blanco, *Chromatographia* **47** (1998) 197

[25] P. Pohl, H. Wagner, *Fette, Seifen, Anstrichm.* **74** (1972) 424

[26] J. Pörschmann, T. Welsch, R. Herzschuh, W. Engewald, K. Müller, *J. Chromatogr.* **241** (1982) 73

[27] J. Pörschmann, S. Pörschmann, L. Liebetrau, K. Richter, *Acta Biotechnol.* **5** (1985) 297

[28] J. Pörschmann, T. Welsch, S. Pörschmann, *Acta Biotechnol.* **7** (1987) 469

[29] S. Pörschmann, J. Pörschmann, L. Liebetrau, I. Kühn, R. Pätz, *Acta Biotechnol.* **7** (1987) 479

[30] P. Soudant, Y. Marty, J. Moal, J. F. Samain, *J. Chromatogr.* **673** (1995) 15

[31] M. Claeys, L. Nizigiyimana, H. van den Heuvel, *Rapid Commun. Mass Spectrom.* **10** (1996) 770

[32] F. Basile, M. B. Beverly, K. J. Voorhees, *Trends Anal. Chem.* **17** (1998) 95

[33] M. Martinez, D. Nurok, A. Zlatkis, D. Mc Quittay, J. Evans, *HRC & CC* **3** (1980) 528

[34] I. Brondz, I. Olsen, *J. Chromatogr.* **308** (1984) 31, 282

[35] Firmenzeitschrift (Hewlett-Packard) *Peak* **8** (1986) 2

[36] H. Coldfine, C. Panos, *J. Lipid Res.* **12** (1971) 214

[37] G. A. Dhopeshwarkar, Prog. *Lipid Res.* **19** (1981) 107

[38] L. G. Darlington, *Ann. Rheum. Dis.* **47** (1988) 169

[39] K. Dose: *Biochemie*, Springer-Verlag, Heidelberg (1994)

[40] K. D. Mukherjee, N. Weber (Ed.), *Handbook of chromatography, Analysis of Lipids*, CRC Press, Boca Raton (1993)

[41] F. D. Gunstone, J. L. Harwood, F. B. Padley (Ed.), *The lipid handbook*, Chapman & Hall, London (1994)

[42] J. Folch, M. Lees, G. M. Sloane Stanley, *J. Biol. Chem.* **226** (1957) 497

[43] H. H. Hofstetter, N. Sen, R. Z. Holman, *J. Am. Oil Chem. Soc.* **42** (1965) 537

[44] R. V. Golovnya, V. P. Uralets, T. E. Kuzmenko, *J. Chromatogr.* **121** (1976) 118

[45] R. V. Golovnya, T. E. Kuzmenko, *Chromatographia* **10** (1977) 545

[46] N. J. Jensen, M. L. Gross, *Mass Spectrom. Rev.* **6** (1987) 497

## zu Abschnitt 9.1

[1] K. O. Stetter, *Naturwissenschaften* **72** (1985) 291

[2] E. Windberger, R. Huber, A. Trincone, H. Fricke, K. O. Stetter, *Arch. Microbiol.* **151** (1989) 506

[3] A. Wrba, R. Jaenicke, R. Huber, K. O. Stetter, *Eur. J. Biochem.* **188** (1990) 195

[4]    R. Huber, C. R. Woese, T. A. Langworthy, J. K. Kristjansson, K. O. Stetter, *Arch. Microbiol.* **154** (1990) 105

[5]    A. H. Segerer, R. Huber, K. O. Stetter, *Biol. Unserer Zeit* **21** (1991) 266

[6]    J. Schumann, A. Wrba, R. Jaenicke, K. O. Stetter, *FEBS Lett.* **282** (1991) 122

[7]    J. Kunow, B. Schwörer, K. O. Stetter, R. K. Thauer, *Arch. Microbiol.* **160** (1993) 199

[8]    R. Huber, J. Stöhr, S. Hohenhaus, R. Rachel, S. Burggraf, H. W. Jannasch, K. O. Stetter, *Arch. Microbiol.* **164** (1995) 255

[9]    M. H. Gey, K. K. Unger, *J. Chromatogr. B* **666** (1995) 188

[10]   S. Andrä, G. Frey, M. Nitsch, W. Baumeister, K. O. Stetter, *FEBS Lett.* **379** (1996) 127

[11]   A. Joachimiak, E. Quaite-Randall, S. Tollaksen, X. Mai, M. W. W. Adams, R. Josephs, C. Giometti, *J. Chromatogr. A* **773** (1997) 131

[12]   R. Dirmeier, M. Keller, G. Frey, H. Huber, K. O. Stetter, *Eur. J. Biochem.* **252** (1998) 486

[13]   C. Barthomeuf, *J. Chromatogr.* **473** (1989) 1

[14]   C. J. C. M. Laurent, H. A. H. Billiet, L. De Galan, F. A. Buytenhuys, F. P. B. Van der Meeden, *J. Chromatogr.* **287** (1984) 45

[15]   A, Vardanis, *J. Chromatogr.* **350** (1984) 299

[16]   M. N. Schmuck, D. L. Gooding, K. M. Gooding, *J. Chromatogr.* **359** (1986) 323

[17]   D. Josic´, W. Hofmann, W. Reutter, *J. Chromatogr.* **371** (1986) 43

[18]   N. Kitagawa, *J. Chromatogr.* **443** (1988) 133

[19]   M. A. Rounds, F. E. Regnier, *J. Chromatogr.* **443** (1988) 73

[20]   S. Welling-Wester, R. M. Haring, H. Laurens, C. Örvell, G. M. Welling, *J. Chromatogr.* **476** (1989) 477

[21]   A. M. Tsai, D. Englert, E. Graham, *J. Chromatogr.* **504** (1990) 89

[22]   N. T. Miller, C.-H. Shieh, *J. Chromatogr.* **463** (1989) 329

[23]   J. R. Stillian, C. A. Pohl, *J. Chromatogr.* **499** (1990) 249

[24]   W. Müller, *J. Chromatogr.* **510** (1990) 133

[25]   T. Hashimoto, Y. Sasaki, M. Auira, Y. Kato, *J. Chromatogr.* **160** (1978) 301

[26]   Y. Kato, K. Komiya, H. Sasaki, T. Hashimoto, *J. Chromatogr.* **190** (1980) 297

[27]   Y. Kato, K. Komiya, H. Sasaki, T. Hashimoto, *J. Chromatogr.* **193** (1980) 311

[28]   S. P. Colowick, O. Kaplan, *Methods Enzymol.* **80** (1981) 3

[29]   H. Engelhardt, G. Ahr, *J. Chromatogr.* **282** (1983) 385

[30]   B. B. Gupta, *J. Chromatogr.* **282** (1983) 463

[31]   H. Schorn, R. Kosfeld, M. Hess, *J. Chromatogr.* **282** (1983) 579

[32]   Y. Kato, T. Kitamura, T. Hashimoto, *J. Chromatogr.* **266** (1983) 49

[33]   L. Hagel, T. Andersson, *J. Chromatogr.* **285** (1984) 295

[34]   K. Unger, *Methods Enzymol.* **104** (1984) 154

[35]   P. O. Larsson, *Methods Enzymol.* **104** (1984) 212

[36]   D. L. Gooding, M. N. Schmuck and K. M. Gooding, *J. Chromatogr.* **296** (1984) 107

[37]   J. L. Fausnaugh, L. A. Kennedy, F. E. Regnier, *J. Chromatogr.* **317** (1984) 141

[38]   H. Wada, K. Makino, T. Takeuchi, H. Hatano, K. Noguchi, *J. Chromatogr.* **320** (1985) 369

[39]   T. Andersson, M. Carlsson, L. Hagel, P.-A. Pernemalm, J.-C. Janson, *J. Chromatogr.* **326** (1985) 33

[40]   G. Guiochon, M. Martin, *J. Chromatogr.* **326** (1985) 3

[41]   S. Hjerten, K. Yao, K.-O. Eriksson, B. Johansson, *J. Chromatogr.* **359** (1986) 99

[42]   M. N. Schmuck, D. L. Gooding, K. M. Gooding, *J. Chromatogr.* **359** (1986) 323

[43]   G. W. Welling, K. Slopsema, S. Welling-Wester, *J. Chromatogr.* **359** (1986) 307

[44]   B. Anspach, H.U. Gierlich, K.K. Unger, *J. Chromatogr.* **443** (1988) 45

[45]   Q. C. Meng, Y.-F. Chen, L.J. Delucas, S. Oparil, *J. Chromatogr.* **445** (1988) 29

[46]   Bo-L. Johansson, J. Gustavsson, *J. Chromatogr.* **457** (1988) 205

[47]   X. Santarelli, D. Muller, J. Jozefonvicz, *J. Chromatogr.* **443** (1988) 55

[48]   T. Q. Nguyen, H.-H. Kausch, *J. Chromatogr.* **449** (1988) 63

[49]   L. Hagel, H. Lundström, T. Andersson, H. Lindblom, *J. Chromatogr.* **476** (1989) 329

[50]   L. J. W. Miercke, R. M. Stroud, E. A. Dratz, *J. Chromatogr.* **483** (1989) 331

[51]   M. E. Himmel, K. K. OH, D. R. Quigley, K. Grohmann, *J. Chromatogr.* **467** (1989) 309

[52]   M. H. Gey, M. Thiem, H. Gruel, *Acta Biotechnol.* **9** (1989) 69

[53]   P. A. Davies, *J. Chromatogr.* **483** (1989) 221

[54]   P. L. Dubin, J. I. Kaplan, B.-S. Tian, M. Mehta, *J. Chromatogr.* **515** (1990) 37

[55]   H. G. Barth, B. E. Boyes, *Anal. Chem.* **64** (1992) 428R

[56]   M. L. Alexandrov, B. G. Belenkii, V. A. Gotlib, J. E. Kever, *J. Microcol. Sep.* **4** (1992) 379

[57]   M. L. Alexandrov, B. G. Belenkii, V. A. Gotlib, J. E. Kever, *J. Microcol. Sep.* **4** (1992) 385

[58]   P. L. Dubin, S. L. Edwards, M. S. Mehta, D. Tomalia, *J. Chromatogr.* **635** (1993) 51

## zu Abschnitt 9.2

[1]   A. D. B. Malcolin: *The use of restriction enzymes in genetic engineering,* In: R. Williamson (Ed.): *Genetic engineering II.* Academic Press, New York (1981)

[2]   J. Sambrook, E. F. Fritsch, T. Maniatis: *Molecular cloning, a laboratory manual,* Cold Spring Harbor Laboratory Press, New York (1989)

[3]   K. B. Mullis, F. Faloona, *Methods Enzymol.* **55** (1987) 335

[4]   K. B. Mullis, *Spektrum der Wissenschaften,* Juni 1990

[5]   J. W. Watson, M. Gilman, J. Witkowski, M. Zoller: *Rekombinierte DNA,* Spektrum Akad. Verlag, Heidelberg (1993)

[6]   H. G. Gassen, G. E. Sachse, A. Schulte: *PCR-Grundlagen und Anwendung der Polymerase-Kettenreaktion,* Gustav Fischer Verlag, Stuttgart (1994)

[7]   C. R. Newton, A. Graham: *PCR,* Spektrum Akad. Verlag, Heidelberg (1997)

[8]   F. Sanger, S. Nicklen, A. R. Coulson, *Proc. Natl. Acad. Sci. USA* **74** (1977) 5463

[9]   F. Sanger, *Angew. Chem.* **93** (1981) 937

[10]   J. D. Hoheisel, *Trends Genet.* **10** (1994) 79

[11]   W. Ansorge, H. Voss, J. Zimmermann: *DNA sequencing strategies,* John Wiley & Sons, New York (1996)

[12]   D. Heß: *Biotechnologie der Pflanzen,* UTB, Verlag Eugen Ulmer, Stuttgart (1992)

[13]   K.-H. Ladeur, *Natur und Recht* **6** (1992) 254

[14]   K. Sinemus: *Biologische Risikoanalyse gentechnisch hergestellter herbizid-resistenter Nutzpflanzen,* Verlag Mainz, Aachen (1995)

[15]   G. Brem: *Transgenic animals.* In: A. Pühler (Ed.): *Genetic engeneering of animals.* VCH-Verlag, Weinheim (1993)

[16]   S. E. Antonarakis, N. E., *J. Med.* **320** (1989) 153

[17]   R. W. Old, S. B. Primrose: *Gentechnologie,* Georg Thieme Verlag, Stuttgart (1992)

[18]   T. Strachan: *Das menschliche Genom,* Spektrum Akad. Verlag, Heidelberg (1994)

[19]   T. Friedman, *Science* **244** (1989) 1275

[20]   I. M. Verma, *Spektrum der Wissenschaft* **1** (1991) 48

[21]   K. Bayertz, R. Paslack, K. W. Schmidt, J. Schmidtke, U. Scholl, H.-L. *Schreiber: Somatische Gentherapie - Medizinische, ethische und juristische Aspekte des Gentransfers in menschliche Körperzellen,* Medizin-Ethik, Band 5, Gustav Fischer Verlag, Stuttgart (1995)

[22]   J. D. Watson, *Science* **248** (1990) 44

[23]   F. Collins, D. Galas, *Science* **262** (1993) 43

[24]   R. D. Schmidt, *Nachr. Chem. Tech. Lab.* **41** (1993) 720

[25]   M. Singer, P. Berg: *Gene und Genome,* Spektrum Akad. Verlag, Heidelberg (1991)

[26]   H. G. Gassen, K. Minol: *Gentechnik,* Gustav Fischer Verlag, Stuttgart (1996)

[27]   H. Wagner, R. Kuhn, S. Hofstetter, In: H. Wagner, E. Blasius (Hrsg.): *Praxis der elektro-phoretischen Trennung,* Springer-Verlag, Heidelberg (1989)

[28]   R. Westermeier: *Elektrophorese-Praktikum,* VCH-Verlag, Weinheim (1990)

[29]   J. A. Glasel, M. P. Deutscher: „Introduction to biophysical methods for protein and nucleic acid research", Academic Press, New York (1995)

[30]   R. Martin: *Elektrophorese von Nucleinsäuren,* Spektrum Akad. Verlag, Heidelberg (1996)

[31]   D. C. Darling, P. M. Brickell: *Nucleinsäure-Blotting, Labor im Fokus,* Spektrum Akad. Verlag, Heidelberg (1994)

[32]   J. Eagles, C. Javanaud, R. Self, *Biomed. Mass Spectrom.* **11** (1984) 41

[33]   T. R. Covey, R. F. Bonner, B. I. Shushan, J. Henion, *Rapid Commun. Mass Spectrom.* **2** (1988) 249

[34]   D. Griffin, J. Laramee, M. Deinzert, E. Stirchak, D. Weller, *Biomed. Environ. Mass Spectrom.* **17** (1988) 105

[35]   C. R. Iden, R. A. Rieger, *Biomed. Environ. Mass Spectrom.* **18** (1989) 617

[36]   R. D. Smith, J. A. Loo, C. G. Edmonds, C. J. Barinaga, H. R. Udseth, *Anal. Chem.* **62** (1990) 882

[37]   R. B. van Breemen, LeR. B. Martin, J. C. Le, *J. Am. Soc. Mass Spectrom.* **2** (1991) 157

[38]   N. Takeda, M. Nakamura, H. Yoshizumi, A. Tatematsu, *J. Chromatogr.* **660** (1994) 223

[39]   P. Bravo, F. Viani, D. Favretto, P. Traldi, *Rapid Commun. Mass Spectrom.* **10** (1996) 1103

[40]   J. Boschenok, M. M. Sheil, *Rapid Commun. Mass Spectrom.* **10** (1996) 144

[41]   S. Catinella, L. Rovatti, M. Hamdan, B. Porcelli, B. Frosi, E. Marinello, *Rapid Commun. Mass Spectrom.* **11** (1997) 869

[42]   A. Triolo, F. M. Aramone, A. Raffaelli, P. Salvadori, *J. Mass Spectrom.* **32** (1997) 1186

[43]   K. J. Wu, T. A. Shaler, C. H. Becker, *Anal. Chem.* **66** (1994) 1637

[44]   E. Nordhoff, Trends *Anal. Chem.* **15** (1996) 240

[45]   W. Tang, C. M. Nelson, L. Zhu, L. M. Smith, *J. Am. Soc. Mass Spectrom.* **8** (1997) 218

[46]   Y. F. Zhu, N. I. Taranenko, S. L. Allman, N. V. Taranenko, S. A. Martin, L. A. Haff, C. H. Chen, *Rapid Commun. Mass Spectrom.* **11** (1997) 897

[47]   W. Tang, L. Zhu, L. M. Smith, *Anal. Chem.* **69** (1997) 302

[48]   N. I. Taranenko, C. N. Chung, Y. F. Zhu, S. L. Allman, V. V. Golovley, N. R. Isola, S. A. Martin, L. A. Haff, C. H. Chen, *Rapid Commun. Mass Spectrom.* **11** (1997) 386

[49]   T. J. Griffin, W. Tang, L. M. Smith, *Nature Biotechnol.* **15** (1997) 1368

[50]   A. Paulus, J. I. Ohms, *J. Chromatogr.* **507** (1990) 113

[51]   D. N. Heiger, A. S. Cohen, B. L. Karger, *J. Chromatogr.* **516** (1990) 33

[52]   A. S. Cohen, D. R. Najarian, B. L. Karger, *J. Chromatogr.* **516** (1990) 49

[53]   H. Swerdlow, S. Wu, H. Harke, N. J. Dovichi, *J. Chromatogr.* **516** (1990) 61

[54]   Y. Baba, T. Matsuura, K. Wakamoto, M. Tsuhako, *J. Chromatogr.* **558** (1991) 273

[55]   T. Grune, G. A. Ross, H. Schmidt, W. Siems, D. Perrett, *J. Chromatogr.* **636** (1993) 105

[56]   O. Ullrich, T. Grune, *J. Chromatogr. B* **697** (1997) 243

[57]   C. Heller: *Analysis of nucleic acids by capillary electrophoresis,* Friedr. Vieweg & Sohn Verlag, Braunschweig, Wiesbaden (1997)

[58]   L. Roed, I. Arsky, E. Lundanes, T. Greibrokk, *Chromatographia* **47** (1998) 125

[59]  M. McKeag, P. R. Brown, *J. Chromatogr.* **152** (1978) 253

[60]  A. Wakizaka, K. Kurosaka, E. Okuhara, *J. Chromatogr.* **162** (1979) 319

[61]  P. D. Schweinsberg, Ti Li Loo, *J. Chromatogr.* **181** (1980) 103

[62]  P. F. Agris, J. G. Tompson, C. W. Gehrke, K. C. Kuo, R. H. Rice, *J. Chromatogr.* **194** (1980) 205

[63]  G. H. R. Rao, J. D. Peller, J. G. White, *J. Chromatogr.* **226** (1981) 466

[64]  H. Martinez-Valdez, R. M. Kothari, H. V. Hershey, M. W. Taylor, *J. Chromatogr.* **247** (1982) 307

[65]  S. P. Assenza, P. R. Brown, A. P. Goldberg, *J. Chromatogr.* **272** (1983) 373

[66]  G.-J. Krauss, *Fresenius Z. Anal. Chem.* **317** (1984) 674

[67]  B. Allinquant, C. Musenger, E. Schuller, *J. Chromatogr.* **326** (1985) 281

[68]  E. Grushka, P. R. Brown, N.-I. Jang, *Anal. Chem.* **60** (1988) 2104

[69]  R. A. Cunha, A. M. Sebastiao, J. A. Ribeiro, *Chromatographia* **28** (1989) 610

[70]  T. Grune, W. G. Siems, G. Gerber, R. Uhlig, *J. Chromatogr.* **553** (1991) 193

[71]  G.-J. Krauss, M. Pissarek, I. Blasig, *J. High Resol. Chromatogr.* **20** (1997) 693

[72]  D. Perett, *Chromatographia* **16** (1982) 211

[73]  V. Stocchi, L. Cucciarini, F. Canestrari, M. P. Piacentini, G. Fornaini, *Anal. Biochem.* **167** (1987) 181

[74]  J. L.-S. Au, M.-H. Su, M. G. Wientjes, *J. Chromatogr.* **423** (1987) 308

[75]  A. Werner, Y. V. Tikhonov, A. M. Pimenov, *J. Chromatogr.* **421** (1987) 257

[76]  R. T. Toguzov, Y. V. Tikhonov, A. M. Pimenov, V. Y. Prokudin, W. Dubiel, M. Ziegler, G. Gerber, *J. Chromatogr.* **434** (1988) 447

[77]  A. Werner, W. Schneider, W. Siems, T. Grune, C. Schreiter, *Chromatographia* **27** (1989) 639

[78]  T. Grune, W. Siems, G. Gerber, Y. V. Tikhonov, A. M. Pimenov, R. T. Toguzov, *J. Chromatogr.* **563** (1991) 53

[79]  D. Di Pierro, B. Tarazzi, C. F. Perno, M. Bartolini, E. Bakstra, R. Calio, B. Giardina, G. Lazzarino, *Anal. Biochem.* **231** (1995) 407

## zu Abschnitt 9.3

[1]  R. Kornfeld, S. Kornfeld, *Ann. Rev. Biochem.* **54** (1985) 631

[2]  K. Hard, G. van Zadelhoff, P. Moonen, J. P. Kamerling, J. F. G. Vliegenthart, *Eur. J. Biochem.* **209** (1992) 895

[3]  A. A. Bergwerff, J. van Oostrum, F. A. M. Asselbergs, R. Bürgi, C. H. Hokke, J. P. Kamerling, J. F. G. Vliegenthart, *Eur. J. Biochem.* **212** (1993) 639

[4]  G. Pfeiffer, D. Lindner, K.-H. Strube, R. Geyer, *Glycoconj. J.* **10** (1993) 240

[5]  S. B. Yan, Y. Bernice, C. van Halbeck, H. van Halbeck, *Glycobiology* **3** (1993) 597

[6]  G. Pfeiffer, K.-H. Strube, M. Schmidt, R. Geyer, *Eur. J. Biochem.* **219** (1994) 331

[7]  H. Mulder, F. Dideberg, H. Schachter, B. A. Spronk, M. de Jonk-Brink, J. P. Kamerling, J. F. G. Vliegenthart, *Eur. J. Biochem.* **232** (1995) 272

[8]  C. H. Hokke, J. B. Damm, J. P. Kamerling, J. F. G. Vliegenthart, *FEBS Lett.* **329** (1993) 29

[9]  C. H. Hokke, J. B. L. Damm, B. Penninkhof, R. J. Aitken, J. P. Kamerling, J. F. G. Vliegenthart, *Eur. J. Biochem.* **221** (1994) 491

[10]  N. G. Karlsson, H. Karlsson, G. C. Hansson, *Glycoconj. J.* **12** (1995) 69

[11]  M. Duk, M. Ugorski, E. Lisowska, *Anal. Biochem.* **253** (1997) 98

[12]  S. Goletz, M. Leuck, P. Franke, U. Karsten, *Rapid Commun. Mass Spectrom.* **11** (1997) 1387

[13]    W. Morelle, G. Strecker, *J. Chromatogr. B* **706** (1998) 101

[14]    A. Kobota, *Anal. Biochem.* **199** (1979) 1

[15]    T. Patel, J. Bruce, A. Merry, C. Bigge, M. Wormald, A. Jaques, R. Parekh, *Biochemistry* **32** (1993) 679

[16]    M. H. Gey, K. K. Unger, *Fresenius J. Anal. Chem.* **356** (1996) 488

[17]    N. Parker, I. A. Finnie, A. H. Raouf, S. D. Ryder, B. J. Campbell, H. H. Tsai, D. Iddon, J.
D.      Milton, J. M. Rhodes, *Biomed. Chromatog.* **7** (1993) 68

[18]    R. R. Townsend, *GBF Monographs* **15** (1991) 147

[19]    P. Hermentin, R. Witzel, J. F. G. Vliegenthart, J. P. Kamerling, M. Nimtz, H. S. Conradt,
        *Anal. Biochem.* **203** (1992) 281

[20]    N. Kotani, S. Takasaki, *Anal. Biochem.* **252** (1997) 40

[21]    R. A. M. van der Hoeven, A. J. P. Hofte, U. R. Tjaden, J. van der Greef, N. Torto, L.
        Gorton, G. Marko-Varga, C. Bruggink, *Rapid Commun. Mass Spectrom.* **12** (1998) 69

[22]    J. C. Rouse, A.-M. Strang, W. Yu, J. E. Vath, *Anal. Biochem.* **256** (1998) 33

[23]    S. Hakomori, *J. Biochem.* **55** (1964) 205

[24]    H. Björndal, C. G. Hellerqvist, B. Lindberg, S. Svensson, *Angew. Chem.* **82** (1970) 643

[25]    K. Stellner, H. Saito, S.-I. Hakomori, *Arch. Biochem. Biophys.* **155** (1973) 464

[26]    B. Fournet, J.-M. Dhalluin, G. Strecker, J. Montreuil, C. Bosso, J. Defaye, *Anal. Biochem.*
        **108** (1980) 35

[27]    R. Geyer, H. Geyer, S. Kühnhardt, W. Mink, S. Stirm, *Anal. Biochem.* **121** (1982) 263

[28]    R. Geyer, H. Geyer, S. Kühnhardt, W. Mink, S. Stirm, *Anal. Biochem.* **133** (1983) 197

[29]    H. Karlsson, I. Carlstedt, G. C. Hannsson, *Anal. Biochem.* **182** (1989) 438

[30]    J. Lemoine, B. Fournet, D. Despeyroux, K. R. Jennings, R. Rosenberg, E. de Hoffmann,
        *J. Am. Soc. Mass Spectrom.* **4** (1993) 197

[31]    G. C. Hannsson, J.-F. Bouhours, H. Karlsson, I. Carlstedt, *Carbohydr. Res.* **221** (1991) 179

[32]    L. Lindqvist, P.-E. Jansson, *J. Chromatogr.* **769** (1997) 253

[33]    A. Dell, N. H. Carman, P. R. Tiller, J. E. Thomas-Oates, Biomed. *Environ. Mass Spectrom.*
        **16** (1988) 19

[34]    J. W. Dallinga, W. Heerma, *Biolog. Mass Spectrom.* **20** (1991) 99

[35]    R. Feng, Y. Konishi, *Anal. Chem.* **64** (1992) 2090

[36]    D. Tetaert, B. Soudan, J.-M. Lo-Guidice, C. Richet, P. Degand, G. Boussard, C. Mariller,
        G. Spik, *J. Chromatogr.* **658** (1994) 31

[37]    K. D. Greis, B. K. Hayes, F. I. Comer, M. Kirk, S. Barnes, T. L. Lowary, G. W. Hart, *Anal.
        Biochem.* **234** (1996) 38

[38]    V. N. Reinhold, B. B. Reinhold, S. Chan, *Methods Enzymol.* **271** (1996) 377

[39]    E. M. Sible, S. P. Brimmer, J. A. Leary, *J. Am. Soc. Mass Spectrom.* **8** (1997) 32

[40]    B. Stahl, M. Steup, M. Karas, F. Hillenkamp, *Anal. Chem.* **63** (1991) 1463

[41]    P. Juhasz, C. E. Costello, *J. Am. Soc. Mass Spectrom.* **3** (1992) 785

[42]    C. W. Sutton, J. A. O'Neill, J. S. Cottrell, *Anal. Biochem.* **218** (1994) 34

[43]    T. J. P. Naven, D. J. Harvey, *Rapid Commun. Mass Spectrom.* **10** (1996) 1361

[44]    B. Küster, T. J. P. Naven, D. J. Harvey, *Rapid Commun. Mass Spectrom.* **10** (1996) 1645

[45]    A. K. Powell, D. J. Harvey, *Rapid Commun. Mass Spectrom.* **10** (1996) 1027

[46]    T. Takao, Y. Tambara, A. Nakamura, K. Yoshino, H. Fukuda, m. Fukuda, Y. Shimonishi,
        *Rapid Commun. Mass Spectrom.* **10** (1996) 637

[47]    K. Tseng, L. L. Lindsay, S. Penn, J. L. Hedrick, C. B. Lebrilla, *Anal. Biochem.* **250** (1997)
        18

[48]    B. W. Gibson, J. J. Engstorm, C. M. John, W. Hines, A. M. Falick, *J. Am. Soc. Mass
        Spectrom.* **8** (1997) 645

[49]   D. J. Harvey, R. H. Barteman, M. R. Green, *J. Mass Spectrom.* **32** (1997) 167

[50]   T. J. P. Naven, D. J. Harvey, J. Brown, G. Critchley, *Rapid Commun. Mass Spectrom.* **11** (1997) 1681

[51]   R. Kaufmann, T. Wingerath, D. Kirsch, W. Stahl, H. Sies, *Anal. Biochem.* **238** (1996) 117

[52]   T. Yamagaki, Y. Ishizuka, S. Kawabata, H. Nakanishi, *Rapid Commun. Mass Spectrom.* **11** (1997) 527

[53]   D. Garozzo, V. Nasello, E. Spina, L. Sturiale, *Rapid Commun. Mass Spectrom.* **11** (1997) 1561

[54]   D. S. Weber, W. J. Goux, *Carbohydr. Res.* **233** (1992) 65

[55]   H. Gruppen, R. A. Hoffmann, F. J. M. Kormelink, A. G. J. Voragen, J. P. Kamerling, J. F. G. Vliegenthart, *Carbohydr. Res.* **233** (1992) 45

[56]   L. Poppe, R. Stuike-Prill, B. Meyer, H. van Halbeck, *J. Biomol. NMR* **2** (1992) 109

[57]   H. van Halbeck, L. Poppe, *Magnetic Resonance in Chemistry* **30** (1992) p. 74

[58]   T. de Beer, C. W. E. M van Zuylen, K. Hard, R. Boelens, R. Kaptein, J. P. Kamerling, J. F. G. Vliegenthart, *FEBS Lett.* **348** (1994) 1


## zu Abschnitt 9.4


[1]    J. Folch, H. A. Schneider, *J. Biol. Chem.* **137** (1941) 51

[2]    M. Feola, J. Simoni, P. Canizaro, L. Tran, G. Raschbaum, F. Behal, *Surg. Gynecol. Obset.* **166** (1988) 211

[3]    P. Hansson, M. Caron, G. Johnson, L. Gustavsson, C. Alling, *Alcoholism: Clin. Exp. Res.* **21** (1997) 108

[4]    J. Folch, M. Lees, G. M. Sloane Stanley, *J. Biol. Chem.* **226** (1957) 497

[5]    C. P. Freeman, D. West, *J. Lipid Res.* **7** (1966) 324

[6]    K. Korte, M. L. Casey, *J. Chromatogr.* **232** (1982) 47

[7]    R. W. Evans, M. Kates, M. Ginzbourg, B. Z. Ginzbourg, *Biochem. Acta* **712** (1982) 186

[8]    J. K. G. Kramer, R. C. Fouchard, E. R. Farnworth, *Lipids* **18** (1983) 896

[9]    A. M. Gufillan, A. J. Chu, D. A. Smart, S. A. Rooney, *J. Lipid Res.* **25** (1983) 1651

[10]   I. Rustenbeck, S. Lenzen, *J. Chromatogr.* **525** (1990) 85

[11]   K. Aitzetmüller, *J. Chromatogr.* **113** (1975) 231

[12]   F. B. Jungwala, J. E. Evans, R. H. McCluer, *Biochem. J.* **155** (1976) 55

[13]   K. Kiuchi, T. Ohta, H. Ebine, *J. Chromatogr.* **133** (1977) 226

[14]   W. M. A. Hax, W. S. M. Geurts van Kessel, *J. Chromatogr.* **142** (1977) 735

[15]   K. Aizetmüller, J. Koch, *J. Chromatogr.* **145** (1978) 195

[16]   A. Nasner, L. Kraus, *J. Chromatogr.* **216** (1981) 389

[17]   R. L. Briand, S. Harold, K. G. Blass, *J. Chromatogr.* **223** (1981) 277

[18]   J. R. Yandrasitz, G. Berry, S. Segal, *J. Chromatogr.* **225** (1981) 319

[19]   O. S. Privett, W. L. Erdahl, *Methods Enzymol.* **72** (1981) 56

[20]   J. Y.-K. Hsieh, D. K. Welch, J. G. Turcotte, *J. Chromatogr.* **208** (1981) 398

[21]   H. S. G. Fricke, J. Oehlenschläger, *J. Chromatogr.* **252** (1982) 331

[22]   K. Aizetmüller, *Prog. Lipid Res.* **21** (1982) 171

[23]   G. M. Patton, J. M. Fasulo, S. J. Robins, *J. Lipid Res.* **23** (1982) 190

[24]   S. S.-H. Chen, A. Y. Kou, *J. Chromatogr.* **227** (1982) 25

[25]   T. L. Kaduce, K. C. Norton, A. A. Spector, *J. Lipid Res.* **24** (1983) 1398

[26]   M. L. Blank, F. Snyder, *J. Chromatogr.* **273** (1983) 415

[27]   H. P. Nissen, H. W. Kreysel, *J. Chromatogr.* **276** (1983) 29

[28]   A. Stolyhwo, H. Colin, G. Guiochon, *J. Chromatogr.* **265** (1983) 1

[29]   M. F. Gaboni, G. Lercker, A. M. Ghe, *J. Chromatogr.* **315** (1984) 223

[30]   W. Kuhnz, B. Zimmermann, H. Nau, *J. Chromatogr.* **344** (1985) 309

[31]   W. W. Christie, *J. Lipid Res.* **26** (1985) 507

[32]   L. E. Oppenheimer, T. H. Mourey, *J. Chromatogr.* **323** (1985) 297

[33]   D. K. Murray, *J. Chromatogr.* **331** (1985) 303

[34]   N. Sortirhos, C. Thörngren, B. Herslöf, *J. Chromatogr.* **331** (1985) 313

[35]   W. W. Christie, *J. Chromatcgr.* **361** (1986) 396

[36]   U. Pison, E. Gono, T. Joka, U. Obertacke, M. Obladen, *J. Chromatogr.* **377** (1986) 79

[37]   M. H. Gey, *Acta Biotechnol.* **8** (1988) 197

[38]   B. Heinze, G. Kynast, J. W. Dudenhausen, C. Schmitz, E. Saling, *Chromatographia* **25** (1988) 497

[39]   M. Seewald, H. M. Eichinger, *J. Chromatogr.* **469** (1989) 271

[40]   H. Scarim, H. Ghanbari, V. Taylor, G. Menon, *J. Lipid Res.* **30** (1989) 607

[41]   J. M. Samet, M. Friedman, D. C. Henke, *Anal. Biochem.* **182** (1989) 32

[42]   B. S. Lutzke, J. M. Braughler, *J. Lipid Res.* **31** (1990) 2127

[43]   P. Juaneda, G. Roquelin, P. O. Astorg, *Lipids* **25** (1990) 756

[44]   J. Becart, C. Chevalier, J. P. Biesse, *J. High Resol. Chromatogr.* **13** (1990) 126

[45]   I. Rustenbeck, S. Lenzen, *J. Chromatogr.* **525** (1990) 85

[46]   P. R. Redden, Y.-S. Huang, *J. Chromatogr.* **567** (1991) 21

[47]   P. van der Meeren, J. Vanderdeelen, G. Huyghebaert, L. Baert, *Chromatographia* **34** (1992) 557

[48]   Y. Hathout, G. Maume, B. F. Maume, *J. Chromatogr.* **652** (1994) 1

[49]   B. Trümbach, G. Rogler, K. J. Lackner, G. Schmitz, *J. Chromatogr.* **656** (1994) 73

[50]   B. H. Klein, J. W. Dudenhausen, *J. Liq. Chromatogr.* **17** (1994) 981

[51]   T. Wieder, M. Fritsch, A. Haase, C. C. Geilen, *J. Chromatogr.* **652** (1994) 9

[52]   H. Bünger, U. Pison, *J. Chromatogr.* **672** (1995) 25

[53]   S. L. Abidi, T. L. Mounts, *J. Chromatogr.* **A 773** (1997) 93

[54]   T. Gunnarsson, A. Karlsson, P. Hansson, G. Johnson, C. Alling, G. Odham, *J. Chromatogr.* **705** (1998) 243

[55]   J. E. Evans, R. H. McCluer, *Biomed. Environ. Mass Spectrom.* **14** (1987) 149

[56]   H.-J. Kim, T.-C. L. Wang, Y.-C. Ma, *Anal. Chem.* **66** (1994) 3977

[57]   S. Chen, *J. Chromatogr.* **661** (1994) 1

[58]   M. Careri, M. Dieci, A. Mangia, P. Manini, A. Raffaelli, *Rapid Commun. Mass Spectrom.* **10** (1996) 707

[59]   A. A. Karlsson, P. Michelsen, A Larsen, G. Odham, *Rapid Commun. Mass Spectrom.* **10** (1996) 775

[60]   C. Li, J. A. Yergey, *J. Mass Spectrom.* **32** (1997) 314

[61]   P. Pollesello, O. Eriksson, K. Höckerstedt, *Anal. Biochem.* **236** (1996) 41

[62]   M. Bosco, N. Culeddu, R. Toffanin, P. Pollesello, *Anal. Biochem.* **245** (1997) 38

# Sachwortverzeichnis

## —G—

## —R—

# Bioanalytische und biochemische Labormethoden

von Kurt Geckeler und Heiner Eckstein (Hrsg.)
1998. XII, 567 S. mit 209 Abb. und 84 Tab.
Geb. DM 98,00
ISBN 3-528-06418-8

Aus dem Inhalt: Allgemeine Methoden: Chromatographie, Elektrophorese, Enzymatische Testmethoden, Zentrifugation, Zellaufschluß, Trennung von Biopolymeren -
Spezielle Methoden: Sequenzanalyse, Manometrie, Massen-Spektrometrie - Radio-
isotopenmethoden - Elektroanalytische Methoden - immunologische Methoden

Heutzutage werden in fast allen Bereichen der Biowissenschaften
und Medizin eine Vielzahl von experimentellen und analytischen
Methoden angewandt. In diesem Buch werden in kompakter Form die für
die interdisziplinäre Forschung und Entwicklung benötigten Labormethoden
dargestellt. Zunächst werden allgemeine Methoden wie Chromatographie, Elektrophorese,
enzymatische Testmethoden und Zentrifugation behandelt. Darauf folgen als anwendungs-
bezogene Methoden die Sequenzanalyse von Proteinen, DNA und Kohlenhydraten. Weitere
Schwerpunkte liegen bei Radioisotopen, Elektroanalytik und immunologischen Methoden.
Darüber hinaus wird auch auf die modernen Entwicklungen wie Elektrospray-Massenspek-
trometrie und Biosensoren ausführlich eingegangen.

Abraham-Lincoln-Str. 46, Postfach 1547, 65005 Wiesbaden
Fax: (06 11) 78 78-4 00, http://www.vieweg.de

Stand 1.9.98
Änderungen vorbehalten.
Erhältlich im Buchhandel
oder beim Verlag.

# Lehrbuch der Quantitativen Analyse

von Daniel C. Harris
Mit einem Vorwort von Gerhard Werner
Aus dem Amerik. von Gerhard Werner, Carla Vogt und Uta Zeller
1998. XVIII, 1178 S. Geb. DM 148,00
ISBN 3-528-06756-X

Aus dem Inhalt: Messungen - Handwerkszeug des Analytikers - Experimenteller Fehler - Statistik - Chemisches Gleichgewicht - Ein erster Blick auf die Spektralphotometrie - Volumetrische Analyse - Aktivität - Die systematische Behandlung von Gleichgewichten - Einprotonige Säure-Base-Gleichgewichte - Mehrprotonige Säure-Base-Gleichgewichte - Säure-Base-Titrationen - EDTA-Titration - Grundlagen der Elektrochemie - Elektroden und Potentiometrie - Redoxtitration - Elektrogravimetrie und coulometrische Analyse - Voltammetrie - Anwendungen der Spektralphotometrie - Spektralphotometer - Atomspektroskopie - Einführung in Analytische Trennverfahren - Gas- und Flüssigchromatographie - Chromatographische Methoden und Kapillarelektrophorese - Gravimetrie und Verbrennungsanalyse - Probenvorbereitung - Experimente - Glossar - Tabellarischer Anhang - Lösungen von Übungen und Aufgaben

Dieses aufwendige, zweifarbig gestaltete Lehrbuch bietet eine didaktisch hervorragende und umfassende Einführung in die moderne chemische Labor-Analytik. Es führt nicht nur geschickt in die gesamten theoretischen Grundlagen ein, sondern stellt immer wieder die Bezüge zur Anwendung im Labor her. Die besondere Verantwortung der Analytik in Chemie-, Bio- und Umweltwissenschaften und die Freude des Autors am Thema werden rasch deutlich. Jedes Kapitel beginnt mit einem kurzen praktischen Bezug, der als "Appetithappen" für das Folgende verstanden werden kann. In den Kapiteln fallen neben flüssig geschriebenen Texten und anschaulichen Graphiken vor allem Boxen mit interessanten Anwendungsbeispielen, kurzen Versuchsbeschreibungen, zusammenfassenden Abschnitten zur Rekapitulation des Gelernten und unzähligen Übungen mit teils ausführlichen, teils knappen Antworten auf. Dieser amerikanische Klassiker wird schon bald auch in Deutschland seine Freunde finden und zum unentbehrlichen Werkzeug der analytischen Ausbildung werden.

Stand 1.9.98
Änderungen vorbehalten.
Erhältlich im Buchhandel
oder beim Verlag.

Abraham-Lincoln-Str. 46, Postfach 1547, 65005 Wiesbaden
Fax: (0611) 78 78-4 00, http://www.vieweg.de